Lawrence F. Shampine
Marilyn K. Gordon

Computer-Lösung gewöhnlicher Differentialgleichungen

Lawrence F. Shampine
Marilyn K. Gordon

Computer-Lösung gewöhnlicher Differentialgleichungen

Das Anfangswertproblem

Herausgegeben von Gisela Engeln-Müllges

Springer Fachmedien Wiesbaden GmbH

Titel der amerikanischen Originalausgabe:
Computer Solution of Ordinary Differential Equations.
The Initial Value Problem.

Übersetzung: Dipl. Math. Jobst Hoffmann, Rechenzentrum der RWTH Aachen, Seffenter Weg 23, 5100 Aachen.
Der Originaltext wurde von den Autoren für die deutsche Ausgabe überarbeitet.

Ursprünglich erschienen bei Friedr. Vieweg & Sohn Verlagsgesellschaft mbH, Braunschweig 1984

Satz: Vieweg, Braunschweig

ISBN 978-3-528-04165-6 ISBN 978-3-322-93801-5 (eBook)
DOI 10.1007/978-3-322-93801-5

Vorwort zur Originalausgabe

Dieses Buch zeigt, wie Differentialgleichungen auf einem Digitalrechner gelöst werden können. Traditionell geben Lehrbücher, die sich mit diesem Gebiet befassen, einen Überblick über die grundlegende Theorie der verschiedenen Methoden. Im Gegensatz dazu behandelt das vorliegende Buch so vollständig wie möglich eine einzige Methode, die im allgemeinen als die effektivste betrachtet wird, solange sie in geeigneter Weise benutzt wird. Die praktischen Aspekte der Algorithmen und ihrer Implementation sind für ihre Effizienz und Verläßlichkeit genauso wichtig wie die Wahl der grundlegenden Methode selbst. Fragen dieser Art sind außerhalb der Forschungsliteratur weitgehend vernachlässigt worden. Als Folge davon stammt ein großer Teil der Theorie, die wir hier vorstellen, direkt aus der Literatur oder wurde für diesen Text entwickelt. Da wir uns auf eine einzige Methode beschränken, können wir das Thema in einer Weise behandeln, die sowohl einfach als auch weitaus vollständiger ist, als es bis jetzt getan wurde. Die Programme, die für dieses Buch entwickelt wurden, gehören zur Zeit zu den effektivsten und am sorgfältigsten geprüften und dokumentierten.

Es ist bis jetzt eine große Anzahl von Methoden zur Lösung von Differentialgleichungen vorgeschlagen worden, aber es wurden davon nur recht wenige in die Praxis übersetzt. So gibt es nur sehr wenige leicht erhältliche Programme, die so sorgfältig geschrieben wurden, daß sie allgemein zu benutzen sind, und zudem den derzeitigen Stand des Wissens darstellten, als sie geschrieben wurden. Die Programme DVDQ von F. T. Krogh [20] und DIFSUB von C. W. Gear haben die Anerkennung der Effektivität einer Formulierung des klassischen Adams-Verfahren mit variabler Ordnung und Schrittweite begründet. Das Thema dieses Buches ist die Lösung von Differentialgleichungen nach diesem Verfahren, und die Autoren sind froh, an dieser Stelle ihren Dank den Entwicklern dieser Programme und deren Forschungen sagen zu können. Wenn die Gleichung nur sehr aufwendig auszuwerten ist, ist dieser Zugang weitaus effizienter als irgendeine andere allgemeine anzuwendende Methode. Zusätzlich ist es leicht, abnorme Probleme zu entdecken und mit ihnen fertig zu werden, so daß sorgfältig geschriebene Programme dieser Art relativ sicher sind. Die bekanntesten Verfahren, die mit dem vorliegenden konkurrieren, sind die Runge-Kutta- und Extrapolationsverfahren. Das Runge-Kutta-Verfahren fester Ordnung ist das einfachste, unter verschiedenen Aspekten am besten verstandene, aber auch das am wenigsten effektive Verfahren aus den drei Verfahrensgruppen. Es gibt eine Anzahl von Merkmalen der Adam-Verfahren, die bei den Runge-Kutta-Typen nicht erreichbar sind, aber solange man dies nicht beachtet und sich dazu noch entscheidet, weitere Eigenschaften nicht vorzusehen, kann ein einfacher, kompakter Code geschrieben werden. Die Entwicklung dieses Themas in dem elementaren Lehrbuch [25] ist eine wertvolle Vorbereitung für die tiefergehenden Studien, die in diesem Buch getrieben werden. Die Extrapolationsverfahren mit variabler Ordnung haben eine Effizienz, die der der Adams-Methoden näherungsweise gleichkommt, aber sie sind zur Zeit noch zu wenig verstanden, besonders was die Praxis betrifft. Wiederum kann man Programme einer mittleren Komplexität schreiben, wenn man beachtet, daß auch hier verschiedene Merkmale der Adams-Verfahren nicht vorhanden sind. Es können durchaus alte oder vollständig neue Methoden entwickelt werden, die die Adams-Verfahren ausstechen. Da dieses Buch aber keinen Überblick darstellt, wird es Forscher bei der Entwicklung nicht unterstützen, aber es stellt einen Standard dar, an dem man ihren Erfolg messen kann.

Das Buch kann zu verschiedenen Zwecken gelesen und benutzt werden. Leser, die ausschließlich daran interessiert sind, die Programme zur Problemlösung zu nutzen, brauchen kaum mehr als die Fähigkeit, FORTRAN Programme flüssig lesen zu können. Kapitel 1 sollte zur allgemeinen Information gelesen werden, ebenso das Material in Kapitel 7, das die Abschätzung der globalen Fehler behandelt. Ebenso sollte der Teil von Kapitel 10, der die Benutzung der Codes erklärt, und das ganze Kapitel 11 sorgfältig gelesen werden. Kapitel 11 demonstriert, wie die Codes mit üblichen und unüblichen Problemen umgehen. Auch Kapitel 12 mit seinen Beispielen und Techniken zum Lösen von Differentialgleichungen dürfte sehr nützlich sein.

Als Text liefert das Buch eine in sich geschlossene Behandlung eines wichtigen Problems. Es zeigt auch, wie der Numeriker abstrakte Theorie, die Untersuchung spezieller Situationen und Modellprobleme, heuristische Vorgehensweise und sorgfältige Versuche vermischen muß, um effektive Codes zu produzieren. Die Anforderungen an den Leser sind ziemlich gering. Die Beherrschung der Analysis und mäßige Erfahrung mit FORTRAN werden ausreichen. Gewisse Vertrautheit im Umgang mit Differentialgleichungen und elementarer Matrizen-Theorie ist wünschenswert, wenn auch nicht erforderlich. Natürlich verlangt das Verständnis des gesamten Buches einen gewissen Grad von Erfahrung sowohl in der Mathematik als auch im Umgang mit Rechnern. Einmal ist beabsichtigt, das Buch als Lehrbuch in einem speziellen Kurs über numerische Analysis zu benutzen. Zu diesem Zweck sollte das Buch von vorn bis hinten durchgelesen werden. Andere Verwendung findet es als Zusatztext, der die Lösung von Differentialgleichungen beinhaltet, in einem Übersichtskurs über numerische Analysis. Zu diesem Zweck sollten gewisse Teile nur überflogen, andere aber ganz übersprungen werden. Die Kapitel 1, 2 und 3 sollten sorgfältig gelesen werden für ein grundlegendes Verständnis von Differentialgleichungen und ihren Lösungen. Der erste Teil von Kapitel 4 sollte gelesen werden, um zu verstehen, was unter Konvergenz bei fester Schrittweise und Ordnung verstanden wird, der Rest kann überflogen werden, um zu sehen, daß die Änderung von Schrittweite und Ordnung im wesentlichen zu den gleichen Ergebnissen führt. Kapitel 5 kann übersprungen werden, wenn der Leser erkennt, daß es nur die klassische Implementation der Rückwärtsdifferenzen, die in Kapitel 3 diskutiert wurde, auf variable Schrittweite ausdehnt. Jedoch dürfte der Informatiker an diesem Kapitel interessiert sein, da es sich ausführlich dem Thema widmet, wie man den Algorithmus effizient organisiert und programmiert. Der erste Teil von Kapitel 6 sollte gelesen werden, um genauer als in Kapitel 3 zu sehen, welche Fehler in den Codes gemessen werden, und um zu verstehen, was deren Steuerung bedeutet. Ebenso wird die Bedeutung von lokaler Extrapolation erklärt. Darüberhinaus kann das Kapitel überschlagen werden. Kapitel 7 illustriert besonders die Kunst der numerischen Analysis, indem es aufzeigt, wie man Theorie, Modellprobleme und Erfahrung nutzt, um schließlich zu effektiven Algorithmen zu gelangen.

Wenn das Buch als Lehrbuch benutzt wird, sollte das Lesen, wie es oben skizziert wurde, begleitet werden mit praktischen Übungen durch Benutzen der Codes und Lösen von Problemen. Sobald wie möglich sollte man den Teil von Kapitel 10 lesen, der beschreibt, wie die Codes anzuwenden sind. Danach sollte man die Ergebnisse, die in Kapitel 11 dargestellt sind, überprüfen und eigene Versuche durchführen. Es sind einige Übungen über den Text verstreut, die dazu dienen, das Verständnis des Lesers zu testen und die manchmal auch zusätzliches Material vorstellen. Diese sollten mitsamt ihrer Lösungen zumindest geprüft werden. Die hauptsächliche Quelle für Übungen ist Kapitel 12. Dieses Kapitel versucht anhand von Übungen und Beispielen einiges von der Kunst des Lösens von Differentialgleichungen weiterzugeben. Die Leser sollten ihr Verständnis der Theorie und ihre Praxis im Lösen von Differentialgleichungen testen, indem sie dieses Kapitel mit ihren eigenen Lese- und Übungsplänen abstimmen.

Die Autoren sind S. M. Davenport für ihre vielen Beiträge zu diesem Buch, insbesondere zur Entwicklung und zum Testen der Codes, sehr dankbar, ebenso W. Gautschi, W. B. Gragg und R. J. Thompson für das kritische Lesen der ersten Manuskripte, das dabei half, die endgültige Version zu gestalten. Die Autoren gestehen ihre intellektuelle Schuld den veröffentlichten Arbeiten und privaten Mitteilungen von F. T. Krogh, C. W. Gear und T. W. Hull. Diese hervorragenden Forscher auf diesem Gebiet haben unser Denken stark beeinflußt.

Die Codes sind in einer Anzahl von Laboratorien getestet worden und sind im Ergebnis dadurch wesentlich verbessert worden. Unsere Kollegen im Sandia Laboratory Albuquerque, Sandia Laboratory Livermore, Los Alamos Scientific Laboratory und im Argonne National Laboratory waren besonders hilfreich.

Wir danken den Sandia Laboratories und der University of New Mexico für ihre Unterstützung des Projekts auf vielerlei Art und besonders den Diensten zweier exzellenter technischer Maschinenschreiber, B. P. Vigil und M. H. Richardson, die für die Produktion dieses Buches sehr wichtig waren.

Juli 1974

L. F. Shampine
M. K. Gordon

Vorwort zur deutschen Ausgabe

Wir sind sehr dankbar für die Möglichkeit, unsere Arbeit den Wissenschaftlern zugänglich zu machen, denen der Umgang mit der deutschen Sprache leichter fällt als der mit der englischen. Zugleich erlaubt uns eine Neuauflage, ein paar Verbesserungen zu machen und ein paar Flüchtigkeitsfehler zu berichtigen.

Wegen der sehr aktiven Forschung auf dem Gebiet der gewöhnlichen Differentialgleichungen sind ein paar Dinge nun besser verstanden als sie es zu dem Zeitpunkt waren, als die erste Auflage dieses Buches vorbereitet wurde. Wir sind zufrieden, daß unsere Codes und Algorithmen sowohl dazu dienten, neue Ideen anzuregen, als auch dazu, einen Rahmen zu bieten, letztere auszuprobieren. Diese Auflage wurde mit einigen dieser Entwicklungen ergänzt, die nicht zu technisch sind. Wie schon erwähnt, haben es eine Anzahl von Autoren praktisch gefunden, unsere Codes zu modifizieren, um ihre eigenen Ideen auszuprobieren. In einigen Fällen verweisen wir die Leser auf diese Arbeiten, so daß sie einen flüchtigen Eindruck von der nächsten Generation von Codes gewinnen können oder einen Anreiz für eigene Übungen am Rechner bekommen können, indem sie selbst ähnliche Änderungen machen.

Wir hatten gehofft, daß die Codes einen Standard böten, um den Fortschritt auf diesem Gebiete messen zu können, und das scheint eingetroffen zu sein. Es sind immer noch extrem effektive Codes, die täglich in Rechenzentren auf der ganzen Welt genutzt werden. Einige Anwendungen überraschen durch ihre Größe. In einem Satz von Berechnungen aus der statistischen Mechanik wurden Systeme mit bis zu 6000 Gleichungen gelöst. Die einzigen Änderungen, die dafür durchgeführt wurden, sind die, die im Abschnitt über die Implementation der Codes in Kapitel 10 beschrieben wurden. Sie bestehen hauptsächlich darin, daß die zulässige maximale Ordnung auf die wirklich benötigte Ordnung, bei diesen Problemen 6, reduziert wurde, wobei gleichzeitig der benötigte Speicherplatz verringert wurde. Bei einigen wichtigen Codes zur Lösung partieller Differentialgleichungen mittels finiter Differenzen oder finiter Elemente muß man kleine Systeme (1 bis 15 Gleichungen) von gewöhnlichen Differentialgleichungen in jedem Gitterpunkt oder Element und bei jedem Zeitschritt lösen, um Änderungen der Materialeigenschaften Rechnung zu tragen. Es ist für diese Codes ganz üblich, zehntausende Sätze von gewöhnlichen Differentialgleichungen bei einem einzelnen Lauf zu lösen.

Obwohl andere Verfahren bei kleinen Problemen billiger sein könnten, haben doch viele Wissenschaftler unsere Codes vorgezogen, weil sie in der Benutzung sehr bequem sind, einem einen guten Anwenderschutz bieten, verläßlich sind und dazu noch gut dokumentiert sind. Das ist erfreulich, da wir diese Fragen für von größter Wichtigkeit halten. Unsere Forschung, die zum Software Interface und den Algorithmen führte, die das Lösen von Differentialgleichungen bequem und sicher machte, hat Nachahmung und noch weitere Forschungen angeregt. Einige der Früchte dieser Arbeit sind in diese Neuauflage aufgenommen worden.

Mai 1984

L. F. Shampine
M. K. Gordon

Inhaltsverzeichnis

Kapitel 1: Grundlagen der Theorie

Eine Differentialgleichung ist eine Gleichung, die eine Funktion und deren Ableitung enthält. In der Analysis begegnet man den Lösungen einer Zahl von Differentialgleichungen, obwohl sie nicht immer als solche beschrieben sind. Wenn zum Beispiel f(x) eine stetige Funktion auf einem Intervall [a, b] ist, dann hat die Gleichung

$$\frac{dy}{dx} = f(x) \tag{1}$$

nach dem Fundamentalsatz der Analysis eine Lösung

$$y(x) = B + \int_a^x f(t)\,dt. \tag{2}$$

Da dies für jeden Wert der Konstanten B eine Lösung darstellt, reicht die Gleichung allein nicht aus, eine partikuläre Lösung anzugeben. Eine Möglichkeit, eine partikuläre Lösung aus der Familie der Lösungen (2) auszuwählen, ist, ihren Wert in a, dem Anfangspunkt, vorzuschreiben:

$$y(a) = A. \tag{3}$$

Wir nennen das Problem, das durch (1) und (3) gegeben ist, ein Anfangswertproblem und erkennen aus (2), daß es genau eine Lösung hat, nämlich

$$y(x) = A + \int_a^x f(t)\,dt.$$

Es gibt andere Möglichkeiten, eine partikuläre Lösung anzugeben, aber die Vorgabe eines Anfangswertes ist die bei weitem gebräuchlichste. Im allgemeinen verstehen wir unter einem Anfangswertproblem für eine gewöhnliche Differentialgleichung erster Ordnung ein Problem der Form

$$\frac{dy}{dx} = f(x, y), \tag{4}$$

$$y(a) = A. \tag{5}$$

Wir werden immer voraussetzen, daß f(x, y) in beiden Variablen stetig ist. Unter einer Lösung y(x) von (4) und (5) verstehen wir, daß y(x) auf einem Intervall [a, b] stetig ist und dort eine stetige Ableitung hat, y(x) die Gleichung (5) erfüllt und

$$\frac{dy(x)}{dx} = f(x, y(x)) \text{ für alle } x \in [a, b]$$

gilt.

Man kann eine ganze Menge Verständnis aus Gleichungen der speziellen Form

$$\frac{dy}{dx} = f(y) \tag{6}$$

gewinnen, die auf einfache Weise „gelöst" werden können. Wenn $f(A) \neq 0$ ist, z.B. $f(A) > 0$, dann besagt Gleichung (6), daß $y(x)$ solange anwachsen muß, wie $f(y)$ positiv bleibt. Aber dann existiert die Umkehrfunktion $x(y)$, und diese ist recht leicht zu erhalten. Erinnern wir uns an den Satz aus der Analysis, daß, wenn dy/dx stetig und ungleich Null auf einem Intervall auf der x-Achse ist, die Umkehrfunktion $x(y)$ auf dem entsprechenden Intervall in y-Richtung existiert und

$$\frac{dx(y)}{dy} = \frac{1}{dy(x)/dx}$$

ist. Wenn $f(A) \neq 0$ ist, können wir das Problem

$$\frac{dx}{dy} = \frac{1}{f(y)},$$

$$x(A) = a$$

lösen, um seine eindeutig bestimmte Lösung

$$x(y) = a + \int_A^y \frac{dt}{f(t)}$$

zu erhalten. Solange $f(y) \neq 0$ ist, definiert dieser Ausdruck die Funktion $x(y)$ und deren Umkehrfunktion $y(x)$, die Lösung von (5) und (6) ist. Anhand eines bekannten Beispiels betrachten wir

$$\frac{dy}{dx} = y,$$

$$y(0) = A$$

für $A > 0$. Die allgemeine Lösung, die gerade so erhalten wurde, ergibt in diesem Falle

$$x(y) = \int_A^y \frac{dt}{t} = \ln (y/A)$$

oder

$$y(x) = Ae^x,$$

was für alle x gilt. Derselbe Schluß gilt für $A < 0$, da dann $y < 0$ ist.

Das Beispiel

$$\frac{dy}{dx} = y^2,$$

$$y(0) = a$$

zeigt, warum die Definition einer Lösung bezüglich eines Intervalls gemacht wurde.

Denn es ist

$$x(y) = \int_1^y \frac{dt}{t^2} = 1 - \frac{1}{y},$$

und somit

$$y(x) = \frac{1}{1-x}.$$

Die Lösung existiert nicht auf einem beliebigen Intervall, das $x = 1$ enthält, da sie dort „explodiert“.

Wenn $f(A) = 0$ ist, dann ist $y(x) \equiv A$ immer eine Lösung von (5) und (6). Es ist unklar, ob es andere Lösungen gibt, da die gerade entwickelte Lösungsmethode nicht anzuwenden ist. Ein Beispiel mit verschiedenen möglichen Lösungen ist:

$$\frac{dy}{dx} = y' = -\sqrt{|1-y^2|}, \tag{7}$$

$$y(0) = 1. \tag{8}$$

Zusätzlich zur offensichtlichen Lösung $y(x) \equiv 1$ gibt es ebenso eine Lösung $\cos x$ auf einem geeigneten Intervall. Denn wenn $y(x) = \cos x$ ist, dann ist

$$y' = -\sin x$$

und aus Gleichung (7) und der Identität $\sin^2 x + \cos^2 x = 1$ ergibt sich

$$y' = -\sqrt{|1-\cos^2 x|} = -|\sin x|.$$

Das bedeutet, daß $\cos x$ die Differentialgleichung für $0 \leqslant x \leqslant \pi$ erfüllt, wobei natürlich $\cos 0 = 1$ gilt. Zu beachten ist, daß für $\pi < x < 2\pi$ $\cos x$ die Differentialgleichung nicht erfüllt. Allerdings ist die Funktion

$$y(x) = \begin{cases} \cos x & 0 \leqslant x \leqslant \pi \\ -1 & x > \pi \end{cases}$$

eine Lösung auf $[0, b]$ für beliebiges $b > 0$ (wir schreiben das als $[0, \infty)$). Offensichtlich erfüllen sowohl $\cos x$ als auch -1 die Differentialgleichung und die Überprüfung im Punkte $x = \pi$ zeigt, daß $y(x)$ in diesem Punkt stetig ist und eine stetige Ableitung hat, somit also auch überall. Wenn wir diese Tatsache beachten, erkennen wir, daß es unendlich viele Lösungen gibt. Für eine beliebige Zahl $\alpha \geqslant 0$ ist die Funktion

$$y(x) = \begin{cases} 1 & 0 \leqslant x \leqslant \alpha \\ \cos(x-\alpha) & \alpha < x \leqslant \alpha + \pi \\ -1 & \alpha + \pi < x \end{cases}$$

eine Lösung des Problems, die auf $[0, \infty)$ gültig ist. (Vgl. Bild 1.)

Übung 1

Prüfen Sie nach, daß für jede Zahl $\alpha \leq 0$

$$y(x) = \begin{cases} 1 & \alpha \leq x \leq 0 \\ \cosh(\alpha - x) & x < \alpha \end{cases}$$

eine Lösung von (7) und (8) ist, die auf $(\infty, 0]$ Gültigkeit hat.

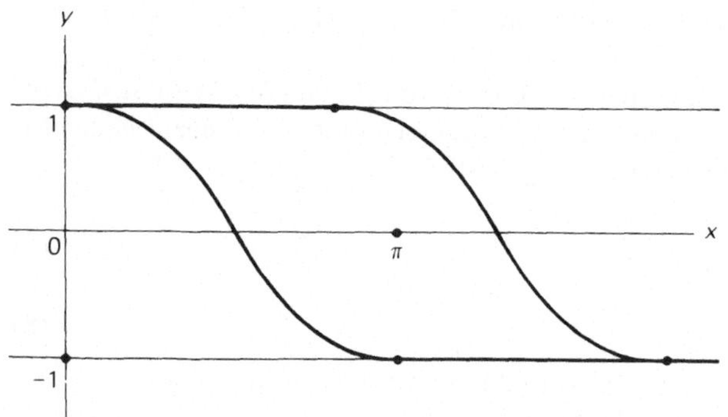

Bild 1

Eine Anfangswertaufgabe kann viele Lösungen haben. Die Aufgabe $y' = -\sqrt{1-y^2}$, $y(0) = 1$ hat unendlich viele Lösungen. Zwei davon sind in diesem Bild skizziert.

Übung 2

Eine Gleichung der Form

$$y' = g(x)\,y + r(x)$$

heißt linear. Weisen Sie nach, daß, wenn $g(x)$ und $r(x)$ stetig sind für $a \leq x \leq b$, dann die Lösung des Anfangswertproblems mit $y(a) = A$

$$y(x) = u(x)\,[A + v(x)]$$

ist, wobei

$$u(x) = \exp\left[\int_a^x g(t)\,dt\right]$$

und

$$v(x) = \int_a^z r(t)/u(t)\,dt.$$

sind.

Nur wenige Anfangswertaufgaben, sogar die der speziellen Form (6), haben analytische Lösungen, die in geschlossener Form anzugeben sind. Aus Gründen der Übersichtlichkeit haben wir Beispiele gewählt, für die die analytische Lösung durch eine wohlbekannte Funktion gegeben ist, aber der Leser sollte sich hier nicht fehlleiten lassen. Im allgemeinen muß sogar die Existenz einer Lösung aus der Differentialgleichung selbst abgeleitet werden, und zwar nicht durch Angabe eines analytischen Ausdrucks, und die Lösung muß numerisch berechnet werden. Der folgende Satz ist ein grundlegendes Ergebnis, das die Existenz einer Lösung für Anfangswertaufgaben nachweist.

Satz 1. Wenn f(x, y) auf einem offenen ebenen Gebiet R, das den Punkt (a, A) enthält, stetig ist, dann gibt es in dem Gebiet zumindest eine Lösung von (4) und (5). Jede Lösung existiert auf einem maximalen Intervall $\alpha < x < \beta$, das a enthält, und strebt für $x \to \alpha$ oder $x \to \beta$ gegen den Rand des Gebietes.

Ein Beweis dieses Satzes kann in [10, S. 17] gefunden werden.

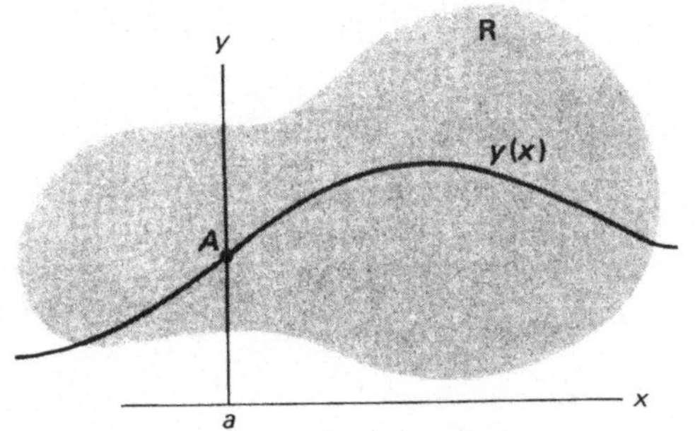

Bild 2

Wenn f(x, y) in beiden Variablen stetig auf einem Gebiet R ist, dann hat das Anfangswertproblem $y' = f(x, y)$, $y(a) = A$ für jeden Punkt (a, A) aus R eine Lösung y(x), die bis zum Rand von R reicht (Satz 1).

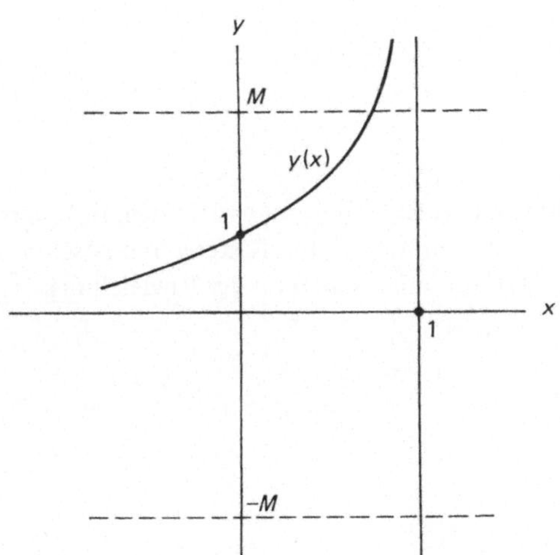

Bild 3

Eine Anfangswertaufgabe braucht keine Lösung zu haben, die sich bis zu einem gegebenen Punkt erstreckt. Die Aufgabe $y' = y^2$, $y(0) = 1$ hat nur die Lösung $y(x) = 1/(1 - x)$, die unendlich wird, wenn x gegen 1 geht.

Zu beachten ist, wie der Satz auf das Beispiel mit der Lösung $1/(1-x)$ anzuwenden ist. Wenn wir sagen, daß das Gebiet R für ein $M > 1$ durch $\{(x, y) \mid -2 < x < 2, -M < y < M\}$ gegeben ist, dann erreicht die Lösung den Rand des Gebietes, wenn $x = 1 - 1/M$ und $x = -2$ ist, geradeso, wie es der Satz verlangt. Wir haben an einem Beispiel gesehen, daß die Theorie in keiner Weise eine eindeutige Lösung garantiert. Doch nur wenige Probleme von physikalischem Interesse zeigen dieses Verhalten. Ein Problem heißt korrekt gestellt, wenn kleine Änderungen am Anfangswert und der Differentialgleichung nur kleine Änderungen in der Lösung bewirken. Ein Problem, daß einen physikalischen Sachverhalt darstellt, kann nur eine Approximation, eine Idealisierung sein, da Messungen nur mit einer beschränkten Genauigkeit durchgeführt werden können. Um brachbar zu sein, muß eine Gleichung, die ein physikalisches Problem beschreibt, korrekt gestellt sein, so daß kleine Meßfehler die Lösung nicht zu stark beeinflussen. Tatsächlich muß jedes Problem, das wir numerisch zu lösen versuchen, korrekt gestellt sein, da Fehler bei seiner Lösung unvermeidbar sind. Glücklicherweise garantiert eine sehr einfache Bedingung, daß ein Problem korrekt gestellt ist. Wenn $\partial f/\partial y$ existiert und in dem interessierenden Gebiet beschränkt ist, dann ist das Problem korrekt gestellt. Eine Bedingung, die weniger einschränkend, aber immer noch brauchbar ist, wird bei allen unseren analytischen Untersuchungen benutzt werden. Eine Funktion $f(x, y)$ erfüllt eine Lipschitz-Bedingung (in y) mit einer Konstanten L auf einem Gebiet R, wenn

$$|f(x, u) - f(x, v)| \leq L\,|u - v| \text{ für alle } (x, u), (x, v) \text{ aus R ist.}$$

Wir nennen zum Beispiel eine Funktion $f(x, y)$ linear, wenn

$$f(x, y) = g(x)\,y + r(x)$$

ist. Wenn $g(x)$ und $r(x)$ auf dem endlichen Intervall $[a, b]$ stetig sind, dann erfüllt $f(x, y)$ eine Lipschitz-Bedingung auf dem Gebiet

$$R = \{(x, y) \mid a \leq x \leq b, -\infty < y < \infty\}.$$

Das gilt, da

$$|f(x, u) - f(x, v)| = |g(x)|\,|u - v| \leq L\,|u - v|$$

ist, wenn L eine beliebige Konstante mit

$$\max_{a \leq x \leq b} |g(x)| \leq L.$$

ist. Die Stetigkeit von $g(x)$ besagt, daß $g(x)$ beschränkt ist, und somit existiert ein L. Dieses Beispiel ist ein Spezialfall der Beobachtung, daß, wenn $f_y(x, y)$ in R stetig und beschränkt ist, $f(x, y)$ eine Lipschitz-Bedingung erfüllt. Das kann man schon an der Ungleichung

$$|f(x, u) - f(x, v)| = |f_y(x, \xi)|\,|u - v| \leq L\,|u - v|$$

sehen, wenn L eine Konstante mit

$$\max_{R} |f_y(x, y)| \leq L$$

ist.

Übung 3

Beweisen Sie, daß, wenn f und f_y in einem Gebiet R stetig sind, f_y aber dort nicht beschränkt ist, f keine Lipschitz-Bedingung erfüllen kann.
Hinweis: Nehmen Sie an, daß f eine Lipschitz-Bedingung mit der Konstanten L erfüllt. Unter Benutzung der Grenzwert-Definition der Ableitung beweisen Sie, daß $|f_y| \leqslant L$ ist.

Übung 4

Welche der folgenden Gleichungen erfüllen in dem Gebiet $|x| < \infty$, $|y| < \infty$ eine Lipschitz-Bedingung? Finden Sie eine geeignete Lipschitz-Konstante, wenn es möglich ist.

a) $y' = y/(1 + x^2)$,
b) $y' = xy$,
c) $y' = y \sin x$,
d) $y' = \sqrt{|y|}$,
e) $y' = \sqrt{|x|}$.

Wir werden nun beweisen, daß Aufgaben, die einer Lipschitz-Bedingung genügen, korrekt gestellt sind. Die Leser, die Schwierigkeiten mit der Mathematik haben, können die Beweise der Sätze in diesem Kapitel überspringen: Es wird nicht schaden, solange sie die Bedeutung der Sätze verstehen.

Satz 2. Angenommen, daß f(x, y) und g(x, y) auf einem offenen Gebiet R stetig sind und daß f(x, y) dort einer Lipschitz-Bedingung mit einer Lipschitz-Konstanten L genügt. Weiterhin sei angenommen, daß

$$|f(x, y) - g(x, y)| \leqslant \epsilon \quad \text{für alle } (x, y) \in R \text{ ist.}$$

Wenn dann für $a \leqslant x \leqslant b$

$$u'(x) = f(x, u(x)),$$

und

$$v'(x) = g(x, v(x))$$

ist und sowohl (x, u(x)) als auch (x, v(x)) in R liegen, dann ist

$$|u(x) - v(x)| \leqslant \{|u(a) - v(a)| + (b - a)\,\epsilon\}\, e^{L(x-a)}.$$

Beweis: Zunächst integrieren wir die Gleichungen, um

$$u(x) = u(a) + \int_a^x u'(t)\,dt = u(a) + \int_a^x f(t, u(t))\,dt$$

und einen ähnlichen Ausdruck für v(x) zu erhalten. Wenn wir v(x) von u(x) subtrahieren, ergibt das mit ein paar zusätzlichen Rechnungen

$$u(x) - v(x) = u(a) - v(a) + \int_a^x \{f(t, v(t)) - g(t, v(t))\}\,dt + \int_a^x \{f(t, u(t)) - f(t, v(t))\}\,dt.$$

Unter Benutzung der Relation zwischen f und g und der Lipschitz-Bedingung sehen wir, daß

$$|u(x) - v(x)| \leqslant |u(a) - v(a)| + \int_a^x \epsilon\, dt + \int_a^x L|u(t) - v(t)|\, dt$$

$$\leqslant |u(a) - v(a)| + (b - a)\,\epsilon + \int_a^x L|u(t) - v(t)|\, dt$$

für $a \leqslant x \leqslant b$ ist. Wir wollen die Schreibweise

$$\Delta(x) = |u(x) - v(x)|,$$

$$R(x) = |u(a) - v(a)| + (b - a)\epsilon + \int_a^x L|u(t) - v(t)|\, dt.$$

benutzen. Damit schreibt sich die gerade bewiesene Ungleichung

$$\Delta(x) \leqslant R(x).$$

Da $R'(x) = L\Delta(x)$ ist, besagt die Ungleichung

$$0 \geqslant R'(x) - LR(x)$$

was, wegen der Positivität der Exponentialfunktion,

$$0 \geqslant e^{-L(x-a)}\,[R'(x) - LR(x)] = \frac{d}{dx}\,[R(x)\, e^{-L(x-a)}].$$

zur Folge hat. Das bedeutet, daß die Funktion $R(x)\, e^{-L(x-a)}$ nicht anwächst, so daß

$$R(x)\, e^{-L(x-a)} \leqslant R(a)\, e^{-L(a-a)} = R(a).$$

ist. Das führt schließlich auf

$$\Delta(x) \leqslant R(x) \leqslant R(a)\, e^{L(x-a)}$$

was gerade eine andere Schreibweise für das gewünschte Resultat

$$|u(x) - v(x)| \leqslant \{|u(a) - v(a)| + (b - a)\,\epsilon\}\, e^{L(x-a)}.$$

ist.

Korollar 1. Angenommen, daß $f(x, y)$ auf einem offenen Gebiet R definiert ist und dort einer Lipschitz-Bedingung genügt. Dann hat das Anfangswertproblem $y' = f(x, y)$, $y(a) = A$ für jeden Punkt (a, A) höchstens eine Lösung.

Beweis: Wenn es zwei Lösungen $u(x)$ und $v(x)$ gäbe, hätten wir $u(a) = v(a) = A$ und $\epsilon = 0$ im obigen Satz und somit $u(x) - v(x) \equiv 0$.

Satz 2 besagt, daß Lipschitz-beschränkte Probleme korrekt gestellt sind, da bei einer kleinen Änderung der Anfangsbedingung und der Gleichung auch die Lösung nur wenig geändert wird. Ebenso besagt er, daß eine Lösung eine stetige Funktion des Anfangswertes ist, da, falls $u(x)$ und $v(x)$ beide die Gleichung $y' = f(x, y)$ erfüllen,

$$|u(x) - v(x)| \leqslant |u(a) - v(a)|\, e^{L(x-a)}$$

gilt. Tatsächlich ist, wenn f_y existiert und stetig ist, die Lösung eine differenzierbare Funktion des Anfangswertes. Wenn $y(x, A)$ die Lösung mit dem Anfangswert A bei $x = a$ ist und

$$u(x) = \frac{\partial y(x, A)}{\partial A},$$

ist, dann ist $u(x)$ die Lösung der linearen Differentialgleichung

$$u' = f_y(x, y(x, A))\, u,$$

$$u(a) = 1,$$

die auch die Gleichung erster Variation genannt wird. Diese erhält man durch formale Differentiation der Differentialgleichung, die durch $y(x, A)$ erfüllt wird, und durch Vertauschung der Reihenfolge der Differentiationen. Es ist leicht zu beweisen, daß diese formale Ableitung gerechtfertigt ist, aber es liegt ziemlich abseits von unserem Weg, somit lassen wir den Beweis aus. Er kann zum Beispiel in [24, S. 136 – 140] gefunden werden.

Wenn wir die Voraussetzungen im vorausgehenden Satz etwas verschärfen, können wir beweisen, daß die Lösung nicht „explodiert".

Satz 3. Angenommen, $f(x, y)$ ist stetig und erfüllt eine Lipschitz-Bedingung auf einem offenen Gebiet, das $\{(x, y) \mid a \leqslant x \leqslant b, -\infty < y < \infty\}$ enthält. Dann hat für jedes A die Aufgabe $y' = f(x, y)$, $y(a) = A$ eine eindeutige Lösung, die auf dem gesamten endlichen Intervall $[a, b]$ existiert.

Beweis: Satz 1 besagt, daß es eine Lösung gibt, die sich bis zum Rand des Gebietes erstreckt, und das Korollar zu Satz 2 besagt, daß es dort nur eine Lösung gibt. Wir brauchen nur zu beweisen, daß sich die Lösung bis $x = b$ erstreckt und nicht unendlich wird, bevor b erreicht ist. Das grundlegende Argument ist die Annahme, daß die Lösung bis $x = \alpha$ existiert. Dann betrachten wir ein Rechteck $R = \{(x, y) \mid \alpha \leqslant x \leqslant \alpha + \Delta, -M < y < M\}$ mit einem geeigneten positiven Δ und einem (endlichen) M. Die Lösung muß sich bis zum Rand dieses Rechteckes erstrecken, da P so gewählt wird, daß es ganz im Gebiet liegt.

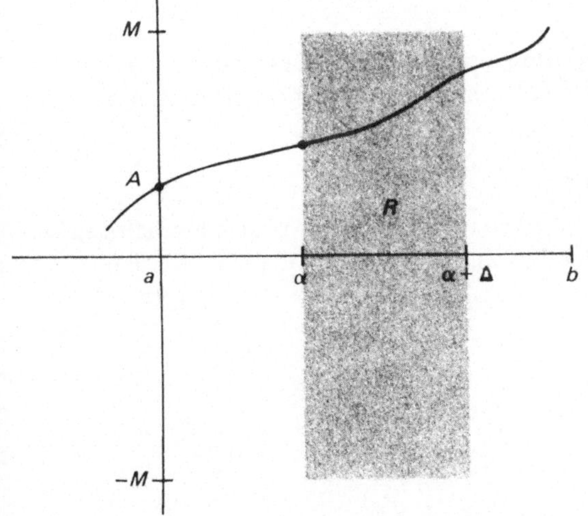

Bild 4

Die grundlegende Konstruktion zum Beweis von Satz 3 nimmt an, daß die Lösung sich bis $x = \alpha$ erstreckt. Ein Rechteck R wird konstruiert, und nach Satz 1 erstreckt sich die Lösung bis zum Rand von R. Es wird gezeigt, daß die Lösung weder Ober- noch Unterkante von R erreichen kann, und somit erreicht sie die Seite bei $x = \alpha + \Delta$. Da Δ von Null weg beschränkt ist, zeigt die Wiederholung des Argumentes, daß sich die Lösung bis $x = b$ erstreckt.

Wir werden beweisen, daß die Lösung weder durch die Ober-, noch durch die Unterkante des Rechtecks verläuft und somit dessen Seite bei $x = \alpha + \Delta$ erreicht. Wiederholte Anwendung dieses grundlegenden Arguments zeigt dann, daß sich die Lösung bis $x = b$ ausstreckt. Für das grundlegende Argument nehmen wir $\Delta = \min(0.1/L, b - \alpha)$. Um M zu definieren, definieren wir zunächst

$$C = \max_{a \leqslant x \leqslant b} |f(x, 0)|$$

(das Maximum existiert, da f auf diesem endlichen Intervall stetig ist). Sei γ eine beliebige Zahl, so daß

$$0.1\, e^{0.1} < \gamma < 1$$

gilt (das ist möglich, da $0.1\, e^{0.1} < 1$). Dann sei

$$M = \left(|\gamma(\alpha)| + \frac{C}{L} 0.1\, e^{0.1}\right) \Big/ (\gamma - 0.1\, e^{0.1}).$$

Um zu beweisen, daß $y(x)$ das Rechteck durch die Seite verläßt, schätzen wir unter Anwendung von Satz 2 ab, wie weit $y(x)$ von der konstanten Funktion $v(x) \equiv y(\alpha)$ abweichen kann. Nun ist $v(x)$ eine Lösung von $v' = g(x, v)$, $v(\alpha) = y(\alpha)$, wenn wir $g(x, v) \equiv 0$ definieren. Für einen Punkt (x, w) aus dem Rechteck R haben wir dann

$$\begin{aligned} |f(x, w) - g(x, w)| &= |f(x, w) - f(x, 0) + f(x, 0)| \\ &\leqslant |f(x, w) - f(x, 0)| + |f(x, 0)| \\ &\leqslant L|w| + C \leqslant LM + C. \end{aligned}$$

Damit sind alle Bedingungen von Satz 2 erfüllt und als Schluß ergibt sich, daß

$$|y(x) - v(x)| \leqslant \Delta\,(LM + C)\, e^{L\Delta} = \left(M + \frac{C}{L}\right) L\Delta\, e^{L\Delta}$$

ist und somit

$$|y(x)| \leqslant |y(\alpha)| + \left(M + \frac{C}{L}\right) 0.1\, e^{0.1} = \gamma M$$

gilt. Für $\alpha \leqslant x \leqslant \alpha + \Delta$ ist $y(x)$ betragsmäßig durch $\gamma M < M$ beschränkt, und somit erreicht es weder Ober- noch Unterkante von R. Da es den Rand nicht erreicht, muß es das Rechteck an der Seite bei $x = \alpha + \Delta$ verlassen.

Systeme und Gleichungen höherer Ordnung

Bis jetzt haben wir eine einzelne Gleichung betrachtet, aber gewöhnlich beschäftigen wir uns mit mehreren Gleichungen zur selben Zeit. Zum Beispiel sind $y_1(x) = \sin x$ und $y_2(x) = \cos x$ die Lösung von

$$\begin{aligned} y_1' &= y_2 \qquad & y_1(0) &= 0 \\ y_2' &= -y_1 \qquad & y_2(0) &= 1 \end{aligned}$$

Das allgemeine Anfangswertproblem ist

$$\begin{aligned}
y_1' &= f_1(x, y_1, y_2, \dots, y_n), & y_1(a) &= A_1,\\
y_2' &= f_2(x, y_1, y_2, \dots, y_n), & y_2(a) &= A_2,\\
&\vdots & &\vdots\\
y_n' &= f_n(x, y_1, y_2, \dots, y_n), & y_n(a) &= A_n.
\end{aligned}$$

In Vektor Schreibweise mit

$$\begin{aligned}
\mathbf{y} &= (y_1, y_2, \dots, y_n)^T,\\
\mathbf{A} &= (A_1, A_2, \dots, A_n)^T,\\
\mathbf{f}(x, \mathbf{y}) &= (f_1(x, \mathbf{y}), f_2(x, \mathbf{y}), \dots, f_n(x, \mathbf{y}))^T
\end{aligned}$$

ergibt das

$$\begin{aligned}
\mathbf{y}' &= \mathbf{f}(x, \mathbf{y}),\\
\mathbf{y}(a) &= \mathbf{A}.
\end{aligned}$$

Die formale Ähnlichkeit zum Falle einer einzelnen Gleichung weist einen in die richtige Richtung. Alle vorausgehenden Sätze bleiben gültig und ihre Beweise erfordern nur geringe Änderungen. Häufig müssen wir Differentialgleichungen betrachten, die höhere Ableitungen als die erster Ordnung enthalten, zum Beispiel ist die Funktion $y(x) = \sin x$ Lösung der Aufgabe

$$y'' = -y, \quad y(0) = 0, \quad y'(0) = 1,$$

die Ableitungen zweiter Ordnung beinhaltet.

Für typische numerische Verfahren ist es notwendig, solch ein Problem in ein System von Gleichungen erster Ordnung zu transformieren, indem neue Unbekannte eingeführt werten. In diesem Beispiel sei $y_1(x)$ die gewünschte Funktion $y(x)$ und als neue Unbekannte werde $y_2 = y_1'$ eingeführt. Dann ist

$$\begin{aligned}
y_1' &= y_2, & y_1(0) &= 0,\\
y_2' = y_1'' &= -y_1 & y_2(0) &= y_1'(0) = 1.
\end{aligned}$$

Dieses Vorgehen kann Vorteile mit sich bringen. Wir können wirklich an $y'(x)$ interessiert sein. Mathematisch gesprochen gibt uns die Lösung $y(x)$ die Ableitung $y'(x)$, von der rechnerischen Seite gesehen können wir eine ausgezeichnete Approximation für $y(x)$ haben, jedoch keinerlei Approximation für $y'(x)$. Wenn das Problem als System gelöst wird, werden $y(x)$ und $y'(x)$ auf dieselbe Art behandelt und gleich gut berechnet.

Das Standard-Anfangswertproblem für eine Gleichung n-ter Ordnung ist

$$\begin{aligned}
y^{(n)} &= f[x, y, y', \dots, y^{(n-1)}],\\
y(a) &= A_1,\\
y'(a) &= A_2,\\
&\vdots\\
y^{(n-1)}(a) &= A_n.
\end{aligned}$$

Der übliche Weg, das in ein System zu überführen, ist, die Unbekannten

$$y_1 = y,$$
$$y_2 = y',$$
$$\vdots$$
$$y_n = y^{(n-1)}$$

einzuführen und dann

$$\begin{aligned} y_1' &= y_2, & y_1(a) &= A_1, \\ y_2' &= y_3, & y_2(a) &= A_2, \\ &\vdots & &\vdots \\ y_n' &= f(x, y_1, y_2, \dots, y_n), & y_n(a) &= A_n \end{aligned}$$

zu schreiben. Diese Idee hier ist allgemein anwendbar. Es werden für jede auftretende Ableitung der ursprünglichen Unbekannten bis auf die höchste Ableitung neue Unbekannte im ursprünglichen System eingeführt. Nehmen wir zum Beispiel an, das System sei

$$u'' + u'v' = \sin x,$$
$$v' + v + u = \cos x.$$

Es seien

$$y_1 = u,$$
$$y_2 = u',$$
$$y_3 = v.$$

Dann ist

$$y_1' = y_2,$$
$$y_2' = u'' = \sin x - y_2 y_3',$$
$$y_3' = \cos x - y_3 - y_1.$$

Um das auf die Standardform zu bringen, müssen wir y_3' aus der zweiten Gleichung eliminieren, um

$$y_1' = y_2,$$
$$y_2' = \sin x - y_2(\cos x - y_3 - y_1),$$
$$y_3' = \cos x - y_3 - y_1$$

zu erhalten.

Physikalische Überlegungen können auch die Einführung anderer Variablen nahelegen, die für das Problem geeigneter sind. Eine allgemeine Gleichung, die zum Beispiel bei der Untersuchung der Diffusion eines stationären Zustandes auftritt, ist von der Form

$$\frac{d}{dx}\left(p(x)\frac{dy}{dx}\right) + q(x)\,y = g(x)$$

Für positives, differenzierbares p(x) kann diese Gleichung in

$$y'' + \frac{p'(x)}{p(x)} y' + \frac{q(x)}{p(x)} y = \frac{g(x)}{p(x)}$$

überführt werden, was in die Standard-Form durch die Substitution $y_1 = y$ und $y_2 = y'$ gebracht werden kann. Bei physikalischen Problemen mit geschichteten Medien ist die Funktion p(x) unstetig, wenn wir von einem Medium in das andere gehen. Unsere Existenz- und Eindeutigkeitssätze lassen sich nur auf getrennten Teilen des Intervalls anwenden. Um genau zu sein: Angenommen, daß es zwei Schichten gibt, so daß $p(x) \in C^1[a, c)$, $p(x) \in C^1(c, b]$, aber auch $p(c-) \neq p(c+)$ gilt. [Die Standardbezeichnung hier bedeutet

$$\lim_{\substack{x \to c \\ x < c}} p(x) = p(c-) \neq p(c+) = \lim_{\substack{x \to c \\ x > c}} p(x).]$$

Angenommen, daß q(x) und g(x) stetig auf [a, b] sind, dann besagt unsere Theorie, daß es eine eindeutige Lösung zu den gegebenen Anfangswerten gibt, die sich bis zur Schnittstelle in c erstreckt. Wenn wir geeignete Anfangswerte in c+ definieren, können wir die Theorie wiederum anwenden. Die typisch physikalische Bedingung ist, daß die Lösung y(x) und der Fluß p(x) y'(x) stetig sind. Das heißt, daß

$$y(c+) = y(c-)$$

und

$$p(c+)\, y'(c+) = p(c-)\, y'(c-)$$

ist.

Dabei ist zu beachten, daß y'(x) in c eine Sprungstelle besitzt. Wegen dieser Bedingung ist der Fluß eine der Natur des Problems eher angepaßte Variable als y'(x). Wenn wir $y_1 = y$ und $y_2 = p(x)\, y'$ setzen, dann ist

$$y_1' = y' = \frac{y_2}{p(x)},$$

$$y_2' = [p(x)\, y']' = -q(x)\, y_1 + g(x).$$

Die „Schnittstellen"-Bedingung für diese Variablen verlangt bloß, daß wir Approximationen in c berechnen und dort mit der Berechnung von p(x) vorsichtig sind. Ein weiterer Vorteil ist, daß es nicht wie bei der Standardlösung nötig ist, eine analytische Ableitung von p(x) zu benutzen. Das ist insofern günstig, da die Ableitung nur schwer oder sogar unmöglich zu berechnen sein kann.

Dieses Beispiel führt deutlich einen Punkt vor Augen, der den Autoren häufig bei der rechnerischen Praxis vorgekommen ist. Oft will ein Wissenschaftler, der ein mathematisches Modell als System von Differentialgleichungen mit natürlichen Variablen formuliert hat, diese eliminieren und die Gleichungen kombinieren, um weniger Gleichungen zu erhalten, die dafür von höherer Ordnung sind. Das wird gemacht, um die analytische Untersuchung zu erleichtern. Wenn es sich dann herausstellt, daß man mit numerischen Methoden arbeiten muß, werden die Gleichungen höherer Ordnung mit den üblichen Methoden zurück in ein System verwandelt, wie es von den meisten Programmen verlangt wird. Bei dieser künstlichen Transformation geht die physikalische Bedeutung der ursprünglichen

Variablen verloren, und die entstehenden Gleichungen können sich für die numerische Lösung als weniger effektiv zeigen.

Um zu betonen, daß es viele Wege gibt, Systeme von Gleichungen zu erhalten, wollen wir einen interessanten Spezialfall untersuchen. Die Gleichung sei von der Form

$$y'' + g(x)\, y' + h(x)\, y = 0 \tag{9}$$

und wir wollen sie in ein System der Form

$$y' = P(x)\, y + Q(x)\, z, \tag{10}$$

$$z' = R(x)\, y + S(x)\, z \tag{11}$$

umschreiben. Die Funktion y soll die gleiche wie oben sein, und die Wahl von z, P(x), Q(x), R(x) und S(x) steht uns frei. Wir fordern, daß die Lösung y(x) dieses Systems (10) und (11) gleich der Lösung y(x) von (9) ist, vorausgesetzt, daß

$$P(x) + S(x) + \frac{Q'(x)}{Q(x)} + g(x) = 0, \tag{12}$$

$$R(x)\, Q(x) + P'(x) + P^2(x) + P(x)\, g(x) + h(x) = 0. \tag{13}$$

Um dies zu verifizieren, differenzieren wir Gl. (10), um

$$y'' = P'(x)\, y + P(x)\, y' + Q'(x)\, z + Q(x)\, z'$$

zu erhalten und substituieren (11), um

$$y'' = [P'(x) + Q(x)\, R(x)]\, y + P(x)\, y' + [Q'(x) + Q(x)\, S(x)]z.$$

zu bekommen. Wenn wir (10) nach z auflösen und den entstehenden Ausdruck in die letzte Gleichung einsetzen, erhalten wir

$$y'' = \left(P'(x) + Q(x)\, R(x) - \frac{P(x)\, Q'(x)}{Q(x)} - P(x)\, S(x)\right) y + \left(P(x) + \frac{Q'(x)}{Q(x)} + S(x)\right) y'.$$

Unter Benutzung von (12) und (13) sehen wir, daß das gewünschte Ergebnis

$$y'' = -h(x)\, y - g(x)\, y',$$

ist. Es gibt viele Möglichkeiten der Wahl von P(x), Q(x), R(x) und S(x); wir überlassen drei als Übung

---

Übung 5

Weisen Sie nach, daß die folgenden Wahlen die gewünschten Bedingungen erfüllen

a) $Q(x) \equiv 1,\ P(x) \equiv 0,\ r(x) = -h(x),\ s(x) = -g(x);$

b) $Q(x) = \dfrac{1}{E(x)},\ P(x) \equiv 0,\ S(x) \equiv 0,\ R(x) = -h(x)\, E(x)$ mit

$$E(x) = \exp\left(\int_a^x g(t)\, dt\right);$$

c) $Q(x) \equiv 1,\ P(x) = S(x) = \dfrac{-g(x)}{2},\ R(x) = \dfrac{g'(x)}{2} + \dfrac{g^2(x)}{4} - h(x).$

Manchmal wird die Situation verdeutlicht, wenn ein Problem unter Benutzung mehrerer unterschiedlicher Transformationen untersucht wird. Ein wichtiger Teil der Untersuchung nichtlinearer Mechanik behandelt Systeme der Form

$$\frac{dx}{dt} = P(x, y),$$

$$\frac{dy}{dt} = Q(x, y).$$

Hierbei sollen die Funktionen P und Q glatt genug sein, so daß unsere Existenz- und Eindeutigkeitssätze angewandt werden können. Die Variablen x und y sind Ortskoordinaten, t ist die Zeitkoordinate. Oft beschäftigt man sich mit den qualitativen Aspekten der Bewegung und nicht mit der Geschwindigkeit, mit der der Weg durchlaufen wird. Wenn y als Funktion von x betrachtet wird, so daß

$$\frac{dy}{dx} = \frac{dy}{dt} \Big/ \frac{dx}{dt} = \frac{Q(x, y)}{P(x, y)}$$

ist, spielt die Zeit keine Rolle mehr. Diese Betrachtungen in der „Phasen-Ebene" verschaffen einem einen guten Einblick, aber die direkte numerische Lösung der Flugbahnen in der Phasen-Ebene kann zu Schwierigkeiten führen. Diese entstehen, wenn entweder der Zähler verschwindet oder der Bruch unbestimmt wird. Als ein Beispiel für die letzte Situation betrachten wir

$$\frac{dx}{dt} = x,$$

$$\frac{dy}{dt} = y.$$

so daß

$$\frac{dy}{dx} = \frac{y}{x}. \tag{14}$$

ist. Diese Gleichung erster Ordnung heißt singulär im Punkte $x = 0$, da sie die Bedingungen des Existenzsatzes nicht erfüllt. Das System ist trivial zu lösen und führt zu dem Schluß, daß jedes Problem, das aus (14) und der Anfangsbedingung $y(a) = A$ besteht, die Lösung $y(x) = Ax/a$ hat, solange $a \neq 0$ ist. Unsere Sätze können direkt auf diese Probleme angewendet werden, wenn $a \neq 0$ ist, und daraus folgern wir, daß es dann nur eine Lösung gibt. Wenn $a = 0$ und $A \neq 0$ ist, gibt es überhaupt keine Lösungen, aber falls $A = 0$ ist, ist $y(x) = cx$ eine Lösung für jede Konstante c. Dieses Verhalten von Seiten des singulären Systems scheint verwunderlich zu sein, aber bei geeigneten Variablen ist es leicht einzusehen. Probleme, bei denen die Ableitung unendlich wird, können mittels einer Änderung der Variablen behandelt werden. Das wird aber im Kapitel 12 genauer diskutiert werden.

Übung 6

Schreiben Sie die folgenden Gleichungen als Systeme von Gleichungen erster Ordnung in Standard-Form. Welche der ursprünglichen Variablen benötigen Anfangswerte, um ein Anfangswertproblem anzugeben, wenn es in Standard-Form umgeschrieben ist? (Eine allgemein übliche Schreibweise für Differentation nach der Zeit ist $\dot{y} = dy/dt$.)

a) $y'' - (1 - y^2)\, y' + y = 0$

b) $x^3 \dfrac{d^3y}{dx^3} + 6x^2 \dfrac{d^2y}{dx^2} + 7x \dfrac{dy}{dx} = 0$

c) $\ddot{x} + \sin z = \dot{x}, \quad \dot{z} + z = x$

d) $\ddot{y} + \dot{y} - \dot{v} = 0, \quad \ddot{y} + \dot{v} + 3y + v = 0$

Ein numerisches Verfahren

Wir werden nun ein einfaches numerisches Verfahren diskutieren, um einige Überlegungen darzustellen, die bei der Entwicklung eines Universal-Codes erforderlich sind, wie er hier in diesem Lehrbuch vorgestellt wird. Diese Methode selbst ist dann recht nützlich, wenn die Codes, die wir entwickeln, auf ein physikalisches Problem nicht anzuwenden sind. Häufig können solche Problemstellungen gelöst werden, wenn nach ein paar geringen Vorbereitungen dieses einfache numerische Verfahren angewandt wird. In Kapitel 12 werden eine Reihe von Beispielen, die näher auf diese Situation eingehen, vorgestellt.

Angenommen, wir wollen $y' = f(x, y)$, $y(a) = A$ auf einem Intervall $[a, b]$ lösen. Das bedeutet, daß wir auf einem Intervall eine Wertetabelle oder einen Graphen von $y(x)$ haben wollen. Es ist anzumerken, daß $y'(a) = f(a, y(a)) = f(a, A)$ ist. Deshalb nähert der Wert

$$y_1 = y(a) + hy'(a) = A + hf(a, A)$$

$y(a + h)$ an. Der Fehler ist nach dem Taylorschen Satz gegeben durch

$$y(a+h) - y_1 = \frac{h^2}{2} y''(\xi)$$

$$= \frac{h^2}{2} y''(a) + \frac{h^3}{6} y'''(\zeta)$$

wobei ξ und ζ in $(a, a + h)$ liegen, vorausgesetzt, daß $y(x)$ glatt genug ist. Wir nennen diese Approximation $O(h^2)$ (in Worten: von der Ordnung h^2, oder groß O von h^2). Das Ordnungssymbol „O" wird häufig in den folgenden Kapiteln gebracht, um anzuzeigen, wie gut ein Ausdruck einen anderen approximiert. Typisch ist dabei, daß jeder Ausdruck von der Schrittweite abhängt. Demzufolge wird die Differenz der Ausdrücke eine Funktion von h sein. In dem Beispiel sei $g(h) = y(a + h) - y_1$; dann sagen wir, daß $g(h) = O(h^2)$ ist. Allgemein verstehen wir unter der Schreibweise

$$g(h) = O(h^k),$$

daß ein $h_0 > 0$ und eine Konstante $c \neq 0$ existieren, so daß

$$|g(h)| \leq Ch^k \quad \text{für alle} \quad 0 < h \leq h_0$$

gilt. Es ist dabei nicht notwendig, einen Wert für h oder c zu kennen, allein ihre Existenz ist wichtig.

In diesem speziellen Beispiel können wir $h_0 = b - a$ nehmen und

$$C = \frac{1}{2} \max_{a \leq x \leq b} |y''(x)|.$$

Das Wesentliche daran ist zu beschreiben, wie schnell eine Größe gegen Null strebt, wenn $h \to 0$ geht. Die folgende Übung leitet einige einfache Eigenschaften der Ordnungsrelation her, die der Leser beherrschen muß, wenn er die numerische Lösung von Differentialgleichungen verstehen will.

Übung 7

Weisen Sie nach, daß

$$\alpha g_1 = O(h^{k_1}),$$
$$g_1 g_2 = O(h^{k_1+k_2}),$$
$$g_1 + g_2 = O(h^{k_3}), \quad k_3 = \min(k_1, k_2),$$

gilt, wobei $g_1(h) = O(h^{k_1})$, $g_2(h) = O(h^{k_2})$ und α eine beliebige Konstante sind.

Wir sehen, daß wir eine beliebig genaue Näherungslösung erhalten können, wenn wir h hinreichend klein machen. Letztlich wollen wir aber eine Tabelle für das ganze Intervall erstellen, so daß wir (um der Effizienz willen) ein relativ großes h benutzen wollen. Um die Genauigkeit zu steuern und h entsprechend anzupassen, müssen wir irgendwie den Fehler für y_1 abschätzen. Nun ist

$$y''(x) = \frac{d}{dx} f(x, y(x)) = f_y(x, y(x))\, y'(x) + f_x(x, y(x))$$
$$= f_y(x, y(x))\, f(x, y(x)) + f_x(x, y(x)),$$

so daß

$$y''(a) = f_y(a, A)\, f(a, A) + f_x(a, A).$$

gilt. Wenn wir analytische Ausdrücke für f_x und f_y hätten, könnten wir mit diesen $y''(a)$ berechnen und dann den Fehler unter Benutzung des Ausdruckes

$$\frac{h^2}{2} y''(a).$$

abschätzen. Wir nennen diese Abschätzung asymptotisch korrekt, was bedeutet, daß für $h \to 0$ das Verhältnis des geschätzten Fehlers zum wahren Fehler zu Eins wird. Anders ausgedrückt geht der relative Fehler der Abschätzung für $h \to 0$ gegen Null. Wir können diese Behauptung beweisen, wenn wir den Zwischenwertsatz auf die Ableitungen anwenden:

$$\frac{\frac{h^2}{2} y''(\xi) - \frac{h^2}{2} y''(a)}{\frac{h^2}{2} y''(\xi)} = \frac{(\xi - a)\, y'''(\eta)}{y''(\xi)}.$$

Tatsächlich sehen wir, da η und ξ in (a, a + h) liegen, daß der relative Fehler der Schätzung O(h) ist. [Wir nehmen an, daß der Fehler $(h^2/2)\, y''(\xi)$ ungleich Null ist, da andernfalls der relative Fehler der Schätzung nicht definiert wäre.]

Um genauere Näherungen zu erhalten, könnten wir die Differentialgleichung mehrfach differenzieren, um Ableitungen höherer Ordnung $y^{(n)}$ zu erhalten, und so

$$y_1 = y(a) + hy'(a) + \ldots + \frac{h^k}{k!}\, y^{(k)}(a)$$

als Näherung für y(a + h) zu benutzen. Diese Näherung ist $O(h^{k+1})$ und der Fehler kann mit

$$\frac{h^{k+1}}{(k+1)!}\, y^{(k+1)}(a)$$

abgeschätzt werden. Dieser Ansatz zur Lösung von Differentialgleichungen wird die Methode der Taylorentwicklung genannt.

Was passiert beim nächsten Schritt? Im Idealfall würden wir

$$y' = f(x, y),$$

$$y(a+h) \text{ vorgegeben}$$

lösen, indem wir einen Schritt von a + h aus rechnen. Leider kennen wir den Wert von y(a + h) nicht genau, vielmehr nur die Näherung y_1. Damit können wir bestenfalls

$$u' = f(x, u),$$

$$u(a + h) = y_1$$

lösen, um u(x) zu erhalten. Das machen wir wie vorher,

$$\begin{aligned} u_1 &= u(a + h) + hu'(a + h) + \cdots \\ &= y_1 + hf(a + h, y_1) + \cdots, \end{aligned}$$

und wir schreiben $u_1 \approx u(a + 2h)$. Wir können u(a + 2h) für kleines h gut approximieren, aber wie steht es mit y(a + 2h)? Hier sehen wir die Effekte der Fehlerfortpflanzung. Bei jedem Schritt können wir fast die Lösung der Differentialgleichung mit dem Anfangswert erhalten, der durch den vorigen Schritt gegeben ist: wir sagen, der lokale Fehler ist klein. Der Gesamteffekt dieser Fehler hängt von der Gleichung ab. Wenn das Problem korrekt gestellt ist und h „klein" ist, dann sind y(a + 2h) und u(a + 2h) fast gleich, da y(x) und u(x) beides Lösungen derselben Differentialgleichung mit etwas verschiedenen Anfangswerten an der Stelle a + h sind. Es ist einleuchtend und auch richtig, daß der größte Fehler von der Ordnung h^k ist, wenn (b − a)/h Schritte mit jeweils der gleichen Fehlerordnung h^{k+1} gerechnet werden.

Der bestimmende Faktor bei der Fehlerfortplanzung ist das Verhalten der Lösungskurven der Differentialgleichung. Wir möchten einer speziellen Kurve folgen, müssen sie aber wegen eines Fehlers verlassen und fangen an, eine nahegelegene Kurve aus der Lösungsschar der Differentialgleichung zu verfolgen. Wenn alle nahegelegenen Lösungskurven bei fortschreitender Integration gegen die eine interessierende streben, wird der Effekt eines Fehlers ganz und gar gedämpft, und wir sagen, die Lösung ist stabil.

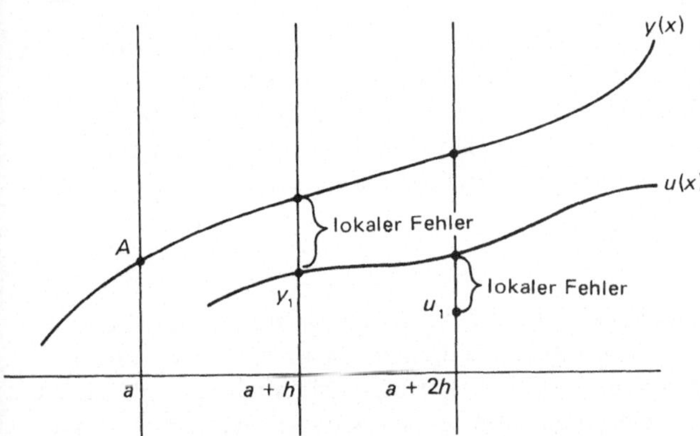

Bild 5 Der lokale Fehler eines Schritt-für-Schritt-Verfahrens zur Lösung des Anfangswertproblems ist die Differenz zwischen der numerischen Näherung und dem Wert der Lösungskurve der Differentialgleichung, die durch die letzte Näherung als Anfangsbedingung geht. Wie gut die numerische Näherung mit der Lösung des gestellten Problems übereinstimmt, hängt vom Verhalten der Lösungskurve der Differentialgleichung ab.

Im gegenteiligen Fall divergieren die Lösungskurven von der einen, der unser Interesse gilt, der Effekt eines Fehlers kann mit fortschreitender Lösung anwachsen und wir nennen sie dann instabil. Zur Illustration wollen wir die Lösung $y(x) = 0$ von $y' = \alpha y$ betrachten. Die allgemeine Lösung der Differentialgleichung ist $A \cdot \exp(\alpha x)$. Wenn etwa $\alpha = -10^4$ ist, gehen alle Lösungen schnell gegen $y(x) \equiv 0$, somit halten wir diese Lösung für sehr stabil. Wenn $\alpha = 10^4$ ist, ist die Lösung sehr instabil. Satz 2 gibt eine Schranke an, wie instabil ein Lipschitz-beschränktes Problem sein kann, aber wie das letzte Beispiel zeigt, kann die Schranke so groß sein, daß sie keinen praktischen Wert hat. Angenommen, wir benutzen irgendein numerisches Verfahren, wie etwa die Taylorentwicklung, um $y' = 10^4\,y$ mit $y(0) = 0$ zu lösen. Weiter sei angenommen, daß wir beim ersten Schritt der Länge h einen kleinen lokalen Fehler ϵ machen, bei den nächsten Schritten aber keinerlei Fehler. Dann erhalten wir, wie wir oben gesehen haben, nach dem ersten Schritt exakt $u(x) = \epsilon \exp(10^4 (x-h))$ als Näherung für $y(x) \equiv 0$. Somit gibt es sogar unter diesen außerordentlich günstigen Umständen beträchtliche Einschränkungen für die Genauigkeit, die für große x zu erhalten ist. Wir werden beweisen, daß wir bei Benutzung einer Arithmetik mit unendlicher Genauigkeit numerische Lösungen beliebiger Genauigkeit von Lipschitz-beschränkten Problemen erhalten können. In der Praxis werden jedoch die Schritt-für-Schritt-Verfahren eine zufriedenstellende Genauigkeit nur für mäßig stabile Probleme liefern.

Die Methode der Taylorentwicklung ist exzellent, wenn sie durchgeführt werden kann, aber sie ist nicht so weitgehend anzuwenden, wie es für einen Allzweck-Code erforderlich ist. Ihre Grundidee ist, y(x) in einer Umgebung von a durch ein Polynom

$$y(a) + y'(a)(x-a) + \frac{y''(a)}{2!}(x-a)^2 + \cdots + \frac{y^{(k)}(a)}{k!}(x-a)^k$$

anzunähern, das mit y und seinen ersten Ableitungen in a übereinstimmt. Das Schema, das diesem Text zugrunde liegt, basiert auf einem Polynom, das mit y und y' in a und mit y' in weiteren Argumenten nahe bei a übereinstimmt. Da $y'(x) = f(x, y(x))$ stets leicht zu erhalten ist, ist diese Idee nicht durch die Notwendigkeit anderer analytischer Differentation eingeschränkt, was ein offensichtlicher Mangel des Ansatzes mit der Taylorentwicklung ist.

Erweiterung der Theorie

Wir werden durchgehend durch den ganzen Text Anfangswertprobleme (4) und (5) betrachten, die die Klasse von Funktionen $f(x, y)$ enthalten, die genügend glatt sind und eine Lipschitz-Bedingung für $a \leqslant x \leqslant b, -\infty < y < \infty$ erfüllen. Die Analysis ist mit diesen Voraussetzungen relativ einfach, und die Ergebnisse können, wie leicht einzusehen ist, auf eine weitaus größere Klasse angewandt werden. Das ist sehr wichtig, da die meisten praktischen Probleme nicht in diese Klasse fallen. Einerseits enthalten sie Funktionen, die nur stückweise glatt sind. Die zugrunde liegende Theorie kann auf solche Probleme angewandt werden, wenn wir das Integrationsintervall in die entsprechenden Stück aufteilen. Während die meisten tatsächlichen Aufgabenstellungen partielle Ableitungen f_y haben, die in endlichen Gebieten beschränkt sind, sind sie im allgemeinen nicht für alle y beschränkt. Als Prototyp dafür wollen wir einmal $y' = y^2$, $y(0) = 1$ nehmen, was wir bereits untersucht haben. Eine Möglichkeit, solche Probleme zu untersuchen, ist, eine Konstante M so zu wählen, daß wir an der Lösung $y(x)$ für $|y(x)| > M$ nicht mehr interessiert sind. Diese Konstante M könnte etwa die größte auf dem Rechner darstellbare Zahl sein. Nun wollen wir das Problem

$$u' = f^*(x, u), \qquad u(a) = A$$

betrachten, für das wir

$$f^*(x, u) = \begin{cases} f(x, M) & \text{für } u > M, \\ f(x, u) & \text{für } |u| \leqslant M, \\ f(x, -M) & \text{für } u < -M. \end{cases}$$

definieren. Dieses neue Problem ist Lipschitz-beschränkt für alle u. Um dies nachzuweisen, bemerken wir zunächst, daß nach Voraussetzung

$$|f^*(x, v) - f^*(x, w)| = |f(x, v) - f(x, w)| \leqslant L|v - w|$$

ist, wenn sowohl v als auch w im Rechteck $R = \{(x, u) \mid a \leqslant x \leqslant b, |u| \leqslant M\}$ liegen. Wenn zum Beispiel $v > M$ und $|w| \leqslant M$ ist, dann ist

$$|f^*(x, v) - f^*(x, w)| = |f(x, M) - f(x, w)| \leqslant L|M - w| \leqslant L|v - w|.$$

Ähnliche Argumente gelten für alle übrigen Fälle. Die Theorie besagt dann, daß es eine einzige Lösung $u(x)$ für dieses Anfangswertproblem gibt. Wenn aber $|u(x)| \leqslant M$ für $a \leqslant x \leqslant \beta$ ist, dann erfüllt $u(x)$

$$u(a) = A,$$
$$u'(x) = f(x, u(x)) \quad \text{für} \quad a \leqslant x \leqslant \beta.$$

Damit ist es eine Lösung des ursprünglichen Problems. Nach Satz 2 ist es auch die einzige Lösung in diesem Gebiet. Bei der tatsächlichen Berechnung ist keine Änderung der Gleichung notwendig. Zum Beispiel kann man zur Lösung des Prototyps einfach mit der Integration beginnen und dann aufhören, wenn die Lösung zu groß wird.

Man kann dieses Vorgehen bei der Änderung noch verschärfen, indem man einen Streifen wie z.B. $\{(x, y) \mid a \leqslant x \leqslant b, \alpha(x) < y < \beta(x)\}$, der eine interessierende Lösung enthält, betrachtet, vorausgesetzt, daß f(x, y) dort einer Lipschitzbedingung genügt. Die Theorie der rechnerischen Vorgehensweise wird garantieren, daß für hinreichend kleine Schrittweiten die numerischen Werte der gewünschten Lösung beliebig nahe kommen; insbesondere bleiben sie innerhalb des Streifens. Natürlich können die numerischen Werte für große Schritte außerhalb des Streifens liegen und in keinem brauchbaren Zusammenhang mit der gewünschten Lösung stehen. Manchmal ist es notwendig, die Gleichung etwas zu ändern, um Störungen durch Überschreiten des Rechenbereiches oder andere Hindernisse zu vermeiden, etwa, daß die Gleichung undefiniert ist.

Kapitel 2: Theorie der Interpolation

Die grundlegende Idee dieses Lehrbuches ist die Approximation einer Funktion f(x) durch ein geeignetes Interpolationspolynom P(x), d.h. durch ein Polynom, das mit f in verschiedenen Punkten x übereinstimmt. Die meisten in die numerische Analysis einführenden Bücher, wie etwa [25], behandeln dieses Thema. Sie leiten aber häufig nicht die Darstellung her, die zur Lösung von Differentialgleichungen benötigt wird. Der Leser, der sowohl mit der Lagrangeschen als auch mit der Newtonschen Darstellung des Interpolationspolynoms vertraut ist, braucht dieses Kapitel nur zu überfliegen. Da das Thema aber wesentlich ist, wird in diesem Kapitel eine kurze, aber vollständige Herleitung gegeben.

Im vorausgehenden Kapitel sahen wir, daß eine Taylorentwicklung auf ganz natürliche Weise zur numerischen Approximation der Lösung einer Differentialgleichung führt. Das Verfahren der Taylorentwicklung basiert darauf, daß eine Funktion f(x) nahe einem Punkte x_0 durch das Taylor-Polynom

$$T_k(x) = f(x_0) + f'(x_0)(x - x_0) + \cdots + \frac{f^{(k-1)}(x_0)}{(k-1)!}(x - x_0)^{k-1}$$

approximiert wird. Dieses Polynom stimmt mit f und seinen ersten k − 1 Ableitungen in x_0 überein, es ist

$$T_k^{(j)}(x_0) = f^{(j)}(x_0) \quad j = 0, 1, \ldots, k-1,$$

oder, wie wir sagen werden, es interpoliert diese Werte in x_0. Aus Gründen, die in Kapitel 1 diskutiert wurden, ist es praktischer, Werte von f an verschiedenen Stellen zu berechnen, als Werte von verschiedenen Ableitungen von f an einem Punkt. Daher wird ein Polynom $P_k(x)$ vom Grade k − 1 konstruiert, das f(x) in k verschiedenen Punkten $x_0, x_1, \ldots, x_{k-1}$ interpoliert:

$$P_k(x_i) = f(x_i) \qquad i = 0, 1, \ldots, k-1. \tag{1}$$

Es gibt genau ein Polynom vom Grade k − 1, das diese Interpolationsbedingungen erfüllt; aber es kann auf verschiedene Weisen geschrieben werden. Die Newtonsche Form des Interpolationspolynoms ist analog der des Taylor-Polynoms, und wir werden es zur Lösung von Differentialgleichungen auf eine dem Verfahren der Taylorentwicklung ähnliche Art und Weise benutzen. Aus diesem Grunde und auch, weil der Leser wahrscheinlich aus der Analysis mit Taylorentwicklungen vertraut ist, werden wir die Analogie bei der Entwicklung des Interpolationsverfahrens stark betonen. Ebenso werden wir die Lagrangesche Form des Interpolationspolynoms ableiten, da es häufig für analytische Zwecke bequemer als die Newtonsche Form ist. Zum Beispiel ist die Existenz von $P_k(x)$ in der Lagrangeschen Form sofort klar.

Ein paar Kommentare zur Schreibweise und Terminologie dürften recht nützlich sein. Wir schreiben oft f_i statt $f(x_i)$. Wenn wir von einem Polynom sagen, es sei vom

Grade $k-1$, so schließen wir nicht aus, das es auch von niedrigerem Grade sein kann. Zum Beispiel könnten wir sagen, daß

$$3 + 2x + x^2 + 0x^3$$

vom Grade 3 ist. Der genauere Ausdruck „exakt vom Grad $k-1$" besagt, daß x^{k-1} die höchste Potenz mit einem von Null verschiedenen Koeffizienten ist. Das Beispiel ist exakt vom Grade 2. Wir schreiben das Polynom vom Grade $k-1$, das (1) erfüllt, als $P_k(x)$. Somit ist der Index k so gewählt, daß er mit der Anzahl der Interpolationspunkte übereinstimmt und nicht mit dem Grade des Polynoms. Das steht mit unseren folgenden Anwendungen auf Differentialgleichungen mehr im Einklang und ist für die Ausführung mit einem Computer auch bequemer.

Lagrange konstruierte ein Polynom $P_k(x)$ mit den Eigenschaften der Gleichung (1) aus einer Menge von Fundamentalpolynomen $l_i(x)$, die alle vom Grade $k-1$ sind und

$$\begin{aligned} l_i(x_j) &= 1 \quad \text{für } j = i, \\ &= 0 \quad \text{für } j \neq i. \end{aligned} \tag{2}$$

erfüllen. Offensichtlich ist

$$l_i(x) = \frac{(x-x_0)(x-x_1)\dots(x-x_{i-1})(x-x_{i+1})\dots(x-x_{k-1})}{(x_i-x_0)(x_i-x_1)\dots(x_i-x_{i-1})(x_i-x_{i+1})\dots(x_i-x_{k-1})}$$

vom Grade $k-1$ und erfüllt die Gleichungen von (2). Dann ist

$$P_k(x) = f_0 l_0(x) + f_1 l_1(x) + \dots + f_{k-1} l_{k-1}(x) \tag{3}$$

ein Interplationspolynom, da $P_k(x)$ den richtigen Grad hat und

$$\begin{aligned} P_k(x_i) &= f_0 l_0(x_i) + \dots + f_i l_i(x_i) + \dots + f_{k-1} l_{k-1}(x_i) \\ &= f_i \end{aligned}$$

für jedes x_i erfüllt ist. Gleichung (3) wird die Lagrangesche Form des Interpolationspolynoms genannt. Diese kann in einer etwas kompakteren Form

$$P_k(x) = \sum_{i=0}^{k-1} f_i \prod_{\substack{j=0 \\ j \neq i}}^{k-1} \left(\frac{x-x_j}{x_i-x_j}\right).$$

geschrieben werden. Das zeigt, daß zumindest ein Polynom vom Grade $k-1$ existiert, das in jedem der k verschiedenen Punkte den gegebenen Wert annimmt. Wir beweisen nun, daß es nur ein Interpolationspolynom von diesem Grade gibt.

Satz 1. Seien $x_0, x_1, \dots, x_{k-1}$ k verschiedene reelle Punkte und seien $f_0, f_1, \dots, f_{k-1}$ entsprechende Funktionswerte. Dann gibt es genau ein Polynom $P_k(x)$ vom Grade $k-1$, das

$$P_k(x_i) = f_i \qquad i = 0, 1, \dots, k-1$$

erfüllt.

Beweis: Wir sahen bereits, daß ein Interpolationspolynom $P(x)$ vom Grade $k-1$ existiert. Sei nun $\bar{P}(x)$ ein weiteres Interpolationspolynom vom Grade $k-1$. Dann ist das Polynom $D(x) = P(x) - \bar{P}(x)$ vom Grade $k-1$ und hat k reelle Nullstellen $x_0, x_1, \dots, x_{k-1}$; genauer gesagt ist es vom exakten Grade $m \leqslant k-1$, so daß

$$D(x) = a_m x^m + a_{m-1} x^{m-1} + \dots + a_0$$

mit $a_m \neq 0$ ist. Der aus der Differentialrechnung bekannte Satz von Rolle besagt, daß die Ableitung einer Funktion zumindest einmal zwischen jedem Paar reeller Nullstellen der Funktion verschwindet. Demzufolge hat das Polynom

$$D'(x) = m a_m x^{m-1} + \text{ Terme niedrigerer Ordnung}$$

höchstens k − 1 Nullstellen. Nach mehrfacher Anwendung dieses Arguments können wir schließen, daß

$$D^{(m)}(x) = m! a_m$$

zumindest k − m Nullstellen hat. Das ist aber unmöglich, da $m!\, a_m \neq 0$ ist, und dieser Widerspruch bestätigt den Satz.

Die Eindeutigkeit des Interpolationspolynoms besagt, daß zwei Polynome, die dieselben Werte interpolieren, lediglich verschiedene Darstellungen desselben Polynoms sind, solange es hinreichend viele Werte sind. Dieser Schluß hat zwei wichtige Folgerungen. Erstens ist die Anordnung der Werte unwesentlich. Zweitens kann ein numerisches Verfahren, das auf Interpolation beruht, unter Benutzung der einen Form des Interpolationspolynoms untersucht werden, rechnerisch angewendet kann es in einer anderen Form werden.

Bei der Lösung von Differentialgleichungen geht man dauernd von einer Interpolation auf einer Menge von Datenpunkten über zu einer Interpolation auf einer anderen Menge, die man dadurch erhält, daß man aus der ersten Menge einen Punkt wegläßt, einen Punkt dazunimmt oder sogar beides tut. Jedesmal, wenn der Datensatz geändert wird, muß die Lagrangesche Form vollständig neu berechnet werden. Es kann aber eine ganze Menge Arbeit eingespart werden, wenn man von einer Darstellung ausgeht, die sich den Vorteil zunutze macht, daß die meisten der Daten dieselben bleiben. Die Taylorpolynome legen diese Möglichkeit zumindest nahe. Wir gehen von der Interpolation von $f(x_0), \ldots, f^{(k-1)}(x_0)$ über zur Interpolation von $f(x_0), \ldots, f^{(k-1)}(x_0), f^{(k)}(x_0)$ mittels der Formel

$$T_{k+1}(x) = T_k(x) + \frac{f^{(k)}(x_0)}{k!}(x - x_0)^k.$$

Wir versuchen, nun ein gleiches Verhalten bei der Vergrößerung des Datensatzes von k auf k + 1 Punkte zu erzielen und fordern deshalb

$$P_{k+1}(x) = P_k(x) + R_{k+1}(x)$$

wobei $R_{k+1}(x)$ vom Grade k sein muß. Das heißt nichts anderes, als daß die Hinzunahme eines Punktes wie ein Korrekturglied zum vorliegenden Interpolationspolynom behandelt wird. Um zu sehen, wie das ablaufen könnte, nehmen wir einmal an, x_0 sei der einzige Datenpunkt. Offensichtlich interpoliert

$$P_1(x) = f_0$$

im Punkte x_0. Wenn die Menge zu $\{x_0, x_1\}$ vergrößert wird, wird für

$$P_2(x) = P_1(x) + R_2(x)$$

gefordert, daß

$$R_2(x) = (x - x_0)\, a_1$$

gilt, damit $P_2(x)$ f_0 interpoliert.

Die zweite Interpolationsbedingung bestimmt a: es ist

$$f_1 = P_2(x_1) = f_0 + (x_1 - x_0)a_1$$

oder

$$a_1 = \frac{f_0 - f_1}{x_0 - x_1}.$$

Der allgemeine Ansatz ist leicht einzusehen. Wir fordern, daß

$$R_{k+1}(x) = (x - x_0)(x - x_1)\ldots(x - x_{k-1})a_k$$

für eine geeignete Konstante a_k gilt. Die Interpolationsbedingungen für die alten Daten werden durch die Form von $R_{k+1}(x)$ erfüllt:

$$\begin{aligned} P_{k+1}(x_i) &= P_k(x_i) + R_{k+1}(x_i), \\ &= f_i + 0, \qquad i = 0, 1, \ldots, k-1. \end{aligned}$$

Die Bedingung an der Stelle x_k erfordert, daß

$$P_{k+1}(x_k) = f_k = P_k(x_k) + a_k \prod_{j=0}^{k-1}(x_k - x_j)$$

oder

$$a_k = \frac{(f_k - P_k(x_k))}{\prod_{j=0}^{k-1}(x_k - x_j)}.$$

gilt. Da x_k von den übrigen Datenpunkten verschieden ist, ist a_k wohldefiniert. Da alle Interpolationsbedingungen von $P_k(x) + P_{k+1}(x)$ erfüllt werden und da es ein Polynom vom Grade k ist, muß auch $P_{k+1}(x)$ eins sein.

Der Koeffizient a_k ist ein Beispiel einer dividierten Differenz der Ordnung k und er wird in der üblichen Bezeichnung $f[x_0, x_1, \ldots, x_k]$ geschrieben, um die Daten aufzuzeigen, von denen die Differenz abhängt. Ein Spezialfall ist $a_0 = f_0 = f[x_0]$. Mit dieser Bezeichnung wird $P_k(x)$ geschrieben als

$$P_k(x) = f[x_0] + (x-x_0)f[x_0, x_1] + \ldots + (x-x_0)(x-x_1)\ldots(x-x_{k-2})f[x_0, x_1, \ldots, x_{k-1} \tag{4}$$

Das ist die Newtonsche Form oder auch die Form der dividierten Differenzen des Interpolationspolynoms.

Der Zusammenhang der Newtonschen Form des Interpolationspolynoms mit dem Taylorpolynom ist am einfachen Fall von $P_1(x)$ leicht zu sehen. Mit dem Zwischenwertsatz für Ableitungen finden wir, daß $f[x_0, x_1] = f'(\xi)$ ist für eine Stelle ξ zwischen x_0 und x_1, und somit ist

$$P_1(x) = f(x_0) + (x - x_0)f'(\xi).$$

Wenn wir x_1 gegen x_0 gehen lassen, geht das Polynom $P_1(x)$ über in das Polynom $T_1(x)$. Wir werden ähnliche Ergebnisse für den allgemeinen Fall beweisen, aber zunächst leiten wir einige Eigenschaften der dividierten Differenzen her und diskutieren, wie wir sie berechnen.

Es wird sich als nützlich erweisen, einen expliziten Ausdruck für die Abhängigkeit der dividierten Differenzen von den Funktionswerten zu haben. Nach dem, was wir schon kennen, ist

$$P_k(x) = x^{k-1} f[x_0, x_1, \ldots, x_{k-1}] + \text{ Terme niedrigerer Ordnung.}$$

Die Langrangesche Form hat das Aussehen

$$P_k(x) = \sum_{i=0}^{k-1} f_i \prod_{\substack{j=0 \\ j \neq i}}^{k-1} \left(\frac{x - x_j}{x_i - x_j}\right)$$

$$= x^{k-1} \sum_{i=0}^{k-1} f_i \prod_{\substack{j=0 \\ j \neq i}}^{k-1} \frac{1}{x_i - x_j} + \text{ Terme niedrigerer Ordnung}$$

Nach dem Eindeutigkeitssatz sind das verschiedene Formen desselben Polynoms; insbesondere müssen die Koeffizienten von x^{k-1} identisch sein:

$$f[x_0, x_1, \ldots, x_{k-1}] = \sum_{i=0}^{k-1} f_i \prod_{\substack{j=0 \\ j \neq i}}^{k-1} \frac{1}{x_i - x_j}. \tag{5}$$

Diese explizite Darstellung der dividierten Differenz macht deutlich, daß die Reihenfolge der benutzten Daten den Wert der dividierten Differenz nicht berührt, da sich die einzige Wirkung in der Reihenfolge der Summanden zeigt. Diese wichtige Tatsache wird noch oft benutzt werden.

Mit (5) können wir einen einfachen Zusammenhang beweisen, der uns eine effiziente Möglichkeit zur Berechnung der dividierten Differenzen und Interpolationspolynome gibt:

$$f[x_0, x_1, \ldots, x_{k-1}] = \frac{f[x_0, x_1, \ldots, x_{k-2}] - f[x_1, x_2, \ldots, x_{k-1}]}{x_0 - x_{k-1}}. \tag{6}$$

Um das einzusehen, beachten wir, daß

$$f[x_0, x_1, \ldots, x_{k-2}] - f[x_1, x_2, \ldots, x_{k-1}]$$

$$= f_0 \prod_{j=1}^{k-2} \frac{1}{x_0 - x_j} + \sum_{i=1}^{k-2} f_i \prod_{\substack{j=0 \\ j \neq i}}^{k-2} \frac{1}{x_i - x_j} - \sum_{i=1}^{k-2} f_i \prod_{\substack{j=1 \\ j \neq i}}^{k-1} \frac{1}{x_i - x_j}$$

$$- f_{k-1} \prod_{j=1}^{k-2} \frac{1}{x_{k-1} - x_j}$$

$$= f_0 \prod_{j=1}^{k-2} \frac{1}{x_0 - x_j} + \sum_{i=1}^{k-2} f_i \left[\frac{1}{x_i - x_0} - \frac{1}{x_i - x_{k-1}}\right] \prod_{\substack{j=1 \\ j \neq i}}^{k-2} \frac{1}{x_i - x_j}$$

$$- f_{k-1} \prod_{j=1}^{k-2} \frac{1}{x_{k-1} - x_j}.$$

gilt.

Division durch $x_0 - x_{k-1}$ ergibt auf der rechten Seite

$$f_0 \prod_{j=1}^{k-1} \frac{1}{x_0 - x_j} + \sum_{i=1}^{k-2} f_i \prod_{\substack{j=0 \\ j \neq i}}^{k-1} \frac{1}{x_i - x_j} + f_{k-1} \prod_{j=0}^{k-2} \frac{1}{x_{k-1} - x_j}$$

was im Vergleich mit (5) die Gl. (6) beweist. Diese letztere Darstellung kann dazu benutzt werden, die für die Newtonsche Darstellung benötigten Differenzen zu erzeugen, wie es in der folgenden Tabelle durch die Linien angezeigt ist.

x_0	$f[x_0]$			
		$f[x_0, x_1]$		
x_1	$f[x_1]$		$f[x_0, x_1, x_2]$	
		$f[x_1, x_2]$		$f[x_0, x_1, x_2, x_3]$
x_2	$f[x_2]$		$f[x_1, x_2, x_3]$	
		$f[x_2, x_3]$		
x_3	$f[x_3]$			
⋮	⋮	⋮	⋮	⋮

Diese Tabelle gibt die Koeffizienten, die für eine große Anzahl von Interpolationspolynomen benötigt werden, in Abhängigkeit von den für die Interpolation benutzten Punkte wieder. Beispielsweise findet man eine andere Form von $P_k(x)$, wenn man die Punkte in umgekehrter Reihenfolge $x_{k-1}, x_{k-2}, \ldots, x_0$ interpoliert:

$$P_k(x) = f[x_{k-1}] + (x - x_{k-1})\, f[x_{k-1}, x_{k-2}] + \ldots$$
$$+ (x - x_{k-1})(x - x_{k-2}) \ldots (x - x_1)\, f[x_{k-1}, \ldots, x_0].$$

Wir wollen nun ein paar einfache Beispiele betrachten, die die Arbeitsweise der Interpolation aufzeigen. Zunächst seien

x_i	f_i
1	3
3	5
4	4

Daten, durch die wir ein quadratisches Polynom legen wollen. In der Lagrangeschen Form sind die Fundamentalpolynome:

$$l_0(x) = \frac{x-3}{1-3} \cdot \frac{x-4}{1-4},$$

$$l_1(x) = \frac{x-1}{3-1} \cdot \frac{x-4}{3-4},$$

$$l_2(x) = \frac{x-1}{4-1} \cdot \frac{x-3}{4-3},$$

und es ist

$$P_3(x) = 3l_0(x) + 5l_1(x) + 4l_2(x). \tag{7}$$

Die Differenzen-Form des Polynoms erfordert das Aufstellen einer Tabelle von dividierten Differenzen:

x_i	$f[x_i]$	$f[x_i, x_{i+1}]$	$f[x_i, x_{i+1}, x_{i+2}]$
1	3		
		1	
3	5		$-2/3$
		-1	
4	4		

Nach dem Aufstellen können wir $P_3(x)$ direkt ablesen; es ist

$$P_3(x) = 3 + (x-1)(1) + (x-1)(x-3)(-\tfrac{2}{3}), \tag{8a}$$

denn die Koeffizienten von $P_3(x)$ sind die Werte längs der oberen Diagonalen. Wenn wir in ähnlicher Weise die Daten in umgekehrter Reihenfolge betrachten, erhalten wir

$$\bar{P}_3(x) = 4 + (x-4)(-1) + (x-4)(x-3)(-\tfrac{2}{3}) \tag{8b}$$

wobei nun die Koeffizienten längs der unteren Diagonalen liegen.

Übung 1

Weisen Sie nach, daß die Polynome in (7) und (8) algebraisch äquivalent sind.

Angenommen, es werde der Punkt $x_3 = 7$, $f_3 = 9$ hinzugefügt. Dann brauchen wir nur die Tabelle um diesen Wert und die zugehörigen Differenzen zu erweitern:

x_i	$f[x_i]$	$f[x_i, x_{i+1}]$	$f[x_i, x_{i+1}, x_{i+2}]$	$f[x_i, x_{i+1}, x_{i+2}, x_{i+3}]$
1	3			
		1		
3	5		$-2/3$	
		-1		$2/9$
4	4		$2/3$	
		$5/3$		
7	9			

Dann ist

$$\begin{aligned} P_4(x) &= 3 + (x-1)(1) + (x-1)(x-3)(-\tfrac{2}{3}) + (x-1)(x-3)(x-4)(\tfrac{2}{9}) \\ &= P_3(x) + (x-1)(x-3)(x-4)\, f[1, 3, 4, 7]. \end{aligned}$$

Wenn wir umgekehrt das Paar (4,4) aus der ursprünglichen Tabelle löschen wollen, streichen wir einfach die ganze untere Diagonale, um das Interpolationspolynom für die übriggebliebenen Daten zu erhalten:

$$\begin{aligned} P_2(x) &= 3 + (x-1)(1) \\ &= P_3(x) - (x-1)(x-3)\, f[1,3,4]. \end{aligned}$$

Übung 2

Angenommen, der Punkt (0,1) wird der ursprünglichen Tabelle hinzugefügt. Drücken Sie $\bar{P}_4(x)$ in Termen von $\bar{P}_3(x)$ aus.

Die Interpolation mit dividierten Differenzen wird offensichtlich vereinfacht, wenn der Abstand zwischen den Datenpunkten konstant ist. Das ist bei der numerischen Lösung von Differentialgleichungen sehr wichtig. Obwohl es notwendig ist, unregelmäßige Abstände zuzulassen, ist im Normalfall der Abstand konstant. Wir wollen die Sparmöglichkeiten, die uns diese Situation bietet, ausnutzen. Außerdem sind einige Teile der Theorie in aller Strenge nur bei konstanten Schrittweiten gültig, somit müssen wir diesen Spezialfall vollständig verstehen, um die Grundlagen für den allgemeinen Fall vorbereiten zu können.

Wenn die Schrittweite eine Konstante $h = x_i - x_{i-1}$ für alle i ist, ist es praktischer, rückwärts genommene Differenzen statt der dividierten Differenzen zu benutzen. Diese Rückwärtsdifferenzen sind einfach skalierte dividierte Differenzen, was die Abhängigkeit von der Schrittweite h beseitigt. Die rückwärts genommenen Differenzen-Operatoren ∇^i werden durch

$$\begin{aligned} \nabla^0 f_k &= f_k, \\ \nabla^1 f_k &= \nabla f_k = f_k - f_{k-1}, \\ \vdots \quad & \quad \vdots \qquad \vdots \\ \nabla^i f_k &= \nabla(\nabla^{i-1} f_k) = \nabla^{i-1} f_k - \nabla^{i-1} f_{k-1} \end{aligned} \tag{9}$$

definiert. Der Name „rückwärts genommene Differenzen" ist im Hinblick auf diese Definition sehr einsichtig. Wir werden zeigen, daß

$$\nabla^i f_k = i!h^i\, f[x_k, x_{k-1}, \ldots, x_{k-i}] \tag{10}$$

gilt. Die Relation (10) ist nach den Definitionen

$$\nabla^0 f_k = f_k = 0!h^0\, f[x_k]$$

und

$$\nabla^1 f_k = f_k - f_{k-1} = 1!h^1\, f[x_k, x_{k-1}].$$

trivial für i = 0 und i = 1. Angenommen, sie gilt für i = m. Dann ist

$$\begin{aligned}\nabla^{m+1} f_k &= \nabla^m f_k - \nabla^m f_{k-1}\\ &= m!h^m f[x_k, x_{k-1}, \ldots, x_{k-m}] - m!h^m f[x_{k-1}, x_{k-2}, \ldots, x_{k-m-1}]\\ &= m!h^m (m+1)h \frac{f[x_k, \ldots, x_{k-m}] - f[x_{k-1}, \ldots, x_{k-m-1}]}{x_k - x_{k-m-1}}\\ &= (m+1)!h^{m+1} f[x_k, x_{k-1}, \ldots, x_{k-m-1}],\end{aligned}$$

wobei die Relation (6) und die Tatsache ausgenutzt wird, daß der Wert der dividierten Differenzen nicht von der Anordnung der Stützstellen abhängt. Nach Induktion gilt die Relation für alle i. Wenn wir den Ausdruck (5) im Spezialfall der konstanten Schrittweite betrachten, so stellen wir die Abhängigkeit der rückwärts genommenen Differenzen von den Funktionswerten fest. Der Zusammenhang wird durch die Binominialkoeffizienten, die durch

$$\binom{i}{m} = \frac{i!}{m!(i-m)!}$$

definiert sind, hergestellt. Er lautet

$$\nabla^i f_k = \sum_{m=0}^{i} (-1)^m f_{k-m} \binom{i}{m}. \tag{11}$$

Übung 3

Beweisen Sie (11)!

In der Schreibweise der rückwärts genommenen Differenzen wird das Interpolationspolynom für äquidistante Datenpunkte $x_{k-1}, \ldots, x_0$ geschrieben als

$$\begin{aligned}P_k(x) = f_{k-1} &+ (x - x_{k-1}) \frac{\nabla f_{k-1}}{h} + (x - x_{k-1})(x - x_{k-2}) \frac{\nabla^2 f_{k-1}}{2h^2}\\ &+ \ldots + (x - x_{k-1})(x - x_{k-2}) \ldots (x - x_1) \frac{\nabla^{k-1} f_{k-1}}{(k-1)!h^{k-1}}.\end{aligned}$$

Dieses Polynom erhält man auf die gleiche Weise wie mit den dividierten Differenzen, nur daß die Rückwärtsdifferenzen einfacher zu berechnen sind. Als Beispiel betrachten wir die unten angegebenen Wertepaare.

x_i	f_i
1	2
3	6
5	−1

Die Tabelle der Differenzen ist

$\nabla^0 f_i$	$\nabla^1 f_i$	$\nabla^2 f_i$
2		
	4	
6		−11
	−7	
−1		

und das Interpolationspolynom ist

$$P_3(x) = -1 + (x-5)\frac{(-7)}{(2)} + (x-5)(x-3)\frac{(-11)}{2!(2)^2}.$$

Der Satz von Taylor gibt einen Fehlerausdruck für die Approximation durch das Taylor-Polynom an. Wenn f k stetige Ableitungen auf einem Intervall [a, b] hat und $T_k(x)$ das Taylor-Polynom ist, das $f(x_0)$, $f'(x_0)$, …, $f^{(k-1)}(x_0)$ in einem Punkt x_0 in [a, b] interpoliert, dann gilt für jedes x in [a, b]

$$f(x) - T_k(x) = \frac{f^{(k)}(\xi(x))}{k!}(x - x_0)^k$$

wobei ξ zwischen x_0 und x liegt. Wir merken an, daß

$$T_{k+1}(x) - T_k(x) = \frac{f^{(k)}(x_0)}{k!}(x - x_0)^k$$

den Fehler approximiert, wenn x nahe genug bei x_0 liegt. Tatsächlich ist diese Schätzung für $f^{(k)}(x_0) \neq 0$ asymptotisch richtig, wenn x gegen x_0 geht; man braucht sich nur die entsprechenden Argumente am Ende von Kapitel 1 vor Augen führen. Diese Schätzung ist sehr praktisch, da wir im Falle, daß der Fehler nicht klein genug ist, sofort eine bessere Approximation, nämlich $T_{k+1}(x)$, zur Verfügung haben.

Wir werden feststellen, daß für das Interpolationspolynom ganz analoge Ergebnisse gelten wie für das Taylor-Polynom, aber zunächst müssen wir einen Fehlerausdruck herleiten.

Satz 2. f(x) habe k stetige Ableitungen auf einem Intervall [a, b]. Seien $x_0, x_1, \ldots, x_{k-1}$ verschiedene Punkte auf [a, b] und sei $P_k(x)$ das Polynom vom Grade k − 1, das die entsprechenden Funktionswerte $f_0, f_1, \ldots, f_{k-1}$ interpoliert. Sei $\omega(x) = \prod_{i=0}^{k-1}(x - x_i)$. Dann ist für jedes $x \in [a, b]$

$$f(x) - P_k(x) = E(x)\,\omega(x),$$

wobei E(x) eine stetige Funktion ist, die die Darstellung

$$E(x) = \frac{f'(x_i) - P'(x_i)}{\omega'(x_i)} \quad \text{für } x = x_i,$$

$$= \frac{f^{(k)}(\xi(x))}{k!} \quad \text{für } x \neq x_i$$

hat. Der Punkt $\xi(x)$ ist unbekannt, hängt von x ab und liegt im kleinsten Intervall, das x und die Stützstellen enthält.

Beweis: Wenn x von den x_i verschieden ist, gilt offensichtlich

$$E(x) = \frac{f(x) - P_k(x)}{\omega(x)} .$$

Da der Zähler wie der Nenner stetig ist, ist E(x) ebenso stetig. Wenn sich x einem der x_i nähert, so verschwinden Zähler und Nenner gleichzeitig. Da jedoch die Interpolationspunkte verschieden sind, ist $\omega'(x_i) \neq 0$ und die Regel von L'Hospital besagt, daß

$$E(x_i) = \frac{f'(x_i) - P'_k(x_i)}{\omega'(x_i)} .$$

ist. Das definiert E(x) als eine für alle $x \in [a, b]$ stetige Funktion und daraus folgt der Ausdruck, der im Satz für Interpolationspunkte angegeben ist.

Für ein x, das kein Interpolationspunkt ist, argumentieren wir wie folgt. Sei x fest vorgegeben und F als Funktion definiert durch

$$F(t) = f(t) - P_k(t) - E(x)\omega(t).$$

Anzumerken ist, das E(x) hier konstant ist. Nach Konstruktion hat F(t) k stetige Ableitungen und k + 1 Nullstellen. Die Nullstellen sind nach Definition von E(x) die k Interpolationsstützstellen und x. Nach dem Satz von Rolle stellen wir fest, daß F'(t) mindestens k Nullstellen in [a, b] hat, F''(t) mindestens k − 1 Nullstellen in [a, b] hat, usw.. Schließlich hat $F^{(k)}(t)$ mindestens eine Nullstelle, die wir $\xi(x)$ nennen. Dann ist

$$0 = F^{(k)}(\xi(x)) = f^{(k)}(\xi(x)) - E(x) \cdot \kappa!,$$

und somit

$$E(x) = \frac{f^{(k)}(\xi(x))}{k!},$$

womit der Beweis vollständig ist.

Dieser Satz liefert sowohl ein besseres Verständnis für die dividierten Differenzen als auch eine praktische Schätzung des Interpolationsfehlers. Sei x ein fester Punkt verschieden von $x_0, x_1, x_2, \ldots, x_{k-1}$ und es interpoliere $P_{k+1}(t)$ f(t) in diesen k + 1 Punkten. Der zusätzliche Wert x führt zu dem Polynom

$$P_{k+1}(t) = P_k(t) + (t - x_0)(t - x_1) \ldots (t - x_{k-1}) f[x_0, \ldots, x_{k-1}, x].$$

Die Interpolationsbedingung in x besagt, daß

$$\begin{aligned} f(x) - P_k(x) &= P_{k+1}(x) - P_k(x) \\ &= (x - x_0)(x - x_1) \ldots (x - x_{k-1}) f[x_0, \ldots, x_{k-1}, x]. \end{aligned}$$

gilt. Wenn man das mit der Folgerung des Satzes vergleicht, so ergibt sich

$$f[x_0, x_1, \ldots, x_{k-1}, x] = \frac{f^{(k)}(\xi(x))}{k!},$$

wobei $\xi(x)$ im kleinsten Intervall liegt, das x und $x_0, x_1, x_2, \ldots, x_{k-1}$ enthält. Üblicherweise bezeichnen wir k + 1 Punkte mit $x_0, x_1, x_2, \ldots, x_k$, so daß wir den Schluß in gebräuchlicher Form schreiben können:

$$f[x_0, x_1, \ldots, x_k] = \frac{f^{(k)}(\xi)}{k!}. \tag{12}$$

Aus dieser Darstellung einer dividierten Differenz erkennen wir, daß es für genügend glattes f(x) Punkte $\xi_1, \xi_2, \ldots, \xi_{k-1}$ in dem kleinsten Intervall gibt, das die k Werte $x_0, x_1, \ldots, x_{k-1}$ enthält, für die die Darstellung von $P_k(x)$ mittels dividierter Differenzen nach (4) als

$$P_k(x) = f(x_0) + f'(\xi_1)(x - x_0) + \frac{f''(\xi_2)}{2}(x - x_0)(x - x_1)$$

$$+ \ldots + \frac{f^{(k-1)}(\xi_{k-1})}{(k-1)!}(x - x_0)(x - x_1)\ldots(x - x_{k-2})$$

geschrieben werden kann. In dieser Form ist die Analogie zum Taylorpolynom sehr hervorstechend. Wenn x_i gegen x_0 strebt für i = 1, 2, ..., k − 1, dann strebt $P_k(x)$ gegen $T_k(x)$. Für Werte, die „genügend nahe" beeinander liegen, gibt es nur einen kleinen Unterschied zwischen den beiden Polynomen.

Ähnlich wie beim Taylor-Polynom können wir den Interpolationsfehler durch

$$f(x) - P_k(x) \approx (x - x_0)(x - x_1)\ldots(x - x_{k-1})\, f[x_0, \ldots, x_{k-1}, x_k]$$
$$= P_{k+1}(x) - P_k(x)$$

schätzen. Wenn f(x) eine stetige Ableitung der Ordnung k hat, lautet die Schätzung

$$(x - x_0)(x - x_1)\ldots(x - x_{k-1})\frac{f^{(k)}(\eta)}{k!}$$

während der wahre Fehler

$$(x - x_0)(x - x_1)\ldots(x - x_{k-1})\frac{f^{(k)}(\xi)}{k!}$$

ist, wobei η und ξ beide in dem kleinsten Intervall liegen, das x und die Werte $x_0, x_1, \ldots, x_k$ enthält. Wie gut die praktische Schätzung ist, hängt davon ab, wie stark sich $f^k(x)$ in dem Intervall ändert. Wenn $f^k \neq 0$ ist, ist die Schätzung asymptotisch richtig; denn es ist leicht zu zeigen, daß das Verhältnis von geschätztem und wahrem Fehler gegen Eins geht, wenn das Intervall zum Punkt x_0 entartet.

Wenn es genügend Werte gibt, um mit dem Grade des Interpolationspolynoms flexibel zu sein, kann man diese Ideen benutzen, den „richtigen" Grad zu bestimmen. Die Darstellung der dividierten Differenz als skalierte Ableitung (Gl. 12) läßt leicht erkennen, wie die Differenzentabelle für ein Polynom aussieht. Wenn f(x) ein Polynom vom Grade m ist, haben alle dividierten Differenzen der Ordnung m denselben von Null verschiedenen Wert und alle Differenzen höherer Ordnung sind gleich Null. Wenn f(x) eine beliebige Funktion ist, wird der Grad so gewählt, daß das Verhalten annähernd richtig ist. Natürlich hängt es von der gewünschten Genauigkeit ab, ob diese Größen als Null betrachtet werden können. Bei der Lösung von Differentialgleichungen approximiert man ein f(x) zunächst mittels der Werte $\{x_j, x_{j+1}, \ldots, x_{j+k}\}$, um dann zu den Werten $\{x_j, x_{j+1}, \ldots, x_{j+k+1}\}$ übergehen. Der Abstand des neuen Wertes wird so gewählt, daß für die neuen Daten die Approximation durch ein Polynom sinnvoll ist. Die Interpolationsordnung kann nun etwa dadurch variiert werden, daß Punkte weggelassen werden, zum Beispiel interpoliert man nur durch $\{x_{j+2}, \ldots, x_{j+k+1}\}$, man kann aber auch einen zusätzlichen Punkt beibehalten und $\{x_j, \ldots, x_{j+k+1}\}$ benutzen. Die Situation bringt es mit sich, daß der Grad der Interpolation sich nur selten ändert und dann gewöhnlich nur um Eins. Bei der Anwendung auf Differentialgleichungen kann man den „richtigen" Grad sehr gut wählen.

Kapitel 3: Adams-Formeln

Die Methoden, die zur Approximation der Lösung von

$$y'(x) = f(x, y(x)), \tag{1}$$

$$y(a) = A \tag{2}$$

auf einem Intervall [a, b] hergeleitet werden sollen, arbeiten auf einem Gitter, einer Menge von Punkten $\{x_0, x_1, \ldots,\}$ aus [a, b]. Häufig haben diese Punkte den gleichen Abstand mit der Maschen- oder auch Schrittweite h:

$$x_n = a + nh \qquad n = 0, 1, \ldots$$

Der allgemeine Fall läßt auch Gitterpunkte zu, die durch verschiedene Schrittweiten $h_1, h_2, \ldots$ getrennt werden, so daß

$$x_0 = a,$$

$$x_n = x_{n-1} + h_n \qquad n = 1, 2, \ldots$$

ist. Bei der Benutzung der Codes aus Kapitel 10 stellt man gewöhnlich fest, daß das Gitter aus Folgen äquidistanter Gitterpunkte besteht mit Übergängen von wenigen Punkten, die unregelmäßig verteilt sind. Unter y_n verstehen wir stets die Approximation der Lösung y(x) der Gln. (1) und (2) im Gitterpunkt x_n:

$$y_n \approx y(x_n).$$

Da y(x) die Gl. (1) erfüllt, ergibt eine Approximation von $y(x_n)$ eine Approximation von $y'(x_n)$, nämlich:

$$f_n = f(x_n, y_n) \approx y'(x_n) = f(x_n, y(x_n)).$$

Diese Näherung benutzen wir das ganze Buch hindurch. Die grundlegende rechnerische Aufgabe ist, mit der numerischen Lösung nach der Berechnung von $y_0, y_1, \ldots, y_n$ zum Punkt x_{n+1} vorzurücken.

Jede Lösung von (1) kann als

$$y(x_{n+1}) = y(x_n) + \int_{x_n}^{x_{n+1}} y'(t)\, dt = y(x_n) + \int_{x_n}^{x_{n+1}} f(t, y(t))\, dt.$$

geschrieben werden. Die Adams-Verfahren approximieren diese Lösung, indem sie f(t, y(t)) durch ein Polynom, das berechnete Werte f_i der Ableitung interpoliert, ersetzen und dieses Polynom dann integrieren. Diese Verfahren können genauso effektiv wie irgendwelche anderen sein, die heutzutage benutzt werden, und haben dazu den Vorteil, von hinreichend einfacher Form zu sein, so daß sie relativ gut verstanden sind.

Die Adams-Bashforth-Formel der Ordnung k im Punkte x_n benutzt ein Polynom $P_{k,n}(x)$, das die berechneten Ableitungen in den k vorausgehenden Punkten interpoliert.

$$P_{k,n}(x_{n+1-j}) = f_{n+1-j} \qquad j = 1, 2, \ldots, k$$

Vom vorausgehenden Schritt müssen also diese Ableitungen und y_n gespeichert werden. Die Näherungslösung im Punkt x_{n+1} erhält man dann durch

$$y_{n+1} = y_n + \int_{x_n}^{x_{n+1}} P_{k,n}(t)\,dt. \tag{3}$$

Allgemeiner gesprochen kann eine Näherungslösung für alle x nahe bei x_n durch

$$y(x) \approx y_n + \int_{x_n}^{x} P_{k,n}(t)\,dt$$

erhalten werden. Die Untersuchung kann vollständig in Termen der Werte y_n in den Gitterpunkten x_n durchgeführt werden, da jene die Näherungslösung überall bestimmen. In Kapitel 4 beweisen wir, daß die Approximation zwischen den Gitterpunkten genauso gut ist wie in den Gitterpunkten selbst. Von dieser Tatsache wird in der rechnerischen Praxis häufig Gebrauch gemacht.

Wie in Kapitel 2 diskutiert wurde, gibt es verschiedene Arten der Darstellung des Interpolationspolynoms, so daß es verschiedene Formulierungen von Gl. (3) gibt. Wir leiten zunächst die Lagrangesche Form her, die sowohl einfach als auch besonders geeignet ist zu diskutieren, wie gut y_{n+1} $y(x_{n+1})$ approximiert. Die Lagrangesche Form des Interpolationspolynoms ist

$$P_{k,n}(x) = \sum_{i=1}^{k} l_i(x)\, f_{n+1-i},$$

wobei

$$l_i(x) = \prod_{\substack{j=1 \\ j \neq i}}^{k} \frac{x - x_{n+1-j}}{x_{n+1-i} - x_{n+1-j}} \qquad i = 1, \ldots, k$$

ist. Wenn wir das in Gl. (3) einsetzen, ergibt sich

$$y_{n+1} = y_n + \sum_{i=1}^{k} f_{n+1-i} \int_{x_n}^{x_{n+1}} l_i(t)\,dt.$$

Die Adams-Bashforth-Formel wird gewöhnlich als

$$y_{n+1} = y_n + h_{n+1} \sum_{i=1}^{k} \alpha_{k,i} f_{n+1-i} \tag{4}$$

geschrieben, wobei

$$\alpha_{k,i} = \frac{1}{h_{n+1}} \int_{x_n}^{x_{n+1}} l_i(t)\,dt$$

ist, oder in Termen der Variable $s = (t - x_n)/h_{n+1}$

$$\alpha_{k,i} = \int_0^1 l_i(x_n + sh_{n+1})\,ds.$$

Die klassische Formulierung betrachtet nur äquidistante Gitterpunkte mit einer konstanten Schrittweite h. Die Einführung der $\alpha_{k,i}$ ist dann rechnerisch bequem, da sie nicht von h abhängen. Im allgemeinen Fall hängen die $\alpha_{k,i}$ nur vom relativen Abstand der Gitterpunkte ab und nicht von der Skalierung der unabhängigen Variablen.

Übung 1

Zeigen Sie, daß die $\alpha_{k,i}$ nicht davon betroffen sind, wenn die unabhängige Variable durch einen Skalierungsfaktor σ so geändert wird, daß x_{n+1-i} durch σx_{n+1-i} ersetzt wird. Was passiert mit h_{n+1} bei diesem Skalierungswechsel? Zeigen Sie, daß für konstante Schrittweite h die $\alpha_{k,i}$ nicht von der Schrittweite abhängen.

Es gibt eine äquivalente Adams-Bashforth-Formel, die auf der Form des Interpolationspolynoms mit dividierten Differenzen basiert. Der Fall der variablen Schrittweite wird im Kapitel 5 im Detail behandelt, wobei besondere Rücksicht auf die rechnerische Seite genommen wird. Zunächst jedoch werden wir die klassische Formulierung für konstante Schrittweite in Termen der Rückwärtsdifferenzen betrachten. In diesem Fall ist

$$P_{k,n}(x) = f_n + \frac{(x - x_n)}{h} \nabla f_n + \ldots + \frac{(x - x_n)(x - x_{n-1}) \ldots (x - x_{n+2-k})}{h^{k-1}(k-1)!} \nabla^{k-1} f_n$$

Aus (3) ergibt sich die klassische Adams-Bashforth-Formel in der Form der Rückwärtsdifferenzen als

$$y_{n+1} = y_n + h \sum_{i=1}^{k} \gamma_{i-1} \nabla^{i-1} f_n \tag{5}$$

wobei wir wiederum unter Benutzung von $s = (t - x_n)/h_{n+1}$ sehen, daß

$$\gamma_0 = 1,$$

$$\gamma_i = \frac{1}{i!h} \int_{x_n}^{x_{n+1}} \frac{(t - x_n)(t - x_{n-1}) \ldots (t - x_{n+1-i})}{h^{i-1}}\,dt \tag{6}$$

$$= \frac{1}{i!} \int_0^1 s(s+1) \ldots (s+i-1)\,ds \qquad i \geqslant 1$$

ist. Ein wesentlicher Vorteil der Differenzenform des Interpolationspolynoms ist, daß das Erhöhen oder Erniedrigen der Interpolationsordnung nur auf Hinzufügen oder Weglassen eines Terms hinausläuft. Aus der Definition von y_{n+1} in Gl. (3) kann man sehen, daß dasselbe beim Ändern der Ordnung der Adams-Bashforth-Formel gilt, wenn dividierte Differenzen benutzt werden. Dieses grundlegende Faktum wird besonders von der Tatsache, daß die γ_i in (5) von k unabhängig sind, dargestellt. Im Gegensatz dazu ändern sich alle $\alpha_{k,i}$ bei der Lagrangeschen Form, wenn k geändert wird.

Wir wollen einen einfachen Fall betrachten. Für $k = 1$ ist $P_{1,n}(x)$ die Konstante f_n, so daß sich aus Gl. (3)

$$\begin{aligned} y_{n+1} &= y_n + \int_{x_n}^{x_{n+1}} f_n dt \\ &= y_n + hf_n \end{aligned}$$

ergibt. Diese einfache Methode, die wir schon im Zusammenhang mit den Taylorreihen kennengelernt haben, wird das Verfahren von Euler genannt. Für $n = 0$ besagt die obige Formel $y_1 = y_0 + hf_0$. Was bedeuten y_0 und f_0 hier? Die augenfällige Wahl für y_0 ist $y_0 = A$, da $y_0 \approx y(x_0) = A$ ist. Dann nehmen wir wie immer $f_0 = f(x_0, y_0)$. Die Adams-Bashforth-Formel erster Ordnung ist „selbst-startend", da sie nur Informationen benötigt, die aus dem Problem selbst zu erhalten sind. Andererseits sehen wir für $k = 2$ und eine allgemeine Schrittweite, daß

$$\alpha_{2,1} = \int_0^1 \frac{x_n + sh_{n+1} - x_{n-1}}{x_n - x_{n-1}} ds = 1 + \frac{1}{2}\frac{h_{n+1}}{h_n},$$

$$\alpha_{2,2} = \int_0^1 \frac{x_n + sh_{n+1} - x_n}{x_{n-1} - x_n} ds = -\frac{1}{2}\frac{h_{n+1}}{h_n}$$

gilt. Für eine konstante Schrittweite h sind diese Koeffizienten 3/2 und − 1/2, so daß Gl. (4) die folgende Form annimmt:

$$y_{n+1} = y_n + h[\tfrac{3}{2} f_n - \tfrac{1}{2} f_{n-1}].$$

Das Verfahren zweiter Ordnung ist nicht selbststartend, da es kein zwingendes Verfahren gibt, y_1 zu erhalten. Dies illustriert die Schwierigkeit aller Adams-Verfahren der Ordnung $k > 1$, nämlich, wie erhält man die Startwerte $y_1, y_2, \ldots$? Später werden wir eine Möglichkeit untersuchen, diese Schwierigkeit durch Ändern der Schrittweite und Ordnung zu umgehen.

Es gibt in der Näherung (3) zwei Fehlerquellen. Eine liegt in der Approximation von $y'(x)$ durch ein Interpolationspolynom; diese ist als der lokale Abbruchfehler bekannt. Die andere liegt in den Fehlern, die schon in den gespeicherten Werten $y_n, y_{n-1}, \ldots$ vorhanden sind. Wir werden jetzt den lokalen Abbruchfehler untersuchen, um einige Ergebnisse bezüglich der Konvergenz zu beweisen.

Die fundamentale Identität für die Lösung der Gln. (1) und (2) ist

$$y(x_{n+1}) = y(x_n) + \int_{x_n}^{x_{n+1}} y'(t)\,dt.$$

Sei $\mathscr{P}_{k,n}(x)$ das Polynom vom Grad $k-1$, das $y'(x)$ in den Gitterpunkten interpoliert:

$$\mathscr{P}_{k,n}(x_{n+1-i}) = y'(x_{n+1-i}) = f(x_{n+1-i}, y(x_{n+1-i})) \qquad i = 1, \ldots, k$$

Der lokale Abbruchfehler τ_{n+1}^{p} ist definiert durch

$$y(x_{n+1}) = y(x_n) + \int_{x_n}^{x_{n+1}} \mathscr{P}_{k,n}(t)\,dt + \tau_{n+1}^{p}$$

$$= y(x_n) + h_{n+1} \sum_{i=1}^{k} \alpha_{k,i} f(x_{n+1-i}, y(x_{n+1-i})) + \tau_{n+1}^{p}.$$

Offensichtlich ist

$$\tau_{n+1}^{p} = \int_{x_n}^{x_{n+1}} y'(t) - \mathscr{P}_{k,n}(t)\,dt$$

gerade der Fehler, der aus der Interpolation stammt. Wenn $y(x) \in C^{k+1}[x_{n+1-k}, x_{n+1}]$ ist, dann gibt Satz 2 aus Kapitel 2 einen nützlichen Ausdruck für diesen Fehler, nämlich

$$y'(x) - \mathscr{P}_{k,n}(x) = E(x) \prod_{i=1}^{k} (x - x_{n+1-i}),$$

wobei $E(x)$ eine stetige Funktion von x ist. Damit ist

$$\tau_{n+1}^{p} = \int_{x_n}^{x_{n+1}} E(t) \prod_{i=1}^{k} (t - x_{n+1-i})\,d\dot{z}.$$

Da das Produkt auf dem Integrationsintervall keinen Vorzeichenwechsel hat, können wir einen Integralzwischenwertsatz anwenden, der besagt, daß es im Intervall einen Punkt ζ gibt, so daß

$$\tau_{n+1}^{p} = E(\zeta) \int_{x_n}^{x_{n+1}} \prod_{i=1}^{k} (t - x_{n+1-i})\,dt$$

gilt. Eine wichtigere Darstellung für τ_{n+1}^{p} ergibt sich aus dem Ausdruck für $E(x)$, der in Kapitel 2 hergeleitet wurde:

$$\tau_{n+1}^{p} = \frac{y^{(k+1)}(\xi)}{k!} \int_{x_n}^{x_{n+1}} \prod_{i=1}^{k} (t - x_{n+1-i})\,dt.$$

Wenn die Schrittweite konstant ist, können wir die Variable $s = (t - x_n)/h$ einführen, um den Ausdruck weiter zu

$$\tau_{n+1}^p = y^{(k+1)}(\xi) h^{k+1} \frac{1}{k!} \int_0^1 \prod_{i=1}^k (s + i - 1)\, ds$$

$$= \gamma_k h^{k+1} y^{(k+1)}(\xi)$$

vereinfachen. Wenn im allgemeinen Fall H die maximale betrachtete Schrittweite ist, haben wir

$$\tau_{n+1}^p = \frac{y^{(k+1)}(\xi)}{k!} H^{k+1} \int_{x_n}^{x_{n+1}} \prod_{i=1}^k \left(\frac{t - x_{n+1-i}}{H} \right) \frac{dt}{H},$$

so daß

$$|\tau_{n+1}^p| \leqslant \frac{|y^{(k+1)}(\xi)|}{k!} H^{k+1} \int_{x_n}^{x_{n+1}} \prod_{i=1}^k i \frac{dt}{H} \leqslant |y^{(k+1)}(\xi)| H^{k+1}$$

gilt. Damit ist τ_{n+1}^p $O(H^{k+1})$ für alle n, wenn y(x) hinreichend glatt ist.

Die grundlegende Idee, die hinter der Schätzung des Interpolationsfehlers steckt, ist, das Ergebnis der Interpolation von einem bestimmten Grad mit dem eines höheren Grades zu vergleichen. Das ist berechtigt, wenn die Schrittweite „klein" ist. Die gleiche Idee kann auch hier angewandt werden, da

$$\tau_{n+1}^p = \int_{x_n}^{x_{n+1}} y'(t) - \mathscr{P}_{k,n}(t)\, dt$$

$$= \int_{x_n}^{x_{n+1}} \mathscr{P}_{k+1,n}(t) - \mathscr{P}_{k,n}(t)\, dt + \int_{x_n}^{x_{n+1}} y'(t) - \mathscr{P}_{k+1,n}(t)\, dt$$

gilt, und

$$\int_{x_n}^{x_{n+1}} y'(t) - \mathscr{P}_{k+1,n}(t)\, dt = O(H^{k+2})$$

bei der Abschätzung von τ_{n+1}^p, das von der Ordnung $O(H^{k+1})$ ist, vernachlässigt werden kann. Diese Abschätzung ist in der Praxis nicht anzuwenden, da wir weder $\mathscr{P}_{k,n}(t)$ noch $\mathscr{P}_{k+1,n}(t)$ kennen. In der Vergangenheit wurde ein heuristischer Ansatz benutzt, bei dem die Fehler der gespeicherten Werte vernachlässigt wurden. Wenn wir nämlich $y_{n+1-i} = y(x_{n+1-i})$ voraussetzen, dann ist $\mathscr{P}_{k,n}(t) = P_{k,n}(t)$ und $\mathscr{P}_{k+1,n}(t) = P_{k+1,n}(t)$. Unter dieser Voraussetzung kann

$$\tau_{n+1}^p = \int_{x_n}^{x_{n+1}} P_{k+1,n}(t) - P_{k,n}(t)\, dt + O(H^{k+2})$$

leicht geschätzt werden, wenn man die Adams-Bashforth-Formeln in der Form der dividierten Differenzen benutzt; τ_{n+1}^p wird dann einfach als Differenz zwischen y_{n+1} nach der Formel k-ter Ordnung und dem y_{n+1} der k+1-ten Ordnung geschätzt. Wenn die Schrittweite konstant ist, sehen wir aus (5), daß diese Schätzung

$$\tau_{n+1}^p \approx h\gamma_k \nabla^k f_n$$

besagt. Ein besonders glücklicher Aspekt dieser Schätzung ist, daß, falls wir genügend viele Differenzen festhalten, wir dann die Ordnung ganz einfach so anpassen können, daß wir den geschätzten lokalen Abbruchfehler kleiner als eine vorgegebene Schranke halten können. Im Kapitel 6 wird die Fehlerschätzung sorgfältig untersucht und als Schluß wird sich ergeben, daß dieser Ansatz auch richtig ist, wenn wir die Fehler bei den gespeicherten Werten in Rechnung ziehen.

Diese Untersuchung des Abbruchfehlers setzt voraus, daß $y(x) \in C^{k+1}$ ist, damit wir einen ordentlichen Ausdruck für den Interpolationsfehler $y'(x) - \mathscr{P}_{k,n}(x)$ erhalten. Wenn $y(x)$ weniger als $k + 1$ stetige Ableitungen hat, wird die Ordnung von τ_{n+1}^p entsprechend reduziert. Fast alle in der Realität auftretenden Probleme haben Lösungen, die außer in isolierten Punkten glatt sind, und wir setzen diese Situation für das gesamte Buch voraus.

Diese Ausdrücke für den lokalen Abbruchfehler zeigen an, daß Verfahren hoher Ordnung für kleine Schrittweiten die Lösung besser approximieren als Verfahren niedriger Ordnung. Man könnte dieses Verhalten erwarten, da Verfahren höherer Ordnung bei der Definition von $P_{k,n}(x)$ mehr Stützstellen verwenden. Im Fall der variablen Schrittweite ist es klar, daß eine Verkleinerung der Schrittweite eine Verminderung des Fehlers mit sich bringt. Der Faktor $y^{(k+1)}(\xi)$ sollte nicht überschätzt werden. Wenn $y(x)$ sich auf dem Interpolationsintervall nur langsam ändert, dann sind die Ableitungen höchster Ordnung und damit auch der Abbruchfehler klein. Wenn sich $y(x)$ jedoch sehr schnell ändert, tritt das Gegenteil ein. Und somit sind es die sich nur langsam ändernden Lösungen, die man numerisch relativ einfach erhalten kann.

Es erscheint plausibel, daß wir eine bessere Approximation für $y(x_{n+1})$ erhalten könnten, wenn wir den Adams-Bashforth-Wert y_{n+1} aus Gl. (3) als Versuchs- oder als Prädiktor-Wert betrachten und ihn in ein Interpolationspolynom einbringen. Um den Prädiktor-Wert von (3) zu unterscheiden, schreiben wir ihn in Zukunft als p_{n+1}. Die Adams-Moulton-Formel der Ordnung k im Punkt x_n benutzt ein Polynom $P_{k,n}^*(x)$, das auch k Werte der Ableitung approximiert, nämlich

$$P_{k,n}^*(x_{n+1-j}) = f_{n+1-j} \quad j = 1, \ldots, k-1,$$

$$P_{k,n}^*(x_{n+1}) = f(x_{n+1}, p_{n+1}).$$

Die Näherungslösung y_{n+1} ist gegeben durch

$$y_{n+1} = y_n + \int_{x_n}^{x_{x+1}} P_{k,n}^*(t)\, dt.$$

Die Lagrangesche Darstellung von (7) wird genau wie im Fall des Adams-Bashforth-Verfahrens hergeleitet.

Man findet, daß

$$y_{n+1} = y_n + h_{n+1} \sum_{i=1}^{k-1} \alpha^*_{k,i} f_{n+1-i} + h_{n+1} \alpha^*_{k,0} f(x_{n+1}, p_{n+1}) \tag{8}$$

mit

$$\alpha^*_{k,i} = \int_0^1 l^*_i (x_n + s h_{n+1}) \, ds$$

und

$$l^*_i(x) = \prod_{\substack{j=0 \\ j \neq i}}^{k-1} \frac{x - x_{n+1-j}}{x_{n+1-i} - x_{n+1-j}}$$

definiert sind. Die klassische Rückwärtsdifferenzen-Form von (7) wird auf die gleiche Weise hergeleitet wie bei Gl. (5), es ist

$$y_{n+1} = y_n + h \sum_{i=1}^{k} \gamma^*_{i-1} \nabla^{i-1} f^p_{n+1}, \tag{9}$$

wobei

$$\gamma^*_0 = 1,$$

$$\gamma^*_i = \frac{1}{i!} \int_0^1 (s-1)(s) \ldots (s+i-2) \, ds \qquad i \geqslant 1 \tag{10}$$

und

$$\begin{aligned}
\nabla^0 f^p_{n+1} &= f^p_{n+1} = f(x_{n+1}, p_{n+1}), \\
\nabla^1 f^p_{n+1} &= \nabla f^p_{n+1} = f^p_{n+1} - f_n \\
&\vdots \\
\nabla^i f^p_{n+1} &= \nabla^{i-1} f^p_{n+1} - \nabla^{i-1} f_n
\end{aligned}$$

ist. Der Fall der variablen Schrittweite wird in Kapitel 5 behandelt.

Übung 2

Zeigen Sie anhand des Falles $f(x, y) \equiv 1$, daß für $k = 1, 2, \ldots$

$$\sum_{i=1}^{k} \alpha_{k,i} = 1 \quad \text{und} \quad \sum_{i=0}^{k-1} \alpha^*_{k,i} = 1$$

gilt.

Übung 3

Beweisen Sie, daß für $i \geqslant 1$ $\gamma_i^* = \gamma_i - \gamma_{i-1}$ gilt.

Der lokale Abbruchfehler τ_{n+1} ist durch

$$y(x_{n+1}) = y(x_n) + h_{n+1} \sum_{i=0}^{k-1} \alpha_{k,i}^* f(x_{n+1-i}, y(x_{n+1-i})) + \tau_{n+1}$$

definiert. Im allgemeinen ist

$$\tau_{n+1} = \frac{y^{(k+1)}(\eta)}{k!} \int_{x_n}^{x_{n+1}} \prod_{i=0}^{k-1} (t - x_{n+1-i})\, dt,$$

und für konstante Schrittweite h ist

$$\tau_{n+1} = \gamma_k^* h^{k+1} y^{(k+1)}(\eta).$$

In jedem Fall ist $\tau_{n+1} = O(H^{k+1})$ für alle n, wenn $y(x)$ hinreichend glatt ist. Wenn man rein heuristisch vorgeht und annimmt, daß die gespeicherten oder vorausgesagten Werte keinen Fehler beinhalten, dann kann τ_{n+1} als Differenz der Ergebnisse y_{n+1} der Formeln k+1-ter und k-ter Ordnung geschätzt werden. Für konstante Schrittweite ist diese Schätzung

$$\tau_{n+1} \approx h\gamma_k^* \nabla^k f_{n+1}^p .$$

Schätzungen dieser Art werden dadurch gerechtfertigt, daß in Kapitel 6 bewiesen wird, daß der Effekt der Fehler bei den gespeicherten und vorausgesagten Werten vernachlässigt werden kann.

Üblicherweise wird die Arbeit, die bei der Integration auf einem Rechner ausgeführt wird, durch die Anzahl der erforderlichen Auswertungen von $f(x, y)$ bestimmt. Für komplizierte Funktionen ist die restliche Berechnung, der Overhead, relativ gering, so daß diese Praxis ein bequemer Weg der Messung ist, der darüberhinaus noch maschinenunabhängig ist. Für einfache Funktionen kann dieses Maß in die Irre führen, aber dann ist die gesamte Berechnung billig und der Vergleich unwichtig. Die Prädiktor-Korrektor-Prozedur benötigt zwei Funktionsauswertungen pro Schritt. Warum sollte man eigentlich nicht das Adams-Bashforth-Verfahren benutzen, das nur eine Funktionsauswertung pro Schritt benötigt? Der Prädiktor-Korrektor Ansatz ist genauer (obwohl er nicht von höherer Ordnung ist) und insofern wesentlich günstiger bezüglich der Fehlerfortpflanzung (vgl. Kapitel 8), so daß er Schrittweiten verwenden kann, die mehr als doppelt so groß sind. Dazu sind die Fehlerschätzungen verläßlicher, was zu einer effektiveren Wahl der Schrittweite führt.

Die Art eines Prädiktor-Korrektor-Verfahrens, wie es in diesem Text vorgestellt wird, wird PECE Methode genannt, eine Abkürzung, die die Durchführung der Rechnung beschreibt: wir sagen p_{n+1} voraus (Predict), berechnen f_{n+1}^p (Evaluate), korrigieren damit, um y_{n+1} zu erhalten (Correct), und berechnen f_{n+1} (Evaluate), um den Schritt abzuschließen. Wir können Prädiktoren und Korrektoren verschiedener Ordnung nehmen, aber es stellt sich heraus, daß es bei einem PECE-Verfahren keinen Vorteil bietet, eine Korrektor-Formel zu nehmen, die um mehr als eine Ordnung höher ist als der Prädiktor. Wir werden zwei Möglichkeiten betrachten. Eine ist, sowohl den Prädiktor als auch den Korrektor von der Ordnung k zu nehmen, die andere, den Prädiktor von der Ordnung k und den Korrektor von der Ordnung k + 1. Die letztere Möglichkeit ist nicht ungelegen, da der Prädiktor der Ordnung k die Werte y_n und f_{n+1-j} für j = 1, ..., k benutzt und der Korrektor der Ordnung k + 1 dieselben Werte mit p_{n+1} benutzt. Demzufolge sind die Werte, die gespeichert werden müssen, für beide Möglichkeiten dieselben. In den folgenden Kapiteln werden noch verschiedene Vorteile diskutiert werden, die daraus entstehen, einen Korrektor höherer Ordnung zu benutzen. Wegen der Vorteile interessiert uns hauptsächlich diese Möglichkeit. Wenn wir die PECE-Formel der Ordnung k erwähnen, verstehen wir darunter stets den Adams-Bashforth-Prädiktor der Ordnung k und den Adams-Moulton-Korrektor der Ordnung k + 1. Diese Terminologie mag im nächsten Kapitel etwas unnatürlich erscheinen, wenn wir die Theorie der Konvergenz diskutieren, ist aber ganz natürlich in den Kapiteln 6 und 7, wenn die praktische Schätzung und die Steuerung des lokalen Fehlers diskutiert werden.

Wir werden uns nun ein paar einfache Fälle ansehen. Für k = 1 ist für den Adams-Moulton Korrektor $P^*_{1,n}(x)$ eine Konstante, nämlich $f(x_{n+1}, p_{n+1})$, so daß

$$y_{n+1} = y_n + h_{n+1} f^p_{n+1}$$

ist. Diese Methode wird „rückwärtsgenommenes Euler-Verfahren" bezeichnet. Wenn wir sie mit dem normalen Euler-Verfahren als Prädiktor kombinieren, sind die PECE-Formeln

$$\begin{aligned} p_{n+1} &= y_n + h_{n+1} f_n, \\ y_{n+1} &= y_n + h_{n+1}\, f(x_{n+1}, p_{n+1}), \\ f_{n+1} &= f(x_{n+1}, y_{n+1}). \end{aligned} \tag{11}$$

Ähnlich lautet für k = 2 die Adams-Moulton-Formel

$$y_{n+1} = y_n + \frac{h_{n+1}}{2}\,[f(x_{n+1}, p_{n+1}) + f_n],$$

die auch Trapezregel genannt wird. Wenn wir das Euler-Verfahren (k = 1) als Prädiktor und die Trapezregel (k = 2) als Korrektor nehmen, so sind die PECE-Formeln

$$\begin{aligned} p_{n+1} &= y_n + h_{n+1} f_n, \\ y_{n+1} &= y_n = \frac{h_{n+1}}{2}\,[f(x_{n+1}, p_{n+1}) + f_n] \\ f_{n+1} &= f(x_{n+1}, y_{n+1}). \end{aligned} \tag{12}$$

In Hinsicht auf den engen Zusammenhang zwischen den Prädiktor- und Korrektorformeln könnten wir die Hoffnung haben, daß die Berechnung des korrigierten Wertes durch die vorherige Berechnung des vorhergesagten Wertes erleichtert würde. Bei der Benutzung dividierter Differenzen erweist sich das als richtig. Der allgemeine Fall wird in Kapitel 5 behandelt werden. Zu diesem Zeitpunkt wollen wir nur den Fall der konstanten Schrittweite h behandeln. Wenn der Prädiktor und der Korrektor beide die Ordnung k haben, ist

$$y_{n+1} = p_{n+1} + h\gamma_{k-1}\, \nabla^k f^p_{n+1}. \tag{13}$$

Wenn der Prädiktor von der Ordnung k und der Korrektor von der Ordnung k + 1 ist, ist

$$y_{n+1} = p_{n+1} + h\gamma_k \nabla^k f^p_{n+1}. \tag{14}$$

Diese Identitäten können leicht aus den Formeln (5) und (9) und dem Ergebnis von Übung 3 bewiesen werden.

Übung 4

Beweisen Sie (13) und (14)

Wir haben bis jetzt noch nicht den Abbruchfehler des Prädiktor-Korrektor-Verfahrens definiert. Sobald wir das in Kapitel 6 getan und seine Schätzung untersucht haben, werden wir feststellen, daß er für konstante Schrittweite durch $h\gamma^*_k \nabla^k f^p_{n+1}$ abgeschätzt wird. Im allgemeinen Fall ist die Abschätzung ein Vielfaches des Terms, der zu p_{n+1} addiert werden muß, um y_{n+1} zu erhalten. Damit sind die Formeln (13) und (14) sehr effizient, da auf jeden Fall beide Terme berechnet werden müssen.

Der Code, der vorgestellt wird, beginnt die Integration selbsttätig mit (12), was nur die Differentialgleichung selbst und die Anfangsbedingung benötigt, und da wir erwarten, daß Formeln höherer Ordnung effizienter sind, wenden wir uns nun dem Problem zu, wie wir Startwerte für Verfahren höherer Ordnung bekommen können. Nach Abschluß des ersten Schrittes haben wir y_1, f_1 und f_0 gespeichert, was genau die Information ist, die ein Prädiktor zweiter Ordnung und ein Korrektor dritter Ordnung für den zweiten Schritt benötigen. Mit y_2, f_2, f_1 und f_0 könnten wir einen Prädiktor dritter Ordnung und einen Korrektor vierter Ordnung anwenden usw.. Auf diese Weise könnten wir die Ordnung steigen lassen, sobald die nötigen Werte berechnet sind. Die Verfahren geringerer Ordnung sind allgemein weniger genau, was dann durch eine kleine Schrittweite wettgemacht werden muß. Die Möglichkeit, die Schrittweite und Ordnung zu verändern, die beim Start des Codes hilft, ist auch nach dem Start von Nutzen, wenn Schrittweite und Ordnung geändert werden müssen, um die gewünschte Genauigkeit so billig wie möglich zu erreichen. Jedoch muß jeder Gewinn, der aus der Änderung der Schritweite stammt, abgewogen werden gegen die Kosten, die beim Berechnen der Koeffizienten der Formeln entstehen. Wir werden eine effiziente Möglichkeit dafür in Kapitel 5 untersuchen, aber wir erwarten, daß wir die meiste Zeit mit konstanter Schrittweite rechnen.

Kapitel 4: Konvergenz und Stabilität – kleine Schrittweiten

Die Adams-Formeln aus Kapitel 3 erzeugen einen Wert y_{n+1}, von dem wir hoffen, daß er die exakte Lösung $y(x_{n+1})$ approximiert. Das ist überhaupt nicht klar, da y_{n+1} von y_n, f_n, f_{n-1}, ... abhängt, die alle fehlerhaft sind. Diese Fehler pflanzen sich mit fortschreitender Rechnung fort und es ist denkbar, daß sie sich so aufschaukeln, daß y_{n+1} noch nicht einmal nahe der exakten Lösung ist. Viele Verfahren, die dem Adams-Verfahren sehr ähnlich sind, können aus diesem Grunde nicht angewendet werden. Wir beweisen hier, daß es für die Adams-Verfahren in PECE-Form keine rechnerischen Schwierigkeiten aufgrund der vorausgehenden Fehler gibt und daß die Approximationen gegen die exakte Lösung konvergieren, wenn die Schrittweiten gegen Null gehen.

In diesem Kapitel wird der Leser anfangen, die Unterschiede zwischen Theorie und Praxis kennenzulernen. Die klassischen Konvergenz- und Stabilitätsergebnisse gelten für eine feste Schrittweite und ein Verfahren fester Ordnung. Man erhält sie mittels einer Grenzwertargumentation, die darauf beruht, daß man die Schrittweite gegen Null gehen läßt, und somit gelten die Folgerungen daraus, wenn die Schrittweite „klein" ist. In der Praxis werden sowohl die Schrittweite als auch die Ordnung so gesteuert, daß man die gewünschte Genauigkeit so effizient wie möglich erzielt. Das wird während eines einzigen Integrationsschrittes getan und erfordert einen etwas anderen als den klassischen Gesichtspunkt. Die neueren Fortschritte in der Theorie und eine geeignete Betrachtungsweise der klassischen Ergebnisse rechtfertigen weitgehend diesen Zugang aus der Praxis. Die Haltung dieses Textes ist, daß Codes wie der hier vorgestellte meistenteils so beschrieben werden, als ob sie mit konstanter Schrittweite und konstanter Ordnung arbeiten, was sich gelegentlich ändert. Dabei ändert sich die Ordnung häufiger als die Schrittweite. Die Untersuchung dieses und der folgenden Kapitel verträgt sich mit solch einem Code hinreichend, wenn auch nicht vollständig. Die Theorie muß ergänzt werden durch sorgfältig geplante numerische Experimente, wie sie z.B. in Kapitel 11 beschrieben werden, und durch Erfahrungen mit Aufgaben aus der Praxis, die einfach genug sind, eine solche Analyse zuzulassen, wie sie z.B. in Kapitel 12 beschrieben werden.

Da wir uns gewöhnlich für konstante Schrittweite und konstante Ordnung interessieren, leiten wir zunächst die klassischen Ergebnisse her. Die Beweise sind recht einfach, da wir nur Adams-Verfahren in PECE-Form behandeln. Sobald wir den Hauptgrund für eine Formulierung mit variabler Schrittweite diskutiert haben, werden wir die Beweise ein wenig dahingehend ändern, so daß sie sich auch auf diesen Fall anwenden lassen. Anschließend diskutieren wir die Änderung der Ordnung.

Wir beginnen zunächst mit einer Näherung y_{n+1}, die mit der Adams-Bashforth-Moulton PECE-Kombination mit einem Prädiktor der Ordnung k und einem Korrektor der Ordnung k + 1 bestimmt wurde. Die gesamte Rechnung ist mit fester Schrittweite h durchgeführt worden, die Startwerte $y_0, y_1, \ldots, y_{k-1}$ wurden mit irgendeinem Verfahren erzeugt. Die einschlägigen Adams-Formeln sind:

$$p_{n+1} = y_n + h \sum_{j=1}^{k} \alpha_{k,j} f(x_{n+1-j}, y_{n+1-j}), \tag{1a}$$

$$y_{n+1} = y_n + h \sum_{j=1}^{k} \alpha^*_{k+1,j} f(x_{n+1-j}, y_{n+1-j}) + h\alpha^*_{k+1,0} f(x_{n+1}, p_{n+1}). \tag{1b}$$

Die lokalen Abbruchfehler τ^p_{n+1}, τ_{n+1} wurden sowohl für die Adams-Bashforth- als auch die Adams-Moulton-Formeln in Kapitel 3 durch die Relationen

$$y(x_{n+1}) = y(x_n) + h \sum_{j=1}^{k} \alpha_{k,j} f(x_{n+1-j}, y(x_{n+1-j})) + \tau^p_{n+1}, \tag{2a}$$

$$y(x_{n+1}) = y(x_n) + h \sum_{j=0}^{k} \alpha^*_{k+1,j} f(x_{n+1-j}, y(x_{n+1-j})) + \tau_{n+1} \tag{2b}$$

definiert. Der globale Fehler im Punkt x_i ist der Unterschied zwischen der exakten Lösung in x_i und der berechneten Näherung

$$e_i = y(x_i) - y_i.$$

Wenn wir (1b) und (2b) subtrahieren und einen Mittelwertsatz anwenden, stellen wir fest, wie der globale Fehler im Punkt x_{n+1} von den globalen Fehlern in den vorausgehenden Gitterpunkten abhängt:

$$e_{n+1} = e_n + h \sum_{j=1}^{k} \alpha^*_{k+1,j} g_{n+1-j} e_{n+1-j} + h\alpha^*_{k+1,0} g_{n+1} [y(x_{n+1}) - p_{n+1}] + \tau_{n+1}.$$

Dabei ist $g_{n+1-j} = f_y(x_{n+1-j}, \xi_{n+1-j})$ mit einem ξ_{n+1-j} zwischen y_{n+1-j} und $y(x_{n+1-j})$ für $j > 0$ und zwischen p_{n+1} und $y(x_{n+1})$ für $j = 0$. Genauer brauchen wir g_{n+1-j} nicht zu kennen, da es durch die Lipschitzkonstante L beschränkt ist; wir erinnern an

$$|f_y(x, y)| \leqslant L \quad \text{für} \quad a \leqslant x \leqslant b \text{ und alle } y.$$

Die Relation beinhaltet den Fehler, der beim vorausgesagten Wert gemacht wird, und der sich genau wie oben ergibt zu

$$e^p_{n+1} = y(x_{n+1}) - p_{n+1} = e_n + h \sum_{j=1}^{k} \alpha_{k,j} g_{n+1-j} + \tau^p_{n+1}.$$

Durch die Elimination dieses Terms im Ausdruck für e_{n+1} kommen wir auf

$$e_{n+1} = e_n + h \sum_{j=1}^{k} \alpha^*_{k+1,j} g_{n+1-j} e_{n+1-j} + h\alpha^*_{k+1,0} g_{n+1} \left[e_n + h \sum_{j=1}^{k} \alpha_{k,j} g_{n+1-j} e_{n+1-j} \right] + \delta_n. \tag{3}$$

Wir werden die Größe

$$\delta_n = h\alpha^*_{k+1,0}\, g_{n+1}\, \tau^p_{n+1} + \tau_{n+1}$$

den lokalen Abbruchfehler der Prädiktor-Korrektor Kombination nennen. Mit $\delta = \max\limits_m |\delta_m|$ und der Lipschitzkonstanten erhalten wir

$$|e_{n+1}| \leqslant |e_n| + hL \sum_{j=1}^{k} |\alpha^*_{k+1,j}||e_{n+1-j}| + hL|\alpha^*_{k+1,0}||e_n|$$

$$+ h^2 L^2 |\alpha^*_{k+1,0}| \sum_{j=1}^{k} |\alpha_{k,j}||e_{n+1-j}| + \delta.$$

In dieser Form gibt die Schranke nur wenig Einblick in das Verhalten und die Größe des Fehlers. Wir müssen sie durch einen einfachen Ausdruck ersetzen, der leichter zu interpretieren ist. Zu diesem Zweck wollen wir eine Folge von Zahlen $\{E_i\}$ einführen, die

$$|e_j| \leqslant E_i \quad \text{für} \quad j = 0, 1, \ldots, i \text{ und alle } i$$

erfüllt, und nehmen an, daß wir die ersten Terme $E_0, E_1, \ldots, E_n$ für $n \geqslant k-1$ gefunden haben. Dann ist

$$|e_{n+1}| \leqslant E_n + hL \sum_{j=1}^{k} |\alpha^*_{k+1,j}| E_n + hL|\alpha^*_{k+1,0}| E_n$$

$$+ h^2 L^2 |\alpha^*_{k+1,0}| \sum_{j=1}^{k} |\alpha_{k,j}| E_n + \delta.$$

Wenn wir dann E_{n+1} durch

$$E_{n+1} = \mathscr{L} E_n + \delta$$

mit

$$\mathscr{L} = 1 + hL\alpha^* + h^2 L^2 |\alpha^*_{k+1,0}|\alpha,$$

$$\alpha^* = \sum_{j=0}^{k} |\alpha^*_{k+1,j}|, \quad \text{und} \quad \alpha = \sum_{j=1}^{k} |\alpha_{k,j}|,$$

definieren, können wir sehen, daß

$$|e_{n+1}| \leqslant E_{n+1}$$

gilt. Weiterhin stellen wir aufgrund der Voraussetzung bezüglich E_{n+1} und der Rekursionsformel, die E_{n+1} größer als E_n werden läßt, fest, daß

$$|e_j| \leqslant E_n \leqslant E_{n+1} \quad \text{für } j = 0, 1, \ldots, n$$

ist. Um die Folge zu beginnen, müssen wir noch

$$E_0 = \max\{|e_0|, |e_1|, \ldots, |e_{k-1}|\},$$

$$E_i = \mathscr{L} E_{i-1} + \delta \quad i = 1, 2, \ldots, k-1$$

definieren. Der Rest der Aufgabe besteht darin, die E_i explizit zu bestimmen und das Ergebnis in einfacher Form dazustellen. Zu diesem Zweck benötigen wir noch ein paar Lemmata.

Lemma 1. Es sei $\{E_i\}$ eine Folge, die durch

vorgegebenes E_0 und

$$E_k = \mathscr{L} E_{k-1} + \delta \quad k = 1, 2, \ldots,$$

definiert sei, wobei δ und $\mathscr{L}$ positive Konstanten sind und $\mathscr{L} \neq 1$ ist. Dann ist

$$E_k = \mathscr{L}^k E_0 + \frac{\mathscr{L}^k - 1}{\mathscr{L} - 1}\delta \quad k = 1, 2, \ldots.$$

Beweis: Der Beweis wird mit Induktion über k durchgeführt. Die Annahme ist trivalerweise richtig für k = 1. Angenommen, sie ist für k = n richtig. Dann ist

$$\begin{aligned} E_{n+1} &= \mathscr{L} E_n + \delta \\ &= \mathscr{L}\left[\mathscr{L}^n E_0 + \frac{\mathscr{L}^n - 1}{\mathscr{L} - 1}\delta\right] + \delta \\ &= \mathscr{L}^{n+1} E_0 + \frac{\mathscr{L}^{n+1} - 1}{\mathscr{L} - 1}\delta, \end{aligned}$$

was der Fall k = n + 1 ist. Nach Induktion stimmt die Annahme dann für alle k.

Lemma 2. Für $x \geqslant 0$ gilt

a) $1 + x \leqslant \exp(x)$

b) $(1 + x)^n \leqslant \exp(nx)$

wobei die Gleichheit nur für x = 0 gilt.

Beweis: Die Entwicklung von exp(x) um x = 0 in eine Taylorreihe führt zu

$$\exp(x) = 1 + x + \frac{x^2}{2}\exp(\xi) \quad \xi \in (0, x)$$

und die Behauptung folgt sofort.

Mit Lemma 1 und 2 können wir nun formulieren den

Satz 1. Es werde das Prädiktor-Korrektor Verfahren (1) zur Lösung von $y' = f(x, y)$, $y(a) = A$ auf $[a, b]$ angewandt, wobei die Startwerte y_i

$$|y(x_i) - y_i| \leqslant E_0 \quad i = 0, 1, \ldots, k-1$$

erfüllen. Sei $f_y(x, y)$ stetig und betragsmäßig beschränkt durch die Lipschitzkonstante L. Dann ist für beliebiges $x_n \in [a, b]$

$$|y(x_n) - y_n| \leqslant \left[E_0 + \frac{\delta}{hL(\alpha^* + hL|\alpha^*_{k+1,0}|\alpha)}\right] \times$$

$$\exp\left[(x_n - a)\, L\, (\alpha^* + hL|\alpha^*_{k+1,0}|\alpha)\right] \tag{4}$$

wobei

$$\delta = \max_{n} |h\alpha^*_{k+1,0}\, f_y \tau^p_{n+1} + \tau_{n+1}|,$$

$$\alpha = \sum_{j=1}^{k} |\alpha_{k,j}|, \quad \alpha^* = \sum_{j=0}^{k} |\alpha^*_{k+1,j}|$$

ist.

Beweis: Wir haben bewiesen, daß

$$|y(x_n) - y_n| \leqslant E_n.$$

gilt. Lemma 1 kann auf die E_n, die in dieser Folgerung auftreten, angewandt werden, so daß

$$E_n = \mathscr{L}^n E_0 + \frac{\mathscr{L}^n - 1}{\mathscr{L} - 1}\,\delta.$$

ist. Wenn wir in Lemma 2

$$x = hL\alpha^* + h^2 L^2 |\alpha^*_{k+1,0}|\alpha$$

setzen und außerdem die Tatsache benutzen, daß $nh = x_n - a$ ist, sehen wir, daß

$$\mathscr{L}^n \leqslant \exp[(x_n - a)\, L(\alpha^* + hL|\alpha^*_{k+1,0}|\alpha)].$$

gilt. Damit ist der Rest des Beweises offensichtlich.

Aus diesem Satz ergibt sich die Konvergenz des PECE-Paares. Von den verschiedenen Konvergenzarten, die es gibt, betrachten wir hier nur die gleichmäßige, was einfach besagt, daß der größte Fehler auf $[a, b]$

$$\max_{a \leqslant x_n \leqslant b} |y(x_n) - y_n|,$$

gegen Null geht. Die Ungleichung (4) gibt eine Schranke für den größten Fehler an, aber zu seiner Interpretation müssen wir die einzelnen Terme etwas weiter untersuchen. In Kapitel 3 fanden wir, daß für $y \in C^{k+2}[a, b]$ $\tau^p_{k+1} = O(h^{k+1})$ und τ_{n+1} von der Ordnung $O(h^{k+2})$ sind. Daraus ergibt sich, daß δ von der Ordnung $O(h^{k+2})$ ist, was zu folgendem Ergebnis führt:

Korollar 1.1. Zusätzlich zu den Voraussetzungen von Satz 1 gelte $y(x) \in C^{k+2}[a, b]$ und die Startwerte erfüllen

$$|y(x_i) - y_i| \leqslant c_1 h^{k+1} \qquad i = 0, 1, \ldots, k-1$$

mit einer Konstanten c_1 und $0 < h \leqslant h_0$ für alle h. Dann gibt es eine Konstante c_2, so daß für jedes $x_n \in [a, b]$

$$|y(x_n) - y_n| \leqslant c_2 h^{k+1}$$

gilt, d.h. das Schema ist gleichmäßig konvergent mit der Ordnung $k + 1$.

Übung 1

Untersuchen Sie den Einfluß von Prädiktoren und Korrektoren verschiedener Ordnung. Angenommen, der Prädiktor ist von der Ordnung k, der Korrektor von der Ordnung m, die Lösung y (x) ist hinreichend glatt und die Startwerte sind genau genug. Beweisen Sie, daß dann das PECE-Verfahren gleichmäßig konvergent mit der Ordnung $p = \min(m, k + 1)$ ist. (Aus diesem Grunde werden in diesem Lehrbuch auch nur die Fälle $m = k$ und $m = k + 1$ betrachtet.)

Da die PECE-Prozedur der Ordnung k mit der Ordnung k + 1 konvergent ist, scheint die Terminologie hier ein wenig unnatürlich. Jedoch ist sie von anderen Gesichtspunkten durchaus verständlich, einer ist etwa der, daß k gespeicherte Werte benutzt werden. Der einzige bis jetzt ersichtliche Unterschied, der aus dem Gebrauch des Korrektors höherer Ordnung stammt, liegt darin, daß man sonst bei jedem Schritt einen zusätzlichen Startwert und einen zusätzlichen gespeicherten Wert benötigt, um die gleiche Genauigkeit zu erreichen. Das ist ein recht unbedeutender Punkt, aber er begünstigt den Korrektor höherer Ordnung.

Das klassische Konvergenzresultat von Korollar 1.1 gilt nur für Näherungen in den Gitterpunkten. In Kapitel 3 sahen wir, wie wir y(x) in jedem beliebigen Punkt aus [a, b] approximieren können. Wir werden jetzt zeigen, daß eine solche Approximation überall genauso genau wie in den Gitterpunkten ist. Das hat die äußerst wichtige Folge, daß die Codes Gitterpunkte der Effizienz entsprechend wählen können und durch Interpolation immer noch überall genaue Werte der Lösung erhalten können.

Die typische Situation, in der die Lösung interpoliert wird, ist die, daß wir bis zum ersten Gitterpunkt x_{n+1} integrieren, der jenseits des Punktes x liegt, in dem wir die Lösung suchen, d.h. es ist $x_n < x < x_{n+1}$. Den Wert y_{n+1} bekommt man aus $P^*_{k+1,n}$, und danach wird f_{n+1} ausgerechnet. Eine natürliche Näherung für y ist $P_{k+1,n+1}$, das sich von $P^*_{k+1,n}$ nur dadurch unterscheidet, daß es den angenommenen Wert f_{n+1} interpoliert, nicht aber f^p_{n+1}. Wir definieren eine Näherung $y_I(x)$ für y(x) auf $(x_n, x_{n+1}]$ durch

$$y_I(x) = y_{n+1} + \int_{x_{n+1}}^{x} P_{k+1,n+1}(t)\, dt.$$

Zuerst untersuchen wir die Approximation von y′(x) durch $P_{k+1,n+1}(x)$. Sei $\mathscr{P}_{k+1,n+1}(x)$ das Polynom vom Grade k, das durch die Bedingungen

$$\mathscr{P}_{k+1,n+1}(x_{n+2-i}) = y'(x_{n+2-i}) \qquad i = 1, 2, \ldots, k+1$$

definiert ist. Dann ist

$$|y'(x) - P_{k+1,n+1}(x)| \leqslant |y'(x) - \mathscr{P}_{k+1,n+1}(x)| + |\mathscr{P}_{k+1,n+1}(x) - P_{k+1,n+1}(x)|.$$

Satz 2 aus Kapitel 2 besagt, daß

$$|y'(x) - \mathscr{P}_{k+1,n+1}(x)| = \left| \frac{y^{(k+2)}(\xi)}{(k+1)!} \prod_{i=1}^{k+1} (x - x_{n+2-i}) \right| \leqslant h^{k+1} \|y^{(k+2)}\|$$

ist mit $\|y^{(k+2)}\| = \max\limits_{a \leqslant x \leqslant b} |y^{(k+2)}(x)|$.

Außerdem gilt

$$\mathscr{P}_{k+1,n+1}(x) - P_{k+1,n+1}(x) = \sum_{i=1}^{k+1} l_i(x)[f(x_{n+2-i}, y(x_{n+2-i}))$$

$$- f(x_{n+2-i}, y_{n+2-i})],$$

so daß mit Korollar 1.1

$$|\mathscr{P}_{k+1,n+1}(x) - P_{k+1,n+1}(x)| \leqslant Lc_2 h^{k+1} \sum_{i=1}^{k+1} |l_i(x)|$$

folgt. Unter Benutzung der Variablen $s = (x - x_n)/h$ kann man aus der Definition der $l_i(x)$ leicht erkennen, daß

$$|l_i(x)| = \prod_{\substack{j=1\\ j\neq i}}^{k+1} \left| \frac{s+j-1}{j-i} \right| \leqslant \prod_{\substack{j=1\\ j\neq i}}^{k+1} \left| \frac{j}{j-i} \right|$$

gilt. Damit gibt es Konstanten c_3 und c_4, so daß

$$|\mathscr{P}_{k+1,n+1}(x) - P_{k+1,n+1}(x)| \leqslant c_3 h^{k+1}$$

und

$$|y'(x) - P_{k+1,n+1}(x)| \leqslant h^{k+1} \|y^{k+2}\| + c_3 h^{k+1} = c_4 h^{k+1}$$

ist. Unter Anwendung dieses Ergebnisses und der Identität

$$y(x) = y(x_{n+1}) + \int_{x_{n+1}}^{x} y'(t)\, dt$$

sehen wir, daß für eine geeignete Konstante c_5

$$|y(x) - y_I(x)| \leqslant |y(x_{n+1}) - y_{n+1}| + \left| \int_{x_{n+1}}^{x} y'(t) - P_{k+1,n+1}(t)\, dt \right|$$

$$\leqslant c_2 h^{k+1} + hc_4 h^{k+1} \leqslant c_5 h^{k+1}$$

ist.

Korollar 1.2. Mit den Voraussetzungen von Satz 1 und Korrollar 1.1 sind die numerische Approximation $y_I(x)$ und ihre Ableitung auf $[a, b]$ gleichmäßig mit der Ordnung h^{k+1} konvergent gegen $y(x)$ und seine Ableitung.

Übung 2

Weisen Sie für k = 1 nach, daß für $x_n \leqslant x \leqslant x_{n+1}$

$$y_I'(x) = f_{n+1} + (x - x_{n+1}) \left(\frac{f_{n+1} - f_n}{h_{n+1}} \right),$$

$$y_I(x) = y_{n+1} + (x - x_{n+1}) f_{n+1} + \frac{(x - x_{n+1})^2}{2} \left(\frac{f_{n+1} - f_n}{h_{n+1}} \right).$$

ist.

Die Interpolationsprozedur, die gerade beschrieben wurde, ist von einem Gesichtspunkt aus natürlich, von anderen hingegen nicht. Die Sache ist zu technisch, als daß sie hier aufgenommen werden müßte, aber ein paar Kommentare sind doch angebracht. Der erste Punkt ist der, daß bei einer PECE Implementation der Zusammenhang

$$y_I'(x_{n+1}) = f(x_{n+1}, y_I(x_{n+1}))$$

sehr natürlich auftritt. Das ist nicht so bei den typischen Implementationen der Adams-Moulton Verfahren, wie zum Beispiel in [3], und es stimmt für diese gewöhnlicherweise auch nicht. Tatsächlich gilt das üblicherweise an der Stelle x_n für kein $y_I(x)$. Wir ließen $y_I'(x)$ $f_{n+1}, f_n, \ldots$ interpolieren, $y_I(x)$ interpolierte hingegen den einzigen Wert y_{n+1}. Aus diesem Grunde gilt gewöhnlich, daß $y_I(x_n) \neq y_n$, und somit ist

$$y_I'(x_n) = f_n = f(x_n, y_n) \neq f(x_n, y_I(x_n)).$$

Der zweite Punkt, der sich aus dieser Beobachtung ergibt, ist der, daß die Ableitung des Interpolationspolynoms $y_I(x)$ in jedem Gitterpunkt stetig ist, das Polynom selbst aber nicht. Von diesem Gesichtspunkt aus ist unsere Interpolierende der Lösung recht unnatürlich. Natürlich muß der Fehler in der Lösung irgendwo auftreten, und unser Ansatz ist, ihn an der Stelle x_n anzuhäufen. H.J. Stetter hat diese Situation in „Interpolation and Error Estimates in Adams PC-Codes“ untersucht, was im SIAM Journal on Numerical Analysis im Jahre 1979 veröffentlicht wurde. Es sollte dem Leser klar sein, daß wir $y_I(x)$ auch an der Stelle x_n interpolieren lassen könnten, wenn wir den Grad der polynomialen Interpolierenden erhöhen würden und somit eine stetige Näherungslösung erhalten könnten.

Die Größe E_0 in Satz 1 stellt den Anfangsfehler dar, der gemäß der Fehlerschranke offensichtlich während der gesamten Berechnung erhalten bleibt. Eine genauere Betrachtung zeigt, daß dies tatsächlich der Fall ist, und es wird auch leicht durch einen Test nachgewiesen (vgl. Übung 5). Deshalb muß man mit genauen Werten beginnen, eine Schwierigkeit, die später untersucht wird. Es gibt eine zufriedenstellende praktische Lösung, aber sie paßt nicht nahtlos in die klassische Grenzwertbetrachtung und sie wird daher besser von einem Gesichtspunkt aus untersucht, der erst in Kapitel 6 entwickelt wird. Überlicherweise ist es realistisch anzunehmen, daß die Startfehler nur wenig zum globalen Fehler beitragen. Aus diesem Grunde führen wir ein paar theoretische Anwendungen von Korollar 1.1 unter der Annahme durch, daß die Anfangsfehler von der Ordnung $O(h^{k+2})$ sind. Der globale Fehler ist dann immer noch von der Ordnung k + 1, aber es zeigt sich, daß die Anfangsfehler gegenüber den Abbruchfehlern vernachlässigt werden können.

Die Größe δ in Satz 1 stellt den Fehler bei der Approximation der Differentialgleichung dar, und sie kann im Prinzip beliebig klein gemacht werden. In der Praxis können die Adams-Formeln (1) aber nicht exakt ausgerechnet werden. Stattdessen gibt es Rundungsfehler r_n^p und r_n, die bei jedem Schritt in den Ausdruck δ_n eingebracht werden müssen. Wenn wir das machen, können wir nicht länger sagen, daß δ mit h gegen Null geht, da die Rundungsfehler nicht mit h abnehmen, tatsächlich kann δ sogar anwachsen. Gewöhnlich werden Genauigkeit und Schrittweiten in der Größenordnung so gewählt, daß Rundungsfehler im Vergleich zu den Abbruchfehlern klein sind und somit sowohl in der Theorie als auch in der Praxis ignoriert werden können. Wenn aber eine immer größere Genauigkeit verlangt wird, stellt man eventuell fest, daß die Rundungsfehler die Abbruchfehler überwiegen. Es ist dann notwendig, in der Theorie auch r_n^p und r_n in die Größe δ miteinzubeziehen, um der Tatsache Rechnung zu tragen, daß die numerischen Ergebnisse in der Praxis schlechter statt besser werden. In Kapitel 9 untersuchen wir einige Auswirkungen der Rundung bei der Lösung von Differentialgleichungen und betrachten auch ein paar einfache Kniffe, um deren Einflüsse zu beherrschen. In der rechnerischen Praxis müssen wir voraussetzen, daß Rundungsfehler keine ernsten Probleme mit sich bringen, wobei wir uns aber vor Augen halten müssen, daß dies sicherlich nicht gilt, wenn wir Genauigkeiten erreichen, die nahe den Grenzen liegen, die uns der benutzte Rechner setzt.

Die Konvergenzergebnisse können einen bei der Anwendung auf praktische Rechnungen in die Irre führen, ganz abgesehen von den Betrachtungen des Rundungsfehlers. Nach diesen Ergebnissen scheint es so, daß man die Formeln der höchstmöglichen Ordnung nehmen sollte. Dieser Schluß ist bei der Grenzwertbetrachtung für $h \to 0$ richtig, nicht aber bei jeder einzelnen Berechnung, da dann die unbekannten Konstanten bei der Untersuchung eine wichtige Rolle spielen. Nach Beginn der Rechnung resultiert der Fehler hauptsächlich aus dem maximalen Abbruchfehler δ. In Kapitel 6 diskutieren wir die Schätzung der lokalen Fehler bei jedem Schritt für verschiedene Ordnungen, wobei wir eine Änderung der Schrittweite zulassen. Vorausgesetzt, daß es möglich und wirtschaftlich ist, erwartet man nach Satz 1, daß die Schrittweite und die Ordnung bei jedem Schritt so an die Lösung angepaßt werden, daß δ_n und damit δ und auch $|y(x_n) - y_n|$ vermindert werden. Oder man sollte umgekehrt in der Lage sein, die Schrittweiten so groß wie möglich zu wählen, aber trotzdem einen bestimmten Fehler nicht zu überschreiten. Es stellt sich später heraus, daß dies tatsächlich der Fall ist. Die restliche Herleitung der Konvergenzergebnisse in diesem Buch dient dazu, Änderungen der Schrittweite und Ordnung einzubeziehen.

Methoden, die ähnlich dem Adams-Verfahren sind, können dazu führen, daß bei manchen Problemen die Berechnungen „explodieren", sobald die Schrittweite verkleinert wird. Dies Verhalten wird „Instabilität" genannt, was unglücklicherweise ein Ausdruck ist, der zur Beschreibung vieler verschiedener Phänomene sowohl in der Theorie der Differentialgleichungen selbst als auch in der Theorie ihrer numerischen Lösung benutzt wird. Die Adams Verfahren zeigen dieses Verhalten nicht. In der einfachsten Form verlangen wir, daß die numerischen Werte y_n gleichmäßig beschränkt sind für alle hinreichend kleinen h, das heißt, daß sie nicht „explodieren", wenn eine Integration mit einem kleineren h wiederholt wird. Mit den Voraussetzungen von Korollar 1.1 ergibt sich diese Beschränktheit sofort. Denn in diesem Fall gibt es wegen der Konvergenz Konstanten c und h_0 derart, daß für alle $h \leqslant h_0$

$$|y(x_n) - y_n| \leqslant ch^{k+1}$$

gilt. Aber dann ist

$$|y_n| \leqslant ch_0^{k+1} + \max_{a \leqslant x \leqslant b} |y(x)|.$$

Eine wesentlich genauere Aussage ist die, daß kleine Änderungen bei den Startwerten nur zu kleinen Änderungen bei der numerischen Lösung führen:

Satz 2. Angenommen, daß f(x, y) eine Lipschitzbedingung für $a \leqslant x \leqslant b$ und alle y erfüllt. Seien $\{y_n\}$ bzw. $\{u_n\}$ die numerischen Lösungen, die sich nach den Formeln (1) aus den Startwerten $y_0, y_1, \ldots, y_{k-1}$ bzw. $u_0, u_1, \ldots, u_{k-1}$ ergeben. Dann gibt es Konstanten B und h_0 so, daß für $0 < h \leqslant h_0$ gilt:

$$\max_{x_n \in [a,b]} |y_n - u_n| \leqslant B \max_{0 \leqslant j \leqslant k-1} |y_j - u_j|.$$

Dieses Ergebnis wird leicht mit einem Argument bewiesen, das ganz ähnlich dem ist, das schon zur Beweisführung von Satz 1 diente.

Übung 3

Beweisen Sie Satz 2.

Eine sehr einfache und kostengünstige Art der Schrittweitenänderung ist die Interpolation. Für eine Methode der Ordnung k seien f_{n-i} die berechneten Ableitungen an den Stellen $x_n - ih$ für $i = 0, 1, \ldots, k-1$. Wenn die Schrittweite beim Übergang zu x_{n+1} um einen Faktor r so geändert werden soll, daß $x_{n+1} = x_n + rh$ ist, wird das Polynom, das die f_{n-i} interpoliert, bestimmt und an den Stellen $x_n - i \cdot rh$ ausgewertet, um äquidistante Funktionswerte $\tilde{f}_{n-i}$ zu erzielen. Der Code fährt dann wie üblich fort, indem er die Formeln für konstante Schrittweite auf die $\tilde{f}_{n-i}$ anwendet. Dieses Vorgehen, die Schrittweite anzupassen, ist sehr bequem, kann aber instabil sein. Diese Instabilität ist noch nicht vollständig verstanden, sie hängt von der Größenordnung und der Häufigkeit der Änderungen, von der Ordnung der Formel und davon ab, ob die Schrittweite verkleinert wurde oder nicht. Dieses unliebsame Verhalten tritt nur auf, wenn Formeln ziemlich hoher Ordnung gebraucht werden; daher ist diese Instabilität auch bis vor kurzem nicht klar erkannt worden, als Codes, die die Verfahren hoher Ordnung ausnutzen, allgemein erhältlich waren. Der wirksamste und eleganteste Weg, diese ernste praktische Schwierigkeit zu umgehen, ist die Benutzung der Formeln, die variable Schrittweiten enthalten, wie es in diesem Buch gemacht wird.

Die Erfahrung zeigt, daß das Verhältnis aufeinanderfolgender Schrittweiten beschränkt sein muß, um Stabilität zu erhalten. Der Beweis von Satz 1 benutzt Konstanten wie

$$\alpha = \sum_{j=1}^{k} |\alpha_{k,j}|.$$

Im Falle variabler Schrittweiten werden sie durch Schranken ersetzt. Aus dem Beispiel

$$\sum_{j=1}^{2} |\alpha_{2,j}| = 1 + \frac{1}{2}\,\frac{h_{n+1}}{h_n} + \frac{1}{2}\,\frac{h_{n+1}}{h_n},$$

wird klar, daß irgendeine Form einer gleichmäßigen Schranke für das Verhältnis zweier aufeinanderfolgender Schrittweiten gebraucht wird, um ein Ergebnis analog zu Satz 1 zu beweisen.

Die Stabilität einer Fassung der Adams-Verfahren mit vollständig variabler Schrittweite ist nicht schwer nachzuweisen, sobald wir erst einmal ein geeignetes Verfahren zur Beschränkung der Schrittweitenänderung kennen. Der Beweis für feste Schrittweite h beinhaltet einen Grenzübergang, bei dem eine Integration für immer kleiner werdende Schrittweiten wiederholt wird. Analoge Argumente für variable Schrittweiten setzen voraus, daß die Integration mit einer immer kleiner werdenden maximalen Schrittweite $H = \max h_j$ wiederholt wird. Weiterhin müssen wir voraussetzen, daß die Gitterpunkte $\{x_0, x_1, \ldots, x_n\}$ jeweils tatsächlich das Intervall $[a, b]$ aufspannen; somit fordern wir

$$b - a = \sum_{j=1}^{N} h_j. \tag{5a}$$

Im Fall der konstanten Schrittweite gebrauchten wir die Schranke $nh = x_n - a \leqslant b - a$ und im allgemeinen Fall benötigen wir eine analoge Voraussetzung:

Es gibt eine Konstante D, so daß für jede Integration $NH \leqslant D$ gilt. (5b)

Wir haben empfohlen, das Verhältnis aufeinanderfolgender Schrittweiten zu beschränken. Insbesondere setzen wir voraus,

es gebe positive, endliche Konstanten μ, η, so daß für alle Integrationen

$$\mu \leqslant h_{j-1}/h_j \leqslant \eta \tag{5c}$$

für alle j ist, möglicherweise mit Ausnahme derjenigen h_j, die bei den Formeln der Ordnung eins auftreten.

Bei den Formeln der Ordnung eins brauchen die Verhältnisse der Schrittweiten nicht beschränkt zu sein, da die Formeln keine früheren Werte benutzen. Diese Ausnahme ist von erheblicher praktischer Bedeutung.

Diese Voraussetzungen reichen aus, die Untersuchung durchzuführen und scheinen auch vollständig auszureichen, tatsächliche Berechnungen durchzuführen. Sie laufen nicht darauf hinaus, daß vorausgesetzt wird, die Schrittweiten streben gegen einen konstanten Wert; es kann nämlich gezeigt werden, daß das Verhältnis von größter zu kleinster Schrittweite unbeschränkt sein kann (sogar ohne die Ausnahme bei der Ordnung eins). Die vorgestellten Codes erfüllen die Voraussetzungen (5c) mit $\mu = 1/2$ und $\eta = 8$. Der übliche Weg, sich von Ergebnissen einer tatsächlichen Rechnung zu überzeugen, ist der, den Schritt mit einer kleineren Fehlertoleranzgrenze oder einer Folge kleinerer Grenzen zu wiederholen. Wir werden sehen, daß sich dies in einer Folge kleinerer maximaler Schrittgrößen äußert.

Unser erstes Ziel ist zu zeigen, daß die $\alpha_{k,i}$ und $\alpha^*_{k+1,i}$ mit diesen Regeln für die Schrittweite gleichmäßig beschränkt sind.

Wir erinnern, daß

$$\alpha_{k,i} = \int_0^1 l_i(x_n + sh_{n+1})\, ds, \quad l_i(x) = \prod_{\substack{j=1 \\ j \neq i}}^{k} \left(\frac{x - x_{n+1-j}}{x_{n+1-i} - x_{n+1-j}} \right)$$

und somit

$$|\alpha_{k,i}| \leqslant \int_0^1 \prod_{\substack{j=1 \\ j \neq i}}^{k} \left| \frac{x_n + sh_{n+1} - x_{n+1-j}}{x_{n+1-i} - x_{n+1-j}} \right| ds$$

ist. Um zu zeigen, daß jeder Faktor beschränkt ist, teilen wir Nenner und Zähler durch h_{n+1}. Dann folgt aus der Voraussetzung (5c) und aus $0 \leqslant s \leqslant 1$, daß für $j > 1$

$$\left| \frac{x_n + sh_{n+1} - x_{n+1-j}}{h_{n+1}} \right| \leqslant \left| \frac{x_{n+1} - x_{n+1-j}}{h_{n+1}} \right| = \left| \frac{h_{n+1} + \ldots + h_{n+2-j}}{h_{n+1}} \right| \leqslant 1 + \eta + \eta^2 + \ldots + \eta^{j-}$$

gilt, da für $m = 0, 1, \ldots$

$$\frac{h_{n-m}}{h_{n+1}} = \frac{h_{n-m}}{h_{n+1-m}} \cdot \frac{h_{n+1-m}}{h_{n+2-m}} \cdots \frac{h_n}{h_{n+1}} \leqslant \eta^{m+1}$$

ist. Man kann leicht zeigen, daß die gleiche Schranke für $j = 1$ gilt. Der Nenner ist auf genau die gleiche Art beschränkt, die spezielle Schranke hängt dabei von den relativen Größen von i und j ab. Für $j > i$ ist

$$\left| \frac{x_{n+1-i} - x_{n+1-j}}{h_{n+1}} \right| = \left| \frac{h_{n+1-i} + h_{n-i} + \ldots + h_{n+2-j}}{h_{n+1}} \right|,$$

was nach unten durch

$$\mu^i + \mu^{i+1} + \ldots + \mu^{j-1}.$$

beschränkt ist. Mit der Identität

$$1 + \sigma + \sigma^2 + \ldots + \sigma^{i-1} = \frac{\sigma^i - 1}{\sigma - 1}, \quad \sigma \neq 1,$$

finden wir, daß jeder Faktor mit $j > i$ nach oben beschränkt ist durch

$$\frac{\dfrac{\eta^j - 1}{\eta - 1}}{\dfrac{\mu^j - \mu^i}{\mu - 1}}.$$

Für $j < i$ gibt es ähnliche Schranken und folglich ist $|l_i(x_n + sh_{n+1})|$ unabhängig von der Maschenweite genau wie $|\alpha_{k,i}|$ beschränkt.

Im Beweis von Satz 1 brauchen nur ein paar Details geändert zu werden, damit der Beweis auch auf variable Schrittweiten angewendet werden kann. Die Gleichung (3) bleibt weiterhin gültig, wobei wir nun h_{n+1} einführen.

$$e_{n+1} = e_n + h_{n+1} \sum_{j=1}^{k} \alpha^*_{k+1,j}\, g_{n+1-j}\, e_{n+1-j}$$

$$+ h_{n+1}\, \alpha^*_{k+1,0}\, g_{n+1} \left[e_n + h_{n+1} \sum_{j=1}^{k} \alpha_{k,j}\, g_{n+1-j}\, e_{n+1-j} \right] + \delta_n . \tag{6}$$

Nun nehmen wir an, α und α^* seien Konstanten derart, daß

$$\alpha^* \geqslant \sum_{j=0}^{k} |\alpha^*_{k+1,j}|, \quad \alpha \geqslant \sum_{j=1}^{k} |\alpha_{k,j}| \tag{7}$$

für alle betrachteten Maschenweiten gilt. Wenn wir dann eine maximale Schrittweite H nehmen und eine Konstante C definieren, so daß

$$|\alpha^*_{k+1,0}| \leqslant C \tag{8}$$

gilt, stellen wir fest, daß

$$|e_{n+1}| \leqslant E_n (1 + HL\alpha^* + H^2 L^2 C\alpha) + \delta \tag{9}$$

gilt, genauso wie wir es schon vorher herausgefunden haben. Bei der Anwendung der Lemmata haben wir Ausdrücke wie nH, die jetzt durch $nH \leqslant NH \leqslant D$ beschränkt sind. So werden wir zu dem folgenden Satz geführt:

Satz 3. Es werde das Prädiktor-Korrektor-Verfahren (1) zur Lösung von $y' = f(x, y)$, $y(a) = A$ auf $[a, b]$ angewandt mit Startwerten, die

$$|y(x_i) - y_i| \leqslant E_0 \qquad i = 0, 1, \ldots, k-1$$

erfüllen. Sei $f_y(x, y)$ stetig und dem Betrage nach beschränkt durch die Lipschitz-Konstante L. Betrachtet man eine Folge von Integrationen, für die die Voraussetzungen (5a, b, c) gelten, dann ist für jedes $x_n \in [a, b]$

$$|y(x_n) - y_n| \leqslant \left[E_0 + \frac{\delta}{HL(\alpha^* + HLC\alpha)} \right] \exp\,[DL(\alpha^* + HLC\alpha)]. \tag{10}$$

Wir haben den Abbruchfehler der Prädiktor- und Korrektor-Formeln für variable Schrittweiten in Kapitel 3 diskutiert. Die Beweise der folgenden Korollare bleiben dem Leser überlassen.

Korollar 3.1. Zusätzlich zu den Voraussetzungen von Satz 3 sei $y(x) \in C^{k+2}\,[a, b]$ und die Startwerte mögen

$$|y(x_i) - y_i| \leqslant c_1 H^{k+1} \qquad i = 0, 1, \ldots, k-1$$

für eine Konstante c_1 und alle H mit $0 < H \leqslant H_0$ erfüllen. Dann gibt es eine Konstante c_2, so daß für jedes $x_n \in [a, b]$

$$|y(x_n) - y_n| \leqslant c_2 H^{k+1}.$$

gilt.

Korollar 3.2. Mit den Voraussetzungen von Satz 3 und Korollar 3.1 konvergieren die numerische Approximation $y_I(x)$ und ihre Ableitung auf [a, b] gegen y(x) und seine Ableitung gleichmäßig mit der Ordnung H^{k+1}.

Wie wir schon angedeutet haben, streben wir an, die Ordnung so zu ändern, daß das δ in der Fehlerschranke (10) möglichst klein bleibt. Wenn wir die Konstanten, die das vorher besorgten, neu definieren, kann das Analogon zu Satz 3 leicht bewiesen werden. Angenommen, wir lassen Ordnungen k mit $1 \leqslant k \leqslant K$ zu; beim vorgestellten Code ist K = 12. Seien α^*, α und C Konstanten derart, daß die Gleichungen (7) und (8) für alle k in diesem Bereich gelten. Gleichung (6) bleibt ebenso gültig, solange genügend Wertepaare berechnet sind, um ein Verfahren der Ordnung k anzuwenden. Dann gilt die Ungleichung (9) bei jedem Schritt. Auf diese Weise erhalten wir den folgenden Satz:

Satz 4. Es werde das Prädiktor-Korrektor-Schema (1) zur Lösung von $y' = f(x, y)$, $y(a) = A$ auf [a, b] mit $1 \leqslant k \leqslant K$ angewandt. Bei jedem Schritt kann jede Ordnung k genommen werden, vorausgesetzt, daß genügend viele Punkte berechnet sind, um die entsprechende Formel anwenden zu können. Angenommen, es wird für die Anlaufrechnung eine Formel der Ordnung k_0 genommen und die gegebenen Startwerte y_i erfüllen

$$|y(x_i) - y_i| \leqslant E_0 \qquad i = 0, 1, \ldots, k_0 - 1.$$

Es sei $f_y(x, y)$ stetig und betragsmäßig beschränkt durch die Lipschitz-Konstante L. Es werde eine Folge von Integrationen betrachtet, wobei die Voraussetzungen (5a, b, c) gelten. Dann gilt für jedes $x_n \in [a, b]$ die Ungleichung (10).

Genau wie im Falle fester Schrittweite und Ordnung liegt Stabilität in dem Sinne vor, daß aus Satz 4 folgt, daß die numerischen Lösungen gleichmäßig beschränkt sind. Die genauere Aussage von Satz 2 hat ihr Analogon in Satz 5, der genauso wie Satz 2 bewiesen wird.

Satz 5. Angenommen, f(x, y) erfüllt eine Lipschitz-Bedingung für $a \leqslant x \leqslant b$ und alle y. Es werde das Prädiktor-Korrektor-Schema (1) mit beliebiger Ordnung $k \leqslant K$ für jeden Schritt angewandt, vorausgesetzt, es seien genügend Punkte berechnet, um die jeweilige Formel anzuwenden. Weiterhin sei angenommen, daß für die Anlaufrechnung eine Formel der Ordnung k_0 genommen wird, daß $\{y_n\}$ die numerische Lösung ist, die man aus den Startwerten $y_0, y_1, \ldots, y_{k_0-1}$ erhält und daß $\{u\}$ die numerische Lösung ist, die man aus den Startwerten $u_0, u_1, \ldots, u_{k_0-1}$ erhält. Dann gibt es Konstanten B und H_0, daß für $0 < H \leqslant H_0$

$$\max_{x_n \in [a,b]} |y_n - u_n| \leqslant B \max_{0 \leqslant j \leqslant k_0-1} |y_j - u_j|$$

ist.

Übung 4

Es heißt, die Gleichungen $\mathbf{y}' = \mathbf{f}(x, \mathbf{y})$ erfüllen ein Erhaltungsgesetz, wenn es einen konstanten Vektor $\mathbf{v}$ gibt, so daß für jede Lösung $\mathbf{y}(x)$ der Gleichungen $\mathbf{v}^T\mathbf{y}(x) \equiv c$ ist für eine Konstante c, die durch die Anfangsbedingungen bestimmt ist. Ein solches Gesetz liegt in der Form der Differentialgleichungen.

Es entsteht aus der Integration der Identität $\mathbf{v}^T\mathbf{f}(x, \mathbf{y}) \equiv 0$, die für alle $\mathbf{y}$ gelten soll. Ein gegebenes System von Gleichungen kann verschiedene Gesetze dieser Art erfüllen.

Das Problem

$$\mathbf{y}' = \mathbf{M}\mathbf{y} = \begin{pmatrix} -1 & & & & & 0 \\ 1 & -2 & & & & \\ & 2 & -3 & & & \\ 0 & & \ddots & \ddots & & \\ & & & 8 & -9 & \\ & & & & 9 & 0 \end{pmatrix} \mathbf{y}, \quad \mathbf{y}(0) = \begin{pmatrix} 1 \\ 0 \\ 0 \\ \vdots \\ 0 \\ 0 \end{pmatrix}$$

das eine radioaktive Zerfallsreihe beschreibt, erfüllt ein Erhaltungsgesetz mit $\mathbf{v}^T = (1, 1, \ldots, 1)$, da $\mathbf{v}^T\mathbf{y}' = \mathbf{v}^T\mathbf{M}\mathbf{y} = \mathbf{0}^T\,\mathbf{y} \equiv 0$ ist. Daher ist die Summe $\mathbf{v}^T\mathbf{y}(x)$ eine Konstante, die nach den Anfangsbedingungen 1 sein muß.

Beweisen Sie, daß bei der Lösung eines Systems mit einem Erhaltungsgesetz dieser Art mit einem PECE-Verfahren der Ordnung k mit $1 \leq k \leq K$ (die Ordnung ist beliebig, solange genügend Daten vorhanden sind, um die Formeln anzuwenden) bei einer exakten Arithmetik für die numerische Lösung dasselbe Erhaltungsgesetz gilt, das das System selbst erfüllt. Die numerische Lösung der radioaktiven Zerfallsreihe erfüllt z.B $\mathbf{v}^T\,\mathbf{y}_n \equiv 1$ für alle n.

Wir haben die Konvergenz der Adams-Verfahren mit variabler Ordnung und Schrittweite bewiesen, aber die Fehlerschranke, die wir hergeleitet haben, sagt nichts über den wirklichen Fehler aus. Wir geben hier – der Beweis folgt weiter unten – eine Schätzung für den Fehler bei konstanter Schrittweite und Ordnung für den Fall an, daß die Startwerte Fehler der Ordnung $O(h^{k+2})$ haben:

$$y(x_n) = y_n + h^{k+1}\phi(x_n) + O(h^{k+2}),$$

wobei die Funktion $\phi(x)$ als Lösung von

$$\phi' = G(x)\phi + \gamma_{k+1}^*\, y^{(k+2)}(x) + \gamma_k\alpha_{k+1,0}^*\, G(x)\, y^{(k+1)}(x),$$
$$\phi(a) = 0$$

definiert ist und $G(x) = f_y(x, y(x))$ ist. Die Schranke ist eine monoton wachsende Funktion von x, da zu erwarten ist, daß bei allen Problemen der betrachteten Klasse zumindest eins zu einem tatsächlichen Wachsen des Fehlers führt. Die Schätzung zeigt, daß das Verhalten des Fehlers recht komplex ist. Viele Leute erwarten auf den ersten Blick, daß der Fehler mit fortschreitender Rechnung anwächst: Das braucht aber nicht der Fall zu sein, er kann genausogut abnehmen. Wir wollen uns ein Beispiel ansehen, daß sowohl die Tatsache als auch die oben angegebene Schätzung illustriert.
Dazu sollen wir

$$y' = -y,$$
$$y(0) = 1$$

mit dem Fall k = 1 lösen, d.h. mit den Formeln (12) von Kapitel 3, also einer Kombination des Euler-Verfahrens und der Trapezregel. In diesem Fall ist $y(x) = \exp(-x)$ und $f_y \equiv -1$, so daß

$$\phi' = -\phi + \left(-\frac{1}{12}\right)(-\exp(-x)) + \left(\frac{1}{2}\right)\left(\frac{1}{2}\right)(-1)(\exp(-x))$$

gilt. (Die Koeffizienten γ_1 und γ_2^* können aus ihren Definitionen berechnet werden). Es kann leicht nachgerechnet werden, daß die Lösung von

$$\phi' = -\phi - \frac{1}{6}\exp(-x).$$

$$\phi(0) = 0$$

$$\phi(x) = \frac{-1}{6}\, x \exp(-x)$$

ist. Wir haben behauptet, daß der Fehler

$$y(x_n) - y_n = \frac{-h^2}{6}\, x_n \exp(-x_n) + O(h^3)$$

erfüllt. Die Funktion $|\phi(x)|$ wächst an, bis x = 1 ist, dann wird sie kleiner, somit erkennen wir, daß sich für kleine h der absolute Fehler genauso verhält. Da wir y(x) kennen, stellen wir auch fest, daß

$$\left|\frac{y(x_n) - y_n}{y(x_n)}\right| = \frac{h^2}{6}\, x_n + O(h^3)$$

ist, d.h., der relative Fehler wächst weiterhin an. Um die Formel numerisch zu verifizieren, berechnen wir

$$\Delta(h) = \frac{y_n - y(x_n)}{h^2} \quad \text{bei } x_n = 1$$

für eine Folge von h, die gegen Null geht derart, daß $x_n = 1$ für ein n ist, etwa $h = 10^{-1}$, 10^{-2}, ... Entsprechend unserer Fehlerschätzung sollten wir

$$\Delta(h) \to \frac{1}{6}\exp(-1) = 0.0613$$

erhalten, wie es in der folgenden Tabelle gezeigt ist.

m	$\Delta(10^{-m}) \times 10^2$
1	6.62
2	6.18
3	6.14
4	6.13
⋮	⋮
∞	6.13

Übung 5

Wiederholen Sie diese Berechnung mit $y_0 = 1 + h$. Da $y(x_0) - y_0 = O(h)$ ist, werden Sie feststellen, daß auch $y(x_n) - y_n = O(h)$ für $x_n = 1$ ist, was zeigt, daß der Anfangsfehler erhalten bleibt. Um dies einzusehen, berechnen Sie sowohl $\Delta(h)$ als auch

$$\delta(h) = \frac{y_n - y(x_n)}{h}$$

und überprüfen Sie die Ausdrücke für $h \to 0$

Die folgende Tabelle zeigt den Fehler für festes $h = 10^{-2}$ für verschiedene x, um aufzuzeigen, daß die Fehler im Laufe einer Integration genauso abnehmen wie zunehmen können.

x_n	$(y_n - y(x_n)) \times 10^6$
0.0	0
0.2	2.75
0.4	4.50
0.6	5.53
0.8	6.04
1.0	6.18
1.2	6.07
1.4	5.80
1.6	5.42
1.8	5.00
2.0	4.55

Diese Ausdrücke für den Fehler können den Gewinn illustrieren, den man bei geeigneter Wahl der Schrittweite und Ordnung macht. Um genau zu sein, es ist

$$y(x_n) - y_n = \Gamma_k x_n \exp(x_n)\, h^{k+1} + O(h^{k+2})$$

mit

$$\Gamma_k = \gamma^*_{k+1} + \gamma_k \alpha^*_{k+1,0}\,,$$

wenn wir einen Prädiktor der Ordnung k und einen Korrektor der Ordnung k + 1 zur Lösung von

$$y' = y, \quad y(0) = 1$$

nehmen. Eine interessante Situation entsteht, wenn wir mit dem Fehler an der Stelle x relativ zu $x \cdot \exp(x)$ rechnen, denn dann ist

$$\frac{y(x_n) - y_n}{x_n \exp(x_n)} \approx \Gamma_k h^{k+1}.$$

Die größte Schrittweite, die benutzt werden kann, solange wir noch einen Fehler ϵ erhalten, ist bestimmt durch

$$\epsilon \approx |\Gamma_k| h^{k+1}.$$

Somit ist

$$h \approx \left(\frac{\epsilon}{|\Gamma_k|}\right)^{\frac{1}{k+1}}.$$

Allgemein hängt die beste Schrittweite, um einen vorgegebenen Fehler ϵ zu erhalten, an der Stelle x von x ab, wir sehen aber, daß dem nicht so ist, wenn wir den Fehler für dieses Problem auf diese Weise messen. Damit ist das hier geschätzte h optimal für alle x, was bedeutet, daß dieses Problem mit fester Schrittweite integriert werden sollte. Die Annahme einer festen Schrittweite, die für die theoretische Untersuchung bequem war, wird uns hier auch durch die Effizienz diktiert. Aus demselben Grund sollte eine feste Ordnung benutzt werden; die optimale Ordnung ist das k, das für ein gegebenes ϵ zum größten h führt. Um die Wirkung zu sehen, die eine Änderung der Ordnung hat, stellen wir in der folgenden Tabelle die zu verschiedenen Ordnungen und Toleranzen zugehörigen h gegenüber:

	ϵ	
k	10^{-4}	10^{-10}
1	.02	.00002
2	.09	.00009
3	.17	.0054
4	.25	.016
5	.32	.032
6	.38	.053
7	.43	.077
8	.48	.10
9	.52	.13
10	.55	.16
11	.58	.18
12	.61	.21

Eine gute Wahl der Ordnung heißt, daß das Problem mit einer wesentlich größeren Schrittweite gelöst werden kann, also wesentlich effizienter, als mit einer schlechten Wahl. Diese Tabelle zeigt auch die Tatsache, daß bei einer größeren geforderten Genauigkeit die Formeln höherer Ordnung geeigneter werden. Für dieses besondere Problem ist eine recht hohe Ordnung wünschenswert, auch für eine nur mäßige Genauigkeit, vom praktischen Gesichtspunkt aus ist die „beste“ Ordnung aber nur schlecht bestimmt.

Asymptotische Entwicklung des Fehlers

In diesem freiwilligen Abschnitt geben wir einige Details eines Beweises an, der aussagt, daß für hinreichend oft differenzierbares f(x, y) und für hinreichend genaue Anfangswerte der Fehler des PECE-Verfahrens der Ordnung k als

$$e_n = y(x_n) - y_n = h^{k+1}\phi(x_n) + O(h^{k+2})$$

geschrieben werden kann, wenn die Schrittweite eine Konstante h ist. Hier ist $\phi(x)$ die Lösung von

$$\phi'(x) = G(x)\,\phi(x) + \alpha^*_{k+1,0}\,G(x)\gamma_k y^{(k+1)}(x) + \gamma^*_{k+1} y^{(k+2)}(x),$$
$$\phi(a) = 0,$$

wobei y(x) die Lösung von $y' = f(x, y)$ mit einer gegebenen Anfangsbedingung y(a) ist, und es sei

$$G(x) = f_y(x, y(x)).$$

In unserer Beweisskizze dieses Satzes setzen wir f(x, y) als glatt voraus. Die analytischen Komplikationen, die dadurch entstehen, daß nur eine beschränkte Differenzbarkeit vorausgesetzt wird, können nicht durch den praktischen Nutzen, den wir vom Ergebnis haben, gerechtfertigt werden; genauere Behandlungen dieser Art von asymptotischer Entwicklung können in den Literaturhinweisen gefunden werden [2, 12 und 26].

Der Beweis beinhaltet eine Neubewertung der Ausdrücke, die im ersten Teil des Kapitels hergeleitet wurden, eine Neubewertung, die das Ergebnis von Korollar 1.1 – e_n ist von der Ordnung $O(h^{k+1})$ – in Betracht zieht. Die erste Beobachtung ist, daß

$$\begin{aligned} e^p_{n+1} &= e_n + h\sum_{j=0}^{k} \alpha_{k+1,j}\, g_{n+1-j}\, e_{n+1-j} \\ &= e_n + h^{k+1}\gamma_k y^{(k+1)}(\eta) + O(h^{k+2}) \end{aligned}$$

für ein η zwischen x_{n+1-k} und x_{n+1} ist. Wenn man das im entsprechenden Ausdruck für e_{n+1} benutzt, stellen wir fest, daß

$$\begin{aligned} e_{n+1} &= e_n + h\sum_{j=0}^{k} \alpha^*_{k+1,j}\, g_{n+1-j}\, e_{n+1-j} \\ &\quad + h^{k+2}\alpha^*_{k+1,0}\, g_{n+1}\, \gamma_k y^{(k+1)}(\eta) + h^{k+2}\, \gamma^*_{k+1}\, y^{(k+2)}(\xi) + O(h^{k+3}) \end{aligned}$$

gilt mit einem ξ, das ebenfalls zwischen x_{n+1-k} und x_{n+1} liegt. Wenn wir die Korrektorformel auf $\phi(x)$ anwenden und die Gleichung benutzen, die diese erfüllt, sehen wir, daß

$$\begin{aligned} \phi(x_{n+1}) &= \phi(x_n) + h\sum_{j=0}^{k} \alpha^*_{k+1,j}\, [G(x_{n+1-j})\, \phi(x_{n+1-j}) \\ &\quad + \alpha^*_{k+1,0}\, G(x_{n+1-j})\, \gamma_k y^{(k+1)}(x_{n+1-j}) + \gamma^*_{k+1} y^{(k+2)}(x_{n+1-j})] + O(h^{k+2}) \end{aligned}$$

ist. Das Ergebnis, das bewiesen werden soll, ist, daß $\epsilon_n = e_n/h^{k+1} - \phi(x_n)$ von der Ordnung $O(h)$ ist. Um die Relation zwischen e_{n+1} und $\phi(x_{n+1})$ zu klären, bemerken wir, daß

$$g_{n+1-j} = f_y(x_{n+1-j}, \xi_{n+1-j}) = G(x_{n+1-j}) + O(h^{k+1})$$

ist, da ξ_{n+1-j} zwischen $y(x_{n+1-j})$ und entweder y_{n+1-j} oder p_{n+1} liegt. In ähnlicher Art ist

$$G(x_{n+1-j})\, y^{(k+1)}(x_{n+1-j}) = G(x_{n+1})\, y^{(k+1)}(x_{n+1}) + O(h)$$

für $j = 1, \ldots, k$. Auf diese Weise stellen wir fest, daß

$$\begin{aligned} e_{n+1} &= e_n + h\sum_{j=0}^{k} \alpha^*_{k+1,j}\, G(x_{n+1-j})\, e_{n+1-j} \\ &\quad + h^{k+2}\alpha^*_{k+1,0}\, G(x_{n+1})\, \gamma_k y^{(k+1)}(x_{n+1}) + h^{k+2}\, \gamma^*_{k+1}\, y^{(k+2)}(x_{n+1}) + O(h^{k+3}) \end{aligned}$$

und

$$\begin{aligned} \phi(x_{n+1}) &= \phi(x_n) + h\sum_{j=0}^{k} \alpha^*_{k+1,j}\, G(x_{n+1-j})\, \phi(x_{n+1-j}) \\ &\quad + h\alpha^*_{k+1,0}\, G(x_{n+1})\, \gamma_k y^{(k+1)}(x_{n+1}) + h\gamma^*_{k+1}\, y^{(k+2)}(x_{n+1}) + O(h^2) \end{aligned}$$

ist. (Um den Ausdruck für $\phi(x_{n+1})$ zu erhalten, benutzen wir auch die Identitäten von Übung 2 aus Kapitel 3.)

Von diesen Ausdrücken ist es ein kleiner Schritt zu

$$\epsilon_{n+1} = \epsilon_n + h \sum_{j=0}^{k} \alpha^*_{k+1,j} G(x_{n+1-j}) \epsilon_{n+1-j} + O(h^2).$$

Wir setzen voraus, daß die Anfangswerte y_n genau von der Ordnung $O(h^{k+2})$ sind. Da $\phi(a) = 0$ ist, erhalten wir $\phi(x_n) = nh \cdot \phi'(a) + O(h^2)$ für $n = 0, 1, \ldots, k-1$ und somit ist

$$\epsilon_n = \frac{y(x_n) - y_n}{h^{k+1}} - \phi(x_n) = O(h) \quad \text{für} \quad n = 0, 1, \ldots, k-1.$$

Ein Argument ähnlich den Grundzügen von Satz 1 zeigt nun, daß ϵ_n von der Ordnung $O(h)$ für alle $x_n \in [a, b]$ ist, was das gewünschte Ergebnis ist.

Kapitel 5: Effiziente Implementation der Adams-Verfahren

Die hauptsächlichen Kosten der Lösung einer Differentialgleichung liegen in der wiederholten Auswertung der rechten Seite der Gleichung. In dieser Beziehung sind die Adams-Verfahren bei sorgfältiger Benutzung effizienter als jedes andere Verfahren, das heutzutage zur Lösung gewöhnlicher Differentialgleichungen genommen wird. Um diese Effizienz zu erreichen, ist es notwendig, die Schrittweite und Ordnung, mit denen gerechnet wird, zu variieren. Dementsprechend ist es auch notwendig, die Fehler zu schätzen, die für verschiedene Schrittweiten und Ordnungen auftreten oder noch auftreten werden, und demgemäß die Entscheidung bezüglich der Änderungen zu treffen. Gute Codes versuchen auch so abnorme Situationen wie Unstetigkeiten und gewisse Instabilitäten zu erkennen und sie auf vernünftige Weise zu behandeln. Die Kosten für diese ganzen Berechnungen werden als „Overhead“ bezeichnet. Wie man erwarten könnte, haben die Adams-Codes mit variabler Schrittweite und Ordnung im allgemeinen und besonders die, die für den Benutzer bequem sind und ihn vor Fehlbedienung schützen, einen zu beachtenden Overhead. Die Implementation – d.h., die Art, wie die Interpolationen dargestellt werden und wie die Berechnung organisiert wird – kann diese Kosten beachtlich beeinflussen. Diese Entscheidungen haben einen gleichermaßen großen Einfluß auf die Einfachheit und Klarheit des Codes. In diesem Kapitel wird eine sehr effiziente Implementation der Adams-Verfahren entwickelt, die auch den Zielen des Codes sehr gut angepaßt ist.

Wie in den vorangehenden Kapiteln beobachtet wurde, erfordern die Formeln für die Durchführung eines Schrittes bei konstanter Schrittweite nicht die Berechnung ihrer Koeffizienten, und damit ist der Overhead gering. Die meisten Schritte werden in Gruppen mit konstanter Schrittweite und Ordnung durchgeführt; das gilt besonders für die Schrittweite. F. T. Krogh [18] hat eine Implementation angegeben, die davon besonders Gebrauch machte, um den Overhead im Vergleich zur dauernden Neuberechnung der Koeffizienten um ein Großteil zu reduzieren. Sie basiert auf der Form der Interpolationspolynome mit dividierten Differenzen. Es gibt verschiedene Gründe anzunehmen, daß das ein gutes Vorgehen sei. Unsere Untersuchung dieser Form im Kapitel 2 legt nahe, daß sie insbesondere praktisch für die Durchführung eines Schrittes und die Änderung der Interpolationsordnung ist. Da die Fehlerschätzungen, die im nächsten Kapitel hergeleitet werden, darauf beruhen, die Ergebnisse von Formeln verschiedener Ordnung zu vergleichen, erwarten wir, daß sich die Form der dividierten Differenzen selbst schon zur Fehlerschätzung eignet. Krogh's Implementation führt für konstante Schrittweite auf die klassische Rückwärtsdifferenzen-Formulierung der Adams-Verfahren zurück. Diese klassische Darstellung hat sich als sehr ökonomisch mit einem guten Rundungsfehlerverhalten gezeigt. Da die meisten Schritte mit konstanter Schrittweite durchgeführt werden, sieht es so aus, als ob die Implementation mit variabler Schrittweite diese Eigenschaften mit der klassischen Darstellung teilt. Andererseits stellt sich die Interpolation der Lösung, die durchgeführt werden muß, um den Funktionswert der Lösung an einem gewünschten Punkt zu erhalten, als weniger günstig im Vergleich zu anderen Implementationen heraus. Wenn man alles erwägt, scheint Krogh's Implementation jedem anderen Adams-Code (für variable Ordnung) überlegen zu sein, der vollständige Variabilität der Schrittweite erlaubt, wobei allerdings erwartet wird, daß ein großer Teil der Berechnung mit konstanter Schrittweite durchgeführt wird.

Der Adams-Bashforth-Prädiktor k-ter Ordnung im Punkte x_n ist durch den Ausdruck

$$y_n + \int_{x_n}^{x} P_{k,n}(t)\,dt \tag{1}$$

definiert, wobei $P_{k,n}(x)$ die Interpolationsbedingungen

$$P_{k,n}(x_{n+1-j}) = f_{n+1-j} \quad j = 1, \ldots, k$$

erfüllt. Der Ausdruck (1) wird gebraucht, um sowohl die Lösung als auch ihre Ableitung im Punkte x_{n+1} vorauszusagen:

$$p_{n+1} = y_n + \int_{x_n}^{x_{n+1}} P_{k,n}(t)\,dt\,, \tag{2a}$$

$$p'_{n+1} = P_{k,n}(x_{n+1})\,. \tag{2b}$$

Später in diesem Kapitel werden wir noch sehen, weshalb es günstig ist, auch die vorausgesagte Ableitung p'_{n+1} einzuführen.

Offensichtlich müssen wir eine einfache Methode bestimmen, das Interpolationspolynom zu integrieren. Es wird sich herausstellen, daß das eine ganze Menge Bezeichnungen und Tricks erforderlich macht, aber das Endergebnis ist dann für die Rechnung ganz ökonomisch. Wir beginnen mit dem Polynom in der Form der dividierten Differenzen

$$\begin{aligned} P_{k,n}(x) = {} & f[x_n] + (x - x_n) f[x_n, x_{n-1}] + (x - x_n)(x - x_{n-1}) f[x_n, x_{n-1}, x_{n-2}] \\ & + \ldots + (x - x_n)(x - x_{n-1}) \ldots (x - x_{n-k+2}) f[x_n, x_{n-1}, \ldots, x_{n-k+1}]\,. \end{aligned} \tag{3}$$

Es ist möglich, allein mit den Gitterpunkten $x_n, x_{n-1}, \ldots$ und den dividierten Differenzen als den wesentlichen Größen, die im Code benutzt werden, auszukommen. Da wir aber die Schrittweite ändern wollen, scheint es etwas natürlicher zu sein, die Schrittweiten, $h_i = x_i - x_{i-1}$ und die Summen der Schrittweiten $\psi_i(n+1) = h_{n+1} + h_n + \ldots + h_{n+2-i} = x_{n+1} - x_{n+1-i}$, als grundlegende Größen einzuführen. Die dividierten Differenzen werden so geändert, daß sie sich für konstante Schrittweite auf die rückwärtsgenommenen Differenzen zurückführen lassen. Diese modifizierten dividierten Differenzen $\phi_i(n)$ führen dann auf ökonomische, einfache Formeln. Für Integrationen wie die in (2a) stellt es sich wiederum als praktisch heraus, eine normalisierte Variable s durch $x = x_n + sh_{n+1}$ einzuführen, so daß s zwischen 0 und 1 und x zwischen x_n und x_{n+1} läuft. Zwei andere wesentliche Größen, $\alpha_i(n+1)$ und $\beta_i(n+1)$, werden auf natürliche Weise bei der Entwicklung des Algorithmus auftreten. Die grundlegenden Definitionen der Größen, die für den Code benutzt werden, sind:

$$\left.\begin{aligned}
h_i &= x_i - x_{i-1}\,, \\
s &= \frac{x - x_n}{h_{n+1}}\,, \\
\psi_i(n+1) &= h_{n+1} + h_n + \ldots + h_{n+2-i} \quad i \geqslant 1\,, \\
\alpha_i(n+1) &= \frac{h_{n+1}}{\psi_i(n+1)} \quad i \geqslant 1\,, \\
\beta_1(n+1) &= 1\,, \\
\beta_i(n+1) &= \frac{\psi_1(n+1)\,\psi_2(n+1)\ldots\psi_{i-1}(n+1)}{\psi_1(n)\,\psi_2(n)\ldots\psi_{i-1}(n)} \quad i > 1\,, \\
\phi_1(n) &= f[x_n] = f_n\,, \\
\phi_i(n) &= \psi_1(n)\,\psi_2(n)\ldots\psi_{i-1}(n)\,f[x_n, x_{n-1}, \ldots, x_{n-i+1}] \quad i > 1\,.
\end{aligned}\right\} \qquad (4)$$

Es ist bemerkenswert, daß für konstante Schrittweite h $\psi_i(n+1) = ih$, $\alpha_i(m+1) = 1/i$, $\beta_i(n+1) = 1$ und $\phi_i(n) = \nabla^{i-1} f_n$ für jedes i ist. In Kapitel 2 diskutierten wir effiziente Möglichkeiten, dividierte Differenzen zu berechnen. Die Anwendung dieser Ergebnisse führt zu effizienten Möglichkeiten, die $\phi_i(n)$ zu berechnen. Die anderen Ausdrücke in den Definitionen (4) von oben eignen sich auch selbst zur Berechnung, da wir von den Werten für n zu denen für n + 1 übergehen können, indem wir

$$\psi_i(n+1) = \psi_{i-1}(n) + h_{n+1}\,,$$

$$\beta_i(n+1) = \beta_{i-1}(n+1) \cdot \frac{\psi_{i-1}(n+1)}{\psi_{i-1}(n)}\,,$$

für $i = 2, 3, \ldots$ berechnen, nachdem wir mit den Anfangswerten

$$\psi_1(n+1) = h_{n+1}\,, \quad \beta_1(n+1) = 1$$

begonnen haben. Zu beachten ist, daß wir die modifizierte dividierte Differenz $\phi_i(n)$ mit der $(i-1)$-ten dividierten Differenz verknüpfen. In dieser Beziehung ist der Index ungeschickt gewählt, aber, was wichtiger ist, er stimmt mit einer natürlichen FORTRAN-Implementation überein.

Um zur Frage der Integration des Interpolationspolynoms zurückzukehren, stellen wir fest, daß in der Schreibweise von (4) ein typischer Term von $P_{k,n}(x)$

$$(x - x_n)(x - x_{n-1}) \ldots (x - x_{n-i+2})\,f[x_n, x_{n-1}, \ldots, x_{n-i+1}]\,, \qquad (5)$$

geschrieben werden kann als

$$(sh_{n+1}) \cdot (sh_{n+1} + h_n) \ldots (sh_{n+1} + h_n + \ldots + h_{n-i+3}) \cdot \frac{\phi_i(n)}{\psi_1(n)\psi_2(n)\ldots\psi_{i-1}(n)}$$

$$= \left(\frac{sh_{n+1}}{\psi_1(n+1)}\right) \cdot \left(\frac{sh_{n+1} + h_n}{\psi_2(n+1)}\right) \ldots \left(\frac{sh_{n+1} + h_n + \ldots + h_{n-i+3}}{\psi_{i-1}(n+1)}\right) \cdot \frac{\psi_1(n+1)\psi_2(n+1)\ldots\psi_{i-1}(n+1)}{\psi_1(n)\psi_2(n)\ldots\psi_{i-1}(n)}\,\phi_i(n)$$

$$= \left(\frac{sh_{n+1}}{\psi_1(n+1)}\right) \cdot \left(\frac{sh_{n+1} + \psi_1(n)}{\psi_2(n+1)}\right) \ldots \left(\frac{sh_{n+1} + \psi_{i-2}(n)}{\psi_{i-1}(n+1)}\right) \cdot \beta_i(n+1)\phi_i(n)\,.$$

Um das etwas enger zusammenzufassen, führen wir für Untersuchungszwecke die Größen

$$c_{i,n}(s) = \begin{cases} 1 & i = 1\,, \\ \dfrac{sh_{n+1}}{\psi_1(n+1)} = s & i = 2\,, \\ \left(\dfrac{sh_{n+1}}{\psi_1(n+1)}\right) \cdot \left(\dfrac{sh_{n+1} + \psi_1(n)}{\psi_2(n+1)}\right) \dots \left(\dfrac{sh_{n+1} + \psi_{i-2}(n)}{\psi_{i-1}(n+1)}\right) & i \geqslant 3 \end{cases} \tag{6}$$

ein. Wenn wir außerdem

$$\phi_i^*(n) = \beta_i(n+1)\phi_i(n)$$

setzen, kann der typische Term (5) geschrieben werden als

$$c_{i,n}(s)\phi_i^*(n)$$

und somit ist

$$P_{k,n}(x) = \sum_{i=1}^{k} c_{i,n}(s)\phi_i^*(n)\,. \tag{7}$$

Um die Ableitung der Lösung durch (2b) zu approximieren, setzen wir in Gl. (7) $s = 1$. Aus den Definitionen (4) und (6) ergibt sich

$$c_{i,n}(1) = 1 \qquad i = 1, 2, \dots, k\,,$$

so daß wir die bequeme Darstellung

$$P_{k,n}(x_{n+1}) = p'_{n+1} = \sum_{i=1}^{k} \phi_i^*(n)$$

finden. Um die Lösung an der Stelle x_{n+1} zu approximieren, setzen wir Gl. (7) in Gl. (2a) ein und integrieren dann, um

$$p_{n+1} = y_n + h_{n+1} \sum_{i=1}^{k} \phi_i^*(n) \int_0^1 c_{i,n}(s)ds \tag{8}$$

zu erhalten. Diese Gleichung ist die Verallgemeinerung der klassischen Darstellung mit rückwärtsgenommenen Differenzen

$$p_{n+1} = y_n + h \sum_{i=1}^{k} \gamma_{i-1} \nabla^{i-1} f_n$$

auf variable Schrittweite und fällt mit ihr für konstante Schrittweite h zusammen.

Übung 1

Weise Sie nach, daß für konstante Schrittweite h

$$\phi_i^*(n) = \phi_i(n) = \nabla^{i-1} f_n$$

und

$$\gamma_{i-1} = \int_0^1 c_{i,n}(s)ds$$

ist für alle n. Führen Sie den Nachweis durch Vergleich der grundlegenden Definitionen der Größen.

Die Integration von $c_{i,n}(s)$ erfordert einige weitere Berechnungen für den Fall variabler Schrittweiten und wir machen einen Umweg, um geeignete Gleichungen herzuleiten. Nachdem wir die Definitionen von (4) in Gl. (6) substituiert haben, können wir die $c_{i,n}(s)$ schreiben als

$$c_{i,n}(s) = \begin{cases} 1 & i = 1\,, \\ \alpha_1(n+1)s = s & i = 2\,, \\ \left[\alpha_{i-1}(n+1)s + \dfrac{\psi_{i-2}(n)}{\psi_{i-1}(n+1)}\right] c_{i-1,n}(s) & i \geqslant 3\,. \end{cases}$$

Übung 2

Weisen Sie nach, daß die beiden Ausdrücke für $c_{i,n}(s)$ äquivalent sind.

Es sei nun f fest und $i \geqslant 3$. Aus dem Ausdruck für $c_{i,n}(s)$ und partieller Integration erkennen wir

$$\begin{aligned} \int_0^s c_{i,n}(s_0)ds_0 &= \int_0^s \left[\alpha_{i-1}(n+1)s_0 + \frac{\psi_{i-2}(n)}{\psi_{i-1}(n+1)}\right] c_{i-1,n}(s_0)ds_0 \\ &= \left[\alpha_{i-1}(n+1)s + \frac{\psi_{i-2}(n)}{\psi_{i-1}(n+1)}\right] \int_0^s c_{i-1,n}(s_0)ds_0 \\ &\quad - \int_0^s \alpha_{i-1}(n+1) \int_0^{s_1} c_{i-1,n}(s_0)ds_0\,ds_1\,. \end{aligned} \tag{9}$$

Das scheint zunächst sinnlos zu sein, da wir jetzt ein doppeltes Integral eingeführt haben, aber bei genauerer Betrachtung stellen wir fest, daß der Index $i-1$, der entstanden ist, diesen Ansatz eventuell als brauchbar erweisen wird.

Wir führen als Bezeichnung für das q-fache Integral von $c_{i,n}(s)$

$$c_{i,n}^{(-q)}(s) = \int_0^s \int_0^{s_{q-1}} \cdots \int_0^{s_1} c_{i,n}(s_0)ds_0\,ds_1 \ldots ds_{q-1}$$

ein. Mit dieser Bezeichnung besagt Gl. (9), daß

$$c_{i,n}^{(-1)}(s) = \left[\alpha_{i-1}(n+1)s + \frac{\psi_{i-2}(n)}{\psi_{i-1}(n+1)}\right] c_{i-1,n}^{(-1)}(s) - \alpha_{i-1}(n+1)\,c_{i-1,n}^{(-2)}(s)$$

gilt. Wiederholte partielle Integration führt zu der allgemeinen Beziehung

$$c_{i,n}^{(-q)}(s) = \left[\alpha_{i-1}(n+1)s + \frac{\psi_{i-2}(n)}{\psi_{i-1}(n+1)}\right] c_{i-1,n}^{(-q)}(s) - q\,\alpha_{i-1}(n+1)c_{i-1,n}^{(-q-1)}(s)\,.$$

Um das einzusehen, stellen wir zunächst fest, daß das für $q = 1$ gilt. Angenommen, es gelte für $q = m$, dann setzen wir die Beziehung in die Definition von $c_{i,n}^{(-m-1)}(s)$ ein und integrieren den ersten Term partiell, um

$$c_{i,n}^{(-m-1)}(s) = \int_0^s c_{i,n}^{(-m)}(s_0)ds_0 = \int_0^s \left[\alpha_{i-1}(n+1)s_0 + \frac{\psi_{i-2}(n)}{\psi_{i-1}(n+1)}\right] c_{i-1,n}^{(-m)}(s_0)ds_0$$

$$- \int_0^s m\alpha_{i-1}(n+1)c_{i-1,n}^{(-m-1)}(s_0)ds_0$$

$$= \left[\alpha_{i-1}(n+1)s + \frac{\psi_{i-2}(n)}{\psi_{i-1}(n+1)}\right] \int_0^s c_{i-1,n}^{(-m)}(s_0)ds_0$$

$$- \int_0^s \alpha_{i-1}(n+1) \int_0^{s_1} c_{i-1,n}^{(-m)}(s_0)ds_0\,ds_1 - m\alpha_{i-1}(n+1)c_{i-1,n}^{(-m-2)}(s)\,,$$

oder

$$c_{i,n}^{(-m-1)}(s) = \left[\alpha_{i-1}(n+1)s + \frac{\psi_{i-2}(n)}{\psi_{i-1}(n+1)}\right] c_{i-1,n}^{(-m-1)}(s) - (m+1)\alpha_{i-1}(n+1)c_{i-1,n}^{(-m-2)}(s)$$

zu erhalten. Nach Induktion gilt somit die allgemeine Beziehung. Aus Gl. (8) erkennen wir, daß nur die Koeffizienten $c_{i,n}^{(-1)}(1)$ benötigt werden. Sie können aus den $c_{i,n}^{(-q)}(1)$ berechnet werden, aber aus Gründen der Skalierung ist es besser, die Größen

$$g_{i,q} = (q-1)!\,c_{i,n}^{(-q)}(1)$$

zu definieren. Wenn wir den Wert $s = 1$ in die gerade hergeleitete Beziehung einsetzen, sehen wir, daß

$$c_{i,n}^{(-q)}(1) = \left[\alpha_{i-1}(n+1) + \frac{\psi_{i-2}(n)}{\psi_{i-1}(n+1)}\right] c_{i-1,n}^{(-q)}(1) - q\alpha_{i-1}(n+1)c_{i-1,n}^{(-q-1)}(1)$$

ist. Aber dann ist

$$(q-1)!\,c_{i,n}^{(-q)}(1) = \left[\frac{h_{n+1} + \psi_{i-2}(n)}{\psi_{i-1}(n+1)}\right](q-1)!\,c_{i-1,n}^{(-q)}(1) - \alpha_{i-1}(n+1)q!\,c_{i-1,n}^{(-q-1)}(1)$$

oder

$$g_{i,q} = g_{i-1,q} - \alpha_{i-1}(n+1)g_{i-1,q+1}\,.$$

Nachdem wir die Spezialfälle $i = 1$ und 2 betrachtet haben, stellen wir fest, daß

$$g_{i,q} = \begin{cases} \dfrac{1}{q} & i = 1\,, \\[2ex] \dfrac{1}{q(q+1)} & i = 2\,, \\[2ex] g_{i-1,q} - \alpha_{i-1}(n+1)g_{i-1,q+1} & i \geqslant 3 \end{cases} \tag{10}$$

und die Gleichung

$$p_{n+1} = y_n + h_{n+1} \sum_{i=1}^{k} g_{i,1} \phi_i^*(n) \tag{11}$$

gelten.

Übung 3

Weisen Sie auf direktem Wege nach, daß $c_{i,n}^{(-q)}(s) = s^q/q!$ ist, so daß $g_{1,q} = 1/q$ ist. Weisen Sie ebenso nach, daß $c_{2,n}^{(-q)}(s) = s^{q+1}/(q+1)!$ ist, woraus folgt, daß $g_{2,q} = 1/[q(q+1)]$ ist.

Übung 4

Zeigen Sie, daß $c_{i,n}(s) > 0$ für $s > 0$ ist, und somit auch $c_{i,n}^{(-q)}(1) > 0$ und $g_{i,q} > 0$. Beweisen Sie dann, daß $g_{i-1,q} > g_{i,q}$ ist. Von der Tatsache, daß $g_{k,1} > g_{k+1,1}$ ist, wird in einem der vorgestellten Codes Gebrauch gemacht.

Um zu sehen, wie die Koeffizienten $g_{i,1}$, die benötigt werden, erzeugt werden können, nehmen wir an, wir arbeiten mit der Ordnung $k = 4$ und benutzen eine konstante Schrittweite, so daß $\alpha_i(n+1) = 1/i$ ist. Die Koeffizienten $g_{i,q}$ bilden ein Dreieckstableau, in dem die beiden ersten Spalten aus bekannten Werten und alle folgenden Spalten durch die Rekursion (10), d.h. in diesem Falle durch

$$g_{i,q} = g_{i-1,q} - \frac{g_{i-1,q+1}}{(i-1)}$$

erzeugt werden. Das Tableau der Koeffizienten ist

q \ i	1	2	3	4
1	1	1/2	−5/12	−3/8
2	1/2	1/6	−1/8	
3	1/3	1/12		
4	1/4			

Die kurzen, dunklen Linien zeigen an, welche Paare von Elementen q und $q+1$ in der Spalte $i-1$ benutzt werden, um ein neues Element q in Spalte i zu erzeugen.

Es wird sich herausstellen, daß die Größe $g_{k+1,1}$ für die Fehlerschätzung und die Korrektur benötigt wird, somit wird das Dreieck vergrößert, um auch diese Größe zu erzeugen. Da für jede Schrittweite $g_{1,1} = 1$ ist, und da die Koeffizienten $g_{2,q} = 1/[q(q+1)]$ benutzt werden können, um das Feld zu initialisieren, fangen wir in der Praxis mit $i = 2$ an. Deshalb würden wir im vorhergehenden Beispiel tatsächlich die folgende Tabelle erzeugen:

q \ i	2	3	4	5
1	1/2	5/12	3/8	251/720
2	1/6	1/8	19/180	
3	1/12	7/120		
4	1/20			

Nach Übung 1 ist es offensichtlich, daß für konstante Schrittweite $\gamma_{i-1} = g_{i,1}$ ist. Das ermöglicht, die γ_i und $\gamma_i^* = \gamma_i - \gamma_{i-1}$ einfach und ein für alle Mal zu berechnen. Die Verfahren zur Fehlerschätzung benötigen diese Koeffizienten, deshalb werden sie mit einem DATA-Statement in den Code gesetzt.

Obwohl die Herleitung ein wenig trickreich war, ist der endgültige Algorithmus zur Erzeugung der Koeffizienten, die in Gl. (8) für den vorausgesagten Wert p_{n+1} gebraucht werden, sehr einfach zu berechnen. Wenn wir später die tatsächliche Programmierung diskutieren, werden wir festellen, daß der Algorithmus sehr speicherplatzsparend ist und daß er Schritte in Gruppen gleicher Schrittweite benutzt, um die Arbeit zu reduzieren.

Wir sind nun soweit, p_{n+1} zu „korrigieren" und für den nächsten Schritt vorzubereiten. Der Code benutzt einen Korrektor, der eine Ordnung höher ist als der Prädiktor und nimmt als Näherung für die Lösung und deren Ableitung im Punkt x_{n+1}

$$y_{n+1} = y_n + \int_{x_n}^{x_{n+1}} P_{k+1,n}^*(t)\,dt\,,$$

$$f_{n+1} = f(x_{n+1}, y_{n+1})$$

mit

$$P_{k+1,n}^*(x_{n+1-j}) = f_{n+1-j} \quad j = 1,\dots,k\,,$$

$$P_{k+1,n}^*(x_{n+1}) \;= f_{n+1}^p = f(x_{n+1}, p_{n+1})\,.$$

Das Korrektorpolynom interpoliert dieselben Daten wie der Prädiktor mit dem zusätzlichen Wert f_{n+1}^p. Für die Fehlerschätzung wollen wir auch den Fall betrachten, daß der Korrektor der Ordnung k, $P_{k,n}^*(x)$, benutzt wird. Die Untersuchung ist im wesentlichen die gleiche und es wird dem Leser empfohlen, einmal diesen Fall auszuarbeiten, um sein Verständnis zu testen.

Da $P_{k+1,n}^*(x)$ dieselben Werte interpoliert wie $P_{k,n}(x)$, allerdings mit einem zusätzlichen Punkt, ist das grundlegende Ziel der Form mit dividierten Differenzen, $P_{k+1,n}^*(x)$ als kleine Korrektur zu $P_{k,n}(x)$ darzustellen. Ein Nachschlagen in Kapitel 2 zeigt, daß

$$P_{k+1,n}^*(x) = P_{k,n}(x) + (x - x_n)(x - x_{n-1}) \dots (x - x_{n-k+1}) \cdot f^p[x_{n+1},\dots,x_{n-k+1}] \tag{12}$$

gilt. Der obere Index p bei dieser dividierten Differenz soll uns daran erinnern, daß $P_{k+1,n}^*(x)$ f_{n+1}^p interpoliert. (Wenn wir hier f_{n+1} benutzten, müßten wir $P_{k+1,n+1}(x)$ statt $P_{k+1,n}^*(x)$ einsetzen.

Wir werden einen oberen Index p zur Bezeichnung aller dividierten Differenzen nehmen, die mit $P_{k+1,n}^*(x)$ zusammenhängen.

Mit den neuen Bezeichnungen stellen wir fest, daß

$$P_{k+1,n}^*(x) = P_{k,n}(x) + c_{k+1,n}(s)\phi_{k+1}^p(n+1)$$

ist. Durch Integration dieser Gleichung erhalten wir

$$y_{n+1} = y_n + h_{n+1} \int_0^1 P_{k,n}(x_n + s h_{n+1})\,ds + h_{n+1} \int_0^1 c_{k+1,n}(s)\phi_{k+1}^p(n+1)\,ds\,.$$

Damit ist dann

$$y_{n+1} = p_{n+1} + h_{n+1} g_{k+1,1} \phi^p_{k+1}(n+1),$$
$$f_{n+1} = f(x_{n+1}, y_{n+1}) . \quad (13)$$

Das ist eine sehr bequeme Art, y_{n+1} zu berechnen, da wir den Koeffizienten $g_{k+1,1}$ gleichzeitig mit den $g_{i,1}$, die beim Prädiktor-Prozeß benötigt werden, berechnen können. Ein ganz ähnliches Argument zeigt, daß für den Fall, daß wir einen Korrektor der Ordnung k statt der Ordnung $k+1$ benutzen, die einzige Änderung in der Gleichung für y_{n+1} die Änderung von $g_{k+1,1}$ auf $g_{k,1}$ ist. Wir werden $y_{n+1}(k)$ schreiben, um diesen Wert zu unterscheiden:

$$y_{n+1}(k) = p_{n+1} + h_{n+1} g_{k,1} \phi^p_{k+1}(n+1) .$$

Diese zwei Gleichungen verallgemeinern die Gleichungen, die in Kapitel 3 für konstante Schrittweite hergeleitet wurden, auf variable Schrittweiten:

$$y_{n+1} = p_{n+1} + h_{i\gamma} \nabla^k f^p_{n+1} ,$$
$$y_{n+1}(k) = p_{n+1} + h_{i\gamma-1} \nabla^k f^p_{n+1} .$$

Was noch übrig bleibt, ist zu sehen, wie die $\phi^p_i(n+1)$ und die $\phi_i(n+1)$ zu berechnen sind, um den Schritt abzuschließen. Für $i > 1$ ergibt die grundlegende Beziehung (6) von Kapitel 2 für dividierte Differenzen

$$\begin{aligned}\phi^p_{i+1}(n+1) &= \psi_1(n+1) \dots \psi_i(n+1) f^p[x_{n+1}, \dots, x_{n-i+1}] \\ &= \psi_1(n+1) \dots \psi_{i-1}(n+1) f^p[x_{n+1}, \dots, x_{n-i+2}] \\ &\quad - \frac{\psi_1(n+1) \dots \psi_{i-1}(n+1)}{\psi_1(n) \dots \psi_{i-1}(n)} \cdot \psi_1(n) \dots \psi_{i-1}(n) f[x_n, \dots, x_{n-i+1}] \\ &= \phi^p_i(n+1) - \beta_i(n+1)\phi_i(n) ,\end{aligned}$$

d.h., es gilt

$$\phi^p_{i+1}(n+1) = \phi^p_i(n+1) - \phi^*_i(n) . \quad (14)$$

Da nach Definition $\phi^p_1(n+1) = f^p_{n+1}$ ist, zeigt sich, daß die Darstellung mit dividierten Differenzen für die Durchführung eines Schrittes extrem günstig ist; man muß nur Gl.(14) nehmen, um die $\phi^p_{i+1}(n+1)$ in der Reihenfolge $i = 1, \dots, k$ zu berechnen. Genau das gleiche Argument zeigt, daß

$$\phi_{i+1}(n+1) = \phi_i(n+1) - \phi^*_i(n) \quad (15)$$

und mit $\phi_1(n+1) = f_{n+1}$ können wir die $\phi_{i+1}(n+1)$ genau wie die $\phi^p_{i+1}(n+1)$ berechnen.

Übung 5

Definieren Sie $g_{0,1} = 0$ und beweisen Sie dann die Beziehung

$$y_{n+1} = y_n + h_{n+i} \sum_{i=1}^{k+1} (g_{i,1} - g_{i-1,1}) \phi^p_i(n+1) ,$$

die die klassische Formel

$$y_{n+1} = y_n + h \sum_{i=1}^{k+1} \gamma_{i-1}^* \nabla^{i-1} f_{n+1}^p$$

auf den Fall variabler Schrittweite verallgemeinert.

Das ist eine extrem einfache und günstige Möglichkeit, einen Schritt durchzuführen, aber sie nutzt den Speicher nicht gut. Es müssen eine Menge Differenzen im Speicher gehalten werden, und wir sollten besser die Berechnungen so organisieren, daß sie so sparsam wie eben möglich mit dem Speicherplatz umgehen. Es wäre ideal, wenn wir $\phi_i^*(n)$ dort bilden und speichern, wo $\phi_i(n)$ war (also überschreiben); dann $\phi_i^p(n+1)$ bilden und an der Stelle von $\phi_i^*(n)$ speichern und zuletzt $\phi_i(n+1)$ bilden und dort speichern, wo $\phi_i^p(n+1)$ und somit $\phi_i(n)$ stand. Das können wir nicht machen, wenn wir Gl. (14) in der Reihenfolge $i = 1, 2, \ldots, k$ benutzen, wohl aber, wenn wir Gl. (14) umschreiben zu

$$\phi_i^p(n+1) = \phi_{i+1}^p(n+1) + \phi_i^*(n) \tag{16}$$

und Gl. (16) in der Reihenfolge $i = k, k-1, \ldots, 1$ benutzen. Als Startwert brauchen wir $\phi_{k+1}^p(n+1)$, aber aus Gl. (14) kann man leicht sehen, daß

$$\phi_{k+1}^p(n+1) = f_{n+1}^p - p'_{n+1} = f_{n+1}^p - \sum_{i=1}^{k} \phi_i^*(n)$$

ist. Wenn wir auf diese Weise vorgehen, wie können wir dann die $\phi_i(n+1)$ erhalten? Die Beziehungen (14) und (15) sind so ähnlich, daß wir einen einfachen Zusammenhang erwarten könnten, der direkt $\phi_i(n+1)$ und $\phi_i^p(n+1)$ miteinander verknüpft. Indem wir Gl. (14) von Gl. (15) subtrahieren, sehen wir, daß

$$\phi_{i+1}(n+1) - \phi_{i+1}^p(n+1) = \phi_i(n+1) - \phi_i^p(n+1) = \ldots = \phi_1(n+1) - \phi_1^p(n+1)$$

ist. Damit erhalten wir für jedes i, da $\phi_1(n+1) - \phi_1^p(n+1) = f_{n+1} - \phi_1^p(n+1)$ ist,

$$\phi_i(n+1) = \phi_i^p(n+1) + (f_{n+1} - \phi_1^p(n+1)) \,. \tag{17}$$

Das ist ein möglicher Ansatz, der mit dem Speicherplatz sparsam umgeht, aber wir werden ihn noch so ändern, daß er die Berechnung von $\phi_{k+1}^p(n+1)$ erleichtert und ebenso in Betracht zieht, daß wir nur ein paar der $\phi_i^p(n+1)$ für die Fehlerschätzung benötigen. Gl. (17) drückt den engen Zusammenhang zwischen $P_{k+1,n}^*(x)$ und $P_{k,n+1}(x)$ aus; die Änderung nutzt den gleichermaßen engen Zusammenhang mit $P_{k,n}(x)$ aus. Es gibt eine leichte Komplikation, die aus der Einführung gewisser Zwischenergebnisse $\phi_i^e(n+1)$ stammt, die gerade die dividierten Differenzen für $P_{k,n}(x)$ sind, die auf den Gitterpunkten $x_{n+1}, x_n, \ldots$ basieren. Wir wollen uns $P_{k,n}(x)$ als Polynom vom Grade k vorstellen, das durch die Werte

$$P_{k,n}(x_{n+1-j}) = f_{n+1-j} \quad j = 1, \ldots, k\,,$$

$$P_{k,n}(x_{n+1}) = p'_{n+1}$$

bestimmt wird, und untersuchen, wie die modifizierten dividierten Differenzen $\phi_i^e(n+1)$ zu bestimmen sind, die dem Polynom entsprechen. Der obere Index e dient dazu, uns zu erinnern, daß diese Differenzen den Wert P'_{n+1} an der Stelle x_{n+1} benutzen, so daß wir die Differenzen $\phi_i(n)$, die auf den Werten an den Stellen $x_n, x_{n-1}, \ldots$ basieren, erweitern auf die Differenzen $\phi_i^e(n+1)$, die auf den Werten an den Stellen $x_{n+1}, x_n, \ldots$ basieren. Genau wie beim Beweis von Gl. (14) stellen wir fest daß

$$\phi_{i+1}^e(n+1) = \phi_i^e(n+1) - \phi_i^*(n)$$

ist, oder in der Form, wie wir es benutzen, daß

$$\phi_i^e(n+1) = \phi_{i+1}^e(n+1) + \phi_i^*(n) \tag{18}$$

ist. Da $P_{k,n}(x)$ tatsächlich ein Polynom vom Grad $k-1$ ist, sind alle Differenzen höherer Ordnung als $k-1$ Null. Somit ist

$$\phi_{k+1}^e(n+1) = \psi_1(n+1) \ldots \psi_k(n+1) f^e[x_{n+1}, \ldots, x_{n-k+1}] = 0 .$$

Mit diesem Ergebnis können wir die Gl. (18) ausnutzen, um die $\phi_i^e(n+1)$ in der Reihenfolge $i = k, k-1, \ldots, 1$ zu erzeugen und mit ihnen die $\phi_i^*(n+1)$ zu überschreiben. Der Trick, der zum Beweis der Beziehung (17) benutzt wurde, kann gleichermaßen gebraucht werden, um

$$\phi_i^p(n+1) = \phi_i^e(n+1) + (f_{n+1}^p - \phi_1^e(n+1)) , \tag{19}$$

$$\phi_i(n+1) = \phi_i^e(n+1) + (f_{n+1} - \phi_1^e(n+1)) \tag{20}$$

zu beweisen. Mit Gl. (19) erzeugen wir die $\phi_i^p(n+1)$, die für die Fehlerschätzung benötigt werden. Wenn der Schritt erfolgreich ist, nehmen wir Gl. (20), um die $\phi_i(n+1)$ zu berechnen und mit ihnen die $\phi_i^e(n+1)$ zu überschreiben.

Wir wollen jetzt die gesamte Berechnung zur Durchführung eines Schrittes zusammenfassen. Der Code, der in Kapitel 10 angegeben ist, benutzt ein PECE-Adams-Verfahren, das von x_n auf x_{n+1} übergeht mittels:

Berechnung der $g_{i,1}$ $\quad i = 1, \ldots, k+1$;

P Voraussage der $\phi_i^*(n) = \beta_i(n+1)\phi_i(n) \quad i = 1, 2, \ldots, k$;

$$p_{n+1} = y_n + h_{n+1} \sum_{i=1}^{k} g_{i,1}\phi_i^*(n) ,$$

$$\phi_{k+1}^e(n+1) = 0 ,$$

$$\phi_i^e(n+1) = \phi_{i+1}^e(n+1) + \phi_i^*(n), \quad i = k, k-1, \ldots, 1 ;$$

E Auswertung von $f_{n+1}^p = f(x_{n+1}, p_{n+1})$;

C Korrektur von $y_{n+1} = p_{n+1} + h_{n+1} g_{k+1,1} \, (f_{n+1}^p - \phi_1^e(n+1))$;

E Auswertung von $f_{n+1} = f(x_{n+1}, y_{n+1})$,

$$\phi_{k+1}(n+1) = f_{n+1} - \phi_1^e(n+1) .$$

$$\phi_i(n+1) = \phi_i^e(n+1) + \phi_{k+1}(n+1), \quad i = k, k-1, \ldots, 1 .$$

Zu beachten ist dabei, daß der Übergang von einem Schritt auf den nächsten bezüglich der Differenzen sehr billig ist, obwohl es viele geben kann. Ein Großteil des Overheads stammt aus der Berechnung der $g_{i,1}$.

Am Anfang dieses Kapitels sagten wir, daß unser Code Schritte mit konstanter Schrittweite vorteilhaft ausnutzen würde. Das wollen wir jetzt genauer betrachten und die Programmierung der Berechnung untersuchen.

Es sei die Variable n_s die Anzahl der aufeinanderfolgenden Schritte, die mit konstanter Schrittweite h durchgeführt wurden, wobei der laufende Schritt mitgezählt wird. Wenn $\psi_i(n+1)$ berechnet worden ist, wird es auf den gespeicherten Wert von $\psi_i(n)$ geschrieben. So gehen wir nicht nur sparsam mit dem Speicherplatz um, sondern, was noch viel wichtiger ist, wir sparen auch eine Menge Arbeit. Nach den grundlegenden Definitionen ist

$$\psi_i(n+1) = \psi_i(n) = ih \qquad \text{für } i = 1, \dots, n_s - 1 ,$$

somit brauchen wir zur Berechnung der $\psi_i(n+1)$ nur mit dem Wert

$$\psi_{n_s}(n+1) = n_s h$$

zu beginnen, um danach die übrigen Elemente nach der Beziehung

$$\psi_i(n+1) = \psi_{i-1}(n) + h \qquad i = n_s + 1, \dots, k$$

zu erhalten. In gleicher Weise finden wir, daß

$$\left.\begin{aligned} \alpha_i(n+1) &= \alpha_i(n) \\ \beta_i(n+1) &= \beta_i(n) \end{aligned}\right. \qquad i = 1, \dots, n_s - 1$$

ist, und daß diese Felder um einen Schritt n auf n + 1 vorgerückt werden können, indem allein

$$\alpha_{n_s}(n+1) = \frac{1}{n_s} ,$$

$$\alpha_i(n+1) = \frac{h}{\psi_i(n+1)} \qquad i = n_s + 1, \dots, k ,$$

$$\beta_{n_s}(n+1) = 1 ,$$

$$\beta_i(n+1) = \beta_{i-1}(n+1) \, \frac{\psi_{i-1}(n+1)}{\psi_{i-1}(n)} \qquad i = n_s + 1, \dots, k$$

berechnet werden. Offensichtlich müssen wir um so weniger bei der Berechnung dieser Größen tun, je näher wir uns an einer Berechnung mit konstanter Schrittweite befinden.

Noch bedeutendere Einsparungen können bei der Erzeugung der $g_{i,1}$ erzielt werden, wenn die Schrittweite konstant ist. Um deutlicher darzulegen, wie das gemacht werden kann, erläutern wir eine Schreibweise, die, obwohl sie gebräuchlich ist, für den Leser ungewohnt sein mag. Der Vektor (das eindimensionale Feld) **V** habe die Elemente **V**(1), **V**(2),... . Der Ausdruck **V**(2) bezeichnet beides, sowohl den Speicherplatz im Hauptspeicher des Rechners für dieses Element als auch die Zahl, die dort gespeichert ist. Wenn wir **V**(2) = 3 schreiben, verstehen wir darunter, daß die Zahl 3 auf dem Speicherplatz abgelegt ist, der dem zweiten Element des Feldes **V** entspricht. Wenn wir **V**(1)+**V**(2) schreiben, heißt das, daß die Zahlen, die auf diesen Plätzen stehen, addiert werden sollen. Der Ersetzungsoperator „←" wird in Ausdrücken wie **V**(2) ← 3 und **V**(2) ← **V**(1) + **V**(2) benutzt und bedeutet, daß der Inhalt von Speicherplatz **V**(2) ersetzt wird durch die Zahl 3 (überschrieben wird mit der Zahl 3) bzw. durch die Summe der Inhalte von **V**(1) und **V**(2).

Im Feld

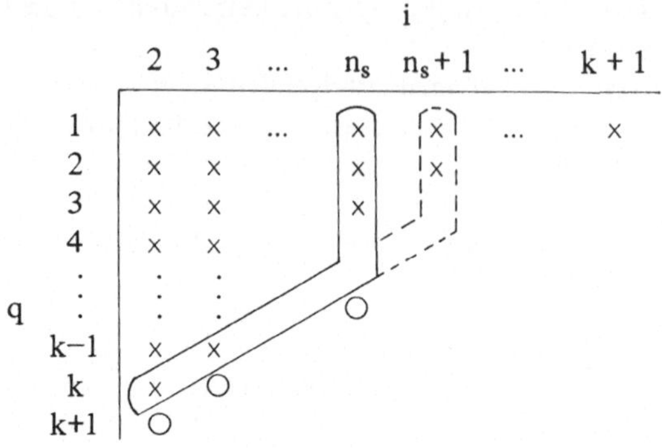

erzeugen wir die Einträge mit den Gleichungen aus (10):

$$g_{2,q} = \frac{1}{q(q+1)},$$

und

$$g_{i,q} = g_{i-1,q} - \alpha_{i-1}(n+1)\, g_{i-1,q+1} \; .$$

Aber es ist $\alpha_{i-1}(n+1) = \alpha_{i-1}(n)$ für $i \leqslant n_s$, so daß die Spalten $i = 2$ bis $i = n_s$ vom vorherigen Schritt ungeändert gelassen werden; wir brauchen also nur die Spalten $n_s + 1$ bis $k + 1$ neu zu erzeugen. Außerdem ist es nicht notwendig, das Dreiecksfeld zu speichern, da die meisten Werte in der Tabelle nicht zur Erzeugung der $g_{n_s+1,q}$ benötigt werden. Der Vektor $\mathbf{V}(q)$ enthalte die Elemente, die durch die durchgezogene Linie in der schematischen Darstellung eingeschlossen werden, nämlich

$$\begin{aligned}
\mathbf{V}(k) &= g_{2,k} \\
\mathbf{V}(k-1) &= g_{3,k-1} \\
&\;\vdots \\
\mathbf{V}(k+2-n_s) &= g_{n_s,k+2-n_s} \\
\mathbf{V}(k+1-n_s) &= g_{n_s,k+1-n_s} \\
&\;\vdots \\
\mathbf{V}(2) &= g_{n_s,2} \\
\mathbf{V}(1) &= g_{n_s,1} \; .
\end{aligned}$$

Wir bringen $\mathbf{V}(q)$ für diesen Schritt auf den neuesten Stand durch Bilden und Überschreiben von

$$g_{n_s+1,q} = \mathbf{V}(q) \leftarrow \mathbf{V}(q) - \alpha_{n_s}(n+1)\mathbf{V}(q+1) \quad q = 1, 2, \ldots, k+1-n_s \, ,$$

d.h., $\mathbf{V}$ wird erweitert, um die Spalte $n_s + 1$ zu enthalten. Diese neuen Elemente, die durch die gestrichelte Linie eingerahmt sind, werden in einen Arbeitsvektor $\mathbf{W}$ kopiert und $g_{n_s+1,1}$ gespeichert. Die übrigen Koeffizienten $g_{i,1}$ werden in $\mathbf{W}$ erzeugt nach

$$g_{i,q} = \mathbf{W}(q) \leftarrow \mathbf{W}(q) - \alpha_{i-1}(n+1)\mathbf{W}(q+1) \qquad q = 1, 2, \ldots, k+2-i$$

wobei die $g_{i,1} = \mathbf{W}(1)$ für jedes $i = n_s + 2, \ldots, k + 1$ woandershin gespeichert werden.

Dann können Änderungen der Ordnung durchgeführt werden; sie entsprechen dem Hinzufügen oder Weglassen eines Interpolationspunktes. Wenn sowohl Schrittweite als auch Ordnung geändert werden, braucht die Änderung der Ordnung nicht besonders beachtet zu werden; eine Schrittweitenänderung erfordert die vollständige Neuberechnung aller Koeffizienten. Wenn die Schrittweite nicht geändert, die Ordnung aber reduziert wird, ist die einzige Folge, daß Terme wie $\alpha_k(n+1)$ einfach nicht genutzt werden; deshalb ist kein besonderes Vorgehen vonnöten. Wenn die Schrittweite nicht geändert, die Ordnung aber erhöht wird, werden die gespeicherten Werte davon nicht betroffen, es müssen aber zusätzliche Terme berechnet werden. Für die α_i, β_i und ψ_i wird das automatisch gemacht, wenn der Code n_s mit der Ordnung vergleicht. Es muß jedoch eine weitere Diagonale zu der Tabelle der $g_{i,q}$ hinzugefügt werden. Für $k = k_{neu} = k_{alt} + 1$ kann man den bekannten Wert $g_{2,k}$ als $V(k)$ hinzufügen und dann den Teil von $V(k)$ auf den neuesten Stand bringen, der die Diagonale enthält:

$$V(k-j) \leftarrow V(k-j) - \alpha_{j+1}(n+1)V(k-j+1) \quad j = 1, 2, \ldots, n_s - 2\,.$$

Das wird in der Tabelle durch Kreise angedeutet. Nachdem die Diagonale auf den neuesten Stand gebracht wurde, wird der Rest der Berechnung wie zuvor durchgeführt.

Auf diese Weise werden die Koeffizienten für die Integration sehr effizient bei nur mäßigen Speicherplatzanforderderungen erzeugt. Wenn man auf diese Weise vorgeht, bedeutet die Tatsache, daß $n_s - 1$ vorherige Schritte mit gleicher Schrittweite durchgeführt wurden, daß die $g_{1,1}, g_{2,1}, \ldots, g_{n_s-1,1}$ nicht berechnet werden müssen. Wie schon früher bemerkt, liegt in der Berechnung der $g_{1,1}, \ldots, g_{k+1,1}$ ein großer Teil des Overheads, so daß dieses Vorgehen eine ganz beträchtliche Verminderung der Kosten bedeutet. Eine weitere Einsparung tritt in diesem Zusammenhang bei der Voraussage auf. Da $\phi_i^*(n)$ auf $\phi_i(n)$ geschrieben wird und $\phi_i^*(n) = \beta_i(n+1)\phi_i(n) = \phi_i(n)$ für $i = 1, \ldots, n_s$ ist, brauchen wir $\phi_i^*(n)$ nur für $i = n_s + 1, \ldots, k$ zu berechnen. Dies vermindert den Overhead wesentlich, wenn eine große Anzahl von Gleichungen integriert wird, da eine ganze Reihe von Differenzen für jede Unbekannte gebildet wird.

Wir wenden uns nun der Interpolation der Lösung zu. Der Code wählt die Schrittweite so groß wie möglich, solange eine gewisse Fehlerschranke eingehalten wird, somit wird er nur selten bei der Benutzung dieser Schrittweite einen Punkt treffen, an dem man die Lösung kennen möchte. Den Code zu zwingen, einen kleineren Schritt zu machen, wäre ineffizient, daher lassen wir den Code über den gegebenen Punkt hinaus integrieren und interpolieren dann, um den gewünschten Wert zu erhalten. Wir zeigten in Kapitel 4, daß die Interpolation auf diese Weise Näherungen ergibt, die genauso genau wie in den Gitterpunkten sind. Manchmal ist es nicht zulässig, über den Ausgabe-Punkt hinwegzugehen, z.B. wenn die Funktion dort undefiniert ist. In solch einer Situation sollte die Schrittweite so beschränkt werden, daß man auf dem „Ausgabe-Punkt" (Output-Point) auskommt.

Es sei x_{aus} ein „Ausgabe-Punkt" so, daß

$$x_n \leqslant x_{aus} \leqslant x_{n+1}$$

ist und es erfülle $P_{k+1,n+1}(x)$

$$P_{k+1,n+1}(x_{n+2-j}) = f_{n+2-j} \quad j = 1, 2, \ldots, k+1\,.$$

Wenn wir dann

$$h_I = x_{aus} - x_{n+1}\,,$$

$$s = \frac{(x - x_{n+1})}{h_I}$$

definieren und die übrigen Definitionen von (4) benutzen, dann ist ein typischer Term von $P_{k+1,n+1}(x)$

$$(x - x_{n+1})(x - x_n) \ldots (x - x_{n-i+3}) f[x_{n+1}, x_n, \ldots, x_{n-i+2}]\,,$$

was als

$$\left(\frac{sh_I}{\psi_1(n+1)}\right)\cdot\left(\frac{sh_I + \psi_1(n+1)}{\psi_2(n+1)}\right)\ldots\left(\frac{sh_I + \psi_{i-2}(n+1)}{\psi_{i-1}(n+1)}\right)\phi_i(n+1)$$

geschrieben werden kann. Das ist schon verschieden von der Form, die bei der Vorhersage benutzt wurde, da der Gebrauch der $\psi_j(n+1)$ in den Zählern statt der $\psi_j(n+2)$ bedeutet, daß wir $\phi_i(n+1)$ statt $\phi_i^*(n+1)$ haben. Wie wir es schon bei der Voraussage machten, fassen wir auch hier die Schreibweise weiter zusammen durch Einführen von $c^I_{i,n+1}(s)$:

$$c^I_{i,n+1}(s) = \begin{cases} 1 & i = 1\,, \\ \dfrac{sh_I}{\psi_1(n+1)} & i = 2\,, \\ \left(\dfrac{sh_I}{\psi_1(n+1)}\right)\cdot\left(\dfrac{sh_I + \psi_1(n+1)}{\psi_2(n+1)}\right)\ldots\left(\dfrac{sh_I + \psi_{i-2}(n+1)}{\psi_{i-1}(n+1)}\right) & i \geqslant 3\,. \end{cases}$$

Es ergibt sich sofort, daß die Lösung an der Stelle x_{aus}

$$y_{aus} = y_{n+1} + h_I \sum_{i=1}^{k+1} \phi_i(n+1) \int_0^1 c^I_{i,n+1}(s)\,ds$$

ist.

Das Schema zur Berechnung dieser Integrale ist auf eine ganz ähnliche Weise wie das für den Prädiktor abgeleitet, aber das Schema selbst ist gänzlich verschieden. Mathematisch ausgedrückt sind die Schemata äquivalent außer für $x_{aus} = x_n$, denn dann ist $\psi_2(n+2) = 0$ und $\alpha_2(n+2)$ nicht definiert. Für einen Wert von x_{aus} sehr nahe bei x_n können bei dem Prädiktor-Schema numerische Schwierigkeiten (wie etwa Division durch Null oder Überlauf) erwartet werden. Das neue Schema vermeidet solche Schwierigkeiten – aber mit den zusätzlichen Kosten, daß alle Koeffizienten berechnet werden, sooft wir interpolieren.

Wenn wir

$$\Gamma_i(s) = \begin{cases} \dfrac{sh_I}{\psi_1(n+1)} & i = 1\,, \\[2ex] \dfrac{sh_I + \psi_{i-1}(n+1)}{\psi_i(n+1)} & i \geqslant 2\,, \end{cases}$$

einführen, können wir für $i > 1$

$$c^I_{i,n+1}(s) = c^I_{i-1,n+1}(s) \cdot \Gamma_{i-1}(s)$$

schreiben. Wiederholte partielle Integration zeigt, daß

$$c^{I(-q)}_{i,n+1}(s) = \Gamma_{i-1}(s)\, c^{I(-q)}_{i-1,n+1}(s) - \frac{q \cdot h_I}{\psi_{i-1}(n+1)}\, c^{I(-q-1)}_{i-1,n+1}(s)$$

gilt. In Termen der skalierten Größen

$$g^I_{i,q} = (q-1)!\, c^{I(-q)}_{i,n+1}(1)$$

erhalten wir die Rekursion

$$g^I_{i,q} = \begin{cases} \dfrac{1}{q} & i = 1\,, \\[2ex] \Gamma_{i-1}(1) \cdot g^I_{i-1,q} - \eta_{i-1} g^I_{i-1,q+1} & i \geqslant 2 \end{cases}$$

mit

$$\eta_i = \frac{h_I}{\psi_i(n+1)}\,.$$

Der interpolierte Wert der Lösung ist

$$y_{aus} = y_{n+1} + h_I \sum_{i=1}^{k+1} g^I_{i,1}\, \phi_i(n+1)\,.$$

Obwohl das erfordert, daß die Koeffizienten $g^I_{i,1}$ für jeden „Ausgabe-Punkt" berechnet werden, sind keine zusätzlichen Funktionsauswertungen erforderlich, und die Wahl der Schrittweite wird nicht durch die „Ausgabe-Punkte" beeinträchtigt.

Einige Anwendungen erfordern auch die Ableitung der Näherungslösung im Punkte x_{aus}. Diese kann man leicht erhalten, da wir mit $p_{k+1,n+1}(x)$ und $y_{aus} = p_{k+1,n+1}(x_{aus})$ arbeiten. Die Ableitung eines Algorithmus bleibe dem Leser als Übung überlassen.

Übung 6

Zeigen Sie, daß

$$y'_{aus} = \sum_{i=1}^{k+1} \rho_i \phi_i(n+1)$$

gilt, wobei die $\rho_i = c^I_{i,n+1}(1)$ nach

$$\rho_1 = 1 ,$$

$$\rho_i = \rho_{i-1} \cdot \Gamma_{i-1}(1) \quad i = 2, \ldots, k+1$$

berechnet werden können.

In Kapitel 4 haben wir darauf hingewiesen, daß eine glattere Interpolierende wünschenswert sein könnte. In einem Bericht von L. Shampine und H. A. Watts, Sandia Laboratories, Albuquerque, New Mexico, USA, aus dem Jahre 1983, „A Smoother Interpolant for DE/STEP, INTRP", wird erklärt, wie man den Algorithmus dieses Kapitels erweitern kann, damit man eine Interpolierende erhält, die nicht nur global stetige erste Ableitungen hat, sondern selbst global stetig ist. Es wird in STEP nur eine kleine Änderung benötigt, und INTRP muß durch eine neue Version ersetzt werden, die im Bericht angegeben ist.

Kapitel 6: Fehlerschätzung und Fehlersteuerung

In diesem und dem nächsten Kapitel diskutieren wir die Schätzung der Fehler, die während der Integration durchgeführt wird, und die Anpassung von Schrittweite und Ordnung, um diese Fehler zu steuern, wobei wir das Problem trotzdem noch effizient lösen wollen. Es gehört sehr viel Geschicklichkeit dazu, da die zugehörige Theorie entweder nur fragmentarisch oder auf irgendeine Weise unrealistisch ist. Dieses Kapitel behandelt die theoretischen Gesichtspunkte der Fehlerschätzung und Fehlerkontrolle; das nächste kombiniert diese Ergebnisse mit mehr heuristischen Argumenten und Erfahrungen, um dann die tatsächlichen Algorithmen zu entwickeln.

Die Ergebnisse der Konvergenzuntersuchungen aus Kapitel 4 erlauben fast jede Art der Änderung sowohl der Schrittweite als auch der Ordnung, da aber keine Voraussetzungen bezüglich einer effektiven Wahl der Schrittweite und Ordnung gemacht wurden, brauchen die obigen Resultate für die tatsächliche Berechnung nicht relevant zu sein. Die Ergebnisse, die unter der Voraussetzung einer festen Ordnung erhalten wurden, sind häufig realistisch, da tatsächlich in vielen Fällen die Ordnung k für eine große Anzahl von Schritten konstant bleibt. Wenn die Ordnung geändert wird, ist der beste Schluß, der in Hinsicht auf Kapitel 4 gezogen werden kann, der, daß Konvergenz schon bei dem Verfahren niedrigster Ordnung erzielt wird. Da aber der Code mit $k = 1$ startet, gibt dieser Gesichtspunkt einen völlig falschen Eindruck. Ein realistisches Ergebnis der Konvergenzbetrachtungen kann aus Satz 4, Kapitel 4 abgeleitet werden, wenn wir voraussetzen, daß die Schrittweite und die Ordnung bei jedem Schritt so gewählt werden, daß der lokale Abbruchfehler δ_n die Ungleichung $|\delta_n| \leqslant h_{n+1}\epsilon$ für eine vom Benutzer angegebene Fehlerschranke ϵ erfüllt. Der Satz besagt dann, daß der globale Fehler durch

$$|y(x_n) - y_n| \leqslant \frac{\epsilon}{L(\alpha^* + HLC\alpha)} \exp DL(\alpha^* + HLC\alpha)$$

beschränkt wird. Gemäß dieser Schranke wird die Genauigkeit nicht durch Änderungen der Ordnung beeinflußt. Die Variation der Ordnung dient zwei Zwecken. Einerseits dient sie dazu, den Code zu starten, andererseits dazu, die verlangte Genauigkeit bei jedem Schritt so effizient wie möglich zu erreichen.

Die Steuerung des lokalen Abbruchfehlers zeigt, daß die bei einer Grenzwertbetrachtung begriffliche Schwierigkeit der Änderung der Ordnung überwunden werden kann. Wir werden jedoch eine eng verwandte Größe steuern, die mit den numerischen Werten weitaus grundlegender zusammenhängt. Daher werden wir jetzt damit anfangen, indem wir sorgfältig betrachten, was die numerischen Verfahren bei jedem Schritt zu tun versuchen. Wir haben die Analogie zwischen dem Verfahren der Taylorreihenentwicklung und dem nach Adams betont und werden auch darauf aufbauend sie als Richtschnur für die Dinge benutzen, die die Fehlerabschätzung und -kontrolle betreffen.

Es sei $u_n(x)$ definiert als Lösung von

$$u_n'(x) = f(x, u_n(x)),$$
$$u_n(x_n) = y_n .$$

Das Verfahren der Taylorreihenentwicklung der Ordnung k lautet

$$y_{n+1} = y_n + hu_n'(x_n) + \frac{h^2}{2!} u_n''(x_n) + \dots + \frac{h^k}{k!} u_n^{(k)}(x_n) .$$

Allgemeiner approximiert es $u_n(x)$ für alle x im Intervall $[x_n, x_{n+h}]$ durch

$$y_I(x) = y_n + (x - x_n)u_n'(x_n) + \dots + \frac{(x - x_n)^k}{k!} u_n^{(k)}(x_n) .$$

Da das grundlegende Ziel des Verfahrens die Approximation der lokalen Lösung $u_n(x)$ statt der globalen Lösung $y(x)$ ist, ist der lokale Abbruchfehler keine natürliche Größe für die Steuerung. Eine wesentlich natürlichere Größe, die gesteuert werden muß, ist die, die wir den lokalen Fehler nennen, nämlich

$$LE_{n+1} = u_n(x_{n+1}) - y_{n+1} .$$

Dieses Konzept des lokalen Fehlers ist für jedes Verfahren nützlich, das von einer Näherungslösung y_n im Punkt x_n zu einer Näherungslösung y_{n+1} im Punkte x_{n+1} weitergeht. Im Kapitel 1 diskutierten wir eine sehr natürliche Schätzung des lokalen Fehlers für das Verfahren der Taylorreihenentwicklung:

$$LE_{n+1} = \frac{h^{k+1} u_n^{(k+1)}(\xi)}{(k+1)!} \approx \frac{h^{k+1} u_n^{(k+1)}(x_n)}{(k+1)!}$$

In der gleichen Weise zeigt es sich, daß der Fehler an irgendeiner Stelle des Intervalls

$$u_n(x) - y_I(x) = \frac{(x - x_n)^{k+1} u_n^{(k+1)}(\eta)}{(k+1)!} \approx \frac{(x - x_n)^{k+1} u_n^{(k+1)}(x_n)}{(k+1)!}$$

ist. Da

$$\left| \frac{(x - x_n)^{k+1} u_n^{(k+1)}(x_n)}{(k+1)!} \right| \leqslant \left| \frac{h^{k+1} u_n^{(k+1)}(x_n)}{(k+1)!} \right|$$

gilt, schätzen wir, daß der größte Fehler am Ende des Intervalls auftritt. Die Steuerung des lokalen Fehlers bedeutet dann, daß wir versuchen, die lokale Lösung auf dem gesamten Intervall $[x_n, x_{n+1}]$ gleichmäßig zu approximieren.

Es ist auch das Ziel des Adams-Verfahren, wie es bei ihrer Herleitung in Kapitel 3 ausgedrückt wurde, die lokale Lösung überall auf $[x_n, x_{n+1}]$ zu approximieren. Das Vorgehen wird verdeutlicht wenn es von einem etwas anderen Standpunkt aus betrachtet wird. In Kapitel 4 definierten wir die Funktion $y_I(x)$ als Näherung für $y(x)$ auf dem ganzen Intervall $[a, b]$. Die Funktion $f(x, y_I(x))$ hat in den Gitterpunkten die Werte $f(x_i, y_I(x_i)) = f(x_i, y_i)$. Auf dem Intervall $[x_n, x_{n+1}]$ ist die Funktion $y_I'(x)$ ein Polynom, das die Werte f_{n+1-j} für $j = 0, 1, \dots, k$ interpolierte, wenn der Schritt mit der Ordnung k durchgeführt würde. Damit ist

$$y_I'(x) = f(x, y_I(x)) + r(x) \quad x_n < x \leqslant x_{n+1} ,$$

wobei der Defekt $r(x)$ der Interpolationsfehler ist. Auf diese Weise sehen wir, daß das Adams-Verfahren zu einer Näherungslösung $y_I(x)$ führt, die die exakte Lösung einer Gleichung ist, die „nahe" bei der gegebenen liegt. Wenn der Defekt klein und das gegebene Problem korrekt gestellt ist, besagt Satz 2 von Kapitel 1, daß $y_I(x)$ nahe bei $y(x)$ liegt. Aber wie nahe es ist, hängt davon ab, wie stabil das Problem ist.

Jetzt, da wir den lokalen Fehler als für uns natürliche Größe erkannt haben, die wir zu schätzen und zu steuern versuchen sollten, müssen wir fragen, ob seine Steuerung zu einem Ergebnis führt, wie es schon für die Steuerung des lokalen Abbruchfehlers skizziert wurde. Wir sagen, der lokale Fehler wird pro Einheitsschritt, d.h. relativ zur Länge des Schrittes, gesteuert, wenn bei jedem Schritt

$$|LE_{n+1}| \leqslant h_{n+1}\epsilon$$

ist. Ebenso sagen wir, daß er im verallgemeinerten Sinne durch das Fehlerkriterium pro Einheitsschritt gesteuert wird, wenn bei jedem Schritt für eine (unbekannte) Konstante σ

$$|LE_{n+1}| \leqslant \sigma h_{n+1}\epsilon \tag{1}$$

gilt.

Der globale Fehler e_{n+1} kann in

$$e_{n+1} = y(x_{n+1}) - y_{n+1} = y(x_{n+1}) - u_n(x_{n+1}) + LE_{n+1}$$

aufgespalten werden. Die Funktionen $y(x)$ und $u_n(x)$ sind Lösungen derselben Differentialgleichung mit unterschiedlichen Anfangswerten im Punkte x_n. Die Gleichung ist Lipschitz-beschränkt, somit folgt aus Satz 2 von Kapitel 1, daß

$$|y(x) - u_n(x)| \leqslant |y(x_n) - u_n(x_n)| \exp L|x - x_n|$$

ist. Damit können wir sehen, daß

$$|e_{n+1}| \leqslant |e_n| \exp Lh_{n+1} + \sigma h_{n+1}\epsilon$$

gilt. Da der Anfangsfehler Null ist, ergibt die wiederholte Anwendung dieser Ungleichung für $n = 0, 1, \ldots, m-1$

$$|e_m| \leqslant \sum_{n=0}^{m-1} \sigma h_{n+1}\epsilon \exp Lh_{n+1} \leqslant \sigma\epsilon \exp L(x_m - a) \sum_{n=0}^{m-1} h_{n+1}\,.$$

Folglich ist

$$|y(x_m) - y_m| \leqslant \epsilon\sigma(x_m - a) \exp L(x_m - a)\,,$$

was ein Ergebnis der gleichen Art ist, wie wir es schon zur Steuerung des lokalen Abbruchfehlers fanden.

Ein allgemein anwendbares Vorgehen zur Schätzung lokaler Fehler ist der Vergleich der Ergebnisse von Verfahren verschiedener Ordnung. Es sei $y_{n+1}(k)$ das Ergebnis eines Schrittes von der Stelle x_n nach x_{n+1} mit der Ordnung k. Um genau zu sein, nehmen wir an, daß wir das Verfahren der Taylorreihenentwicklung benutzen. Wenn wir aus heuristischen Gründen annehmen, daß $y_{n+1}(k+1)$ genauer ist als $y_{n+1}(k)$, was heißt, daß es näher an $u_n(x_{n+1})$ liegt, dann ist

$$\begin{aligned} y_{n+1}(k+1) - y_{n+1}(k) &= [u_n(x_{n+1}) - y_{n+1}(k)] - [u_n(x_{n+1}) - y_{n+1}(k+1)] \\ &\approx u_n(x_{n+1}) - y_{n+1}(k)\,. \end{aligned}$$

Auf diese Weise können wir den lokalen Fehler mit dem weniger genauen Ergebnis schätzen. Für das Verfahren der Taylorreihenentwicklung erhalten wir

$$y_{n+1}(k+1) - y_{n+1}(k) = \frac{h^{k+1}}{(k+1)!}\, u_n^{(k+1)}(x_n)\,,$$

was dieselbe Schätzung ist, die wir schon früher auf andere Weise gefunden hatten.

Wenn wir mit der Ordnung k rechnen, bestimmen wir $y_{n+1}(k)$, schätzen dann den lokalen Fehler LE_{n+1} und treffen dann zum Schluß mittels der Schätzung die Entscheidungen für Ordnung und Weite des nächsten Schrittes. Wir hoffen dabei wirklich, bei dem Schritt $u_n(x_{n+1}) = y_{n+1}(k) + LE_{n+1}$ zu berechnen. Wenn wir glauben, die Schätzung des lokalen Fehlers ist hinreichend genau, scheint es wünschenswert, mit ihrer Hilfe die Genauigkeit von $y_{n+1}(k)$ zu verbessern. Deshalb addieren wir noch den geschätzten Fehler, um

$$y_{n+1}(k) + (y_{n+1}(k+1) - y_{n+1}(k)) = y_{n+1}(k+1)$$

zu bilden; dieses Vorgehen wird „lokale Extrapolation“ genannt. Formal wird das Ergebnis dadurch erhalten, daß eine Formel höherer Ordnung benutzt wird, somit wächst für „kleine“ Schrittweiten die Genauigkeit. Eine wichtige Frage bei der Anwendung lokaler Extrapolation auf die Adams-Verfahren ist: „Was passiert bei großen Schrittweiten?“. Diese Frage werden wir später beantworten. Wir werden immer lokale Extrapolation durchführen. Da die Entscheidungen bezüglich Schrittweite und Ordnung immer bezüglich einer Formel der Ordnung k getroffen werden, beziehen wir uns auf das Verfahren stets als eines der Ordnung k, obwohl die numerischen Werte, die schließlich akzeptiert werden, aus einer Formel der Ordnung $k + 1$ stammen.

Wenn wir lokale Extrapolation durchführen, gibt es zwei Näherungslösungen, daher müssen auch zwei lokale Fehler betrachtet werden. Angenommen, wir nehmen ein Taylorreihen-Verfahren der Ordnung k. Dann ist der lokale Fehler le, der zur Auswahl der Schrittweite dient,

$$le_{n+1} = u_n(x_{n+1}) - y_{n+1}(k) \approx y_{n+1}(k+1) - y_{n+1}(k)\,.$$

Der schließlich akzeptierte Wert ist

$$y_{n+1}(k+1) = y_{n+1}(k) + (y_{n+1}(k+1) - y_{n+1}(k))$$

und damit ist der tatsächlich gemachte Fehler

$$LE_{n+1} = u_n(x_{n+1}) - y_{n+1}(k+1)\,.$$

Wir werden die tatsächlich gemachten Fehler stets in Großbuchstaben angeben, in Übereinstimmung mit unserer früheren Untersuchung, andere geschätzte Fehler in Kleinbuchstaben. Es scheint unvernünftig zu sein, $y_{n+1}(k+1)$ zu verwerfen, wenn wir es sowieso berechnen müssen, somit ist lokale Extrapolation reizvoll; aber sie führt zu einer Komplikation. Wie können wir die Schrittweite so wählen, daß der lokale Fehler gesteuert wird, der durch ein verallgemeinertes Fehlerkriterium pro Einheitsschritt gemacht wird? Es stellt sich heraus, daß wir

$$|le_{n+1}| \leqslant \epsilon$$

fordern sollten. Ohne alle Details in diesem Kapitel zu betrachten, ist das Wesentliche, daß wir aus Gründen der Effizienz die größte Schrittweite wählen, die das Kriterium zu erfüllen scheint.

Also ist für das Verfahren der Taylorreihenentwicklung

$$|le_{n+1}| \approx \left| \frac{h_{n+1}^{k+1} u_n^{(k+1)}(x_n)}{(k+1)!} \right| \approx \epsilon .$$

Dann ist aber auch

$$|LE_{n+1}| = \left| \frac{h_{n+1}^{k+2} u_n^{(k+2)}(\xi)}{(k+2)!} \right| \approx \epsilon h_{n+1} \left| \frac{u_n^{(k+2)}(\xi)}{(k+2)u_n^{(k+1)}(x_n)} \right| \leqslant \sigma\epsilon h_{n+1}$$

für eine geeignete Konstante σ. Somit wird der entstehende lokale Fehler, der tatsächlich gemacht wird, wie in Gl. (1) gesteuert.

Für die weitere Diskussion der Adams-Verfahren müssen wir einige zusätzliche Schreibweisen einführen. Es wird notwendig sein, die Fehler zu schätzen, die bei der Durchführung eines Schrittes mit einer der verschiedenen Ordnungen gemacht worden wären, so daß eine effiziente Ordnung gewählt werden kann. Zusätzlich gibt es verschiedene vorausgesagte und korrigierte Werte, die im Gedächtnis behalten werden müssen. Die vorausgesagte Lösung an der Stelle x_{n+1} der Formel der Ordnung $k-1$ wird mit $p_{n+1}(k-1)$ bezeichnet, ähnlich auch für andere Ordnungen. Da die Untersuchung und Berechnung in Termen von $p_{n+1}(k)$ durchgeführt wird, werden wir diesen Wert durch einfache Angabe von p_{n+1} unterscheiden und entsprechend wird die Schreibweise f_{n+1} für $f(x_{n+1}, p_{n+1})$ benutzt werden. Das Ergebnis der Korrektur eines vorausgesagten Wertes, etwa der Ordnung $k-1$, mit einem Korrektor derselben Ordnung wird mit $y_{n+1}(k-1)$ bezeichnet. Lokale Fehler wie $u_n(x_{n+1})-y_{n+1}(k-1)$ werden als $le_{n+1}(k-1)$ geschrieben werden. Das hauptsächliche Objekt der Untersuchung ist $y_{n+1}(k)$, aber die Berechnungen basieren auf dem Ergebnis, das mit p_{n+1} und dem Korrektor der Ordnung $k+1$ erhalten wird. Wir bezeichnen es mit y_{n+1}.

Bis jetzt haben wir uns in diesem Lehrbuch hauptsächlich mit dem Verfahren beschäftigt, mit einem Prädiktor der Ordnung k und einem Korrektor der Ordnung $k+1$ die Lösuung y_{n+1} zu erhalten. Parallel dazu haben wir das Verfahren entwickelt, $y_{n+1}(k)$ mit einem Prädiktor und einem Korrektor zu erzeugen, die beide die Ordnung k haben. Wir sahen in Kapitel 4, daß die lokalen Abbruchfehler der beiden Verfahren von der Ordnung $k+2$ bzw. $k+1$ waren. Dies stimmt mit unseren Erwartungen tatsächlich überein, die auf den heuristischen Grundlagen beruhen, die wir in Kapitel 2 und 3 diskutierten, daß y_{n+1} genauer als $y_{n+1}(k)$ ist. Die Grenzwertuntersuchung von Kapitel 4 besagt hauptsächlich, daß für „kleine" Schrittweiten y_{n+1} der genauere Wert ist. Aus diesen Gründen nehmen wir vorweg, daß das allgemeine Verfahren zur Konstruktion von Fehlerschätzern erfolgreich sein wird. Der Schätzer ist

$$le_{n+1}(k) = u_n(x_{n+1}) - y_{n+1}(k) \approx y_{n+1} - y_{n+1}(k) .$$

Dieser Schätzer ist sehr praktisch, da die Formeln aus Kapitel 5,

$$y_{n+1} = p_{n+1} + h_{n+1} g_{k+1,1} \phi_{k+1}^{p}(n+1) ,$$
$$y_{n+1}(k) = p_{n+1} + h_{n+1} g_{k,1} \phi_{k+1}^{p}(n+1)$$

zu

$$le_{n+1}(k) \approx h_{n+1}(g_{k+1,1} - g_{k,1})\phi_{k+1}^{p}(n+1)$$

führen.

In Kapitel 8 betrachten wir die Wirkung der Extrapolation auf eine wichtige Stabilitätseigenschaft des rechnerischen Vorgehens, die für „große“ Schrittweiten wichtig ist. Dort stellen wir fest, daß lokale Extrapolation zu erheblich besseren Ergebnissen führt als keine Extrapolation. Aufgrund dieser Tatsache und der, daß es für „kleine“ Schrittweiten genauer ist, benutzen wir y_{n+1}, das das Ergebnis von $p_{n+1}(k)$ und des Korrektors der Ordnung $k+1$ darstellt. Wir ziehen es vor, y_{n+1} als aus $y_{n+1}(k)$ entstanden zu betrachten, daher stammt dann auch der Ausdruck „PECE-Verfahren der Ordnung k“.

Die Modell-Situation für die Untersuchung der Fehlerschätzung ist die gleiche wie bei den Konvergenz-Ergebnissen von Kapitel 4. Es wird eine Folge von Integrationen mit einer maximalen Schrittweite H betrachtet, die gegen Null geht, wobei die Schrittweiten die Beschränkungen von Satz 3, Kapitel 4 erfüllen. Die Startwerte und die Wahl der Ordnungen sei so, daß die globalen Fehler gleichmäßig von der Ordnung $O(H^{k+1})$ sind, d.h. es wird ständig das PECE-Verfahren der Ordnung k benutzt. Die grundlegenden Fragen sind nun: Wie lautet der lokale Fehler bei einem Schritt nach x_{n+1}, wenn ein Prädiktor und ein Korrektor der Ordnung k benutzt werden? Was passiert, wenn die Ordnungen $k-2, k-1, k+1$ benutzt werden? Können diese Fehler geschätzt werden allein aus der Information, die gerade aus der Durchführung des Schrittes mit dem Prädiktor der Ordnung k und dem Korrektor der Ordnung $k+1$ erhätlich wird?

Wie bei den meisten unserer Beweisführungen bezüglich der Konvergenz müssen wir zunächst den Fehler des vorhergesagten Wertes betrachten. Aus ihren Definitionen zeigt es sich, daß

$$u_n(x_{n+1}) - p_{n+1} = \int_{x_n}^{x_{n+1}} u_n'(t) - P_{k,n}(t)\,dt$$

ist. Es sei $\mathcal{P}_{k,n}(x)$ das Polynom vom Grad $k-1$, das

$$\mathcal{P}_{k,n}(x_{n+1-j}) = u_n'(x_{n+1-j}) \qquad j = 1, 2, \dots, k$$

erfüllt. Mit diesem Polynom können wir den lokalen Fehler des Prädiktors in zwei Teile aufspalten

$$u_n(x_{n+1}) - p_{n+1} = \int_{x_n}^{x_{n+1}} u_n'(t) - \mathcal{P}_{k,n}(t)\,dt + \int_{x_n}^{x_{n+1}} \mathcal{P}_{k,n}(t) - P_{k,n}(t)\,dt\,. \tag{2}$$

Das erste Integral ist der Fehler, der aus der Approximation von $u_n'(t)$ durch ein interpolierendes Polynom stammt. Er wird der „lokale Diskretisierungsfehler“ genannt. Wir diskutierten diesen Fehler in Kapitel 3, als wir $y'(t)$ statt der lokalen Lösung $u_n'(t)$ approximierten. Er wurde damals „lokaler Abbruchfehler“ genannt. Die Bewertung dieses Ausdrucks ist natürlich die gleiche wie in Kapitel 3 und führt zu dem Schluß, daß der lokale Diskretisierungsfehler der Adams-Bashforth-Formel von der Ordnung $O(H^{k+1})$ ist.

Das zweite Integral in Gl. (2) ist der Fehler, der aus den ungenauen, gespeicherten Werten y_{n+1-j} stammt. Der Fehler, der durch ungenaue, gespeicherte Werte eingeführt wird, wie er in diesem Integral dargestellt wird, wird am besten in der Lagrangeschen Form

$$\int_{x_n}^{x_{n+1}} \mathscr{P}_{k,n}(t) - P_{k,n}(t)\,dt = h_{n+1} \sum_{j=1}^{k} \alpha_{k,j}[f(x_{n+1-j}, u_n(x_{n+1-j})) - f(x_{n+1-j}, y_{n+1-j})]$$

untersucht. Das Integral kann mittels der Lipschitz-Bedingung

$$\left| \int_{x_n}^{x_{n+1}} \mathscr{P}_{k,n}(t) - P_{k,n}(t)\,dt \right| \leqslant HL \sum_{j=1}^{k} |\alpha_{k,j}||u_n(x_{n+1-j}) - y_{n+1-j}| \tag{3}$$

beschränkt werden. In Kapitel 4 erörterten wir, daß wegen der Schranken für das Verhältnis zweier aufeinanderfolgender Schrittweiten die Summe $\Sigma|\alpha_{k,j}|$ gleichmäßig beschränkt ist. Der Unterschied zwischen der lokalen Lösung und der berechneten Lösung kann aufgespalten und beschränkt werden durch

$$|u_n(x_{n+1-j}) - y_{n+1-j}| \leqslant |u_n(x_{n+1-j}) - y(x_{n+1-j})| + |y(x_{n+1-j}) - y_{n+1-j}|. \tag{4}$$

Der zweite Term in Gl. (4) ist nach Voraussetzung der Konvergenz von der Ordnung $O(H^{k+1})$. Nun sind $u_n(x)$ und $y(x)$ Lösungen derselben Differentialgleichung mit verschiedenen Anfangswerten an der Stelle x_n. Die Gleichung ist korrekt gestellt und die Lösungen erfüllen nach Satz 2 von Kapitel 1

$$|u_n(x) - y(x)| \leqslant |u_n(x_n) - y(x_n)| \exp L|x - x_n|$$

und damit

$$|u_n(x_{n+1-j}) - y(x_{n+1-j})| \leqslant |y_n - y(x_n)| \exp LkH \qquad j = 1, \dots, k.$$

Diese Schranke für den ersten Term in Gl. (4) und die Konvergenz vervollständigen den Beweis, daß lokal (z.B. $x_{n+1-k} \leqslant x \leqslant x_{n+1}$) die Lösung $y(x)$ und die lokale Lösung $u_n(x)$ bis auf Terme der Ordnung $O(H^{k+1})$ übereinstimmen. Diese Ergebnisse zeigen, zusammen mit der Schranke (3), daß die Wirkung der ungenauen, gespeicherten Werte von der Ordnung $O(H^{k+2})$ ist; und schließlich ist

$$u_n(x_{n+1}) - p_{n+1} = O(H^{k+1}).$$

Es ist nun leicht, die Ordnung des lokalen Fehlers des Prädiktor-Korrektor-Verfahrens festzustellen. Wir haben

$$le_{n+1}(k) = u_n(x_{n+1}) - y_{n+1}(k) = \int_{x_n}^{x_{n+1}} u_n'(t) - P_{k,n}^*(t)\,dt.$$

Mit dem Polynom $\mathscr{P}_{k,n+1}(x)$ vom Grad $k-1$, das

$$\mathscr{P}_{k,n+1}(x_{n+1-j}) = u_n'(x_{n+1-j}) \qquad j = 0, 1, \dots, k-1$$

erfüllt, spalten wir den lokalen Fehler in den Diskretisierungsfehler der Korrektor-Formel und den Fehler auf, der aus den gespeicherten und vorhergesagten Werten stammt:

$$le_{n+1}(k) = \int_{x_n}^{x_{n+1}} u_n'(t) - \mathscr{P}_{k,n+1}(t)dt + \int_{x_n}^{x_{n+1}} \mathscr{P}_{k,n+1}(t) - P^*_{k,n}(t)dt\,.$$

Genau wie vorher ist der lokale Diskretierungsfehler der Korrektor-Formel von der Ordnung $O(H^{k+1})$. Das zweite Integral ist

$$\int_{x_n}^{x_{n+1}} \mathscr{P}_{k,n+1}(t) - P^*_{k,n}(t)dt = h_{n+1} \sum_{j=1}^{k-1} \alpha^*_{k,j}[f(x_{n+1-j}, u_n(x_{n+1-j})) - f(x_{n+1-j}, y_{n+1-j})] + h_{n+1}\alpha^*_{k,0}[f(x_{n+1}, u_n(x_{n+1})) - f(x_{n+1}, p_{n+1})]\,.$$

Mit dem Ergebnis über den lokalen Fehler des vorhergesagten Wertes schließen wir wie vorher, daß dieses Integral von der Ordnung $O(H^{k+1})$ ist. Somit zeigt sich, daß $le_{n+1}(k)$ von der Ordnung $O(H^{k+1})$ ist. Es ist wichtig zu bemerken, daß mit den gemachten Voraussetzungen der lokale Diskretisierungsfehler den Fehler überwiegt, der aus den gespeicherten und vorausgesagten Werten stammt. Einem vollkommen ähnlichen Argument für den Korrektor der Ordnung $k + 1$ zufolge sind der Diskretisierungsfehler und der Fehler, der aus den ungenauen Näherungslösungen stammt, beide von der Ordnung $O(H^{k+2})$. Aber dann ist

$$\begin{aligned} le_{n+1}(k) &= u_n(x_{n+1}) - y_{n+1}(k) \\ &= y_{n+1} - y_{n+1}(k) + u_n(x_{n+1}) - y_{n+1} \\ &= y_{n+1} - y_{n+1}(k) + O(H^{k+2})\,. \end{aligned}$$

Dieses Ergebnis rechtfertigt die Schätzung, die wir früher aus heuristischen Gründen vorgeschlagen haben.

Der lokale Fehler, der nach einem Schritt mit einem Prädiktor und Korrektor der Ordnung $k - 1$ gemacht worden wäre, kann genauso untersucht werden, wie es schon für die Ordnung k durchgeführt wurde. Es ergibt sich somit, daß $le_{n+1}(k-1)$ von der Ordnung $O(H^k)$ ist, und daß wir für den Fall, daß wir $y_{n+1}(k-1)$ berechnet hätten, $le_{n+1}(k-1)$ schätzen könnten nach

$$\begin{aligned} le_{n+1}(k-1) &= u_n(x_{n+1}) - y_{n+1}(k-1) \\ &= y_{n+1}(k) - y_{n+1}(k-1) + u_n(x_{n+1}) - y_{n+1}(k) \\ &= y_{n+1}(k) - y_{n+1}(k-1) + O(H^{k+1})\,. \end{aligned}$$

Genau wie bei der Schätzung von $le_{n+1}(k)$ ist es entscheidend, daß eine genauere Lösung zur Verfügung steht. Was die Berechnung betrifft, so liegt der springende Punkt darin, ob wir $le_{n+1}(k-1)$ schätzen können, ohne $y_{n+1}(k-1)$ zu berechnen, oder nicht. Diese Größe ist

$$y_{n+1}(k-1) = y_n + h_{n+1} \sum_{j=1}^{k-2} \alpha^*_{k-1,j} f_{n+1-j} + h_{n+1}\alpha^*_{k-1,0} f(x_{n+1}, p_{n+1}(k-1))\,.$$

Was wir vermeiden möchten, ist die Auswertung von $f(x_{n+1}, p_{n+1}(k-1))$. Können wir den genaueren Wert f^p_{n+1} substituieren, der aus der Berechnung von $y_{n+1}(k)$ verfügbar ist? Um zu sehen, daß das tatsächlich möglich ist, wollen wir zunächst

$$\bar{y}_{n+1}(k-1) = y_n + h_{n+1} \sum_{j=1}^{k-2} \alpha^*_{k-1,j} f_{n+1-j} + h_{n+1} \alpha^*_{k-1,0} f^p_{n+1}$$

$$= y_n + h_{n+1} \sum_{i=1}^{k-1} (g_{i,1} - g_{i-1,1}) \phi^p_i(n+1)$$

definieren. (Die Äquivalenz dieser Darstellungen ist in Übung 5 von Kapitel 5 gezeigt worden.) Dann ist

$$\begin{aligned} |\bar{y}_{n+1}(k-1) - y_{n+1}(k-1)| &= |h_{n+1} \alpha^*_{k-1,0} [f(x_{n+1}, p_{n+1}) - f(x_{n+1}, p_{n+1}(k-1))]| \\ &\leqslant h_{n+1} |\alpha^*_{k-1,0}| L |p_{n+1} - p_{n+1}(k-1)| \\ &\leqslant h_{n+1} |\alpha^*_{k-1,0}| L \{ |p_{n+1} - u_n(x_{n+1})| \\ &\quad + |u_n(x_{n+1}) - p_{n+1}(k-1)| \} \\ &= O(H^{k+1}). \end{aligned}$$

Also gilt

$$\begin{aligned} le_{n+1}(k-1) &= y_{n+1}(k) - y_{n+1}(k-1) + O(H^{k+1}) \\ &= y_{n+1}(k) - \bar{y}_{n+1}(k-1) + O(H^{k+1}) \\ &= h_{n+1}(g_{k,1} - g_{k-1,1}) \phi^p_k(n+1) + O(H^{k+1}). \end{aligned}$$

Auf genau die gleiche Art können wir berechenbare Schätzungen des lokalen Fehlers nach einem Schritt mit beliebiger Ordnung niedriger als k erhalten. Wir werden auch die Gleichung

$$le_{n+1}(k-2) = h_{n+1}(g_{k-1,1} - g_{k-2,1}) \phi^p_{k-1}(n+1) + O(H^k)$$

beim Algorithmus zur Wahl der Ordnung benutzen. Diese lokalen Fehlerschätzungen können nicht nur erhalten werden, ohne daß die Schritte mit diesen Ordnungen durchgeführt werden, sie sind auch vor der endgültigen Berechnung für die PECE-Formeln der Ordnung k erhältlich. Deshalb rechnen wir den Algorithmus bis zum PEC-Schritt durch und sehen dann zu, ob der Test $|le_{n+1}(k)| \leqslant \epsilon$ auf einen erfolgreichen Schritt bestanden wird. Wenn der Schritt nicht erfolgreich ist, führen wir die endgültige Berechnung nicht durch. Überhaupt haben wir Schätzungen von $le_{n+1}(k)$, $le_{n+1}(k-1)$ und $le_{n+1}(k-2)$ zu unserer Verfügung, so daß eine Verringerung der Ordnung in Betracht gezogen werden kann, wenn der Schritt wiederholt wird.

In all diesen Fällen führen die ungenauen, gespeicherten Werte zu Fehlern einer höheren Ordnung als der lokale Diskretisierungsfehler. Als Konsequenz davon können sie vernachlässigt werden. Wenn das getan wird, gibt es keinen wesentlichen Unterschied zwischen dem Adams-Verfahren mit „Gedächtnis“ und dem Verfahren der Taylorreihenentwicklung ohne „Gedächtnis“. Die Abschätzung von $le_{n+1}(k+1)$ ist empfindlicher, da die gespeicherten Werte scheinbar zu Fehlern führen. Eine zusätzliche Voraussetzung und eine genauere Untersuchung des Beitrages, der von den gespeicherten Werten stammt, zeigen erneut, daß der lokale Diskretisierungsfehler überwiegt, vorausgesetzt, es wird lokale Extrapolation durchgeführt.

Bis jetzt haben wir noch keinerlei Voraussetzungen bezüglich des Zusammenhangs zwischen den Schrittweiten bei den aufeinanderfolgenden Integrationen machen müssen, die Teil des Modells für die Konvergenzuntersuchung sind. Wir werden jetzt annehmen, daß eine feste Schrittweite und eine feste Ordnung k gebraucht werden. Es wird später diskutiert werden, wie realistisch das ist und was daraus folgt. Am Ende von Kapitel 4 bewiesen wir mit denselben Annahmen, daß für eine glatte Funktion $\phi(x)$

$$y(x_{n+1-j}) = y_{n+1-j} + h^{k+1}\phi(x_{n+1-j}) + O(h^{k+2})$$

ist. Bis zu einem Punkt ist die Untersuchung von $le_{n+1}(k+1)$ die gleiche wie die von $le_{n+1}(k)$. Wir stellen fest, daß

$$u_n(x_{n+1}) - p_{n+1}(k+1) = O(h^{k+2})$$

ist, bemerken jedoch, daß in diesem Fall der lokale Diskretisierungsfehler von derselben Ordnung ist wie der Fehler, der aus ungenaueren, gespeicherten Werten stammt. Der Fehler der gespeicherten und vorausgesagten Werte bei der Korrektor-Formel wird beschränkt durch

$$\left| \int_{x_n}^{x_{n+1}} \mathscr{P}_{k+1,n+1}(t) - P^*_{k+1,n}(t)dt \right| \leqslant hL \sum_{j=1}^{k} |\alpha^*_{k+1,j}| |u_n(x_{n+1-j}) - y_{n+1-j}|$$

$$+ hL|\alpha^*_{k+1,0}| |u_n(x_{n+1}) - p_{n+1}(k+1)|.$$

Wir haben schon die Tatsache benutzt, daß asymptotisch nur ein geringer Unterschied zwischen der lokalen Lösung $u_n(x)$ und der globalen Lösung $y(x)$ besteht. In Kapitel 1 bezogen wir uns auf die Gleichung erster Variation, die uns eine mehr quantitative Information über den Zusammenhang zwischen diesen beiden Lösungen gibt. Damit finden wir, daß

$$u_n(x) = y(x) + \delta v(x) + O(\delta^2)$$

mit

$$\delta = u_n(x_n) - y(x_n) = y_n - y(x_n) = O(h^{k+1})$$

und

$$v' = f_y(x, y(x))v, \quad v(x_n) = 1$$

gilt. Daraus können wir dann erkennen, daß für $j = 0, 1, \ldots, k$

$$\begin{aligned} u_n(x_{n+1-j}) - y_{n+1-j} &= (y(x_{n+1-j}) - y_{n+1-j}) - (y(x_n) - y_n)v(x_{n+1-j}) + O(h^{2k+2}) \\ &= h^{k+1}\phi(x_{n+1-j}) - h^{k+1}\phi(x_n)(1 + O(h)) + O(h^{2k+2}) \\ &= -(j-1)h^{k+2}\phi'(x_n) + O(h^{k+2}) = O(h^{k+2}) \end{aligned}$$

ist. Wir wissen bereits, daß

$$u_n(x_{n+1}) - p_{n+1}(k+1) = O(h^{k+2})$$

ist, somit zeigen diese Ergebnisse und die Fehlerschranke, die für die gespeicherten und vorausgesagten Werte gelten, daß ihre Wirkung von der Ordnung $O(h^{k+3})$ ist.

Diese Voraussetzungen sind nicht so unrealistisch, wie sie so aus dem Zusammenhang gerissen erscheinen mögen. Die Algorithmen von Kapitel 7 ergeben Codes, die eine starke Tendenz haben, Schritte in Gruppen von konstanter Weite und fester Ordnung durchzuführen (insbesondere ersteres). Innerhalb einer solchen Gruppe ist das Modell eine durchaus angemessene Beschreibung der Berechnung. Die formalen Voraussetzungen und die Details des Argumentes verschleiern, was passiert. Die Ideen sind recht einleuchtend: Die lokale Lösung $u_n(x)$ läuft auf eine Übersetzung der globalen Lösung $y(x)$ hinaus, um so an der Stelle x_n mit y_n übereinzustimmen. In der Annahme, daß das numerische Verfahren Werte ergibt, daß der globale Fehler sich nur glatt ändert, sollte $u_n(x)$ näher an $y_{n-1}, y_{n-2}, \ldots, y_{n+1-k}$ liegen als $y(x)$. Die Konvergenz ergibt dann den Zusammenhang

$$\begin{aligned} u_n(x_{n+1-j}) &= y(x_{n+1-j}) + \delta v(x_{n+1-j}) + O(H^{2k+2}) \\ &= y(x_{n+1-j}) + \delta + O(H^{k+2}) \end{aligned}$$

lokal, d.h. für $j = 0, 1, \ldots, k$. Wenn wir vermuten, daß der globale Fehler sich glatt ändert, so daß

$$\begin{aligned} y(x_{n+1-j}) - y_{n+1-j} &= y(x_n) - y_n + O(H^{k+2}) \\ &= -\delta + O(H^{k+2}) \end{aligned}$$

ist, dann folgt, daß lokal

$$u_n(x_{n+1-j}) - y_{n+1-j} = O(H^{k+2})$$

ist. Das ist die Folgerung, die wir verlangen. Wegen dieses zwanglosen, aber einleuchtenden Arguments können wir vernünftigerweise erwarten, daß der Schluß realistischer ist, als die formalen Voraussetzungen nahelegen.

Wenn wir eine praktische Schätzung von $le_{n+1}(k+1)$ erreichen wollen, zeigt sich eine weitere Schwierigkeit. Wenn wir tatsächlich den Schritt mit einem Prädiktor der Ordnung $k+1$ und einem Korrektor der Ordnung $k+2$ durchführen würden, könnten wir die Schätzung genau wie bei $le_{n+1}(k)$ machen. Für konstante Schrittweite lautet sie

$$le_{n+1}(k+1) = \hat{h}(\gamma_{k+1} - \gamma_k)\nabla^{k+1} f(x_{n+1}, p_{n+1}(k+1)) + O(h^{k+3})$$

in einer offensichtlichen Erweiterung der Schreibweise $\nabla^{k+1} f^p_{n+1}$, die uns daran erinnern soll, welcher vorausgesagte Wert benutzt wurde. Es ist nicht möglich, f^p_{n+1} für $f(x_{n+1}, p_{n-1}(k+1))$ einzusetzen, da sie sich in Termen der Ordnung $k+1$ unterscheiden, die sogar nach Multiplikation mit h genauso groß sind wie die zu messende Größe. Andererseits ist, da wir extrapolieren, f_{n+1} genau genug. Nun wissen wir aus Kapitel 2, daß

$$\begin{aligned} \nabla^{k+1} f(x_{n+1}, p_{n+1}(k+1)) &= f(x_{n+1}, p_{n+1}(k+1)) + \sum_{m=1}^{k+1} (-1)^m f_{n+1-m} \binom{k+1}{m} \\ &= f(x_{n+1}, p_{n+1}(k+1)) - f(x_{n+1}, y_{n+1}) + \nabla^{k+1} f_{n+1} \\ &= \nabla^{k+1} f_{n+1} + O(h^{k+2}) \end{aligned}$$

ist. Also ist

$$\begin{aligned} le_{n+1}(k+1) &= h(\gamma_{k+1} - \gamma_k)\nabla^{k+1} f_{n+1} + O(h^{k+3}) \\ &= h\gamma^*_{k+1}[\nabla^k f_{n+1} - \nabla^k f_n] + O(h^{k+3}). \end{aligned}$$

Es hat sich gezeigt, daß es sogar mit den zusätzlichen Voraussetzungen, die wir gemacht haben, notwendig ist, zu extrapolieren und die endgültige Berechnung durchzuführen, um eine praktische Schätzung von $le_{n+1}(k+1)$ zu erhalten.

Wir haben die lokale Lösung $u_n(x)$ mit der globalen Lösung $y(x)$ in Zusammenhang gebracht durch die Gleichung erster Variation und die Tatsache, daß sie sich im Punkte x_n durch die kleine Größe $\delta = y_n - y(x_n)$ unterscheiden. Für die glatten Funktionen $f(x, y)$, die uns interessieren, kann ein ähnlicher Schluß genauso gut für die Ableitungen gezogen werden [21]:

$$u_n^{(i)}(x_n) = y^{(i)}(x_n) + O(\delta) .$$

Als eine Folge davon ist der lokale Diskretisierungsfehler des Korrektors asymptotisch äquivalent zum lokalen Abbruchfehler, da wir (in Kapitel 3) die Formeln

$$\frac{u_n^{(k+1)}(\xi)}{k!} \int_{x_n}^{x_{n+1}} \prod_{j=0}^{k-1} (t - x_{n+1-j})dt$$

$$= \frac{u_n^{(k+1)}(x_n)}{k!} \int_{x_n}^{x_{n+1}} \prod_{j=0}^{k-1} (t - x_{n+1-j})dt + O(H^{k+2})$$

und

$$\frac{y^{(k+1)}(\eta)}{k!} \int_{x_n}^{x_{n+1}} \prod_{j=0}^{k-1} (t - x_{n+1-j})dt$$

$$= \frac{y^{(k+1)}(x_n)}{k!} \int_{x_n}^{x_{n+1}} \prod_{j=0}^{k-1} (t - x_{n+1-j})dt + O(H^{k+2}) ,$$

hergeleitet hatten. Also ist es für die Umstände, die wir untersucht haben, richtig, daß beim lokalen Fehler die Wirkungen ungenauer, gespeicherter bzw. vorausgesagter Werte im Vergleich zum lokalen Diskretisierungsfehler vernachlässigt werden können. Weiterhin ist der lokale Diskretisierungsfehler asymptotisch äquivalent zum lokalen Abbruchfehler. Der Vergleich der Ergebnisse dieses Kapitels mit den heuristischen Ansätzen von Kapitel 3 zeigt, daß der heuristische Zugang uns nicht in die Irre leitet, solange die Adams-Verfahren mit Sorgfalt angewendet werden. In Hinblick auf die unvollständige Theorie, die verfügbar ist, beruhigt das und ist ein gutes Zeichen für die erfolgreiche Entwicklung der Algorithmen im nächsten Kapitel.

Kapitel 7: Auswahl von Ordnung und Schrittweite

In diesem Kapitel entwickeln wir Algorithmen für die Auswahl von Schrittweite und Ordnung, die auf den Untersuchungen der vorhergehenden Kapitel beruhen. Obwohl das Hauptziel der Algorithmen ist, ein Problem mit möglichst wenigen Auswertungen der Gleichung zu integrieren, gibt es andere wichtige Überlegungen. Die wichtigsten von diesen sind Stabilität, Overhead, die Richtigkeit der theoretischen Grundlagen und das Erkennen von Problemen, die außerhalb der Klasse liegen, für die die Codes bestimmt sind.

In Kapitel 4 sahen wir, daß gewisse Einschränkungen für das Verhältnis aufeinanderfolgender Schrittweiten notwendig sind, um Stabilität in dem hier diskutierten, praktischen Sinne sicherzustellen. In Kapitel 5 sahen wir, daß der Overhead in beachtenswertem Maße vermindert wird, wenn mit konstanter Schrittweite gerechnet wird. In Kapitel 6 waren wir nur in der Lage, eine Schätzung des lokalen Fehlers, verbunden mit einer Erhöhung der Ordnung, zu rechtfertigen, solange wir konstante Schrittweite benutzten, obwohl eine Plausibilitätsüberlegung nahelegt, daß die Schätzung des lokalen Fehlers für weit allgemeinere Umstände gilt. Wir werden sehen, daß die Auswahl einer „optimalen" Schrittweite davon abhängt, daß sich die Schrittweite lokal nicht allzu sehr ändert. Aus all diesen Gründen und anderen, die noch auftreten werden, entwickeln wir Algorithmen, die zu Schritten tendieren, die in Gruppen von konstanter Schrittweite genommen werden, wobei dann von Fall zu Fall von einer Schrittweite zu einer anderen übergegangen wird.

Da die Theorie der Ordnungs- und Schrittweitenalgorithmen recht unvollständig ist, gibt es keine beste Vorgehensweise. Man muß die Fragmente der vorhandenen Theorie betrachten, die Folgerungen für den Rest des Codes, Experimente, die die Wirkungen von Änderungen an den Algorithmen untersuchen, und schließlich die Erfahrung anderer Forscher. Zwei Codes, die von F. T. Krogh [20] und C. W. Gear [3] stammen, haben zu der weitgehenden Einsicht in die Möglichkeiten bewirkt, die im Adams-Ansatz mit veränderlicher Ordnung und veränderlicher Schrittweite zur Lösung von Differentialgleichungen stecken. Bei der Entwicklung effektiver Algorithmen müssen Erfahrungen im Umgang mit diesen erfolgreichen Codes gesammelt und die Forschungsarbeiten derer Autoren, z.B. [3, 17, 18], beachtet werden. Deren Algorithmen und die, die in diesem Kapitel aufgeführt werden, unterscheiden sich sehr stark im Detail, sind im wesentlichen aber gleich. Die oberflächliche Änderung stammt aus unterschiedlichen Gewichten, unterschiedlichen Wegen, dasselbe Ergebnis zu erhalten, und der Tatsache, daß die Codes auf verschiedenen Darstellungen des Interpolationspolynoms beruhen. Die wichtigsten und wirklichen Unterschiede liegen darin, wie die Schrittweite geändert wird und wie die Anfangsphase der Berechnung behandelt wird. Es ist zu hoffen, daß die weitere Forschung diese Algorithmen weniger heuristisch machen wird, aber es sind Jahre voller erfolgreicher Rechnung, die einen Ansatz der allgemeinen Art rechtfertigen, wie wir ihn jetzt entwickeln.

Die Annahme eines Schrittes und allgemeine Überlegungen

Die erste und wichtigste Entscheidung ist, ob das Ergebnis eines Schrittes angenommen wird oder nicht. Die Wahl der Schrittweite und Ordnung berührt die Effizienz eines Codes, aber das Annahmekriterium bestimmt seine Verläßlichkeit. Die Untersuchung, die in Kapitel 6 dargelegt wurde, ist ein recht vernünftiges Modell für tatsächliche Berechnungen und wir benutzen die Schätzung, die dort abgeleitet wurde. So bilden wir die Größe

$$\mathrm{ERR} = |h_{n+1}(g_{k+1,1} - g_{k,1})\phi^p_{k+1}(n+1)| \approx |le_{n+1}(k)|$$

und nehmen den Schritt an oder lehnen ihn ab, je nachdem ob $\mathrm{ERR} \leqslant \epsilon$ ist oder nicht.

Die Argumente von Kapitel 6 drehen sich um zwei herausragende Ideen. Die eine ist die, daß der Diskretisierungsfehler den Fehler überwiegt, der von den ungenauen, gespeicherten Werten stammt. Der andere ist ein wenig durch die Grenzwertargumentationen, die verwendet werden, verdeckt. Der Diskretisierungsfehler entsteht aus dem Interpolationsfehler und seine Schätzung ist im wesentlichen die Schätzung des Fehlers eines Interpolationspolynoms. Wie wir in Kapitel 2 genauer sahen, nähert solch eine Schätzung eine Ableitung $f^{(k)}(\xi)/k!$ durch eine dividierte Differenz $f[x_n, x_{n-1}, \ldots, x_{n-k}] = f^{(k)}(\eta)/k!$ an. Wie gut die Schätzung ist, hängt hauptsächlich davon ab, inwieweit die Ableitung auf dem durch die Daten aufgespannten Intervall annähernd konstant ist. Da auf diesem Bereich $f^{(k)}(\zeta) = f^{(k)}(x_n) + O(H)$ ist, ist die Ableitung tatsächlich konstant bei einer Grenzwertbetrachtung. Bei der praktischen Rechnung setzen wir sie als im wesentlichen in etwa konstant voraus. Ein Zweck des Algorithmus zur Anpassung der Ordnung ist zu helfen, dieses herauszustellen.

Diese beiden Ideen und die Schätzungen des letzten Kapitels sind die Grundlage des Algorithmus. Wir wollen sie zusammen dazu benutzen, die auftretenden Fehler vorauszusagen. Beim Schritt nach x_{n+1} haben wir zwei Möglichkeiten. Wenn der Schritt nicht erfolgreich war, müssen wir schätzen, welcher Fehler auftreten würde, wenn wir den Schritt mit einer kleineren Schrittweite und möglicherweise einer anderen Ordnung wiederholten. Wenn der Schritt erfolgreich ist, müssen wir den Fehler voraussagen, der beim nächsten Schritt gemacht würde. Für den letzteren Fall nehmen wir an, der Schritt ginge auf x_{n+2} mit der Ordnung k. Die Schätzung des lokalen Fehlers ist

$$|le_{n+2}(k)| \approx |h_{n+2}(g_{k+1,1} - g_{k,1})\phi^p_{k+1}(n+2)|$$

mit

$$\phi^p_{k+1}(n+2) = \psi_1(n+2) \ldots \psi_k(n+2) f^p[x_{n+2}, \ldots, x_{n+2-k}]\,.$$

Da wir voraussetzen, daß die Ableitung, die durch die dividierten Differenzen approximiert wird, annähernd konstant ist, gilt das auch für die dividierten Differenzen. Insbesondere können die dividierten Differenzen, die in $\phi^p_{k+1}(n+2)$ auftreten, durch die approximiert werden, die schon in $\phi^p_{k+1}(n+1)$ berechnet sind. Die $\psi_i(n+2)$ und die $g_{k+1,1}$ und $g_{k,1}$ hängen nur von den vorausgehenden Schrittweiten ab. Somit können wir sie berechnen und den Fehler voraussagen. Auf genau die gleiche Weise können wir den Fehler voraussagen, der bei der Wiederholung eines fehlgeschlagenen Schritte auftreten würde.

Tatsächlich wollen wir die größte Schrittweite herausfinden, für die der vorausgesagte lokale Fehler akzeptabel ist. Die einzige, sofort offensichtliche Möglichkeit, das zu tun, ist ein „Trial and error"-Verfahren. Das ist recht unbefriedigend, da die Berechnung der Ausdrücke, die von der Schrittweite abhängen, ziemlich aufwendig ist. Insbesondere die $g_{k+1,1}$ und $g_{k,1}$ sind aufwendig zu berechnen.

Wenn wir uns diese ganze Mühe überlegen, der die Voraussagen bedürfen, und dazu noch die Zweifel, die man bezüglich ihrer Gültigkeit haben muß, ist es sinnvoll, nach einem einfacheren, wenn auch vielleicht weniger genauen Schema zur Berechnung dieser Ausdrücke zu fragen. Wenn $h = h_{n+1}$ ist und wir $h_{n+2} = rh$ betrachten, können wir so tun, als ob die vorausgegangenen Schritte alle mit konstanter Schrittweite rh durchgeführt worden wären. Wenn dies der Fall wäre und wir die konstante Approximation der dividierten Differenz nähmen, hätten wir mit der Definition von

$$\sigma_1(n+1) = 1 \,,$$

$$\sigma_i(n+1) = \frac{h \cdot 2h \ldots (i-1)h}{\psi_1(n+1) \cdot \psi_2(n+1) \ldots \psi_{i-1}(n+1)} \qquad i = 2, 3, \ldots$$

$$\phi^p_{k+1}(n+2) = (rh)(2rh) \ldots (krh) f^p[x_{n+2}, \ldots, x_{n+2-k}] \approx r^k \sigma_{k+1}(n+1) \phi^p_{k+1}(n+1) \,.$$

Wenn die Schrittweite konstant ist, ist $g_{k+1,1} - g_{k,1} = \gamma^*_k$, so daß wir den Fehler bei Benutzung der Schrittweite $h_{n+2} = rh$ als

$$r^{k+1} h \gamma^*_k \sigma_{k+1}(n+1) \phi^p_{k+1}(n+1)$$

voraussagen. Das ist eine sehr bequeme Schätzung. Die Größen $\sigma_i(n+1)$ können leicht gleichzeitig mit den anderen grundlegenden Größen der Implementation gebildet werden. Wenn n_s Schritte mit konstanter Schrittweite h durchgeführt wurden, müssen wir $\psi_j(n+1) = jh$ für $j \leqslant n_s$ haben, also ist

$$\begin{aligned} \sigma_i(n+1) &= 1 && i \leqslant n_s + 1 \,, \\ &= (i-1)\alpha_{i-1}(n+1)\sigma_{i-1}(n+1) && i = n_s + 2, \ldots \,. \end{aligned}$$

Im Code selbst bilden wir

$$\mathrm{ERK} = |h \gamma^*_k \sigma_{k+1}(n+1) \phi^p_{k+1}(n+1)| \,.$$

Dieser Ausdruck schätzt, wie groß der lokale Fehler wäre, wenn die vorangegangenen Schritte mit konstanter Schrittweite durchgeführt worden wären. Wenn der Schritt erfolgreich ist und wir eine Schrittweite rh für den Schritt auf x_{n+2} betrachten möchten, sagen wir voraus, daß der lokale Fehler betragsmäßig etwa $r^{k+1}\mathrm{ERK}$ ist. Wenn der Schritt fehlschlägt und wir ihn von x_n mit einem Schritt der Länge rh wiederholen möchten, können wir ebenso voraussagen, daß der Fehler der Größe nach $r^{k+1} \cdot \mathrm{ERK}$ ist. Es ist sehr praktisch, wenn man in der Lage ist, ein und dieselbe Technik für beide Fälle zu benutzen. Offensichtlich ist es leicht, ein beliebiges r zu betrachten, das wir haben möchten, da es auf so einfache Art in den Schätzungen auftritt.

Die große Einfachheit dieses Ansatzes zur Voraussage der Fehler ist der Hauptgrund für seine Benutzung in den Codes von Krogh, Gear und in diesem Lehrbuch. Er ist ganz natürlich, da es genau das ist, was auch bei den Verfahren mit Taylor-Reihenansatz gemacht wird, an die wir uns als Richtschnur gehalten haben. Die Schrittweiten dürfen sich nicht schnell ändern und die Ausdrücke, die vom relativen Abstand der Gitterpunkte abhängen, reagieren nicht empfindlich auf kleine Änderungen der Schrittweiten. Dementsprechend interessieren uns auch nur Werte von r, die etwa 1 sind, so daß die vorgebliche Gitterweite sich nicht allzu sehr von der tatsächlichen unterscheidet. Später werden wir auf die Frage zurückkommen, wie sehr diese Terme von den Abständen abhängen.

Wir werden unsere Algorithmen so entwickeln, daß sie sehr genaue Voraussagen weder erwarten noch verlangen.

Wahl der Ordnung

Da die Wahl der Ordnung unter ganz anderen Kriterien erfolgt als die Wahl der Schrittweite, werden die Wahlen im Code getrennt durchgeführt. Neben ERK bilden wir noch

$$\mathrm{ERKM1} = |h\gamma_{k-1}^{*}\sigma_k(n+1)\phi_k^{p}(n+1)|,$$

$$\mathrm{ERKM2} = |h\gamma_{k-2}^{*}\sigma_{k-1}(n+1)\phi_{k-1}^{p}(n+1)|.$$

Diese Ausdrücke schätzen, wie groß der lokale Fehler gewesen wäre, wenn die vorangegangenen Schritte mit konstanter Schrittweite durchgeführt worden wären und der Schritt nach x_{n+1} mit der Ordnung $k-1$ bzw. $k-2$ vollzogen wäre. Genau wie bei ERK sagen sie auch den lokalen Fehler in x_{n+2} voraus, wenn wir einen Schritt mit der Länge h machten. Um die Erhöhung der Ordnung zu betrachten, müssen wir voraussagen, wie groß der Fehler bei der Ordnung $k+1$ wäre. Das wird nur gemacht, wenn der Schritt auf x_{n+1} erfolgreich ist und nur dann, wenn wir gerade eine konstante Schrittweite benutzen. Die Schätzung erfordert, daß der Schritt auf x_{n+1} abgeschlossen ist, da sie $\phi_{k+2}(n+1)$ benutzt. In der Sicht der Untersuchung aus dem vorangehenden Kapitel scheinen diese zusätzlichen Bedingungen vernünftig zu sein. Genau wie vorher ist der vorausgesagte Fehler in x_{n+2} mit einer Schrittweite h

$$\mathrm{ERKP1} = |h\gamma_{k+1}^{*}\phi_{k+2}(n+1)|.$$

Da wir so tun, als ob wir mit einer konstanten Schrittweite h rechneten, ist die numerische Lösung

$$y_{n+2} = y_{n+1} + hf_{n+2}^{p} + h\gamma_1^{*}\nabla f_{n+2}^{p} + h\gamma_2^{*}\nabla^2 f_{n+2}^{p} + \dots .$$

Das ist analog einer Taylorreihe für die lokale Lösung und wir schätzen den Fehler, der beim Abbruch der Reihe bei einem gegebenen Glied auftritt, durch den Term ab, der in der Reihe folgt. Die Grundidee bei der Auswahl einer Ordnung ist, Terme solange zu benutzen, bis daß sie anwachsen. Die Größe der Ausdrücke hängt von der benutzten Schrittweite ab und wir haben noch keine Schrittweite gewählt. Wir wollen jedoch die lokale Lösung gleichmäßig gut auf dem gesamten Intervall $[x_{n+1}, x_{n+2}]$ approximieren, so daß die Entscheidung nicht sehr stark von der Schrittweite h_{n+2} abhängt. Es erscheint sinnvoll, die Wahl der Ordnung auf einer „mittleren" Schrittweite mehr auf den qualitativen Eigenschaften der Ausdrücke beruhen zu lassen als auf ihrer tatsächlichen Größe. Die Schrittweite h_{n+2} darf nur zwischen $1/2\,h$ und $2h$ variieren, und somit ist h eine sinnvolle Wahl, um dieses Intervall darzustellen. Die Philosophie der Wahl der Ordnung ist, die Ordnung nur dann zu ändern, wenn der vorausgesagte Fehler verkleinert wird und eine Tendenz im Verhalten dieser Terme liegt. Bei jedem Schritt überlegen wir, ob wir die Ordnung von k auf $k-1$ erniedrigen sollen. Um sofort einen Vorteil zu bekommen, müssen wir $\mathrm{ERKM1} < \mathrm{ERK}$ haben. Eine Tendenz wird durch $\mathrm{ERKM2} < \mathrm{ERK}$ angezeigt. Aus verschiedenen Gründen ziehen wir es vor, die niedrigste Ordnung zu benutzen, die gerade noch ausreichend erscheint, deshalb setzen wir die Ordnung auch dann herab, wenn Gleichheit vorliegt. Wenn $k = 2$ ist, ist ERKM2 nicht verfügbar, und wir benötigen eine stärkere

Anzeige eines Vorteils bei der Berechnung, bevor wir die Ordnung herabsetzen. Deshalb setzen wir die Ordnung herab, wenn

$$k > 2 \quad \text{und} \quad \max(\text{ERKM1}, \text{ERKM2}) \leq \text{ERK},$$
$$k = 2 \quad \text{und} \quad \text{ERKM1} \leq 0.5\ \text{ERK}$$

ist. Wenn wir eine Schätzung des Fehlers mit der Ordnung $k + 1$ zur Verfügung haben, fragen wir nach einem sofortigen Vorteil, $\text{ERKM1} \leq \text{ERK}$, und einer Tendenz, $\text{ERKM1} \leq \text{ERKP1}$. Also vermindern wir die Ordnung, wenn

$$\text{ERKM1} \leq \min(\text{ERK}, \text{ERKP1})$$

ist.

Die Schätzungen ERKM2, ERKM1 und ERK werden zur selben Zeit gebildet wie ERR, somit wird eine Verminderung der Ordnung in Betracht gezogen, egal ob der Schritt erfolgreich war oder nicht. Wenn der Schritt nicht erfolgreich war, wird die Schlußberechnung nicht durchgeführt und somit werden die Kosten eines Fehlschlages reduziert. ERKP1 benutzt die endgültige Berechnung, deshalb wird es nur bei erfolgreich abgeschlossenen Schritten berechnet, wenn eine konstante Schrittweite benutzt wurde. Da unsere Philosophie nach einem Vorteil verlangt, bevor die Ordnung geändert wird, überlegen wir nach fehlgeschlagenen Schritten nicht, ob wir die Ordnung erhöhen. Wir möchten nicht nur eine endgültige Berechnung vermeiden, die nach der Bildung von ERKP1 verworfen würde, sondern es scheint auch unvernünftig, weitere Daten hinzuzufügen, wenn ein Fehlschlag mangelnde Glattheit der Lösung anzeigt.

Die Ordnung wird nur dann erhöht, wenn ein Vorteil durch $\text{ERKP1} < \text{ERK}$ und eine Tendenz durch $\text{ERKP1} < \text{ERKM1}$ oder $\text{ERKP1} < \text{ERKM2}$ angezeigt wird. Wegen des Tests bezüglich der Verminderung der Ordnung wird die Codierung so durchgeführt, daß die Ordnung erhöht wird, wenn

$$1 < k < 12 \quad \text{und} \quad \text{ERKP1} < \text{ERK}$$

ist. Es wird auf diese Weise gemacht, da wir die Ordnung herabsetzen, wann immer es möglich ist. Um den Test zur Erhöhung der Ordnung zu erreichen, muß der Fall eintreten, daß

$$\text{ERK} < \max(\text{ERKM1}, \text{ERKM2})$$

ist und somit

$$\text{ERKP1} < \text{ERK} < \max(\text{ERKM1}, \text{ERKM2})$$

gilt. Wenn $k = 1$ ist, fragen wir nach einer stärkeren Anzeige eines Vorteils. Wir erhöhen die Ordnung, wenn

$$k = 1 \quad \text{und} \quad \text{ERKP1} < 0.5\ \text{ERK}$$

ist. Das bestimmt mit zwei Ausnahmen den Algorithmus der Ordnungswahl. Die Startphase der Rechnung ist ein Spezialfall, den wir nach der Schrittwahl diskutieren. Der zweite Ausnahmefall, der nach einer drastischen Reduzierung der Ordnung verlangt, wird durch wiederholte Fehlschläge bei einem Schritt ermittelt, deshalb werden wir ihn bei der Schrittweitenwahl diskutieren.

Die Umstellung der Fehlerschätzungen auf den Fall konstanter Schrittweite ist für den Algorithmus zur Wahl der Ordnung nicht wichtig. Oft benutzt der Code sowieso schon eine konstante Schrittweite und es findet keine Umstellung statt. Da es das qualitative

Verhalten der Terme ist, das die Entscheidungen bezüglich der Ordnung beeinflußt, ist die Verteilung der Gitterpunkte nicht kritisch. Die „beste" Ordnung ist nicht genau definiert und sie ist für die Berechnung tatsächlich auch nicht kritisch. Häufige Wechsel der Ordnung können nur auftreten, wenn die Schrittweite konstant ist, da das eine Bedingung für die Erhöhung der Ordnung ist. In dieser Situation können kleine Verringerungen im geschätzten Fehler bewirken, daß die Ordnung sich ständig verändert, was umgekehrt zur Folge hat, daß der Code mit konstanter Schrittweite weiterrechnet. In jeder Situation ist ein Wechsel der Ordnung recht billig.

Durch die Anpassung der Ordnung werden verschiedene wichtige Situationen erkannt und geeignet behandelt. Die Gültigkeit der Schätzungen erfordert, daß die entsprechenden Ableitungen sich nur langsam ändern. Wenn das für eine dieser Ableitungen nicht zutrifft, muß eine der höheren Ableitungen relativ groß sein, genauso dann auch eine entsprechende Differenz. Ein extremer Fall ist eine Unstetigkeit in einer Ableitung. Ein derartiges Verhalten wird eine Verringerung der Ordnung herbeiführen, bis die entsprechenden Ableitungen der Funktion angemessen glatt sind. Ein großer Sprung bei einer Ableitung niedriger Ordnung kann nicht so einfach behandelt werden, und deshalb gibt es für diesen Fall eine besondere Maßnahme im Schrittweiten-Algorithmus. Es gibt auch eine Art praktischer Instabilität, die in Kapitel 8 untersucht wird. Eine Art, in der sie erscheint, ist die, daß Formeln niedriger Ordnung genauso genau sind wie Formeln höherer Ordnung. Der Algorithmus wird deshalb versuchen, Formeln niedriger Ordnung zu benutzen, was von Vorteil ist, da sie die besseren Stabilitätseigenschaften haben. Wir werden dieses Thema in Kapitel 8 genauer behandeln. Die Maschinenarithmetik bedingt Fehler bei den grundlegenden Funktionsauswertungen, die sich bis in die Differenzen auswirken. Sie streben danach, die Differenzen in Abhängigkeit von ihrer Ordnung anwachsen zu lassen, wie wir in Kapitel 9 erörtern werden. Als Ergebnis davon versuchen die Regeln zur Auswahl der Ordnung nur die Differenzen zu benutzen, die noch einige gültige Ziffern haben.

Auswahl der Schrittweite

Nachdem die Ordnung, die benutzt werden soll, ausgewählt wurde, nennen wir sie k und den entsprechenden geschätzten Fehler bei konstanter Schrittweite ERK. Der an der Stelle x_{n+2} vorausgesagte Fehler nach einem Schritt der Länge rh ist dann r^{k+1}ERK. Eine lokal optimale Wahl von r ist, r so groß wie möglich zu wählen, solange noch $r^{k+1}\text{ERK} \leqslant \epsilon$ ist. Das führt zu

$$r = \left(\frac{\epsilon}{\text{ERK}}\right)^{\frac{1}{k+1}}$$

Man kann diese „optimale" Schrittweite nicht ohne Vorbehalt akzeptieren. Der Ansatz ist ganz vernünftig und arbeitet in der Praxis auch gut, aber das geschätzte r kann sehr grob sein. Wir haben schon die mögliche Unzuverlässigkeit der Umwandlung der lokalen Fehlerschätzung für konstante Schrittweite betont. Werte von r, die entweder groß oder klein sind, können nicht wirklich durch die verwerteten Argumente gerechtfertigt werden. Wir werden versuchen, möglicherweise unzuverlässige Schätzungen durch unseren Algorithmus auszuscheiden. Dieser Schutz führt im allgemeinen zu einer kleineren Schrittweite als nötig, wenn die Schätzungen gut sind. Jedoch wird versucht, die Ineffizienz, die aus einer vorsichtigen Schrittweitenwahl stammt, durch wenigere mißlungene Schritte und kleinere globale Fehler wettzumachen. Sogar wenn der Wert von r verläßlich ist, müssen wir einige Grenzen für den Wechsel der Schrittweite aufstellen. Einerseits müssen wir r begrenzen (für Ordnungen größer als Eins), um die Integration in dem praktischen Sinne, der in Kapitel 4 diskutiert wurde, zu stabilisieren. Andererseits wird die optimale Schrittweite aus dem früheren Verhalten der Lösung geschätzt und sie braucht deshalb für die Zukunft durchaus nicht geeignet zu sein, z.B. mag ein großes Anwachsen der Schrittweite dadurch gerechtfertigt werden, daß eine Ableitung durch Null geht, dann aber zu einem sofortigen Mißlingen des Schrittes führt.

r so zu wählen, daß der vorausgesagte Fehler gleich der Toleranz ϵ ist, führt sicher in vielen Fällen dazu, daß der Fehler zu groß ist. Um Fehlern dieser Art vorzubeugen, sind wir vorsichtig und wählen ein r, das einen Fehler von $0.5\ \epsilon$ voraussagt:

$$r = \left(\frac{0.5\epsilon}{\mathrm{ERK}}\right)^{\frac{1}{k+1}} \tag{1}$$

Aus Gründen, die wir schon genannt haben, beschränken wir das Anwachsen stets auf einen Faktor 2. Daher untersuchen wir im Code zunächst, ob eine Verdoppelung der Schrittweite möglich ist, d.h. ob $r \geqslant 2$ ist. Es ist praktisch, das durch die Frage, ob

$$0.5\epsilon \geqslant 2^{k+1}\,\mathrm{ERK}$$

gilt, zu erledigen. Solch ein Test vermeidet die Unannehmlichkeit eines ERK, das verschwindet, und ist durch den Bezug auf einen tabellierten Wert von 2^{k+1} billiger als die Berechnung von r. Die obere Grenze von 2 ist ein Kompromiß zwischen den Gründen, den Zuwachs zu beschränken und dem Wunsch, so schnell wie möglich die Lösung anzugleichen. Man erwartet, daß sich nach der Startphase die passende Schrittweite nur allmählich ändert. Jedoch ist ein schnelles Ansteigen der Schrittweite möglich, wenn es wirklich gerechtfertigt erscheint, da eine Anpassung der Schrittweite bei jedem Schritt in Betracht gezogen wird.

Wenn es nicht möglich ist, die Schrittweite zu verdoppeln, vergrößern wir sie überhaupt nicht. Indem wir eine Vergrößerung um einen Faktor kleiner als 2 nicht zulassen, beeinflussen wir den Algorithmus stark in Richtung auf eine konstante Schrittweite. Diese Vorgehensweise hat viele wichtige Konsequenzen. Sie liefert eine bessere theoretische Begründung für die Fehlerschätzungen und Voraussagen, vermindert den Overhead, erlaubt oft genug, die Möglichkeit zu betrachten, die Ordnung anwachsen zu lassen und ist auch recht vorsichtig.

Um zu sehen, ob es möglich ist, die derzeitige Schrittweite beizubehalten, fragen wir, ob

$$0.5\epsilon \geqslant \mathrm{ERK}$$

ist. Wenn das nicht der Fall ist, müssen wir die Schrittweite verringern, und das machen wir mit dem Faktor r, den wir aus Gl. (1) erhalten, wobei wir einige Einschränkungen beachten. Der Faktor darf nicht größer als 0.9 sein. Diese vorsichtige Vorgehensweise sichert, daß, falls wir die Schrittweite verringern müssen, wir das um einen nicht-trivialen Betrag machen. Der Faktor darf nicht kleiner als 0.5 sein. Zusammen mit der Beschränkung beim Vergrößern der Schrittweite garantiert dies die Stabilität des Algorithmusses bezüglich Änderung der Schrittweite. Die untere Grenze ist gewöhnlich überflüssig, da die Schätzungen selten einen kleineren Faktor ergeben. (Wenn der Schritt erfolgreich ist, muß

$\epsilon \geqslant$ ERR sein. Wenn die Ordnung nicht geändert wurde, ist entweder ERK $\approx$ ERR oder der Wert von r ist unzuverlässig und sollte sowieso ignoriert werden. Wenn die Ordnung geändert wurde, dann ist wegen der Umbenennung und des Algorithmusses zur Auswahl der Ordnung ERK kleiner als eine Größe, die ungefähr gleich ERR ist. Auf jeden Fall erwarten wir normalerweise, daß ERK kleiner oder etwa gleich ϵ ist. Das Halbieren der Schrittweite führt zu einem vorausgesagten Fehler von $(1/2)^{k+1}$ ERK, von dem wir deshalb erwarten, daß es kleiner als $1/2\,\epsilon$ ist.) Falls eine verborgene Änderung des Charakters der Lösung vorliegt, kann natürlich eine größere Verminderung der Schrittweite angemessen sein. Wir können tatsächlich nicht erwarten, solch einen Schritt vorauszusagen, und wir werden damit nach einem mißlungenen Schritt fertig.

Die Strategie zur Verringerung der Schrittweite ist ganz verschieden von der zu ihrer Vergrößerung. Bei ihrer Verminderung schienen wir die Schätzung für r als bare Münze zu nehmen und bei ihrer Vergrößerung setzen wir kaum voraus, daß sie überhaupt genau ist. Wir kümmern uns nicht mehr allzusehr um die optimale Schrittweite, wenn wir sie verkleinern, unser Vorhaben ist etwas anders. Das Schätzen einer optimalen Schrittweite glättet die Schrittweiten, die benutzt werden, und erlaubt dem Code, einen „besten" Wert auf eine Weise zu erreichen, die durch Halbieren und Doppeln allein nicht zu erreichen ist.

Wir vertrauen den Fehlerschätzungen sogar noch weniger, wenn der Schritt mißlingt, da sie einen untragbaren Wert der Lösung benutzen. Unser Vorgehen ist einfach, die Schrittweite zu halbieren und es noch einmal zu versuchen. In Sicht der Schrittweiten- und Ordnungsanpassungen, die aufgrund der vorausgehenden Schritte gemacht wurden, ist ein mißlungener Schritt gewöhnlich Folge einer plötzlichen Änderung des Verhaltens der Lösung. Wiederholtes Mißlingen des Abschlusses eines Schrittes ist ein deutliches Zeichen, daß die Lösung unstetig ist.

Wenn eine Ableitung niedriger Ordnung der Lösung einen großen Sprung macht, fällt das Problem nicht in die diesem Lehrbuch zugrunde liegenden Klasse von Problemen. Die Erweiterung der Theorie, die in Kapitel 1 skizziert wurde, besagt, daß wir zwei Probleme vor uns haben, wenn wir von der Unstetigkeitsstelle an neu starten, wobei beide für unsere Verfahren geeignet sind. Die praktische Frage ist, ob ein Code solch eine Unstetigkeit automatisch findet: es ist besser, wenn der Benutzer das selbst macht und die Rechnung neu startet, aber der Code, der in diesem Lehrbuch vorgestellt wird, arbeitet ganz gut selbständig. Der Algorithmus zur Wahl der Ordnung, der bis jetzt beschrieben wurde, setzt die Ordnung nach einem mißlungenen Versuch bei einem Schritt um mindestens Eins herunter. Da fügen wir noch die Regel hinzu, daß nach drei Versuchen die Ordnung auf Eins zurückgesetzt wird. Das bewirkt im wesentlichen, daß der Code neu gestartet wird. Da das Verfahren der Ordnung Eins kein Gedächtnis hat, kann jeder Schritt, der mit dieser Ordnung durchgeführt wird, als neuer Startpunkt angesehen werden. Ein kritischer Punkt ist, die Stelle, an der die Unstetigkeit auftritt, effizient zu finden. Um das zu erleichtern, probiert der Code die optimale Schrittweite statt des üblichen halben Schrittes aus. (Um genauer zu sein, er probiert das Kleinere der optimalen und der halben Schrittweite aus.) Praktisch gibt es bei der Ordnung Eins keinen Overhead, und da dies im wesentlichen das Verfahren der Taylorreihenentwicklung ist, ist die Schätzung gewöhnlich verläßlich.

Die Startphase

Bei jeder Integration gibt es eine Anfangsphase, während der eine Schrittweite und eine Ordnung gefunden werden, die dem Problem angepaßt wird. Unser Code beginnt mit der Adams-Formel der Ordnung Eins, die keine gespeicherten Werte benötigt, und er erhöht die Ordnung, sobald hinreichend viele Daten verfügbar sind. Die meisten Codes erfordern, daß der Benutzer eine Anfangsschrittweite rät, aber das ist recht unbefriedigend. Ein Verfahren erster Ordnung benötigt eine Schrittweite, die den meisten Benutzern erschreckend klein erscheint, und dazu haben die meisten Benutzer keine Vorstellung davon, wie sie einen passenden Wert schätzen können. Da es einen angemessenen Weg gibt, diesen Wert automatisch zu schätzen, braucht man den Benutzer nicht zu belastigen, und unsere Codes tun das auch nicht.

Angenommen, wir beginnen mit einer Formel der Ordnung Null, d.h. $y_1 = y_0 = A$. Dann ist

$$\begin{aligned} y(x_1) &= y(a) + hy'(a) + O(h^2) \\ &= A + hf(a, A) + O(h^2) \end{aligned}$$

und dabei ist $u_0(x) = y(x)$, so daß der lokale Fehler

$$u_0(x_1) - A = hf(a, A) + O(h^2)$$

beträgt. Als Faustregel wollen wir annehmen, daß der Fehler des Verfahrens erster Ordnung das h-fache des Fehlers des Verfahrens nullter Ordnung ist. Da wir

$$\epsilon \approx |le_1| \approx h^2 |f(a, A)|$$

haben wollen, sollten wir h wählen als

$$\left|\frac{\epsilon}{f(a, A)}\right|^{\frac{1}{2}} .$$

Man sollte vorsichtig sein, und so wählen wir ein Viertel dieses Wertes. Der Benutzer des Codes STEP muß eine obere Grenze h_{input} für die Schrittweite vorgeben. Diese Grenze gibt den allgemeinen Maßstab des Problems an und trifft Vorsorge vor Schwierigkeiten, die daher kommen könnten, daß $y'(a)$ Null ist. Daher nehmen wir

$$h = \min\left(h_{input}, \frac{1}{4}\left|\frac{\epsilon}{f(a, A)}\right|^{\frac{1}{2}}\right) .$$

Diese Faustregel arbeitet angemessen, insbesondere, da der Code auf diesen Wert unempfindlich reagiert. Es wird eine vorsichtige Schrittweite für ein Verfahren der Ordnung Eins gewählt, aber wegen der Extrapolation kommt die Näherungslösung von einem Verfahren der Ordnung Zwei. Das bedeutet, daß, je kleiner die Fehlergrenze ϵ ist, desto vorsichtiger die Anfangsschrittweite gewählt wird. Wir werden diese Tatsache bei der Entwicklung eines Algorithmus zur Auswahl der Schrittweite und Ordnung während des Startes ausnutzen.

Der Code wird während der ersten Phase der Integration ohne die Einführung von zusätzlichen Regeln zur Schrittweiten- und Ordnungswahl gut arbeiten. Das typische Verhalten ist derart, daß nach Erreichen einer gegebenen Ordnung k sich die Schrittweite bei den folgenden Schritten verdoppeln wird, bis eine Schrittweite erreicht ist, die zur Ordnung paßt. Dann werden $k + 1$ Schritte durchgeführt und die Ordnung wird erhöht. Dies Verhalten wird solange wiederholt, bis eine dem Problem und der Fehlerschranke gemäße Ordnung gefunden ist. Es gibt eine gewisse Ineffizienz durch das vorsichtige Erhöhen der Ordnung, daher werden ein paar zusätzliche Regeln eingeführt. Im Code STEP wird die erste Phase der Integration durch eine logische Variable PHASE1 angezeigt. Diese ist mit .TRUE. vorbesetzt. Während dieser Phase verdoppeln wir die Schrittweite und erhöhen die Ordnung nach jedem Schritt. Wir verlassen diese erste Phase der Berechnung, wann immer ein Schritt mißlingt, der Algorithmus zur Wahl der Ordnung ihre Verminderung bewirkt oder die maximale Ordnung 12 erreicht wird.

Der Hauptgrund für diese Regeln ist, die Ordnung stärker als für typische Schritte anwachsen zu lassen. Deren Erfolg hängt von der früheren Erkenntnis ab, daß die Ordnung schnell steigen soll, und von der Tatsache, daß bei jedem Schritt in Betracht gezogen wird, die Ordnung zu senken. Die erhöhte Effizienz ist nur wichtig, wenn hohe Ordnungen angemessen sind, was gewöhnlich kleinen Fehlerschranken ϵ entspricht. Da für kleines ϵ die Anfangsschrittweite besonders vorsichtig gewählt wird, läßt ein Verdoppeln der Schrittweite diese bei jedem Schritt wesentlich kleiner, als sie bei hohen Ordnungen benutzt werden könnte. Ein Ergebnis ist, daß, je kleiner ϵ ist, desto wahrscheinlicher ist, daß der Code die Startphase verläßt, weil die geeignete Ordnung gefunden ist, als weil ein Schritt mißlungen ist. Das ist für die Effizienz des Codes von Bedeutung, da nach einem mißlungenen Schritt der Algorithmus für typische Schritte benutzt wird. Wenn insbesondere die Anfangsschrittweite zu groß ist, spielen die neuen Regeln überhaupt keine Rolle. Das typische Verhalten ist, daß die Startphase verlassen wird, da auf ein Zeichen hin die Ordnung vermindert werden soll, und daß dann die Schrittweite für mehrere aufeinanderfolgende Schritte verdoppelt wird, um einen Wert zu erreichen, der der endgültigen Ordnung angepaßt ist.

Der Leser könnte denken, daß es gut sei, mit diesen zusätzlichen Regeln wieder neu zu starten, nachdem der Code eine Unstetigkeit entdeckt hat. Das wäre es auch, ausgenommen, der Code würde Steifheit auf dieselbe Weise erkennen, und das wäre, wie wir sehen werden, verhängnisvoll. Da diese beiden Schwierigkeiten selten sind, arbeiten die üblichen Regeln ganz zufriedenstellend und eine zusätzliche Komplizierung des Codes ist nicht angebracht.

Folgerungen aus den Algorithmen

Eine Konsequenz des Schrittweiten-Algorithmusses ist eine große Neigung zu konstanter Schrittweite. Der Diskretisierungsfehler, der mit $y_{n+1}(k)$ verbunden ist, wird für konstante Schrittweite h geschätzt. Nach Kapitel 6 muß das etwa der lokale Abbruchfehler des Korrektors sein, so daß die Schrittweite ungefähr die Relation

$$0.5\epsilon \approx |h_{n+1}^{k+1}\gamma_k^* y^{(k+1)}(x_n)| \tag{2}$$

erfüllt. Da $y^{(k+1)}$ sich nur langsam ändert, ändert sich die „optimale" Schrittweite auch nur langsam für „kleine" Schrittweiten. Da die Schrittweite nicht vergrößert wird, außer daß sie verdoppelt werden kann, sind wir sicher, daß es lange Strecken mit konstanter Schrittweite gibt, zumindest für „kleine" Schrittweiten. Die Tatsache, daß die Schrittweite um mindestens 10 % verringert wird, unterstützt ebenfalls das Zustandekommen dieses Verhaltens.

Die Beschränkung der Schrittweitenänderung auf Halbierungen und Verdoppelungen bewirkt, daß eine Grenze für die Störung des Gitters gesetzt wird.
Der Diskretisierungsfehler von $y_{n+1}(k)$ ist nach Kapitel 3

$$\frac{u_n^{(k+1)}(\xi)}{k!} \int_{x_n}^{x_{n+1}} (t - x_{n+1})(t - x_n) \dots (t - x_{n+2-k})dt \,.$$

Wenn $h = h_{n+1}$ ist, bedeuten die Grenzen für das Anwachsen des Schrittes

$$h_n \geqslant \frac{1}{2} h \,,$$

$$h_{n-1} \geqslant \frac{1}{2} h_n \geqslant \frac{h}{2^2} \,,$$

$$\vdots$$

$$h_{n+2-k} \geqslant \frac{h}{2^{k-1}} \,.$$

Wenn wir die Terme im Integral grob unterschätzen in der Annahme, daß die kleinste Schrittweite bei jedem Schritt benutzt wird, erhalten wir

$$-\frac{1}{k!} \int_{x_n}^{x_{n+1}} (t - x_{n+1})(t - x_n) \dots (t - x_{n+2-k})dt \geqslant - \frac{h^{k+1}}{2^{k-1}} \gamma_k^* \,.$$

Dasselbe Argument mit der größtmöglichen Schrittweite führt zu einer Schranke von

$$-2^{k-1} h^{k+1} \gamma_k^* \,.$$

Aus ihrer Herleitung ist klar, daß die Schranken sehr grob sind, insbesondere in Sicht der seltenen Schrittweitenänderungen. Daraus sehen wir, daß die Schätzung, die auf konstanter Schrittweite $h^{k+1} \gamma_k^* u_n^{(k+1)}(\xi)$ basiert, niemals übermäßig von dem Wert entfernt ist, den man mit den wahren Schrittweiten erhalten hätte.

Wir wollen eine Folge von Schritten mit konstanter Schrittweite und Ordnung betrachten. Die Schrittweite erfüllt bei der Ordnung k Gl. (2) ungefähr so, daß wir

$$\epsilon \geqslant | h_{n+1}^{k+1} \gamma_k^* y^{(k+1)}(x_n) |$$

haben sollten. Mit der gleichen Argumentation wie bei der Schätzung von $le_{n+1}(k+1)$ finden wir, daß der lokale Fehler, der tatsächlich bei jedem Schritt gemacht wird, hauptsächlich aus dem Diskretisierungsfehler besteht. Deshalb ist

$$| LE_{n+1} | \approx | h_{n+1}^{k+2} \psi_k(x_n) | = h_{n+1} | \psi_k(x_n) | h_{n+1}^{k+1} \leqslant h_{n+1} \epsilon \frac{| \psi_k(x_n) |}{| \gamma_k^* y^{(k+1)}(x_n) |} \,,$$

wobei $\psi_k(x)$ der lokale Abbruchfehler der PECE-Prozedur der Ordnung k ist. Daraus erkennen wir, daß für eine geeignete Konstante σ näherungsweise

$$| LE_{n+1} | \leqslant \sigma \epsilon h_{n+1}$$

gilt, und daß die Steuerung über einen verallgemeinerten Fehler pro Einheitsschritt geschieht.

Schätzung des globalen Fehlers

Wie im vorherigen Kapitel diskutiert wurde, ist eine Art, die numerische Näherung $y_0(x)$ zu sehen, die, daß sie als exakte Lösung einer Gleichung nahe der ursprünglichen betrachtet wird,

$$y_I'(x) = f(x, y_I(x)) + r(x)$$

oder

$$y_I'(x) = (1 + \rho(x))f(x, y_I(x)) + \tau(x),$$

wobei $\rho(x)$ der relative Fehler und $\tau(x)$ der absolute Fehler ist. Wir wollen uns überlegen, wie wir die Größe des Defektes messen und darstellen können. Ein bequemer Weg ist, eine Zahl μ so zu finden, daß

$$|\rho(x)| \leqslant \mu \quad \text{und} \quad |\tau(x)| \leqslant \mu$$

gilt, denn das stellt ein gemischtes Relativ-Absolut-Maß dar, ganz ähnlich wie das in unseren Codes zur Steuerung des lokalen Fehlers. Das kleinste μ, für das diese Schranken gelten, ist

$$\mu = \max_{[a,b]} \frac{|r(x)|}{1 + |f(x, y_I(x))|}.$$

Wir können den Wert $r(x)$ überall bestimmen, aber das kostet uns eine Funktionsauswertung. Wir müssen einen Kompromiß schließen zwischen einer genauen Schätzung und einem vertretbaren Kostenaufwand. Im Kapitel 4 bemerkten wir, daß wir bei einem Schritt von x_n nach x_{n+1}

$$r(x_{n+1}) = y_I'(x_{n+1}) - f(x_{n+1}, y_I(x_{n+1})) = f_{n+1} - f(x_{n+1}, y_{n+1}) = 0$$

erhielten. Wir erwarten, daß der Fehler an der Stelle x_n angehäuft wird, und so scheint es nur angemessen zu sein, $r(x_n)$ bei jedem erfolgreichen Schritt zu berechnen. Damit interpolieren wir, um $y_I(x_n)$ und $y_I'(x_n)$ zu bestimmen, werten $f(x_n, y_I(x_n))$ und schließlich $r(x_n)$ aus. Wir berechnen dann

$$\mu \approx \max \frac{|r(x_n)|}{1 + |f(x_n, y_I(x_n))|}$$

nach jedem erfolgreichen Schritt von x_n nach x_{n+1} im Intervall $[a, b]$.

Dieses Vorgehen benutzt eine Funktionsauswertung pro Schritt und läßt somit die Kosten zur Berechnung der Lösung um etwa 50 % ansteigen. Nach unserer Erfahrung führt ein guter Adams-Code, wenn er auf physikalische Probleme angewendet wird, fast immer zu einem Wert von μ in der Größe der Fehlerschranke des Benutzers, somit ist der Aufwand, das routinemäßig nachzuprüfen, kaum zu rechtfertigen.

Eine Möglichkeit, globale Fehler zu schätzen, ist, das Problem ein zweites Mal mit einer verkleinerten Schrittweite zu integrieren und die Ergebnisse zu vergleichen. Angenommen, y_{ϵ_1} ist die Näherung für $y(b)$, die mit einer lokalen Fehlerschranke ϵ_1 berechnet wurde, und y_{ϵ_2} ist die mit $\epsilon_2 < \epsilon_1$. Es sei

$$e_1 = y(b) - y_{\epsilon_1},$$
$$e_2 = y(b) - y_{\epsilon_2},$$
$$\text{est} = y_{\epsilon_2} - y_{\epsilon_1}.$$

Die Idee ist, e_1 durch est abzuschätzen. Nun ist

$$e_1 - e_2 = \text{est}$$

so daß

$$\left|\frac{\text{est}}{e_1}\right| = \left|1 - \frac{e_2}{e_1}\right|$$

ist.

Angenommen, der Code ist in dem Sinn effektiv, daß das Verkleinern der Fehlerschranke tatsächlich den globalen Fehler verkleinert. Wir müssen ϵ_2 genügend viel kleiner als ϵ_1 wählen, damit $|e_2|$ beträchtlich kleiner als $|e_1|$ ist. Aber natürlich kostet die zweite Integration um so mehr, je kleiner ϵ_2 ist. Ein guter praktischer Wert ist $\epsilon_2 = 0.1\,\epsilon_1$. In einem Code mit variabler Ordnung wachsen die Kosten ziemlich langsam, wenn die Fehlerschranke verkleinert wird und mit dieser Wahl sind die Kosten für die zusätzliche Integration etwa 1.2 mal so hoch wie bei der ursprünglichen. Angenommen, daß $|e_2| \leqslant \beta\,|e_1|$ mit einem $\beta < 1$ ist, dann stellen wir fest, daß

$$1 - \beta \leqslant \left|\frac{\text{est}}{e_1}\right| \leqslant 1 + \beta$$

ist. Wenn z.B. $\beta = 0.5$ ist, liegt die Schätzung nicht weiter als um einen Faktor Zwei daneben, und wenn $\beta = 0.9$ ist, liegt die Schätzung nicht weiter als eine Größenordnung daneben.

In Kapitel 11 werden viele numerische Ergebnisse für unsere Codes dargestellt. Sie legen nahe, daß für $\epsilon_2 = 0.1\,\epsilon_1$ gewöhnlich $|e_2| \leqslant \beta\,|e_1|$ mit $\beta = 0.5$ ist, und daß man mit seltenen Ausnahmen $\beta = 0.9$ wählen kann. Somit führt dieser Ansatz zu einer recht verläßlichen Schätzung des globalen Fehlers bis auf einen Faktor 2 und einer verläßlichen Schätzung bis auf eine Größenordnung. Es gibt tatsächlich einen guten Grund zu erwarten, daß β etwa 0.1 sein sollte. Die Schranke für den globalen Fehler in Kapitel 6 ist der Fehlerschranke ϵ proportional. Die Benutzung von $0.1\,\epsilon$ vermindert die Schranke um den gleichen Faktor. Wenn jemand demgemäß mit Schätzungen statt mit Schranken argumentiert, stellt sich heraus, daß der globale Fehler selbst (eher als die Schranke) zu ϵ proportional ist. Wir werden hier die Ideen nur skizzieren, da die Näherungen grob sind und wir keinen ernsten Gebrauch der Schlüsse machen.

Der globale Fehler e_{n+1} kann aufgespalten werden in

$$e_{n+1} = y(x_{n+1}) - u_n(x_{n+1}) + LE_{n+1}\ .$$

Aus der Gleichung erster Variation folgt

$$u_n(x_{n+1}) \approx y(x_{n+1}) - v(x_{n+1})(y(x_n) - y_n)$$

mit

$$v' = f_y(x, y(x))v\ , \quad v(x_n) = 1\ .$$

Mit $g(x) = f_y(x, y(x))$ lösen wir nach $v(x)$ auf und erhalten

$$y(x_{n+1}) - u_n(x_{n+1}) \approx e_n \exp\left(\int_{x_n}^{x_{n+1}} g(t)dt\right)$$

und dann

$$e_{n+1} \approx e_n \exp\left(\int_{x_n}^{x_{n+1}} g(t)dt\right) + LE_{n+1} .$$

Wiederholung dieser angenäherten Gleichheit zeigt, daß

$$e_n \approx \sum_{j=1}^{n} LE_j \exp\left(\int_{x_j}^{x_n} g(t)dt\right)$$

gilt. Die Schrittweite h_j wird so bestimmt, daß

$$0.5\epsilon \approx h_j^{k+1} \, |\gamma_k^* y^{(k+1)}(x_j)|$$

für die Ordnung k gilt. Ähnlich ist

$$LE_j \approx h_j^{k+2} \psi_k(x_j) ,$$

wobei $\psi_k(x)$ der lokale Abbruchfehler der PECE-Prozedur der Ordnung k ist. Dann ist

$$LE_j \approx h_j \psi_k(x_j) h_j^{k+1} \approx \frac{0.5\epsilon h_j \psi_k(x_j)}{|\gamma_k^* y^{(k+1)}(x_j)|}$$

und

$$e_n \approx 0.5\epsilon \sum_{j=1}^{n} h_j \left[\frac{\psi_k(x_j)}{|\gamma_k^* y^{(k+1)}(x_j)|} \exp\left(\int_{x_j}^{x_n} g(t)dt\right)\right].$$

Diese Summe kann für kleine h_j (kleines ϵ) als Riemannsche Summe betrachtet werden, die näherungsweise als Integral berechnet werden kann:

$$e_n \approx 0.5\epsilon \int_a^{x_n} \frac{\psi_k(s)}{|\gamma_k^* y^{(k+1)}(s)|} \exp\left(\int_s^{x_n} g(t)dt\right) ds .$$

Dieser Näherungsausdruck für den globalen Fehler setzt voraus, daß die Ordnung konstant gehalten wird. Um die Veränderung der Ordnung abzuhandeln, können wir annehmen, daß das Grundintervall in Teilintervalle aufgespalten wird, auf denen die Ordnung konstant ist, und dann wenden wir die angenäherte Untersuchung auf jedes Teilintervall an. Der Punkt ist der, daß bei dieser Näherung der globale Fehler der lokalen Fehlerschranke ϵ proportional ist. Der Schluß hilft, unsere Behauptung zu unterstützen, daß das Verfahren der erneuten Integration bei der Benutzung der vorgestellten Codes eine verläßliche, wenn auch grobe Schätzung der globalen Fehler liefert.

Die Schätzung des globalen Fehlers ist häufiges Objekt der neueren Forschung. Ein sehr gut lesbarer Überblick über diese Arbeiten wurde von A. Prothero dargestellt im Kapitel 5 des Tagungsberichtes: Computational Techniques for Ordinary Differential

Equations, I. Gladwell und D. K. Sayers (Hrs.), Academic Press 1980. Einige der angegebenen Ergebnisse können direkt auf die Codes, die in dieser Monographie vorgestellt werden, angewendet werden. Ein Beispiel dafür ist die Diskussion von H. J. Stetter „Global error estimation in ODE-solvers" im Band 630 der Lecture Notes in Mathematics, erschienen bei Springer im Jahre 1978. Er gebraucht eine Modifikation unserer Codes, um sein Verfahren zur Schätzung des globalen Fehlers bei Adams-Codes zu illustrieren. Die beeindruckenden Ergebnisse werden bei vernünftigen Kosten und bei einfacher Modifikation der zugrunde liegenden Codes erhalten. Der interessierte Leser sollte an der angegebenen Quelle nach weiteren Einzelheiten nachlesen.

Kapitel 8: Stabilität – Große Schrittweiten

Die typische Lösung eines Anfangswertproblems umfaßt nur eine oder höchstens ein paar Integrationen. Die Untersuchung von Kapitel 4 betrachtet diese Integrationen als in einen Grenzübergang eingebettet, wobei die maximale Schrittweite gegen Null geht. Es ist gezeigt worden, daß für „hinreichend" kleine Schrittweiten die globalen Fehler klein sind. Es gibt keinen Grund, kleine Fehler oder sogar qualitative Übereinstimmung zwischen der Näherungs- und der exakten Lösung zu erwarten, wenn die Schrittweite zu groß ist. Bei manchen Problemen ist die Schrittweite durch die Forderung beschränkt, daß sich die numerische Lösung qualitativ wie die wahre Lösung verhält. Wenn die Schrittweite nicht so beschränkt wird, heißt die Berechnung „instabil". Sowohl in Kapitel 4 als auch in diesem Kapitel beschäftigen wir uns mit Beschränkungen für die Schrittweite, die die numerische Näherung akzeptabel machen. Aber die Umstände sind verschieden – in Kapitel 4 wurde der Grenzwert einer Folge von Integrationen betrachtet, während in diesem Kapitel untersucht wird, was bei einer einzigen Integration passiert.

Codes wie die, die in diesem Lehrbuch diskutiert werden, zeigen fast niemals die katastrophale Instabilität, die möglich ist. Obwohl es notwendig ist, mit Spezialfällen umzugehen, um genau zu sein, ist die allgemeine Idee einleuchtend und für das beobachtete Verhalten verantwortlich. Instabilität ist einfach ein Wachsen des Fehlers, was eine Folge davon ist, daß die Schrittweite so groß ist, daß die Formeln keine vernünftigen Approximationen ergeben. Die Fehlerschätzungen wurden nur für kleine Schrittweiten als gültig bewiesen. Es ist einleuchtend und üblicherweise auch richtig, daß die Fehlerschätzungen sogar für große Schrittweiten Fehler erkennen und eine Verkleinerung der Schrittweite erzwingen. Wenn die Fehler auf diese Weise erkannt werden können, werden die Schwierigkeiten dadurch beseitigt, daß die Schrittweite bis zu dem Punkt vermindert wird, an dem wieder verläßliche Näherungen erhalten werden. Die Effizienz eines solchen Codes wird durch die Stabilitätseigenschaften der benutzten Formeln begrenzt; aber allgemein gesprochen wird die Genauigkeit der dargestellten Ergebnisse nicht betroffen.

Normalerweise halten die Genauigkeitsforderungen die Schrittweiten in einem Bereich, in dem Instabilität nicht auftritt, aber es gibt Probleme, bei denen die Stabilität die Schrittweite beschränkt. In extremen Fällen, den sogenannten steifen Problemen, ist ein Code, der auf Adams-Verfahren beruht, gerade aus diesem Grunde ineffizient; in diesen Fällen ist es besser, andere Verfahren mit besseren Stabilitätseigenschaften zu benutzen. Grob gesprochen ist ein steifes Problem eines, bei dem die interessierenden Komponenten der Lösung sich nur langsam ändern, aber es sind Lösungen mit sich sehr schnell ändernden Komponenten möglich. Ein Beispiel ist ein Lagekontrollsystem für eine Rakete, daß dazu bestimmt ist, eine glatte Flugkurve beizubehalten, und das jede Abweichung sehr schnell korrigiert. Ein anderes Beispiel ist eine Mischung chemisch reagierender Elemente, bei denen die Reaktionen langsam vonstatten gehen, es aber einige Elemente gibt, die durchaus schnell reagieren können. Verfahren und ein Code, der speziell für steife Probleme geeignet ist, können in [3] gefunden werden. Obwohl steife Probleme physikalisch wichtig sind, sind die meisten praktischen Probleme nicht steif. Ihre Lösung mit Verfahren, die insbesondere für nicht-steife Probleme gedacht sind, ist so viel einfacher und effektiver, daß zu diesem Zeitpunkt Codes für beide Zwecke notwendig sind.

Codes der Art, wie sie in diesem Lehrbuch untersucht werden, ändern ihre Ordnung auch, um lokale Fehler zu verkleinern, während sie eine effiziente, große Schrittweite nutzen. Der Algorithmus zur Auswahl der Ordnung versucht niedrige Ordnungen zu wählen, wenn sie hinreichend genau sind. Diese Neigung bringt den Code dazu, niedrige Ordnungen auch dann zu wählen, wenn ein Problem steif ist, da dann die Genauigkeitsforderungen leicht zu erfüllen sind. Wenn die Untersuchung durchführbar ist, werden wir sehen, daß das Verfahren um so stabiler ist, je niedriger die Ordnung ist, zumindest bei den Adams-Verfahren. Mit diesem als Arbeitshypothese und mit einem allgemeinen Verständnis der Wechselwirkung von Instabilität und Schätzung des lokalen Fehlers können wir voraussagen, wie sich die Codes verhalten werden, wenn sie auf Schwierigkeiten mit der Stabilität stoßen: der Code wird versuchen, seine Ordnung und die Schrittweite, insbesondere die Ordnung, zu vermindern, um die Schwierigkeit zu meistern. Steife Probleme werden die Ordnung und die Schrittweite auf kleinere Werte heruntertreiben. Extreme Schwierigkeiten können dazu führen, daß der Code auf der kleinsten Schrittweite stirbt, aber häufiger wird die Berechnung beendet, da sie zu kostspielig wird. Nur selten, wenn überhaupt, wird die Instabilität durch unangemessenes Wachstum aufgezeigt. Diese Voraussagen stehen in Übereinstimmung mit der rechnerischen Erfahrung und wir werden sie benutzen, um eine Anzeige für Steifheit im Treiber DE zu konstruieren. Das wird weiter diskutiert, sobald wir untersucht haben, wie solche Codes Instabilitäten entdecken.

Um einen Einblick in die Bedeutung der Stabilität zu gewinnen und um die Stabilitätseigenschaften verschiedener Verfahren zu gewinnen, müssen wir einfache Probleme betrachten, für die die Untersuchung leicht durchzuführen ist. Die Schlüsse sind in aller Strenge nur für die verwendeten Modelle gültig, aber sie deuten das Verhalten im allgemeinen Fall an. Die zu behandelnden Modellprobleme sind von der Form

$$\mathbf{y}' = A\mathbf{y} + \mathbf{g}(x) \tag{1}$$

für eine konstante Matrix A. Eine Lösung $\mathbf{y}(x)$ des im allgemeinen nichtlinearen Problems $\mathbf{y}' = \mathbf{f}(x, \mathbf{y})$ erfüllt in der Nähe eines Punktes x_0

$$\mathbf{y}' \approx f_y(x_0, \mathbf{y}(x_0))(\mathbf{y} - \mathbf{y}(x_0)) + \mathbf{f}(x_0, \mathbf{y}(x_0)) + \mathbf{f}_x(x_0, \mathbf{y}(x_0))(x - x_0)$$

wobei f_y die Jacobi-Matrix

$$f_y = \left(\frac{\partial \mathbf{f}}{\partial y_1}, \frac{\partial \mathbf{f}}{\partial y_2}, \dots, \frac{\partial \mathbf{f}}{\partial y_n}\right)$$

und $\mathbf{f}_x$ der Vektor

$$\left(\frac{\partial f_1}{\partial x}, \frac{\partial f_2}{\partial x}, \dots, \frac{\partial f_n}{\partial x}\right)^T$$

ist. Das legt nahe, daß für ein paar wenige Schritte in der Umgebung von x_0 das Verhalten eines nichtlinearen Problems durch ein Modellproblem der Form (1) simuliert werden kann, aber wir werden dies nicht weiter verfolgen. Wir denken uns das Modellproblem lieber als eins, das von den Codes angemessen behandelt werden soll, und das möglicherweise die allgemeine Situation erläutert.

Eine Stabilitätsdiskussion muß auf einer Untersuchung basieren, wie sich der Fehler während der Durchführung eines einzelnen Integrationsschrittes fortpflanzt. Es ist interessant, zunächst zu untersuchen, wie isolierte Fehler im Verlauf der Lösung durch die Differentialgleichung selbst fortgepflanzt werden. Wenn in einem Punkt x_r der Anfangswert der Differentialgleichung (1) von $\mathbf{y}(x_r)$ auf $\mathbf{y}(x_r)+\boldsymbol{\delta}(x_r)$ geändert wird, wird die Lösung zu $\mathbf{u}(x)=\mathbf{y}(x)+\boldsymbol{\delta}(x)$ geändert. Durch Substitution sehen wir, daß $\boldsymbol{\delta}(x)$ die Lösung des Problems

$$\begin{aligned} &\boldsymbol{\delta}(x_r) \text{ vorgegeben} \\ &\boldsymbol{\delta}' = A\boldsymbol{\delta}\,, \quad x \geqslant x_r \end{aligned} \tag{2}$$

ist. Wenn es weiterhin einen zusätzlichen Fehler $\boldsymbol{\mu}(x_j)$ an der Stelle $x_j > x_r$ gibt, wird die Lösung geändert zu $\mathbf{v}(x)=\mathbf{y}(x)+\boldsymbol{\delta}(x)+\boldsymbol{\mu}(x)$ für $x \geqslant x_j$, wobei $\boldsymbol{\mu}(x)$ die Lösung von

$$\begin{aligned} &\boldsymbol{\mu}(x_j) \text{ vorgegeben} \\ &\boldsymbol{\mu}' = A\boldsymbol{\mu}\,, \quad x \geqslant x_j \end{aligned}$$

ist. Das zeigt uns, daß der Effekt unabhängiger Fehler additiv ist, so daß es zu Untersuchungszwecken ausreicht, die Wirkung eines einzelnen Fehlers zu untersuchen. Diese Beobachtungen legen nahe, daß bei Benutzung der extrapolierten Adams-Formeln der Ordnung k

$$p_{n+1} = y_n + h \sum_{j=1}^{k} \alpha_{k,j} f_{n+1-j}\,,$$

$$y_{n+1} = y_n + h \sum_{j=1}^{k} \alpha^*_{k+1,j} f_{n+1-j} + h\alpha^*_{k+1,0} f^p_{n+1}$$

sich ein Block von k unabhängigen, aufeinanderfolgenden Fehlern $\boldsymbol{\delta}_r, \boldsymbol{\delta}_{r+1}, \ldots, \boldsymbol{\delta}_{r+k-1}$ als numerische Lösung von Gl. (2) fortpflanzt. Weiterhin ist die Wirkung der unabhängigen Fehler additiv; somit kann die Betrachtung eines einzelnen Blocks von Anfangsfehlern zeigen, was im allgemeinen passiert. Wir werden zeigen, daß die erste Eigenschaft richtig ist und überlassen den Beweis des zweiten Teils dem Leser. Gegeben seien die Anfangswerte

$$\mathbf{y}_r + \boldsymbol{\delta}_r, \mathbf{y}_{r+1} + \boldsymbol{\delta}_{r+1}, \ldots, \mathbf{y}_{r+k-1} + \boldsymbol{\delta}_{r+k-1}\,,$$

dann sind die auf Gl. (1) anzuwendenden Gleichungen

$$(\mathbf{p}_{n+1} + \boldsymbol{\delta}^p_{n+1}) = (\mathbf{y}_n + \boldsymbol{\delta}_n) + h \sum_{j=1}^{k} \alpha_{k,j}[A(\mathbf{y}_{n+1-j} + \boldsymbol{\delta}_{n+1-j}) + \mathbf{g}_{n+1-j}]\,,$$

$$\begin{aligned}(\mathbf{y}_{n+1} + \boldsymbol{\delta}_{n+1}) = (\mathbf{y}_n + \boldsymbol{\delta}_n) + h \sum_{j=1}^{k} \alpha^*_{k+1,j}[A(\mathbf{y}_{n+1-j} + \boldsymbol{\delta}_{n+1-j}) + \mathbf{g}_{n+1-j}] \\ + h\alpha^*_{k+1,0}[A(\mathbf{p}_{n+1} + \boldsymbol{\delta}^p_{n+1}) + \mathbf{g}_{n+1}]\,,\end{aligned}$$

wobei die Bezeichnung klar sein dürfte. Aus der Definition von $\mathbf{y}_n$ erkennen wir, daß die $\boldsymbol{\delta}_n$ die Lösung des Problems

$$\boldsymbol{\delta}_r, \boldsymbol{\delta}_{r+1}, \dots, \boldsymbol{\delta}_{r+k-1} \text{ vorgegeben}$$

$$\boldsymbol{\delta}^p_{n+1} = \boldsymbol{\delta}_n + h \sum_{j=1}^{k} \alpha_{k,j} A \boldsymbol{\delta}_{n+1-j}, \tag{3}$$

$$\boldsymbol{\delta}_{n+1} = \boldsymbol{\delta}_n + h \sum_{j=1}^{k} \alpha^*_{k+1,j} A \boldsymbol{\delta}_{n+1-j} + h\alpha^*_{k+1,0} A \boldsymbol{\delta}^p_{n+1}$$

sind. Das ist gerade die numerische Lösung von Gl. (2), wie behauptet wurde.

Das ganze Buch hindurch haben wir uns eher mit einer einzelnen Gleichung als mit einem System von Gleichungen beschäftigt, da es keinen wesentlichen Unterschied gibt und die Details einfacher sind. Diese Überlegungen gelten noch immer, aber ein zusätzliches Element kommt hinzu. Die Theorie der Matrizen besagt, daß für eine gegebene Matrix A fast immer eine Matrix T existiert, so daß $TAT^{-1} = D$ ist, wobei $D = \operatorname{diag}\{d_1, \dots, d_n\}$ eine Diagonalmatrix mit den Eigenwerten von A als Diagonalelementen ist. Matrizen A, die nicht auf diese Weise diagonalisiert werden können, können immerhin als Grenzwerte von Matrizen, die diagonalisiert werden können, dargestellt werden. Da Anfangswertprobleme für Gl. (1) korrekt gestellt sind, können wir A um einen beliebig kleinen Betrag ändern, um eine Matrix zu erhalten, die diagonalisiert werden kann, und indem wir so vorgehen, ändern sich die Lösungen um einen beliebig kleinen Wert. Jetzt und später werden wir diese speziellen Grenzfälle übergehen, die die Untersuchung erschweren, die aber die Ergebnisse nicht berühren. Die Matrix T stellt eine Änderung der Variablen dar, die das System in einzelne, unabhängige Gleichungen aufspaltet. Denn wenn wir

$$\mathbf{z}(x) = T\mathbf{y}(x), \quad \mathbf{G}(x) = T\mathbf{g}(x)$$

setzen, ist

$$\mathbf{z}' = T\mathbf{y}' = TAT^{-1}T\mathbf{y} + T\mathbf{g}(x) = D\mathbf{z} + \mathbf{G}(x). \tag{4}$$

In Komponentenschreibweise wird Gl. (4) zu

$$z_i'(x) = d_i z_i(x) + G_i(x) \qquad i = 1, 2, \dots, n. \tag{5}$$

Es ist von entscheidender Bedeutung, daß dieselben Transformationen sich auf die numerischen Verfahren in derselben Weise auswirken, beispielsweise kann leicht nachvollzogen werden, daß, wenn wir $\boldsymbol{\Delta}_n = T\boldsymbol{\delta}_n$ setzen, der fortgepflanzte Fehler bei der Lösung der transformierten Gleichung gerade die transformierte Form von Gl. (3) ist. Der Schluß ist also der, daß die Lösung einer einzelnen Gleichung

$$y' = Ay + g(x) \tag{6}$$

genauso gut untersucht werden kann wie die allgemeine Form (1), vorausgesetzt, daß A eine komplexe Zahl sein darf, da die Eigenwerte im allgemeinen komplex sind.

Ob eine Berechnung stabil ist oder nicht, hängt vom Fehlerkriterium und der Lösung ab, genauso wie das Verhalten des fortgepflanzten Fehlers. Um das zu sehen, betrachten wir die Gleichung $y' = -y$, $y(0) = 1$. Wenn allein der Absolutfehler getestet wird, dann ist schließlich jede Zahl, die kleiner als die Fehlerschranke ist, als Lösung annehmbar, da die Lösung $y(x) = \exp(-x)$ gegen Null geht. Die Genauigkeitsforderung fällt schließlich fort und die Schrittweite wird nur durch die Stabilitätsforderung beschränkt, daß die numerische Lösung, und dementsprechend ihr Fehler, nicht zu stark anwachsen darf. Da jede Zahl annehmbar ist, die kleiner ist als die Fehlerschranke, kann der Fehler anwachsen, vorausgesetzt, die numerische Lösung überschreitet die Fehlerschranke nicht. Nur wenn die Lösung die Fehlerschranke überschreitet, wird die Berechnung als instabil betrachtet, was Gegenmaßnahmen erfordert. Ein ganz anderer Gesichtspunkt wird erhalten, wenn uns nur der reine relative Fehler interessiert. Wegen des Verhaltens der Lösung muß der absolute Fehler hinreichend schnell abnehmen, damit der relative Fehler die Fehlerschranke einhält. In diesem Fall kann der Fehler, der nicht schnell genug abnimmt, Instabilität aufzeigen.

Instabilität wird nur in Betracht gezogen, wenn die Genauigkeitsanforderung die Schrittweite nicht ausreichend beschränkt. Wenn sich eine Lösung recht schnell ändert, und die Fehlerschranke den Code zwingt, der Kurve zu folgen, scheint es, daß die Genauigkeitsanforderung fast immer überwiegt. Die wichtigste Situation, die für die Untersuchung herausgehoben wurde, ist die, in der die Lösung recht stabil ist und alle Lösungen sich schließlich nur langsam ändern. Die allgemeine Lösung von Gl. (6) ist

$$y(x) = c \exp(Ax) + \int_a^x g(t) \exp(A(x - t))dt ,$$

wobei die Konstante c durch die Anfangsbedingung an der Stelle $x = a$ bestimmt ist. Wenn der Realteil von A negativ ist, konvergieren alle Lösungen gegen die partikuläre Lösung

$$p(x) = \int_a^x g(t) \exp(A(x - t))dt$$

und somit ist die Differentialgleichung um so stabiler, je größer $|A|$ ist. Angenommen, $g(x)$ sei derart, daß sich die Grenzlösung $p(x)$ nur langsam ändert, dann ist das qualitative Verhalten aus der expliziten allgemeinen Lösung und dem Ausdruck

$$y^{(k+1)}(x) = A^{k+1} c \exp(Ax) + p^{(k+1)}(x)$$

für die Ableitungen klar erkennbar. Nach einer Anfangsphase schneller Änderung streben alle Lösungen gegen eine partikuläre Lösung und ändern sich nur noch langsam. Der Extremfall, daß g konstant ist, sei hier stellvertretend. Die allgemeine Lösung ist

$$y(x) = c \exp(Ax) - \frac{g}{A}$$

und diese strebt gegen die konstante partikuläre Lösung

$$-\frac{g}{A} .$$

Weiterhin geht

$$y^{(k+1)}(x) = A^{k+1} c \exp(Ax)$$

exponentiell gegen Null, sobald x anwächst. Da diese Ableitung für großes x rasch klein wird, wird der Abbruchfehler des Adams-Verfahrens ebenso schnell klein und die Schrittweite wird nicht weiter durch die Genauigkeitsforderung beschränkt. Da $y(x)$ im wesentlichen konstant ist, zeigt sich Instabilität, die entweder mit dem absoluten oder relativen Fehler gemessen wird, dadurch, daß die δ_n betragsmäßig anwachsen.

Es mag merkwürdig erscheinen, daß man ein Problem dieser Art weiter integriert, auch wenn die Lösung angefangen hat, sich nur noch langsam zu ändern. Dabei muß man sich aber vor Augen halten, daß die Gleichung nur eine eines Systems zu sein braucht, und die Integration fortgesetzt wird, da wir an einer anderen Komponente interessiert sind. Wenn das System in unabhängige Gleichungen aufgespalten ist, können wir sehen, daß die Schrittweitenbeschränkung durch eine Gleichung gegeben ist, für die die Genauigkeitsanforderungen nicht mehr länger von Bedeutung sind. Da wir in der Praxis tatsächlich die Gleichungen nicht auf diese Weise entkoppeln, und die ganze Untersuchung sowieso für den nichtlinearen Fall nur näherungsweise geführt wird, haben wir keine Wahl außer, die Integration fortzusetzen.

Die benutzten Fehlerschätzungen sind von der Form

$$\sum \eta_i f_{n+1-i} ,$$

was sich für das Modellproblem als

$$\sum \eta_i [A(y_{n+1-i} + \delta_{n+1-i}) + g_{n+1-i}] = \sum \eta_i [A y_{n+1-i} + g_{n+1-i}] + \sum \eta_i A \delta_{n+1-i}$$

darstellt. Die Fehlerschätzung betrachtet die δ_n als den Fehler, der aus der numerischen Lösung von Gl. (2) entsteht. Da $\mathrm{Re}(A) < 0$ ist, geht die wahre Lösung $\delta(x)$ von Gl. (2) gegen Null, so daß jedes Anwachsen der δ_n dazu führt, daß die Fehlerschätzung letztendlich die Schrittweite verkleinert.

Zur weiteren Untersuchung machen wir die übliche Annahme, daß die Schrittweite $h = \text{konst.}$ ist, da wir dann die δ_n hinreichend explizit erhalten und entscheiden können, ob Instabilität vorliegt oder nicht. Wenn $\lambda = hA$ ist, ergeben die Gln. (3), die von den Fehlern δ_n erfüllt werden, zusammen

$$\delta_{n+1} = \delta_n + \lambda \sum_{i=1}^{k} \alpha^*_{k+1,i} \delta_{n+1-i} + \lambda \alpha^*_{k+1,0} \left[\delta_n + \lambda \sum_{i=1}^{k} \alpha_{k,i} \delta_{n+1-i}\right]. \tag{7}$$

Das ist ein Beispiel einer Differenzengleichung der Ordnung k mit konstanten Koeffizienten. Ein Standardverfahren zur Lösung ist zu versuchen, eine Lösung der Form

$\delta_n = \zeta^n$ für alle n

für eine Konstante ζ zu erhalten. Substitution zeigt, daß die Gl. (7) erfüllt ist, wenn

$$\zeta^{n+1} = \zeta^n + \lambda \sum_{i=1}^{k} \alpha^*_{k+1,i} \zeta^{n+1-i} + \lambda \alpha^*_{k+1,0} \left[\zeta^n + \lambda \sum_{i=1}^{k} \alpha_{k,i} \zeta^{n+1-i}\right]$$

ist, oder, nach Kürzen des Faktors ζ^{n+1-k}, wenn

$$\zeta^k = \zeta^{k-1} + \lambda \sum_{i=1}^{k} \alpha^*_{k+1,i} \zeta^{k-i} + \lambda\alpha^*_{k+1,0} \left[\zeta^{k-1} + \lambda \sum_{i=1}^{k} \alpha_{k,i} \zeta^{k-i}\right] \tag{8}$$

ist. Das ist eine polynomiale Gleichung vom Grade k in ζ (die charakteristische Gleichung des Verfahrens), so daß es im allgemeinen k verschiedene Wurzeln $\zeta_1, \zeta_2, \ldots, \zeta_k$ gibt. Der Fall von weniger als k verschiedenen Wurzeln kann durch eine Grenzwertargumentation behandelt werden, aber die Schlüsse sind davon unberührt, so daß wir diesen Fall übergehen. Da Gl. (7) linear und homogen ist, ist jede Linearkombination von Lösungen auch eine Lösung, also ist

$$\delta_n = \beta_1 \zeta_1^n + \beta_2 \zeta_2^n + \ldots + \beta_k \zeta_k^n$$

eine Lösung von Gl. (7) für jede Wahl $\beta_1, \beta_2, \ldots, \beta_k$. Die Form von Gl. (7) zeigt offensichtlich, daß die k aufeinanderfolgenden Werte $\delta_r, \delta_{r+1}, \ldots, \delta_{r+k-1}$ alle folgenden Werte bestimmen. Die $\beta_1, \beta_2, \ldots, \beta_k$ sind durch die Gleichungen

$$\begin{aligned}
\delta_r &= \beta_1 \zeta_1^r + \beta_2 \zeta_2^r + \ldots + \beta_k \zeta_k^r \\
\delta_{r+1} &= \beta_1 \zeta_1^{r+1} + \beta_2 \zeta_2^{r+1} + \ldots + \beta_k \zeta_k^{r+1}, \\
&\vdots \\
\delta_{r+k-1} &= \beta_1 \zeta_1^{r+k-1} + \beta_2 \zeta_2^{r+k-1} + \ldots + \beta_k \zeta_k^{r+k-1}
\end{aligned}$$

bestimmt. Die Matrix dieses Systems von Gleichungen ist eine Vandermondesche, deren Determinante man leicht bestimmen kann [9, Seite 12]. Sie ist ungleich Null, wenn die ρ_i verschieden sind, so daß es für die β_i eine eindeutige Lösung gibt, und wir haben die δ_n für alle $n \geqslant r + k$ eindeutig bestimmt.

Im allgemeinen ist jede Menge von Werten für die $\beta_1, \beta_2, \ldots, \beta_k$ möglich, da jede Menge von Werten der $\delta_r, \delta_{r+1}, \ldots, \delta_{r+k-1}$ möglich ist. Es ist offensichtlich notwendig und hinreichend, daß

$$|\zeta_i| \leqslant 1 \qquad i = 1, 2, \ldots, k$$

ist, damit die δ_n für jede Menge der β_i beschränkt sind. Der Bereich absoluter Stabilität ist der Bereich in $\lambda = hA$ mit $\operatorname{Re}(\lambda) < 0$, wobei alle Wurzeln von Gl. (8) nicht größer als Eins sind. Für Schrittweiten h derart, daß λ im Bereich absoluter Stabilität liegt, wachsen die ζ_i^n nicht; den Rand ausgenommen nehmen sie tatsächlich ab. Man benötigt eine Menge Rechnungen, um den Rand eines solchen Bereichs zu bestimmen, aber diese brauchen nur einmal für jedes Verfahren durchgeführt zu werden.

Eine ähnliche Untersuchung kann für andere Verfahren durchgeführt werden. Auf den folgenden Seiten sind Diagramme für die Ordnungen 1, 2, ..., 12 angegeben, die die Stabilitätsbereiche der Adams-Bashforth-Formeln der Ordnung k, der PECE-Verfahren, wobei beide Formeln von der Ordnung k sind, und der PECE-Verfahren mit einem Prädiktor der Ordnung k und einem Korrektor der Ordnung k + 1 (Extrapolation) vergleichen. Die Stabilitätsbereiche des Prädiktors allein sind im allgemeinen so klein, daß sich die zusätzliche Berechnung beim PECE-Vorgehen mehr als von selbst bezahlt macht. Extrapolation vergrößert im allgemeinen die Stabilität, obwohl dies Verhalten bei den allerhöchsten Ordnungen nicht klar ist. Die Ordnungen 1 bis 4 sind wichtig für Probleme mit

Stabilitätsschwierigkeiten, und Extrapolation vergrößert ihre Stabilitätsbereiche beträchtlich. Andere Möglichkeiten, wie z.B. zusätzliche Korrekturen, wurden auch schon betrachtet, aber für die Ordnungen $k \leqslant 12$ ist das extrapolierte PECE-Schema wahrscheinlich die stabilste Möglichkeit, die Adams-Formeln zu benutzen, wenn man die Kosten betrachtet. G. Hall betrachtet in [11] das Thema in mehr Einzelheiten.

Stabilitätsdiagramme

Es werden die Stabilitätsbereiche für verschiedene Varianten der Adams-Verfahren für die Ordnungen $k = 1, 2, \ldots, 12$ dargestellt. Es ist nur eine Hälfte jedes Bereiches aufgezeichnet, da die Bereiche symmetrisch bezüglich der reellen Achse sind. Für jede Ordnung k sind die aufgezeichneten Bereiche:

——— Adams-Bashforth-(Prädiktor)-Formel der Ordnung k

·········· PECE-Verfahren mit Adams-Bashforth-(Prädiktor)-Formel der Ordnung k und Adams-Moulton-(Korrektor)-Formel der Ordnung k

- - - - - - PECE-Verfahren mit Adams-Bashforth-(Prädiktor)-Formel der Ordnung k und Adams-Moulton-(Korrektor)-Formel der Ordnung k + 1. Dies ist das Verfahren, das bei den vorgestellten Codes durchgeführt wird.

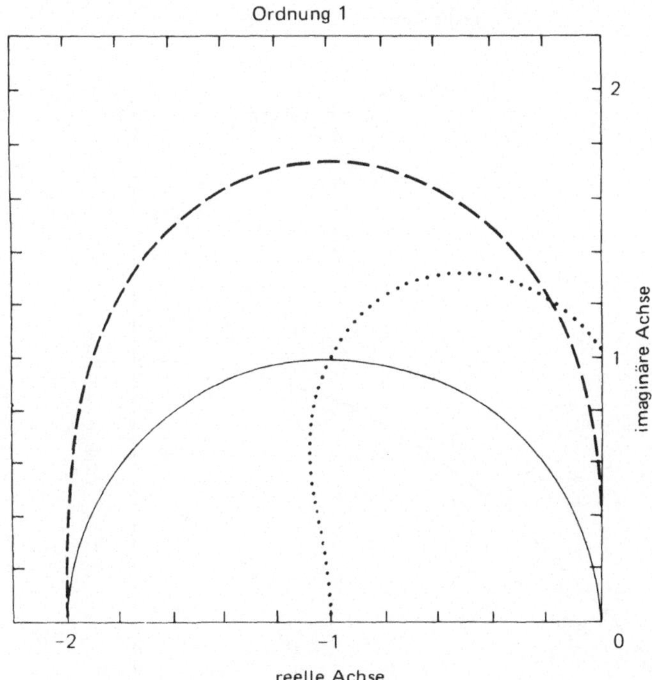

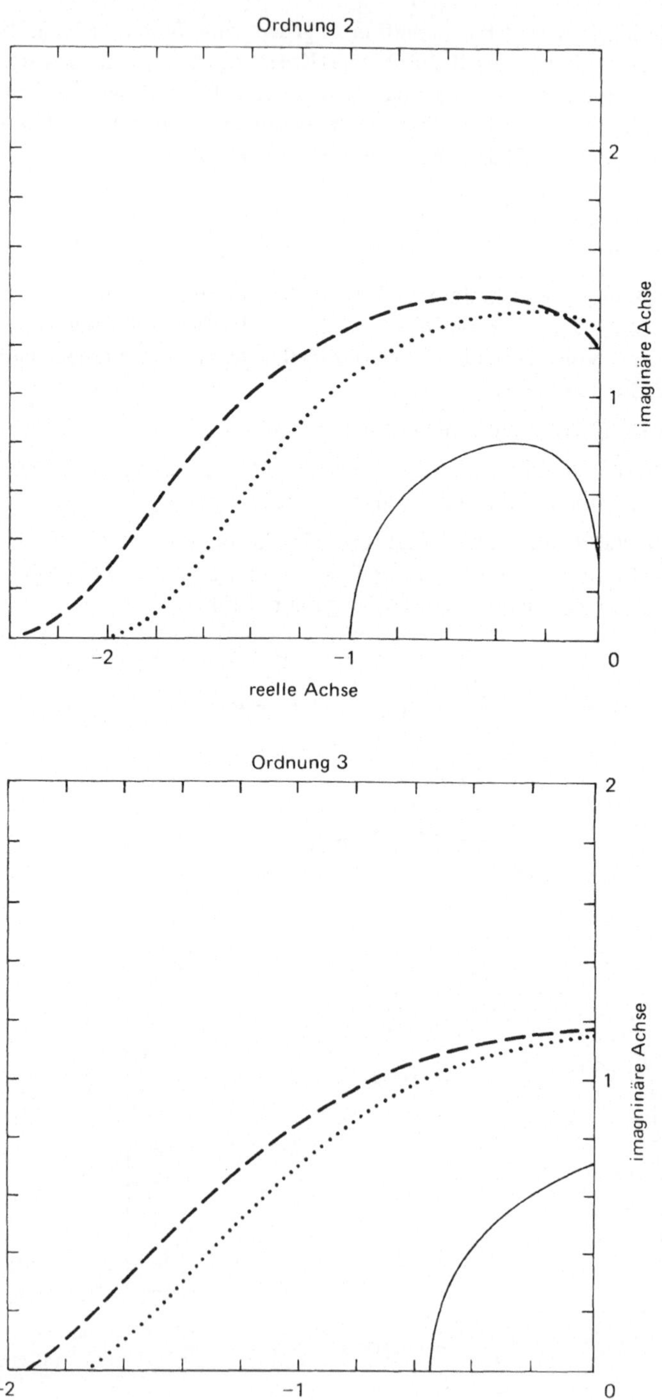
Ordnung 2
2
1
0
−2
−1
reelle Achse
imaginäre Achse
Ordnung 3
2
1
0
−2
−1
reelle Achse
imaginäre Achse

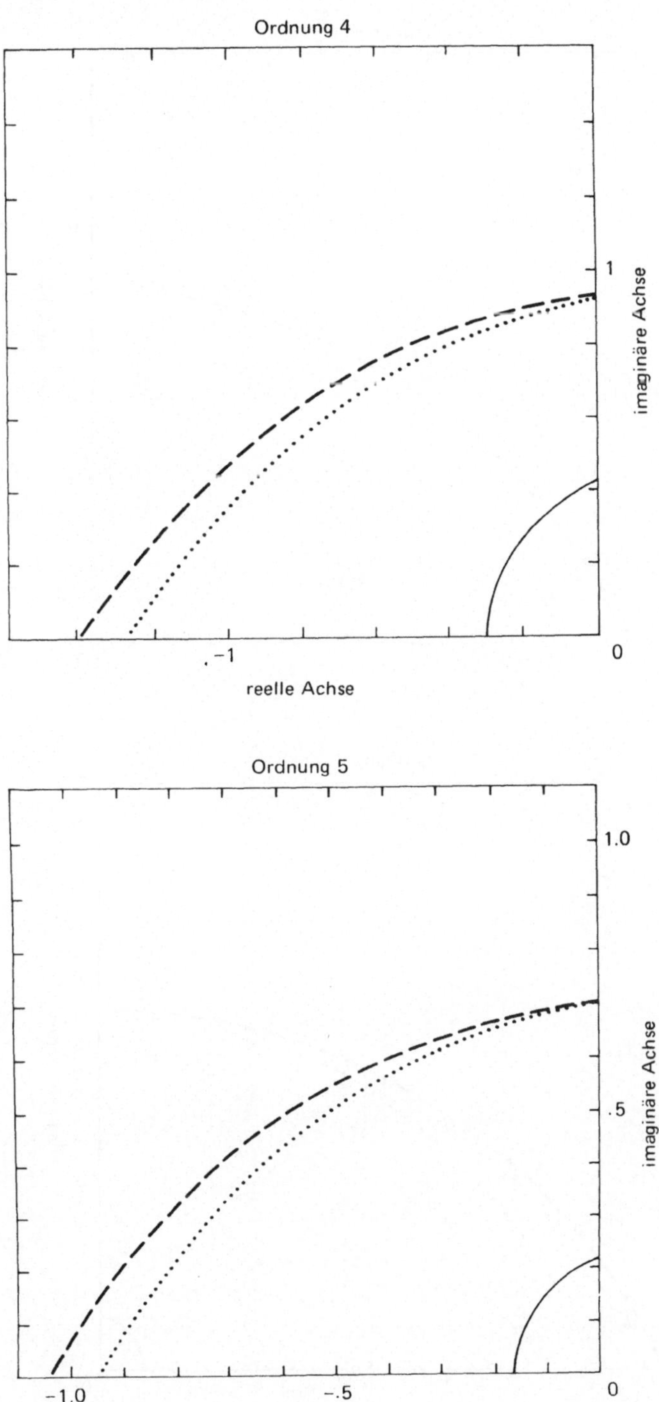
Ordnung 4
1
0
. −1
reelle Achse
imaginäre Achse
Ordnung 5
1.0
.5
0
−1.0
−.5
reelle Achse
imaginäre Achse

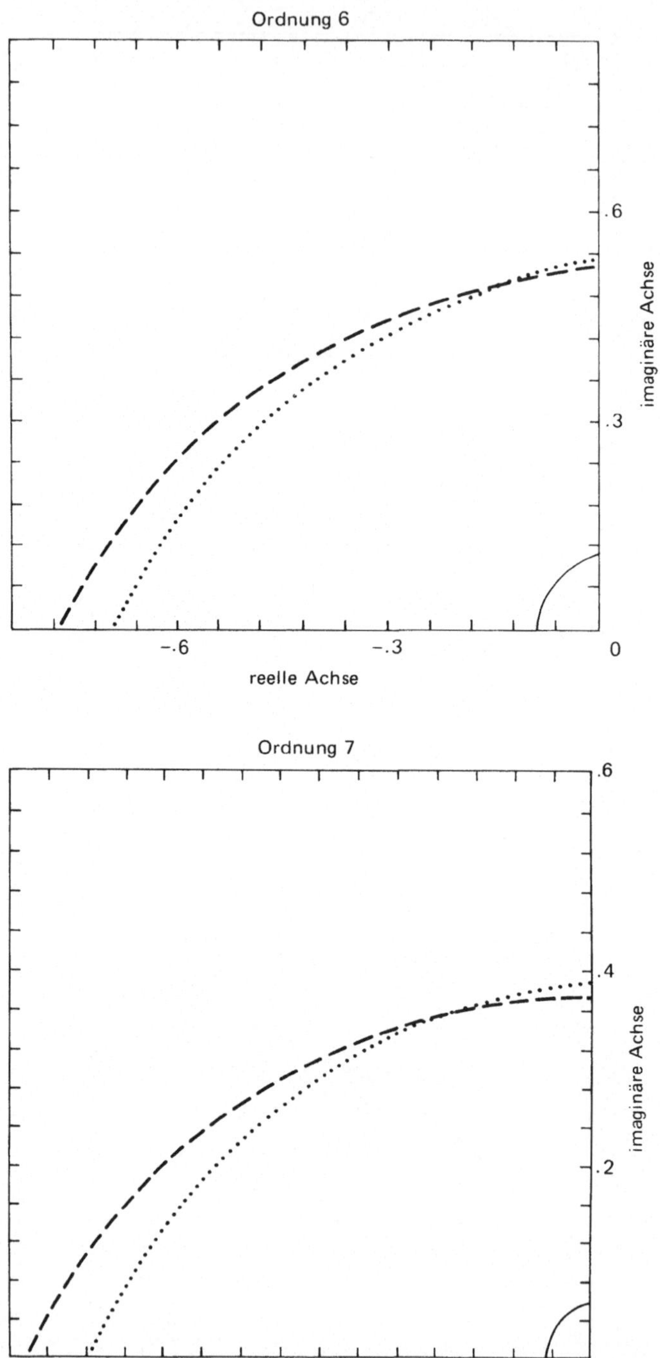
Ordnung 6
.6
.3
0
imaginäre Achse
-.6
-.3
reelle Achse
Ordnung 7
.6
.4
.2
0
imaginäre Achse
-.6
-.4
-.2
reelle Achse

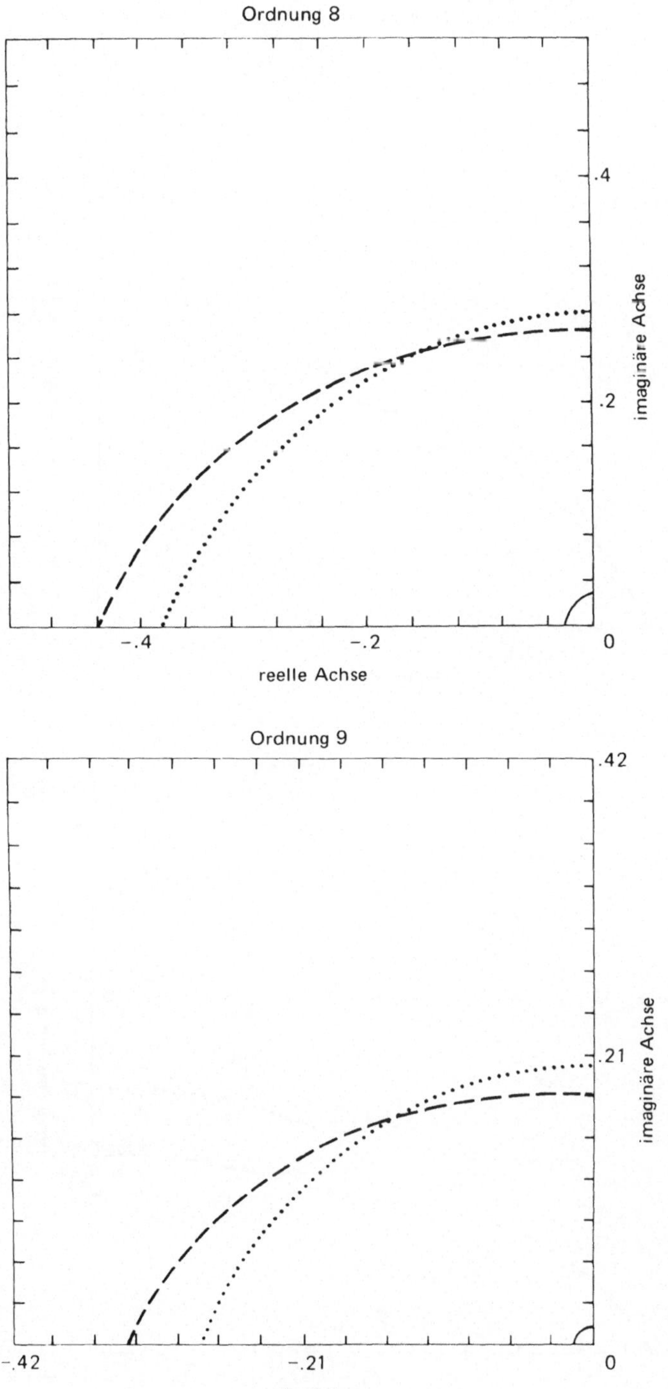
Ordnung 8
.4
.2
imaginäre Achse
-.4
-.2
0
reelle Achse
Ordnung 9
.42
.21
imaginäre Achse
-.42
-.21
0
reelle Achse

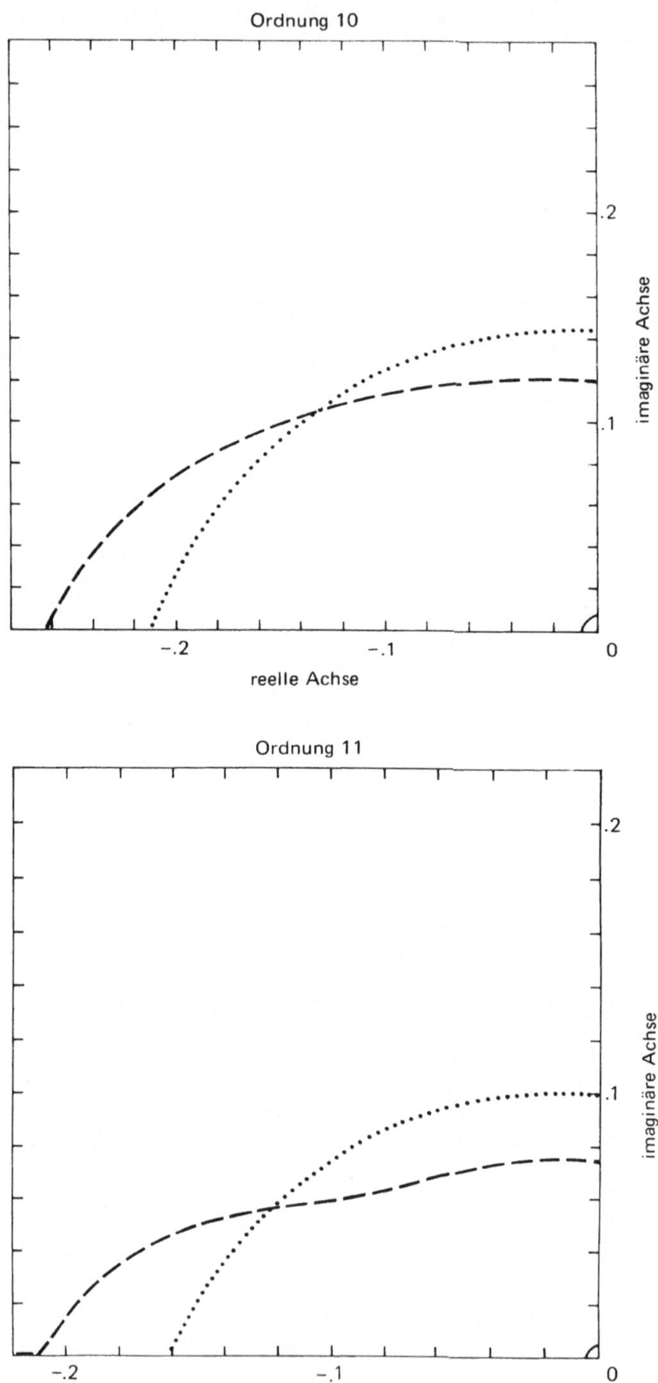
Ordnung 10
.2
.1
imaginäre Achse
-.2
-.1
0
reelle Achse
Ordnung 11
.2
.1
imaginäre Achse
-.2
-.1
0
reelle Achse

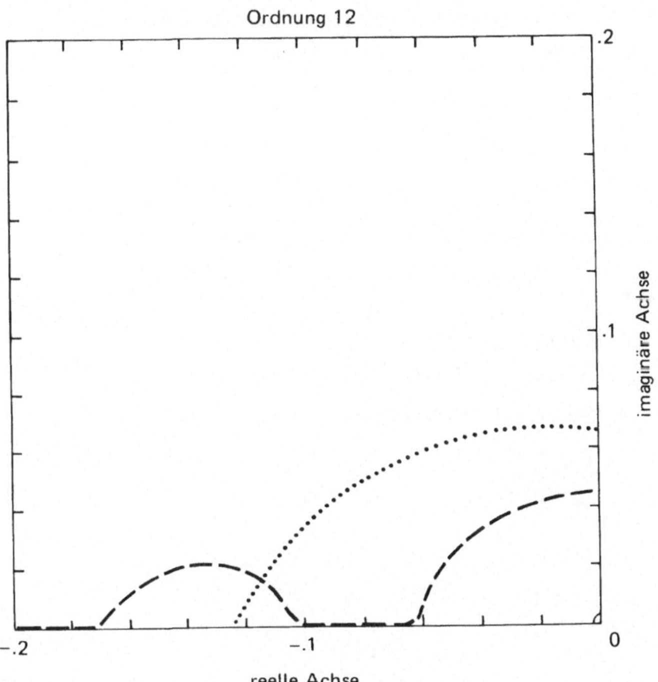

Übung 1

Wie lauten die charakteristischen Gleichungen für die Adams-Bashforth-Formeln der Ordnung k und das PECE-Verfahren, wobei beide Formeln von der Ordnung k sind?

Wir wollen noch einmal auf die Rolle der Fehlerschätzung zurückkommen. Für das Adams-Verfahren der Ordnung k wurde in Kapitel 6 gezeigt, daß die Fehlerschätzung für konstante Schrittweite von der Form

$$\gamma_k^* h \nabla^k f_n^p$$

ist. Wir werden uns zunächst die Fehlerschätzung $\gamma_k^* h \nabla^k f_n$ ansehen, was asymptotisch äquivalent ist, aber die Einzelheiten der Untersuchung des letzteren Ausdrucks sind einfacher. Wir werden später auf die Schätzung zurückkommen, die im Code benutzt wird. Für das Modellproblem (1) ist diese Schätzung

$$\gamma_k^* h \nabla^k \{A[y_n + \delta_n] + g_n\} = \gamma_k^* h \nabla^k \{Ay_n + g_n\} + \gamma_k^* hA \nabla^k \delta_n \,.$$

Jetzt betrachten wir den Einfluß der δ_n etwas genauer. Aus der Form der δ_n sehen wir, daß

$$\gamma_k^* hA \nabla^k \delta_n = \gamma_k^* hA \sum_{j=1}^{k} \beta_j \nabla^k \zeta_j^n$$

ist. Das kann dadurch abgeklärt werden, daß die komplexen Zahlen $\zeta_j \neq 0$ in Polarkoordinaten dargestellt werden:

$$\zeta_j = \rho_j \exp(i\theta_j)\,.$$

Also ist

$$\zeta_j^n = \rho_j^n \exp(in\theta_j)$$

und

$$\nabla\zeta_j^n = \rho_j^n \exp(in\theta_j) - \rho_j^{n-1}\exp(i(n-1)\theta_j) = \zeta_j^n \left(1 - \frac{\exp(-i\theta_j)}{\rho_j}\right)\,.$$

Daraus erkennt man, daß

$$\nabla^k\zeta_j^n = \zeta_j^n \left(1 - \frac{\exp(-i\theta_j)}{\rho_j}\right)^k$$

ist. Damit ist der geschätzte Fehler von der Form

$$\gamma_k^* hA\nabla^k\delta_n = \sum_{j=1}^{k} \sigma_j\zeta_j^n,$$

wobei für jedes j

$$\sigma_j = \gamma_k^* hA\beta_i \left(1 - \frac{\exp(-i\theta_j)}{\rho_j}\right)^k$$

konstant ist.

Es ist nur die Form des geschätzten Fehlers, die für uns wichtig ist. Die Schätzung $\gamma_k^* h\nabla^k f_n^p$, die tatsächlich im Code benutzt wird, zeigt dasselbe Verhalten, wie jetzt gesehen werden kann. Die Schätzung für das Modellproblem ist

$$\gamma_k^* h\nabla^k \{A[p_n + \delta_n^p] + g_n\} = \gamma_k^* h\nabla^k \{Ap_n + g_n\} + \gamma_k^* hA\nabla^k\delta_n^p\,.$$

In Kapitel 2 stellten wir fest, daß

$$\nabla^k\delta_n^p = \delta_n^p + \sum_{m=1}^{k} (-1)^m \delta_{n-m} \binom{k}{m} = \delta_n^p - \delta_n + \nabla^k\delta_n$$

ist. Jetzt ist

$$\delta_n = \sum_{j=1}^{k} \zeta_j^n\beta_j$$

und

$$\delta_n^p = \delta_{n-1} + \lambda \sum_{i=1}^{k} \alpha_{k,i}\delta_{n-i} = \sum_{j=1}^{k} \frac{\zeta_j^n\beta_j}{\zeta_j} + \sum_{j=1}^{k} \zeta_j^n \left(\lambda\beta_j \sum_{i=1}^{k} \frac{\alpha_{k,i}}{\zeta_j^i}\right)\,.$$

Diese Ausdrücke und die vorausgehende Untersuchung von $\gamma_k^* h\nabla^k\delta_n$ zeigen, daß der Beitrag der $\delta_n^p, \delta_{n-1}, \ldots$ zur Fehlerschätzung die Form

$$\gamma_k^* hA\nabla^k\delta_n^p = \gamma_k^* hA(\delta_n^p - \delta_n) + \gamma_k^* hA\nabla^k\delta_n = \sum_{j=1}^{k} \sigma_j^*\zeta_j^n$$

für geeignete Konstanten σ_j^* hat.

Wenn $\lambda = hA$ außerhalb des Bereiches absoluter Stabilität liegt, so daß für gewisse j $|\zeta_j| > 1$ ist, muß der geschätzte Fehler wachsen. Dieses Wachstum wird erkannt, mit dem Ergebnis, daß h vermindert wird, bis λ wieder im Stabilitätsbereich liegt. Es ist wichtig zu erkennen, daß wir auf jeden Fall den Fehler schätzen und ihn zur Kontrolle der Schrittweite heranziehen. Der Punkt dieser Untersuchung ist, daß Fehler, die aus einer Instabilität stammen, erkannt und automatisch geeignet behandelt werden. Da der Code mit einer Schrittweite arbeitet, die etwa so groß wie eben möglich ist, ist der lokale Fehler immer etwa gleich der lokalen Fehlerschranke. Deshalb sind nur wenige Schritte nötig, bis daß der Fehler zu dem Punkt anwächst, daß Instabilität erkannt wird. Wenn die Schrittweite durch die Stabilität beschränkt ist, wird sie dazu neigen, um den größten stabilen Wert zu oszillieren. Das tritt ein, da der Fehler tatsächlich gedrosselt wird, wenn λ im Bereich der absoluten Stabilität liegt, und gegebenenfalls muß die Schrittweite vergrößert werden. Wenn dieser Zuwachs λ aus dem Bereich der Stabilität herausbringt, wächst der Fehler an, was zu einem Verkleinern des Schrittes führt, was λ in den Bereich der Stabilität zurückbringt und so weiter.

Die Stabilitätsdiagramme zeigen grob, daß die Stabilitätseigenschaften der Verfahren abnehmen, wenn die Ordnung steigt. Wenn Steifheit auftritt, gehen die Codes zu niedrigeren, stabilen Ordnungen über. Es gibt einen Hang zur Benutzung niedriger Ordnungen, wenn sie genauso genau wie hohe Ordnungen sind, und das ist für steife Probleme der Fall. Mißlungene Schritte treten häufiger auf, wenn die Schrittweite aus dem Stabilitätsbereich geht. Der Algorithmus zur Wahl der Ordnung versucht die Ordnung zu senken, da nach einem mißlungenen Schritt die Ordnung gesenkt, aber nicht erhöht werden kann. Die Ordnung kann sowieso nicht erhöht werden, außer es werden $k + 1$ Schritte mit konstanter Schrittweite mit der Ordnung k durchgeführt. Diese Aspekte des Algorithmus zur Wahl der Ordnung und das Verhalten der Schrittweite machen klar, daß die Codes ziemlich niedrige Ordnungen auswählen und damit arbeiten, wenn Steifheit auftritt. Es können noch andere Faktoren eine Rolle spielen [16], die dazu führen, daß bei Steifheit die Ordnung vermindert wird, aber sie sind zu diesem Zeitpunkt noch nicht voll verstanden.

Es ist von großer praktischer Bedeutung, einen Hinweis dafür zu haben, daß ein Problem steif wurde und ein anderer Integrator benutzt werden sollte. Der Code DE hat eine solche Anzeige. Die Idee dazu ist, daß niedrige Ordnungen, außer bei Steifheit, selten benutzt werden. Der grundlegende Test auf Steifheit ist, daß 50 aufeinanderfolgende Schritte mit einer Ordnung nicht höher als 4 durchgeführt wurden. Da es möglich ist, daß die niedrigen Ordnungen daher kommen, daß das Problem sehr „einfach" ist, wird der Test mit einem Test auf zuviel Arbeit kombiniert. DE meldet Schwierigkeiten wie Steifheit, wenn das Problem zuviel Arbeit verlangt (500 Schritte) und wenn es eine lange Folge von Schritten mit niedrigen Ordnungen gibt. Es müssen gewisse Mißverständnisse bezüglich dieses Tests und den falschen Ergebnissen, die auftreten können, diskutiert werden.

Der Test in DE ist kein Test auf Steifheit: er entscheidet vielmehr, ob der Grund für zuviel Arbeit Steifheit ist oder nicht. Wenn das Problem mit einem vertretbaren Aufwand integriert werden kann, spielt es keine Rolle, wenn das Problem steif ist. Manchmal ist sogar das Problem, wie es vom Code betrachtet wird, steif, obwohl das gestellte Problem nicht steif ist. Zum Beispiel hat die Gleichung $y' = f(x, y) = -y^3/2$ als partielle Ableitung nach y $f_y = -3y^2/2$. Wenn dem Code eine Anfangsbedingung gegeben ist, so daß die Lösung $y(x)$ „klein" ist, ist das gestellte Problem nicht steif. Wenn der Code die Lösung vollständig „aus den Augen" verliert und anfängt, eine Lösung zu verfolgen, die „groß" ist, ist das vom Code betrachtete Problem steif. Demzufolge kann der Code zu Recht Steifheit melden, obwohl das gestellte Problem nicht steif ist. Ein Beispiel dazu wird später in diesem Kapitel gegeben.

Viele steife Probleme haben ein Anfangsintervall mit einer schnellen Änderung, das nicht steif ist. Wenn z.B. das Problem $y(0) = 1$, $y' = -100y$ mit einem reinen absoluten Fehlermaß gelöst wird, wird es gewöhnlich als steif betrachtet, aber es gibt ein kleines Intervall, in dem die Lösung schnell abnimmt und hier wird die Schrittweite mehr durch die Genauigkeits- als die Stabilitätsforderung bestimmt. Es kostet viel, dieses Intervall mit einer schnellen Änderung zu integrieren, und es kann genausogut vorkommen, daß die Steuerung wegen zuviel Arbeit an das Hauptprogramm übergeht, wie es auch zu Recht gesagt werden kann, daß das Problem nicht steif ist auf diesem Intervall, je nachdem, wieweit der Code gekommen ist. Mit fortschreitender Integration wird das Problem steif, und man würde erwarten, daß das Verhalten erkannt wird. Beispiel 14 aus Kapitel 11 zeigt dieses Verhalten.

Es können auch falsche Rücksprünge auftreten. Wenn das Problem tatsächlich niedrige Ordnungen verlangt und es dazu noch zuviel Arbeit benötigt, wird eine falsche Aussage bezüglich der Steifheit gemacht. Es sei z.B. angenommen, daß die Lösung eine heftige Unstetigkeit in einer Ableitung niedriger Ordnung hat, gefolgt von einem sehr glatten Verhalten. Wegen einer strengen Anforderung an den Fehler wird der Code die Ordnung bis auf Eins sinken und sehr kleine Schrittweiten benutzen, um die Unstetigkeit zu finden und zu passieren. Der Code erhöht niemals die Ordnung, bis er die Schrittweite auf einen Wert, der der laufenden Ordnung angemessen ist, erhöht hat. Unter diesen Umständen kann eine lange Folge solcher Schritte mit niedriger Ordnung vorkommen. Ein Beispiel dieser Art wird als Übung 3 in Kapitel 10 vorgestellt. Es ist möglich, diese Situation in den Codes zu erkennen und zu erledigen, aber solche Probleme sind ungewöhnlich, und der Test schützt bei der Arbeit fast immer vor solchen falschen Angaben. In Kapitel 9 diskutieren wir eine Kontrolle des fortgepflanzten Rundungsfehlers, die von den Codes automatisch benutzt wird, wenn eine Genauigkeit verlangt wird, die an die Maschinengenauigkeit herangeht. Dieser Kniff ist nur für nichtsteife Probleme gerechtfertigt und seine Benutzung setzt den Test auf Steifheit nahe der Grenzgenauigkeit außer Kraft. In Kapitel 11 gibt es ein Beispiel eines steifen Problems, das wegen dieses Kniffs nahe der Grenzgenauigkeit nicht als solches erkannt wird. Es gibt einige wichtige Voraussetzungen bei unserer Untersuchung und wir müssen erwarten, Problemen zu begegnen, für die diese Voraussetzungen ungültig sind. Ebenso ist das Streben nach niedrigen Ordnungen in den Codes nicht so stark, wie es sein könnte, und Steifheit kann unentdeckt bleiben. Insbesondere gibt es für scharfe Genauigkeitsanforderungen eine Tendenz, höhere Ordnungen als nötig zu benutzen. Das folgende steife Problem zeigt auf, daß der Test nicht perfekt ist. Für kleine Fehlerschranken wird es nicht als steif gemeldet, da keine Folge von Schritten mit niedriger Ordnung lang genug ist, um den Test zu passieren. Das Problem ist mit einem reinen Test auf den absoluten Fehler auf dem Intervall [0,20] zu lösen.

$$y' = \begin{bmatrix} -1E4 & 1E3 & 0 & 0 \\ -1E3 & 1E4 & 0 & 0 \\ 0 & 0 & -1E1 & 1E2 \\ 0 & 0 & -1E2 & -1E1 \end{bmatrix} y, \quad y(0) = \begin{pmatrix} 1 \\ 1 \\ 1 \\ 1 \end{pmatrix}.$$

Insgesamt betrachtet arbeitet der Test beachtenswert gut, wenn man die gerade beschriebenen Gesichtspunkte im Kopf behält. Umfassende Rechnungen mit üblichen Testproblemen haben den Wert des Tests gezeigt. Wir führen ein paar derartige Ergebnisse auf. Krogh [19] gibt eine Sammlung von sowohl steifen als auch nichtsteifen Problemen an. Alle wurden mit Fehlerschranken von 10^{-1}, 10^{-2},... bis herunter zu dem Punkt integriert, wo die Steuerung der fortgepflanzten Rundungsfehler gebraucht wurde, typischerweise 10^{-11}. Kein nichtsteifes Problem wurde als steif gemeldet. Die Probleme 1 und 7 dieser Sammlung sind auf Teilen ihrer Integrationsintervalle schwach oder stark steif. Da sie aber keine 500 Schritte benötigen, beachtet DE diese Steifheit ganz richtig nicht. Problem 10 verläßt, wenn es mit einer Fehlerschranke von 10^{-1} integriert wird, die Lösungskurve vollständig und trifft deshalb auf Steifheit, was richtig gemeldet wird. Für alle anderen Fehlerschranken folgt der Code der richtigen Lösungskurve, die zu einem nichtsteifen Problem führt, und DE gibt die richtigen Meldungen zurück. Die beiden steifen Probleme 12 und 13 haben eine Vielzahl von Rücksprüngen. Verschiedene Intervalle sind vorgegeben worden, und oft integriert der Code über das kürzeste Intervall in weniger als 500 Schritten und meldet deshalb keine Steifheit. Es gibt ein Anfangsintervall mit einer schnellen Änderung, so daß wegen strenger Genauigkeitsforderungen ein oder zwei Rücksprünge wegen zuviel Arbeit erfolgen, bevor Steifheit gemeldet wird. In jedem Fall, außer für die Fehlerschranke 10^{-11} bei Problem 12, wird Steifheit erkannt.

Die vielleicht wichtigste Aufgabe, die bei der Lösung gewöhnlicher Differentialgleichungen noch offen ist, ist, Codes zu entwickeln, die automatisch erkennen, ob ein Problem steif ist, und die daraufhin geeignete Maßnahmen unternehmen. Die Untersuchungen, die in diesem Kapitel dargestellt wurden, versahen DE mit einer außerordentlichen Möglichkeit. Die Ideen und der Code haben die Forschung stark angeregt, seit die erste Auflage dieses Buches erschien. Ein Ergebnis hat gezeigt, wie einfache Änderungen von DE seine Robustheit vergrößern und seine Fähigkeit verbessern, zu erkennen, ob es für das gestellte Problem ungeeignet ist. Der Leser, der an dieser Sache oder einer herausfordernden Übung in mathematischer Software interessiert ist, findet diese Ergebnisse dargestellt von L. F. Shampine als „Lipshitz Constants and Robust ODE Codes" im Tagungsband: Computational Methods in Nonlinear Mechanics, J. T. Oden, ed., North-Holland, 1980. Eine ganze Reihe von Forschern haben in verschiedenster Weise auf diesem modifizierten DE aufgebaut, um Codes zu entwickeln, die bei der Erkennung von Steifheit gut genug sind, um anwendbar zu sein. Diese Codes lassen noch viele Wünsche offen, und es werden noch eine Vielzahl vollkommen verschiedener Ansätze untersucht in der Hoffnung, einen Test zu finden, der befriedigender arbeitet.

Kapitel 9: Rechner-Arithmetik

Allgemein gesprochen versucht man, bei der Lösung von Differentialgleichungen den Unterschied zwischen Rechnerarithmetik und exakter Arithmetik zu ignorieren. Üblicherweise ist das zulässig, da der Fehler, der durch das numerische Verfahren eingeschleppt wird, also der Diskretisierungsfehler, üblicherweise ein Stück größer ist als der Fehler, der durch die Benutzung der Arithmetik mit begrenzter Stellenzahl eingeschleppt wird. Es gibt jedoch grundlegende Beschränkungen, die verstanden sein müssen. Zusätzlich sind einige Vorsorgen in die Codes geschrieben worden, die die Wirkungen der beschränkten Stellenzahl verbessern, und diese müssen erklärt werden.

Die meisten modernen Lehrbücher der numerischen Mathematik diskutieren die Grundlagen der Rechnerarithmetik, z.B. [25]; die maßgebliche Quelle ist [28]. Für unsere Zwecke ist es nicht erforderlich, diese Materialien herzuleiten. Es werden nur einige wenige Ideen, die benötigt werden, einfach formuliert und veranschaulicht. Es wird angemessen sein, das Gleitkomma-Ergebnis der arithmetischen Operationen $+$, $-$, $\times$ und $/$ als gerundetes exaktes Ergebnis zu beschreiben. Die Symbole $\oplus, \ominus, \otimes$ und $\oslash$ werden zur Darstellung derGleitkommaoperationen benutzt, und $\mathrm{fl}(x)$ wird benutzt, um das Ergebnis der Rundung von x in eine Gleitkommazahl zu bezeichnen. Somit lautet die Darstellung der reellen Zahl 0.111119×10^0 in auf fünf Dezimalstellen gerundeter Gleitkomma-arithmetik

$$\mathrm{fl}(.111119 \times 10^0) = .11112 \times 10^0 .$$

Die meisten Rechner hacken eher ab als daß sie runden, d.h. sie lassen alle Ziffern, die über einfache Genauigkeit hinausgehen, einfach weg. Mit abhackender Arithmetik ist

$$\mathrm{fl}(.111119 \times 10^0) = .11111 \times 10^0 ,$$

so daß die Interpretation von $\mathrm{fl}(x)$ von der Methode abhängt. Wir werden beide Methoden als Runden bezeichnen, außer es bedarf größerer Genauigkeit. Alle unsere Beispiele werden fünf Dezimalstellen und abhackende Arithmetik benutzen. Als ein Beispiel für die Addition wollen wir

$$.11111 \times 10^0 \oplus .49999 \times 10^{-3}$$

betrachten. Die Voraussetzung ist, daß $a \oplus b = \mathrm{fl}(a + b)$ ist, somit ist die exakte Summe

$$\begin{array}{rl} .11111 & \times 10^0 \\ + \underline{.00049999} & \times 10^0 \\ .11160999 & \times 10^0 \end{array}$$

und das abgehackte Ergebnis 0.11160×10^0 mit einem Rundungsfehler von 0.99900×10^5. Eine grundlegende Technik zur Untersuchung von Gleitkommaarithmetik ist,

$$\mathrm{fl}(a) = a(1 + \tau)$$

zu schreiben, wobei τ durch eine Rundungsfehlereinheit

$$|\tau| \leqslant u$$

beschränkt ist. Bei Rechnern mit normalisierter Gleitkommaarithmetik mit s signifikanten Ziffern zur Basis β werden Zahlen a in der Form $a = m\beta^e$ dargestellt, wobei $0 < \beta^{-1} \leqslant m < 1$ und e eine geeignete ganze Zahl ist. Der Wert von u ist dann

$$\begin{aligned} u &= \frac{1}{2}\beta^{1-s} \quad \text{gerundet}, \\ &= \beta^{1-s} \quad \text{abgehackt}. \end{aligned}$$

So können wir dann z.B.

$$a \otimes b = fl(a \times b) = (a \times b)(1 + \tau)$$

schreiben, wobei $|\tau| \leqslant u$ ist. Es gelten im wesentlichen die gleichen Schlüsse bei einer weniger idealisierten Gleitkommaarithmetik. Die Einzelheiten sind für uns nicht wichtig und es wird ganz angemessen sein, u als den kleinsten positiven Wert zu beschreiben, für den

$$1 \oplus u \neq 1$$

ist. Bei der Summe zweier Zahlen wird die kleinere von beiden die Summe nicht beeinflussen, außer sie sind von vergleichbarer Größe. Zum Beispiel hat

$$\begin{array}{rl} & .11111 \quad\quad\quad \times 10^0 \\ + & \underline{.0000049999 \times 10^0} \\ & .1111149999 \times 10^0 \end{array}$$

das abgehackte Ergebnis 0.11111×10^0. Demzufolge ist $a \oplus b = a$, wenn $|b| < u\,|a|$ ist. Dies quantifiziert einfach die Aussage, daß, wenn b zu klein ist, seine Ziffern die von a nicht beeinflussen in der Genauigkeit, mit der die Addition durchgeführt wird. Diese einfache Beobachtung bezüglich Gleitkommaaddition stellt zwei grundlegende Beschränkungen auf, eine bezüglich der Schrittweite und eine bezüglich der lokalen Fehlerschranke.

Eine Schrittweite h wird so gewählt, daß ein Schritt auf $x + h$ hin mit der geforderten Genauigkeit durchgeführt werden kann. Wenn h hinreichend klein im Verhältnis zu x ist, ist $x \oplus h = x$ und die Berechnung kann nicht weiter fortschreiten. Deshalb ist die kleinste Schrittweite, die von Bedeutung ist, etwa von der Größe $u\,|x|$. Ein Unterschied zwischen x und $x + h$ muß auch auftreten in der Routine, die die Differentialgleichung auswertet. Aber wie klein dieser Unterschied sein darf, der noch zu annehmbar genauen Funktionswerten führt, hängt vom Problem ab und davon, wie es programmiert wurde. Der Code STEP gibt die Kontrolle zurück an das rufende Programm, wobei die Variable CRASH (Absturz) auf den Wert .TRUE. gesetzt wurde, wenn die Schrittweite, die gebraucht wurde, kleiner als $4u|x|$ ist.

Eine ähnliche Beschränkung muß für die Genauigkeit gegeben werden. Das Ergebnis eines Schrittes ist von der Form

$$y_{n+1} = y_n + h \sum_{i=1}^{k} \alpha^*_{k+1,i} f_{n+1-i} + h\alpha^*_{k+1,0} f^p_{n+1}$$

oder, wie wir es abkürzen,

$$y_{n+1} = y_n + h\sum$$

Der Benutzer übergibt eine Genauigkeit ϵ und der Code STEP bestimmt danach die Schrittweite so, daß der lokale Fehler des Schrittes etwa zu 0.5ϵ gemacht wird. Das setzt exakte Arithmetik voraus, aber es tritt auch ein Fehler auf, der von der begrenzten Genauigkeit stammt. Insbesondere gibt es einen Rundungsfehler bei der Addition, der genauso groß wie $u|y_{n+1}|$ sein kann:

$$y_n \oplus h\sum = (y_n + h\sum)(1 + \tau) = y_{n+1} + y_{n+1}\tau.$$

Es ist sinnlos, zu versuchen, den lokalen Fehler so zu steuern, daß er kleiner ist als der Rundungsfehler, da bei einem Schritt der gesamte Fehler die Genauigkeit bestimmt. Tatsächlich müssen wir mit Fehlergrenzen einer Größe arbeiten, daß der lokale Fehler um einiges größer als der Rundungsfehler ist, damit das Ändern der Schrittweite eine Wirkung zeigt. Es ist unpraktisch, diesen Test auf y_{n+1} aufzubauen, da dieser Wert nicht sofort verfügbar ist. Bei der Grenzgenauigkeit ist es gewöhnlich der Fall, daß $|y_n| \gg |h\Sigma|$, so daß $|y_{n+1}| \approx |y_n|$ ist. Der Code STEP testet, ob

$$0.5\epsilon < 2u\,|y_n|$$

ist, wenn er aufgerufen wird. Wenn die Ungleichung erfüllt ist, erhöht der Code ϵ, bis $0.5\epsilon \approx 2u|y_n|$ ist und gibt die Kontrolle an das rufende Programm zurück, wobei CRASH=.TRUE. gesetzt wurde. Auf diese Weise kostet die Erkennung von zu hohen Genauigkeitsforderungen keine Funktionsauswertung, und die Benutzer werden bezüglich des kleinsten ϵ informiert, von dem sie erwarten können, daß es annehmbar arbeitet.

Die Beschränkung bezüglich der Fehlerschranke ist sehr wichtig, falls jemand unbeabsichtigt eine zu hohe Genauigkeit verlangt, da er nicht genügend viel über die Lösung weiß, oder weil er die höchstmögliche Genauigkeit verlangt. Man könnte denken, daß die Beschränkung bezüglich der Schrittweite ausreichen würde, aber sie reicht nicht aus. Üblicherweise stellt man fest, daß Codes dieser Art, während sie scheinbar normal arbeiten, falls die Fehlerschranke unter diese Grenze heruntergesetzt wurde, tatsächlich aber schlechtere Ergebnisse bei stark erhöhtem Aufwand liefern. Wie wir in Kapitel 11 sehen werden, arbeitet dieser einfache Test recht gut, um die fast höchstmögliche Genauigkeit zu bekommen, wobei zudem noch die Kosten kontrolliert werden.

Diese beiden Tests verhindern, daß die Codes versuchen, Genauigkeiten zu erhalten, die aufgrund der Maschinengenauigkeit unvernünftig sind. Wir wollen jetzt ein paar Tricks zur Erhöhung der Genauigkeit des Ergebnisses bei vorgegebener Maschinengenauigkeit untersuchen. Eine Faustregel [28, S. 18–19] zur Beschränkung des Fehlers ist, Zahlen etwa der aufsteigenden Größe nach aufzuaddieren. Wir können diese Regel erhalten, indem wir einen Fehlerausdruck entsprechend den früheren Voraussetzungen aufschreiben und beobachten, daß die Regel versucht, eine natürliche Fehlergrenze zu minimieren. Es werden wiederholt Summen, die Differenzen enthalten, gebildet, wie z.B. bei der Berechnung von p_{n+1} und p'_{n+1} und bei der Interpolation. Ein einfaches Beispiel ist

$$p'_{n+1} = \sum_{i=1}^{k} \phi_i^*(n) .$$

Es gibt verschiedene Gründe, anzunehmen, daß die Differenzen in diesen Summen kleiner werden, wenn ihre Ordnungen anwachsen. Wir werden diese Gründe gleich untersuchen, zunächst nehmen wir an, daß sie wirklich abnehmen. Dann lautet die Faustregel, sie in umgekehrter Reihenfolge aufzusummieren, das heißt,

$$\sum \leftarrow \phi_k^*(n) \quad \text{initialisieren}$$

$$\sum \leftarrow \sum + \phi_i^*(n) \quad i = k-1, k-2, \ldots, 1 ,$$

$$p'_{n+1} \leftarrow \sum .$$

Dieses Vorgehen hat gewöhnlich einen, wenn auch kleinen, Nutzen und schadet auch nicht, wenn die Differenzen nicht kleiner werden. Da es genauso leicht ist, in umgekehrter Reihenfolge wie in der richtigen Reihenfolge aufzusummieren, wird dieser Kniff bei allen Codes durchgehend angewendet.

Die Differenzen, die von den Codes benutzt werden, neigen dazu, mit zunehmender Ordnung kleiner zu werden. Die Darstellung der Differenzen als skalierte Ableitungen (vgl. Kapitel 2) zeigt, daß die Differenzen eines Interpolationspolynoms ungefähr den Koeffizienten einer konvergenten Taylorreihenentwicklung der Lösung entsprechen, und somit neigen auch sie dazu, kleiner zu werden. Der Fehler des numerischen Verfahrens der Ordnung k wird durch ein Vielfaches einer Differenz abgeschätzt, im Falle konstanter Schrittweite durch $h\gamma_k^* \nabla^k f_n^p$. Da sich dieses Vielfache stark als Funktion der Ordnung ändert, ist es eine kleine Differenz, $\nabla^k f_n^p$, die hohe Genauigkeit ermöglicht. Der Algorithmus zur Steuerung der Ordnung fügt, grob gesprochen, Differenzen hinzu oder läßt sie weg, so daß sie bis zur maximal benutzten Ordnung dazu neigen, abzunehmen, für höhere Ordnungen werden sie größer. In dem wichtigen Fall, daß die Rundungsfehler lästig werden, ist die Schrittweite gewöhnlich klein und die Funktionswerte sind etwa konstant. Die Differenzen werden dann durch Subtraktion ungefähr gleicher Größen gebildet, und so werden sie schnell kleiner. Schließlich zeigt die Überprüfung der Differenzentabellen für typische Testprobleme, daß die Differenzen stark dazu neigen, bis zu einer gewissen Ordnung abzunehmen und danach anzusteigen. Die Tatsache, daß sie dazu neigen, bis zu der vom Code gewählten Ordnung abzunehmen, rechtfertigt die angewandte Faustregel.

Es gibt einen Effekt, der die Differenzen dazu bringt, anzusteigen, und den wollen wir jetzt untersuchen. Um genau zu sein, setzen wir voraus, daß eine konstante Schrittweite benutzt wird. In Kapitel 2 stellten wir fest, daß

$$\nabla^k f_n = \sum_{m=0}^{k} (-1)^m f_{n-m} \binom{k}{m}$$

ist. Aufgrund der Fehler, die in der Routine zur Berechnung der f_n gemacht wurden, haben wir tatsächlich

$$f_n^* = f_n(1 + \delta_n) = f_n + f_n \delta_n ,$$

mit einem relativen Fehler δ_n. Dann ist

$$\nabla^k f_n^* = \nabla^k f_n + \sum_{m=0}^{k} (-1)^m f_{n-m} \delta_{n-m} \binom{k}{m} .$$

Die Fehler δ_n sind gewöhnlich klein, aber sie können durch Differenzenbildung verstärkt werden. Dieser Zuwachs kann nach oben abgeschätzt werden durch

$$\left| \sum_{m=0}^{k} (-1)^m f_{n-m} \delta_{n-m} \binom{k}{m} \right| \leqslant \sum_{m=0}^{k} \binom{k}{m} \cdot \max_{0 \leqslant m \leqslant k} |f_{n-m} \delta_{n-m}|$$

$$= 2^k \max_{0 \leqslant m \leqslant k} |f_{n-m} \delta_{n-m}| .$$

(Der einfache Ausdruck stammt aus der wohl bekannten Identität

$$2^k = (1+1)^k = \sum_{m=0}^{k} \binom{k}{m} .)$$

Wenn die f_{n-m} konstant sind (wie sie es bei Grenzgenauigkeit fast sind) und die δ_{n-m} bis auf wechselndes Vorzeichen konstant sind, ist die Grenze erreicht. Wenn die δ_n als Zufallsvariablen betrachtet werden, wobei es egal ist, ob ihr Vorzeichen negativ oder positiv ist, ist der mittlere Fehler der Differenzen Null. Das kommt davon, daß es für jeden Fehler in der Differenz von der Form

$$\sum_{m=0}^{k} (-1)^m f_{n-m} \delta_{n-m} \binom{k}{m}$$

einen entsprechenden Fehler der Form

$$\sum_{m=0}^{k} (-1)^m f_{n-m} (-\delta_{n-m}) \binom{k}{m}$$

gibt, der zu einem Mittelwert Null führt. In einem vagen, „durchschnittlichen" Sinn erwarten wir, daß die Verstärkung der Fehler bei den f_n mäßig ist, sie kann bei den höheren Differenzen aber groß sein. Die Prozedur zur Ordnungsbestimmung wird dadurch betroffen, daß die $\nabla^k f_n^*$ benutzt werden. Wir erwarten, daß die wahren Differenzen $\nabla^k f_n$ als Funktion der Ordnung k abnehmen. Wir sollten jedoch wegen der Fehlerverstärkung bei der Berechnung der f_n erwarten, daß die Differenzen $\nabla^k f_n^*$ tatsächlich nur bis zu einer gewissen Ordnung kleiner werden und dann aufgrund der Rundungseffekte den Diskretisierungsfehler, der zu den wahren Differenzen gehört, überwiegen. Die Erwartung dieses qualitativen Verhaltens stammt vor allen Dingen aus der Erfahrung. Der Vorgang zur Auswahl der Ordnung neigt dazu, Differenzen nicht mehr zu benutzen, sobald sie anwachsen, so daß die Ordnung so beschränkt wird, daß nur die Differenzen mit zumindest einigen gültigen Ziffern benutzt werden.

Eine wichtige Fehlerquelle im Grenzbereich der Genauigkeit liegt bei den Additionen bei den wesentlichen Rechenschritten

$$p_{n+1} = y_n + h_{n+1} \sum_{i=1}^{k} g_{i,1} \phi_i^*(n) = y_n + h_{n+1} \sum_{i=1}^{k} \alpha_{k,i} f_{n+1-i} ,$$

$$y_{n+1} = p_{n+1} + h_{n+1} g_{k+1,1} [f_{n+1}^p - p'_{n+1}] .$$

Um die wichtigen Additionen hervorzuheben und um die Darstellung zu vereinfachen, schreiben wir die Formeln als

$$p_{n+1} = y_n + h\sum f_n$$

und

$$y_{n+1} = p_{n+1} + hS_p f_{n+1} \, .$$

Wir benötigen Σf_n nur, um eine Linearkombination von Werten f_{n+1-i} darzustellen und ebenso $S_p f_{n+1}$ als ähnliche Kombination der f_{n+1}. Wir können die Fehler bei der Addition, wenn sie auftreten, nicht unter eine Rundungseinheit reduzieren, aber wir versuchen, ihre Wirkung für die nächsten Schritte zu begrenzen.

Eine andere Vorgehensweise [2, p. 327] ist, einen Großteil der Berechnung in einfacher Genauigkeit, gewisse empfindliche Rechnungen aber in doppelter Genauigkeit auszuführen. Wir entwickeln diese Technik nicht, da wir erwarten, daß der Benutzer vollständig mit doppelter Genauigkeit arbeitet, wenn das vernünftig ist. Wir wollen das noch genauer diskutieren.

Typische Maschinen, die in Zusammenhang mit diesem Lehrbuch benutzt werden, sind eine IBM 360/67, eine PDP-10 und eine CDC 6600. In einfacher Genauigkeit sind die IBM 360 Systeme Maschinen mit Basis 16 und abgehackter Arithmetik, die etwa sieben Dezimalstellen mitführen. Die Wortlängen und Rundungseigenschaften sind so schlecht, daß einfache Genauigkeit vollständig nutzlos für die ernsthafte Lösung von Differentialgleichungen ist (im Unterschied zu Lösungen, die als Beispiel im Unterricht vorgeführt werden). Andererseits ist die doppelte Genauigkeit von etwa 16 Dezimalstellen hardwaremäßig eingebaut und sie kostet nur etwa 25 % mehr als einfache Genauigkeit. Aus diesen Gründen sollte man gewöhnlich auf dieser Serie von Maschinen vollständig mit doppelter Genauigkeit rechnen. (Manche wundern sich, wie billig doppelte Genauigkeit ist, andere, warum eine so schlechte einfache Genauigkeit vorgesehen wurde.) Die PDP-10 ist eine Maschine auf der Basis 2, die rundet und etwa acht Dezimalstellen hat. Da die doppelte Genauigkeit softwaremäßig unterstützt wird, ist sie relativ teuer. Die gerundete, binäre Arithmetik ist im Grenzbereich der Genauigkeit sehr nützlich. Mit den Rundungskontrollen, die in unsere Codes eingebaut sind, reicht einfache Genauigkeit im Normalfall aus, aber Berechnungen mit hoher Genauigkeit erfordern die Benutzung doppelter Genauigkeit. Die CDC 6600 ist eine Maschine auf der Basis 2, die abhackt und etwa 14 Dezimalstellen angibt. Es wäre ganz unüblich, auf dieser Maschine in doppelter Genauigkeit rechnen zu wollen. (Das ist günstig, da sie nur softwaremäßig unterstützt wird.) Zusammengefaßt raten wir Benutzern von Maschinen der IBM 360er-Reihe vollständig in doppelter Genauigkeit zu arbeiten, PDP-10 und CDC 6600 Benutzern hingegen, in einfacher Genauigkeit zu arbeiten. Auf jeden Fall ist es recht teuer, die Genauigkeit zu erhöhen.

Wir wollen nun zur Frage der fortgepflanzten Rundungsfehler zurückkommen und diskutieren, wie wir sie reduzieren können, ohne daß wir zu höherer Genauigkeit übergehen müssen. Die Werte, die wir berechnen wollen, sind

$$p_{n+1} = y_n + h\sum f_n$$

und

$$y_{n+1} = p_{n+1} + hS_p f_{n+1} \, .$$

Es seien y_n^*, p_n^* usw. die Werte, die tatsächlich bei der Berechnung benutzt werden. Sie führen kleine Fehler mit sich, die aus der verstärkenden Wirkung der Gleitkommaarithmetik stammen. Durch Umordnung der Berechnung versuchen wir die Fehler $\delta_n = y_n^* - y_n$ und $\delta_n^p = p_n^* - p_n$ auf die Größe einer Rundungseinheit beschränkt zu halten. Der grundlegende Ansatz beinhaltet, nur die vorherrschenden Terme zu schätzen, die etwas zum Fortpflanzungsfehler beitragen. Der wesentliche Bestandteil ist eine Menge realistischer Annahmen bezüglich der relativen Größen der berechneten Größen.

Der Fehler, der nach p_{n+1} fortgepflanzt wird, stammt aus drei Quellen: den Fehlern, die schon in y_n enthalten sind, denen, die sich aus der Addition von $h\Sigma f_n$ zu y_n ergeben, und denen, die bei der Bildung von $h\Sigma f_n$ entstehen. Durch den angewandten Trick wird der Fehler in y_n von der Größenordnung einer Rundungseinheit sein. Wenn Rundung wichtig ist, ist die Schrittweite gewöhnlich klein genug, so daß sich die Lösung von Schritt zu Schritt nur wenig ändert, $y_n \approx p_{n+1} \approx y_{n+1}$. Das bedeutet, daß $|y_n| \gg |h\Sigma f_n|$ ist. Deshalb ist die Rundung, die sich aus der Addition der zwei Terme zur Bildung von p_{n+1} ergibt, von der Größenordnung einer Rundungseinheit in $p_{n+1} \approx y_n$. Der Fehler bei der Bildung von $h\Sigma f_n$ hat verschiedene Ursachen. Die Terme f_i^*, die tatsächlich benutzt werden, haben Fehler, die aus zwei Quellen stammen. Eine stammt aus der Benutzung von y_i^* anstatt von y_i. Dieser Fehler erfüllt

$$f(x_i, y_i^*) = f(x_i, y_i + \delta_i) = f_i + f_y \delta_i + \ldots = f_i + O(uf_y)\,.$$

(Hier, wie auch sonst in dieser Diskussion, benutzen wir das Symbol $O(uf_y)$ formwidrig, um Größen anzudeuten, die etwa gleichgroß oder etwas kleiner als uf_y sind.) Wir setzen voraus, daß die Routine zur Berechnung von f Ergebnisse liefert, die bis auf wenige Rundungseinheiten genau sind, so daß

$$f^*(x_i, y_i^*) = f(x_i, y_i^*) + O(uf_i) = f_i + O(uf_i) + O(uf_y)$$

ist. Die arithmetischen Fehler bei der Bildung von $h\Sigma f_n$ sollten normalerweise nicht mehr als ein paar Rundungseinheiten im Ergebnis betragen, so daß

$$\left(h\sum f_n\right)^* = h\sum f_n + O\left(uh\sum f_n\right) + O(uhf_y)$$

ist. Wir sind an der sehr genauen Lösung nichtsteifer Probleme interessiert, in dem Fall wird h normalerweise klein genug sein, so daß wir uns sicherlich im Bereich absoluter Stabilität befinden, d.h. $1 \gg |hf_y|$. Wenn die Lösung derart ist, daß $|y_n| \gg |hf_y|$ ist, können wir feststellen, daß die Fehler bei der Bildung von $h\Sigma f_n$ alle klein sind im Vergleich zu den beiden anderen Fehlerquellen in p_{n+1}.

Mit einer Schätzung δ_n^* von δ_n versuchen wir, die vorausgesagten Werte zu korrigieren, aber das muß vorsichtig getan werden. Nach Konstruktion ist δ_n^* von einer Größenordnung einer Rundungseinheit in y_n, so daß einfache Subtraktion von p_{n+1}^* einen Fehler bewirkt, der genauso groß wie die angestrebte Korrektur ist. Jedoch führt die Bildung von

$$\tau = \left(h\sum f_n\right)^* \ominus \delta_n^*$$

die Korrektur genau durch, da die beiden Ausdrücke etwa von gleicher Größenordnung sind und der Fehler bei der Addition einer Rundungseinheit von τ im Vergleich zum Additionsfehler ξ in

$$p_{n+1}^* = y_n^* \oplus \tau$$

zu vernachlässigen ist. Zusammenfassend ist der Fehler δ^p_{n+1} in

$$\begin{aligned} p^*_{n+1} &= p_{n+1} + \delta^p_{n+1} = y^*_n + \tau + \xi \\ &= y_n + \delta_n + \left(h \sum f_n\right)^* \ominus \delta^*_n + \xi \\ &\approx y_n + \delta_n + h \sum f_n - \delta_n + \xi \end{aligned}$$

ziemlich genau gleich dem Fehler ξ bei der Addition. Er kann genau aus

$$\delta^p_{n+1} \approx \xi = (p^*_{n+1} \ominus y^*_n) \ominus \tau$$

bestimmt werden. Das ist möglich, da $p^*_{n+1} \approx y^*_n$ ist, so daß ihre führenden Stellen sich bei der Subtraktion aufheben und es überhaupt keinen Rundungsfehler gibt. Ähnlich gibt es keinen Rundungsfehler bei der zweiten Subtraktion.

Wenn wir in gleicher Weise vorgehen, um den Fehler δ^p_{n+1} bei der Berechnung von y^*_{n+1} zu korrigieren und den Fortpflanzungsfehler δ_{n+1} zu schätzen, kommen wir auf

$$\rho = (hS_p f_{n+1})^* \ominus \xi ,$$

$$y^*_{n+1} = p^*_{n+1} \oplus \rho$$

und

$$\delta_{n+1} \approx (y^*_{n+1} \ominus p^*_{n+1}) \ominus \rho .$$

Das vervollständigt einen typischen Schritt. Es ist wichtig, daß wir bei jedem Schritt versuchen, sowohl δ_n als auch δ^p_{n+1} zu erledigen, so daß sie in der Größenordnung einer Rundungseinheit gehalten werden, da diese Voraussetzung wichtig für die dargelegte Rechtfertigung ist.

Die gemachten Voraussetzungen sind sicherlich nicht gültig, wenn die Lösung durch eine Nullstelle verläuft, und sind unwahrscheinlich, außer jemand nähert sich der Grenzgenauigkeit. Die Berechnung würde so, wie sie umgeordnet ist, keine Wirkung haben, wenn die Maschinenarithmetik exakt wäre, und sie ändert die einzelnen Werte auf jeden Fall nur um ein paar Rundungseinheiten. Die Wirkung sollte unsichtbar bleiben, außer jemand rechnet mit der Grenzgenauigkeit und führt viele Schritte durch. Wenn die Voraussetzungen gültig sind, hängt die Wirkung noch davon ab, wie sich der Fehler bei dem bestimmten Problem fortpflanzt. Da es auch noch eine komplexe Wechselwirkung zwischen Schritt- und Ordnungswahl gibt, ist schwer vorauszusagen, was passiert. Obwohl es überraschend scheint, ist das Ergebnis wahrscheinlich das, daß es weniger Funktionsauswertungen gibt. Das kommt daher, daß die Differenzen genauer sind. Als Ergebnis arbeiten die Fehlerschätzer aus Gründen, die früher untersucht wurden, effektiver und es scheinen Formeln höherer Ordnung und mit größeren Schrittweiten möglich zu sein. Die Gewinne an Effizienz und Genauigkeit, die von diesem Kniff kommen, sind recht bescheiden, aber unser Code zielt auf die Lösung von nichtsteifen Problemen mit hoher Genauigkeit, und so haben wir ihn wie beschrieben eingebaut. Numerische Experimente mit typischen Testproblemen haben festgestellt, daß die Wirkung dieses Kniffes bei Fehlerschranken, die etwa 100 mal größer als die Grenzgenauigkeit waren, unsichtbar blieb. Um den Overhead zu verringern, wird daher der Kniff nicht angewandt, wenn die Anfangsfehlerschranke 100 mal größer ist als die Grenzgenauigkeit beim ersten Aufruf des Codes.

Die Rundungsfehlereffekte bei einem Differentialgleichungslöser vollständig zu analysieren, geht über den Stand der Kunst heraus. In Kapitel 11 werden wir einige experimentelle Ergebnisse untersuchen, um die Theorie dieses Kapitels zu vervollständigen. Im Ganzen verhalten sich die vorgestellten Codes recht befriedigend bezüglich der Grenzgenauigkeit. Dieser Aspekt von Differentialgleichungslösern ist ziemlich vernachlässigt worden und es ist wenig über Arbeiten auf dem Gebiet geschrieben worden, obwohl es einen sehr interessanten Kern der Theorie gibt, der auf einem statistischen Rundungsfehlermodell beruht [2, 12].

Kapitel 10: Die Codes

In diesem Kapitel stellen wir Subroutinen zur Lösung gewöhnlicher Differentialgleichungen vor, die die Algorithmen benutzen, wie sie in den vorhergehenden Kapiteln entwickelt wurden. Die wesentlichen Codes sind der Integrator STEP, die Interpolationsroutine INTRP und der Treiber DE. Die Codes STEP und INTRP bringen die numerische Lösung einer Gleichung einen Schritt weiter beziehungsweise interpolieren die Lösung und ihre Ableitung. Die Theorie, die diesen Codes zugrunde liegt, und die Implementation der Algorithmen sind in den früheren Kapiteln erklärt worden, deshalb werden wir hier nur noch einmal die hauptsächlichen Ideen zusammenfassen. Die Subroutine DE ist ein Treiber, der die Benutzung der Codes für Routineprobleme erleichtert; er wird ausführlich erklärt. Wir haben angestrebt, diese Codes so einfach, aber auch so effizient und robust wie möglich zu machen.

Zunächst diskutieren wir, wie die Codes auf verschiedenen Rechnersystemen implementiert und getestet werden. Jeder Code hat einen Prolog mit Kommentaren, die erklären, wie der Code zu nutzen ist; diese Kommentare sind hier erweitert und mit Beispielen versehen. Im dritten Abschnitt werden wir die Codes erklären. Wir haben versucht, sie lesbar und effizient zu programmieren. Der strukturierte und disziplinierte Gebrauch von FORTRAN und Kniffe zur Steigerung der Effizienz werden erklärt werden. Die Codes sind ausgiebig kommentiert und wir geben, wo es geeignet ist, Flußdiagramme an. Als nächstes diskutieren wir Erweiterungen der Codes, die ihre Brauchbarkeit anwachsen lassen, die sie aber auch schwerer zu benutzen lassen oder weniger leicht übertragbar machen. Im letzten Abschnitt ist ein Code zur Nullstellenbestimmung mit Hinweisen für seinen Gebrauch angegeben.

Fortschritte in der Theorie und Erfahrungen der Benutzer mögen Änderungen an den Codes veranlassen. Die Leser sind gebeten, den Autoren zu schreiben, welche Änderungen sie gutheißen.

Implementation der Codes

Vier grundlegende Codes werden vorgestellt: der Kern des ganzen, der Integrator STEP, eine Interpolationsroutine INTRP, ein Treiber DE und eine Subroutine MACHIN, die die Rundungseinheit der benutzten Maschine bestimmt. Wir listen Versionen in einfacher Genauigkeit auf, da sie leichter zu übertragen und gleichzeitig geeigneter für allgemeinen Gebrauch auf Großrechnern sind.

Die einzigen maschinenabhängigen Konstanten sind TWOU und FOURU, die das zwei- bzw. vierfache der Rechnergenauigkeit darstellen. Diese letztere Größe ist definiert als die kleinste positive Zahl, für die $1 \oplus U > 1$ gilt. Da die Konstanten von der Maschine und der benutzten Genauigkeit abhängen, müssen sie berechnet werden und in DATA Statements sowohl in STEP als auch in DE vor Gebrauch der Codes eingesetzt werden. Wenn die Basis β und die Anzahl der signifikaten Ziffern s (die Wortlänge der Maschine) bekannt sind, kann U aus den Relationen, die in Kapitel 9 angegeben worden sind, berechnet werden, es ist

$$U = \beta^{1-s} \quad \text{abgehackte Arithmetik,}$$
$$= \tfrac{1}{2}\beta^{1-s} \quad \text{gerundete Arithmetik.}$$

Wenn diese Information nicht verfügbar ist, berechnet die Subroutine MACHIN die Größe U aus ihrer Definition. Die Konstanten TWOU und FOURU brauchen nur ein oder zwei korrekte Ziffern zu haben. Für die folgenden Computer ist U etwa

IBM 360/7	einfache Genauigkeit	9.5E-7,
UNIVAC 1108	einfache Genauigkeit	1.5E-8,
PDP-10	einfache Genauigkeit	7.5E-9,
CDC 6600	einfache Genauigkeit	7.1E-15,
IBM 360/7	doppelte Genauigkeit	2.2D-16.

In allen Situationen außer in zweien haben wir ANS Standard FORTRAN benutzt. Verschiedene Variablen und Felder sind in STEP und DE zwischen Aufrufen gespeichert und werden nicht durch die aufrufende Parameterliste übergeben. Dieses Vorgehen ist bei Integratoren wie den unseren üblich, da es die Parameterliste in einer bequemen Länge hält. Das kann Schwierigkeiten bereiten, wenn ein Overlay vorliegt, oder wenn jemand zwischen Problemen hin- und herspringen will, ohne daß er immer neu startet. Diese Situationen sind im Unterricht selten und sind in der industriellen Forschung unüblich. Die Lösung dieser Schwierigkeiten ist für die meisten Compiler leicht und wir diskutieren ihre Durchführung in einem anderen Abschnitt gleichzeitig mit anderen wertvollen Erweiterungen der Codes. Unglücklicherweise erlaubt der WATFOR-Compiler, der bei akademischen Rechenzentren weit verbreitet ist, eine der von uns angegebenen Erweiterungen nicht, obwohl sie im Standard FORTRAN enthalten ist. Aus diesem Grunde benutzen die grundlegenden Codes den nicht-standardmäßigen, aber geläufigen FORTRAN-Kniff der internen Speicherung. Außerdem benutzen wir ein nicht-standardmäßiges DATA-Statement, da der FORTRAN-Standard von 1965 sehr einschränkend ist. Die benutzte Form gehört zum Standard für alle uns bekannten Maschinen, und es wird erwartet, daß sie bald standardisiert wird.

DOUBLE PRECISION-Versionen dieser Codes erfordern verschiedene Modifikationen. Alle REAL-Variablen müssen als DOUBLE PRECISION erklärt werden; das kann leicht gemacht werden, in dem auf IBM Maschinen

```
IMPLICIT REAL*8 (A-H, O-Z)
```

und auf vielen anderen

```
IMPLICIT DOUBLE PRECISION (A-H, O-Z)
```

vereinbart wird. Auf Maschinen mit einem FORTRAN, das das nicht ermöglicht, etwa CDC 6600, müssen alle Variablen in einer Typenvereinbarung aufgelistet werden. Alle Konstanten müssen in DOUBLE PRECISION-Konstanten umgewandelt werden. Die Konstanten, die in DATA-Statements gespeichert sind, benötigen nur ein paar Ziffern an Genauigkeit, so daß sie für den Gebrauch mit doppelter Genauigkeit hinreichend genau sind. FORTRAN-untersützte Funktionen wie ABS müssen in ihr doppelt genaues Gegenstück umgewandelt werden. Auf Maschinen, deren FORTRAN die IMPLICIT-Typvereinbarung nicht ermöglicht, kann es notwendig sein, diese Funktionen explizit als DOUBLE PRECISION zu vereinbaren. Zur Bequemlichkeit des Benutzers, der alle diese Variablen als DOUBLE PRECISION durch Auflisten erklären muß, geben wir eine Liste der Variablen und FORTRAN-Funktionen in jeder der grundlegenden Routinen an:

DE–ABSDEL, ABSEPS, ABSERR, DEL, DELSGN, EPS, FOURU, H, HOLD, P, PHI, PSI, RELEPS, RELERR. T, TEND, TOLD, TOUT, WT, X, Y, YP, YPOUT, YY
Funktionen-ABS, AMAX1, AMINI, SIGN

STEP–ABSH, ALPHA, BETA, EPS, ERK, ERKM1, ERKM2, ERKP1, ERR, FOURU, G, GSTR, H, HNEW, HOLD, P, PHI, PSI, P5EPS, R, REALI, REALNS, RHO, ROUND, SIG, SUM, TAU, TEMP1, TEMP2, TEMP3, TEMP4, TEMP5, TEMP6, TWO, TWOU, V, W, WT, X, XOLD, Y, YP
Funktionen-ABS, AMAX1, AMIN1, SIGN, SQRT

INTRP–ETA, G, GAMMA, HI, PHI, PSI, PSIJM1, RHO, TEMP1, TEMP2, TEMP3, TERM, W, X, XOUT, Y, YOUT, YPOUT
Funktionen – keine

MACHIN–HALFU, TEMP1, U
Funktionen – keine

Sobald die Codes implementiert sind, sollten sie getestet werden, um nachzuweisen, daß sie richtig arbeiten. Die Subroutinen INTRP und MACHIN sind so kurz und unkompliziert, daß sie durch einfaches Durchsehen verifiziert werden können. STEP und DE sind hinreichend lang und kompliziert, daß das Durchsehen mit einigen Berechnungen ergänzt werden muß. Die Beispiele dieses Kapitels und des nächsten können für dieses Testen benutzt werden. Offensichtlich können wir die Ergebnisse auf einer anderen Maschine nicht exakt kopieren, aber die ausführlichen Leistungsdiagramme des nächsten Kapitels und insbesondere die Probleme, die ganz DE und STEP überprüfen, werden etwas Vertrauen geben, daß die Codes richtig implementiert wurden. Es gibt ein paar Konstanten, die überprüft werden müssen. Man muß sehr vorsichtig sein, daß man die passenden Werte TWOU und FOURU in DE und STEP benutzt. STEP enthält zwei Felder mit Konstanten. Die Potenzen von 2, die im Vektor TWO gepeichert sind, sind leicht zu überprüfen. Die Konstanten γ_i^* können mit einer einfachen Rekursion [3] zu Testzwecken erzeugt werden. Es ist $\gamma_0^* = 1$,

$$\gamma_m^* + \frac{1}{2}\gamma_{m-1}^* + \frac{1}{3}\gamma_{m-2}^* + \ldots + \frac{1}{m+1}\gamma_0^* = 0, \quad m = 1, 2, \ldots$$

Sie sind als $\mathrm{GSTR(I)} = |\gamma_{I-1}^*|$ für I = 1, 2, ... gespeichert.

Die Speicheranforderungen für STEP sind beträchtlich, etwa 21 NEQN Worte, wobei NEQN die Anzahl der Gleichungen ist. Ein mittelgroßes Gleichungssystem kann die Speicherkapazität einer kleinen Maschine überschreiten. Die gleiche Schwierigkeit tritt bei jeder Maschine bei einem hinreichend großen System auf. Das erste, was zur Überwindung dieser Schwierigkeit getan werden kann, ist, die Steuerung des Fortpflanzungsfehlers zu entfernen; das spart 2 · NEQN Speicherplätze. Dazu werden nur die folgenden Modifikationen benötigt:

Vereinbarungen:
Das Dimension-Statement muß in

```
      DIMENSION Y(NEQN), WT(NEQN),PHI(NEQN,14), P(NEQN),
     1 YP(NEQN), PSI(12)
```

geändert werden, ebenso das LOGICAL-Statement zu

```
      LOGICAL START, CRASH, PHASE1
```

Block 0:

```
      NORND = .TRUE.
      IF(P5EPS.GT.100.0*ROUND) GO TO 99
      NORND = .FALSE.
      DO 25 L = 1, NEQN
 25     PHI (L, 15) = 0.0
```

löschen

Block 2:

```
      IF(NORND) GO TO 240
      DO 235 L = 1, NEQN
        TAU = H*P(L) - PHI(L, 15)
        P(L) = Y(L) + TAU
235     PHI(L, 16) = (P(L) - Y(L)) - TAU
      GO TO 250
```

löschen

Block 4:

```
      IF(NORND) GO TO 410
      DO 405 L = 1, NEQN
        RHO = TEMP1*(YP(L) - PHI(L, 1)) - PHI(L,16)
        Y(L) = P(L) + RHO
405     PHI(L, 15) = (Y(L) - P(L)) - RHO
      GO TO 420
```

löschen

Wenn diese Verminderung nicht ausreicht, kann die Maximalordnung der Approximationen herabgesetzt werden. Zum Beispiel spart die Beschränkung der Maximalordnung auf k = 6 weitere 6 · NEQN Speicherplätze. Neben diesen Änderungen werden die folgenden Modifikationen benötigt:
Ändern des DIMENSION-Statements in

```
       DIMENSION Y(NEQN), WT(NEQN), PHI(NEQN, 8), P(NEQN),
      1 YP(NEWN), PSI(6)
       DIMENSION ALPHA (6), BETA (6), SIG(7), W(6), V(6), G(7),
      1 GSTR(7), TWO(7)
```

und beschränken des DATA-Statements für GSTR und TWO auf deren ersten sieben Elemente.

Block 4:

Ersetzen

```
IF(KNEW.EQ.KM1 .OR. K.EQ.12) PHASE1 = .FALSE.
```

durch

```
IF(KNEW.EQ.KM1 .OR. K.EQ.6)  PHASE1 = .FALSE.
```

Ersetzen

```
IF(ERKP1, GE.ERK .OR. K.EQ.12) GO TO 460
```

durch

```
IF(ERKP1.GE.ERK .OR. K.EQ.6) GO TO 460
```

Verschiedene Felder im Treiber DE haben die feste Dimension 20, so daß er nur bis zu 20 Gleichungen integrieren kann. Um das zu ändern, brauchen nur die Dimensionen 20 im Statement

```
DIMENSION YY(20), PHI (20, 16), P(20), YP (20), YPOUT(20)
```

und die Zahl 20 im ersten ausführbaren Statement geändert zu werden. Eine andere Implementation, die variable Dimensionen erlaubt, wird später in diesem Kapitel diskutiert.

Gebrauch der Codes

Wir diskutieren den Gebrauch der drei Codes STEP, INTRP und DE in der Reihenfolge, in der ein typischer Benutzer sie gebrauchen wird. Die Subroutine DE ist einfach ein Treiber, der STEP und INTRP aufruft; die meisten Benutzer werden feststellen, daß er leicht zu benutzen ist und für Routineprobleme auch recht befriedigend arbeitet. Die Subroutine STEP ist der grundlegende Adams Integrator. Seine Benutzung allein erlaubt eine große Flexibilität bei der Lösung eines Problems, als Folge davon verlangt er aber auch mehr vom Benutzer, als es DE tut. Die meisten werden STEP nur benutzen, wenn DE nicht ausreichend flexibel ist, um ihre Bedürfnisse zu erfüllen. Die Subroutine INTRP ist ein Code zur Interpolation, mit dem man die Lösung in bestimmten Ausgabepunkten erhalten kann. Er kann nicht alleine stehen und muß in Verbindung mit STEP benutzt werden.

Sowohl STEP als auch DE benutzen Adams-Verfahren, die am vorteilhaftesten für Probleme sind, bei denen die Funktionsauswertungen aufwendig sind, bei denen mittlere bis hohe Genauigkeitsanforderungen gestellt werden oder bei denen Ausgabe an vielen Punkten verlangt ist. Der Overhead bei diesen Codes ist recht hoch, teilweise wegen der Methoden, teilweise wegen der Besonderheiten, die sie bieten. Zum Beispiel erkennt DE Unstetigkeiten und kann mit ihnen umgehen; es erkennt mäßige Steifheit und kann mit ihr umgehen; es erkennt starke Steifheit und teilt sie dem Benutzer mit; es erkennt Forderungen nach sehr hoher Genauigkeit und schaltet die Fehlerfortpflanzungs-Steuerung ein; es erkennt die Forderungen nach einer für die gegebene Maschine zu hohe Genauigkeit und meldet dem Benutzer, welche Genauigkeit tatsächlich möglich ist; es ist in der Praxis fast unabhängig von der Zahl und Lage der Ausgabe-Punkte; es überwacht die aufgewendete Arbeit; es erlaubt dem Benutzer einen Wechsel der Integrationsrichtung ohne einen neuen Start; und es ist äußerst effizient in Bezug auf Funktionsauswertungen. Wenn jede Funktionsauswertung sehr billig ist, so daß deren Gesamtzahl nicht so sehr wichtig ist, oder wenn die geforderte Genauigkeit gering ist, so daß Vorsorgemaßnahmen bezüglich der Rundungsfehler und hohe Ordnungen überflüssig und die Schrittweite schon groß ist, dann sind Adams Verfahren nicht die effizientesten. Jedoch ist unter diesen Bedingungen die Berechnung für jedes Verfahren gewöhnlich ziemlich billig.

DE: nur wenige Differentialgleichungen erscheinen als einzelne Gleichung:

$$y'(t) = f(t, y(t)),$$
$$y(a) = y_0$$

wie wir es früher in diesem Buch vorausgesetzt hatten. Vielmehr treten sie normalerweise als System von Gleichungen erster Ordnung auf:

$$\begin{aligned} y_1'(t) &= f_1(t, y_1(t), y_2(t), \ldots, y_n(t)), \\ y_2'(t) &= f_2(t, y_1(t), y_2(t), \ldots, y_n(t)), \\ &\vdots \\ y_n'(t) &= f_n(t, y_1(t), y_2(t), \ldots, y_n(t)) \end{aligned} \tag{1}$$

mit den vorgegebenen Anfangsbedingungen

$$y_1(a), y_2(a), \ldots, y_n(a) \tag{2}$$

Diese Systeme kommen so in der Natur vor oder entstehen aus Gleichungen höherer Ordnungen, wie es in Kapitel 1 erklärt worden ist. Gewöhnlich werden die Gln. (1) und (2) geschrieben als

$$\mathbf{y}(t) = \mathbf{f}(t, \mathbf{y}(t)),$$
$$\mathbf{y}(a) = \mathbf{y}_0$$

um der Schreibweise für eine einzelne Gleichung zu entsprechen.

Die ideale Situation für jemanden, der das in (1) und (2) gestellte Problem numerisch löst, ist die, daß er die Lösungen $y_1(b), y_2(b), \ldots, y_n(b)$ an einem beliebigen, vorgegebenen Punkt b so genau, wie er es wünscht, erhält, wobei der Aufwand seinerseits so gering wie möglich ist. Die minimale Information, die ein Benutzer für den Integrator bereitstellen kann, ist eine vollständige Beschreibung des Problems. Das enthält die Definition der Gleichungen (gewöhnlich in der Form einer Subroutine, um sie auszuwerten) und der Anfangsbedingungen $y_1(a), y_2(a), \ldots, y_n(a)$, die Angabe des Integrationsintervalls [a, b] und die Angabe der erwarteten Genauigkeit und des anzuwendenden Fehlermaßes. Der Integrator sollte die Lösungen im Punkte b und eine Erfolgsmeldung ausgeben, oder, falls er die Integration nicht abschließt, zumindest noch die Lösungen an der Stelle, an der die Integration mißlang, und eine Meldung, weshalb sie mißlang. Die Subroutine DE erfüllt fast ganz diese idealen, minimalen Forderungen.

Es ist vorgesehen, daß DE nur bei Problemen anzuwenden ist, bei denen die Lösung nur im Endpunkt b interessiert oder, allgemeiner, wenn eine Tabelle der Lösungen an einer Folge von Ausgabepunkten gewünscht wird. Der Benutzer erhält keine Informationen bezüglich der Integration innerhalb [a, b], somit ist DE ungeeignet für spezielle Probleme, bei denen die Lösung, die Ordnung, die Schrittweite etc. während der Integration überwacht werden sollen. In solchen Fällen müssen die Benutzer ihre eigenen Treiber für STEP schreiben.

Die gesamte wesentliche Information wird an DE übergeben und von dort übernommen mit nur acht Parametern:

SUBROUTINE DE(F, NEQN, Y, T, TOUT, RELERR, ABSERR, IFLAG)

NEQN stellt die Anzahl der Gleichungen n in (1) dar; es darf 20 nicht überschreiten, außer ein DIMENSION-Statement wird geändert (vgl. den ersten Abschnitt) oder eine andere Version der Routine wird benutzt (wie weiter unten diskutiert wird). F ist der Name einer Subroutine, die die Differentialgleichungen definiert. Sie muß in einem EXTERNAL-Statement im rufenden Programm deklariert und von der Form

SUBROUTINE F(T, Y, YP)

sein, wobei Y und YP Vektoren sind, die in der Subroutine die Dimension (mindestens) NEQN haben. F wertet

$$YP(L) = f_L(T, Y(1), Y(2), \ldots, Y(NEQN))$$

für L = 1, 2, ..., NEQN aus, d.h. es wertet die rechte Seite von (1) aus. Der Vektor Y ist im rufenden Programm von der Dimension NEQN. Bei der Eingabe ist es der Vektor mit den Anfangsbedingungen

$$Y(L) = y_L(a), \quad L = 1, 2, \ldots, NEQN.$$

Nach einer erfolgreichen Berechnung ist die Ausgabe:

$$Y(L) = y_L(b) \quad L = 1, 2, \ldots, NEQN.$$

Die Variablen T und TOUT definieren das Integrationsintervall, d.h. es ist T = a und TOUT = b. Es spielt keine Rolle, wenn $b < a$ ist. Die Parameter Y, T, RELERR, ABSERR und IFLAG müssen im rufenden Programm Variablen sein, da DE ihre Werte ändert.

Der Benutzer gibt der Routine die nichtnegativen, relativen und absoluten Fehlerschranken RELERR und ABSERR vor. Der Code versucht bei jedem internen Schritt jede Komponente des lokalen Fehlervektors so zu steuern, daß

$$|\text{lokaler Fehler}| \leqslant RELERR*|Y(L)| + ABSERR,$$

ist. Das ist ein gemischtes relatives-absolutes Fehlerkriterium, das als Spezialfälle den reinen absoluten Fehler (RELERR = 0) und den reinen relativen Fehler (ABSERR = 0) enthält. Aus Gründen, die in Kapitel 6 diskutiert wurden, versucht der Code nicht, den globalen Fehler direkt zu steuern, somit gilt am Ende der Integration nicht notwendigerweise

$$|y_L(b) - Y(L)| \leqslant RELERR*|Y(L)| + ABSERR.$$

Für die meisten praktischen Probleme gilt diese Ungleichung näherungsweise und man wählt RELERR und ABSERR entsprechend. Wie in Kapitel 7 diskutiert wurde ist ein verläßlicher Weg, den globalen Fehler zu schätzen, bei diesem Code der, daß man die Integration mit etwa um einen Faktor 0.1 verminderten Genauigkeitsanforderungen wiederholt. Die kleineren Schranken führen zu genaueren Ergebnissen, so daß die Genauigkeit der ersten Integration durch Vergleich geschätzt werden kann. Ein anderer Weg, die Qualität der berechneten Lösung zu beurteilen, ist in Kapitel 7 diskutiert worden, und wir beschreiben später in diesem Kapitel, wie DE zu modifizieren ist, um diese zu implementieren.

Es ist dem Benutzer überlassen, ein geeignetes Fehlerkriterium zu wählen, da der Code nicht entscheiden kann, wie geeignet das bestimmte Maß für ein gegebenes Problem ist. Eine unvernünftige Wahl führt zu verschwendeter Rechenzeit, und sie kann zu Rücksprüngen mit Fehlermeldungen aus dem Code führen. Der reine relative Fehler ist nicht definiert, wenn die Lösung verschwindet. Da der Code die Lösung auf dem gesamten Intervall [a, b] annähert, ist das Maß nicht definiert, wenn die Lösung irgendwo verschwindet, und ein Versuch, sie zu benutzen, kann zu einer Division durch Null oder einer Bereichsüberschreitung führen. In der Praxis ist die einzige Situation, in der diese Schwierigkeit überhaupt mit einer gewissen Wahrscheinlichkeit auftreten kann, die, daß einer der Anfangswerte exakt Null ist. Es ist leicht, DE so zu ändern, daß falscher Gebrauch dieser Art erkannt wird, aber das bringt insofern Ärger mit sich, daß ein zusätzlicher Wert für eine Marke und ein zusätzlicher Overhead für alle Benutzer erforderlich ist, nur um zu erkennen, wozu fast immer ein flüchtiger Blick ausreicht. Im Abschnitt über Erweiterungen der Codes gibt es Anweisungen, den Code in dieser Hinsicht robuster zu machen, falls es gewünscht wird. Das einzige Mittel ist, eine Schranke für den absoluten Fehler zu benutzen, die auf einem kurzem Intervall, das die Nullstelle der Lösung enthält, „klein" ist, was vom Maßstab des Problems abhängt. Ein Test auf den absoluten Fehler kann unmöglich werden, wenn die Lösung sehr groß wird, was von der geforderten Genauigkeit und der benutzten Maschine abhängt, und der Code kann mit einer diesbezüglichen Meldung zurückspringen.

Wir empfehlen das folgende als Faustregel zur Auswahl eines Kriteriums. Wenn sich die Lösung während der Integration betragsmäßig sehr ändert und man diese Änderung sehen möchte, so sollte man den relativen Fehler benutzen. Wenn sich die Lösung nicht sehr ändert, oder wenn man nicht an ihr interessiert ist, solange sie klein ist, dann sollte man den absoluten Fehler benutzen. Ein gemischtes Kriterium ist wahrscheinlich die beste und sicherste Wahl. Für Lösungen, die dem Betrag nach groß sind, ist es im wesentlichen der relative Fehler, der entscheidend ist, für Lösungen, die dem Betrag nach klein sind, im wesentlichen der absolute Fehler. Somit ist ein gemischtes Kriterium immer eine vernünftige Wahl und sie vermeidet die Schwierigkeiten der reinen Kriterien.

Damit sind die Angaben für das Problem vollständig. Wir wenden uns nun der Art und Weise zu, wie DE Erfolg oder Mißlingen durch die Marke IFLAG mitteilt. Normalerweise ist beim Rücksprung

IFLAG = 2 – die Integration war erfolgreich. T ist auf TOUT und Y auf die Lösung in TOUT gesetzt worden.

Alle Parameter im Aufruf sind so gesetzt, daß die Integration fortgesetzt werden kann, wenn es der Benutzer wünscht. Das einzige, was er tun muß, ist, einen neuen Wert TOUT zu definieren und dann DE wieder aufzurufen.

Es gibt eine Kontrolle für die verlangte Genauigkeit:

IFLAG = 3 – Die Fehlerschranken RELERR und ABSERR sind für die benutzte Maschine zu klein. T wird auf die Stelle gesetzt, die TOUT während der Integration am nächsten war und Y auf die Lösung an dieser Stelle. RELERR und ABSERR werden auf größere, annehmbare Werte gesetzt. Um mit den größeren Schranken fortzufahren, muß DE nur wieder aufgerufen werden.

Die Wortlänge der Maschine und das Fehlerkriterium beschränken die erreichbare Genauigkeit. Wünsche nach zu hoher Genauigkeit werden ohne zusätzliche Funktionsauswertungen (Aufrufe der Subroutine F) erkannt, und es werden dem Benutzer geeignete Schranken mitgeteilt. Aufgrund der Art und Weise, wie die Steuerung an das rufende Programm zurückgegeben wird, geht keine Information verloren. Der Benutzer erhält die letzte Lösung, die vom Code berechnet wurde und die die verlangten Fehlerschranken erfüllt, und wenn er mit den größeren Schranken die Integration fortsetzen möchte, braucht er einfach nur DE wieder aufzurufen. Um mit der größtmöglichen Genauigkeit zu integrieren, muß man nur Schranken angeben, die bekanntermaßen zu klein sind und dann diese vom Code auf einen annehmbaren Wert vergrößern lassen. Der Code wird die Schranken nötigenfalls vergrößern, aber niemals verkleinern. Die Schranken können vom Benutzer bei jedem Aufruf ohne Neustart geändert werden.

Es gibt eine Kontrolle für den zulässigen Aufwand:

IFLAG = 4 – es sind mehr als MAXNUM Schritte erforderlich, um TOUT zu erreichen. T wird auf den Punkt gesetzt, der TOUT während der Integration am nächsten kam, und Y auf die Lösung an dieser Stelle. Zur Fortsetzung muß nur DE wieder aufgerufen werden.

Die Arbeit wird intern gemessen anhand der Anzahl der durchgeführten Schritte; das beinhaltet etwa zwei Aufrufe der Subroutine F bei jedem Schritt. Eine willkürliche Grenze MAXNUM = 500 ist vorgegeben. Das bedeutet für einen effizienten Code eine ganze Menge an Rechnungen, aber es sind für die meisten Probleme vertretbare Kosten. Genau wie bei dem Wunsch nach einer zu hohen Genauigkeit geht keine Information verloren. Die Integration bis hin zu T war erfolgreich und wenn der Benutzer mehr für die Fortsetzung ausgeben will, ist alles vorbesetzt, um DE wieder aufzurufen. Ein geeigneter Wert für MAXNUM hängt von der Zahl und der Komplexität der gelösten Gleichungen, der Länge des Integrationsintervalls, den Fehlerschranken und den Absichten bei der Lösung des Problems ab. MAXNUM könnte in die Parameterliste des Aufrufs eingefügt werden, aber das ist für den gelegentlichen Benutzer unpraktisch, der wahrscheinlich einen gleichermaßen willkürlichen Wert vorgeben würde. Bei Problemen, bei denen 500 Schritte zuviel kosten, kann MAXNUM durch eine Änderung des DATA Statements, in dem es definiert ist, heruntergesetzt werden; wo 500 Schritte nicht ausreichen, kann der Benutzer MAXNUM heraufsetzen oder einfach DE noch einmal aufrufen.

Es gibt auch eine Anzeige für steife Gleichungen:

IFLAG = 5 – es werden mehr als MAXNUM Schritte benötigt, um TOUT zu erreichen, und die Gleichung scheint steif zu sein. T wird auf den Punkt gesetzt, der TOUT während der Integration am nächsten kam, und Y auf die Lösung in diesem Punkt. Ein Code für steife Gleichungen sollte benutzt werden, aber man kann (gewöhnlich) genaue Ergebnisse auch mit DE erhalten, wenn man darauf vorbereitet ist, die Kosten zu tragen. Um fortzusetzen, muß der Benutzer nur DE wieder aufrufen.

Das Wesen des Tests auf Steifheit ist in Kapitel 8 diskutiert worden und wird im Zusammenhang mit einem Beispiel im nächsten Kapitel noch einmal diskutiert. Der Test ist angemessen, wenn er richtig benutzt wird, aber wir betonen, daß er nicht perfekt ist. Das Beispiel 14 in Kapitel 11 und die einschlägige Diskussion sollten gelesen werden, um diese Anzeige zu verstehen, und der Leser sollte auch die Beispiele 2 und 3 ansehen.

Alle Parameter werden auf richtiges Vorzeichen und den richtigen Bereich untersucht:

IFLAG = 6 – die Integration wurde nicht begonnen, da die Eingabeparameter unzulässig sind. Der Benutzer muß sie korrigieren und DE wieder aufrufen.

Die folgenden Eingaben sind zulässig:

$1 \leqslant \text{NEQN} \leqslant 20$;
$\text{T} \neq \text{TOUT}$;
$\text{RELERR} \geqslant 0$;
$\text{ABSERR} \geqslant 0$;
RELERR und ABSERR nicht zugleich Null;
$1 \leqslant |\text{IFLAG}| \leqslant 5$;
bei der Fortsetzung einer Integration ist der Eingangswert T der Ausgabewert TOUT aus dem vorhergehenden Aufruf.

Die letzte Bedingung wird automatisch durch DE gesetzt und dieser Test überprüft, ob der Benutzer nicht zufällig T bei der Neubesetzung von TOUT umbesetzt hat.

Insofern ist DE ein idealer Integrator, daß er nur vom Benutzer verlangt, er solle sein Problem genau angeben, und dann meldet, ob die Integration erfolgreich abgeschlossen wurde oder nicht. Es gibt zwei weitere Informationen, die der Benutzer mittels IFLAG angeben muß. Dem Code muß beim ersten Aufruf mitgeteilt werden, daß er sich selbst initialisieren soll. Das geschieht durch einen Eingabewert IFLAG = 1. Der Code ist so organisiert, daß der Ausgabewert von IFLAG für eine Fortsetzung der Integration passend gesetzt ist. Um zu einer weiteren Stelle mit Ausgabe fortzuschreiten, muß der Benutzer nur TOUT geeignet definieren. Wenn er wünscht, kann er die Schranken RELERR und ABSERR ändern, die anderen Parameter sollten allerdings nicht geändert werden. Beispielsweise ist es wichtig, IFLAG nicht auf 1 zurückzusetzen, weil das den Code dazu bringt, sich neu zu starten. Außer daß dies ineffizient ist, führt das auch zu weniger genauen Ergebnissen. Wenn der Benutzer ein anderes Problem angeht, muß er natürlich neu starten. Die Umkehrung der Integration bedeutet eine neue Aufgabe, aber wir haben festgestellt, daß das so häufig von Benutzern vergessen wurde, daß wir einen Test für eine Umkehrung der Richtung in DE eingebaut haben. Wenn der Benutzer in diesem Fall die Neuinitialisierung vergißt, wird sie automatisch durchgeführt, so daß das einzige Mal, daß der Benutzer neu initialisieren muß, bei einer Änderung der Gleichungen vorliegt. Ein Beispiel dafür, das nicht trivial ist, tritt auf, wenn man

$$\mathbf{y}' = \mathbf{f}(x, \mathbf{y}), \; \mathbf{y}(a) = \mathbf{y}_0$$

auf [a, b] integriert und $\mathbf{y}(b)$ als Anfangsbedingungen für

$$\mathbf{z}' = \mathbf{g}(x, \mathbf{z}), \; \mathbf{z}(b) = \mathbf{y}(b)$$

benutzt, daß auf [b, c] integriert werden soll. Das zweite Problem ist für den Code neu, und daher muß der Code neu gestartet werden.

Für die meisten Probleme vervollständigt dies eine Beschreibung, wie DE zu benutzen ist. Es gibt eine mögliche Quelle für Schwierigkeiten, die mit einem Satz negativer Werte von IFLAG zusammenhängt. Um die Adams Verfahren effizient zu benutzen, müssen wir den Code mit den größten Schritten fortschreiten lassen, die noch überall die verlangte Genauigkeit ergeben. Zwischen Gitterpunkten werden die Lösungen sehr günstig durch Interpolation bestimmt. Wenn die Schrittweiten, die vom Code gewählt werden, kleiner sind als das Integrationsintervall, tritt keine Schwierigkeit auf. Wenn der Benutzer aber viel Ausgabe wünscht, kann das Integrationsintervall wesentlich kleiner sein als die Schrittweite, die der Code benutzen könnte. Um diese Möglichkeit effizient handzuhaben, muß der Code intern über TOUT hinaus integrieren dürfen und dann die Lösungen in TOUT durch Interpolation berechnen. Je weiter er gehen darf, desto robuster ist der Code bezüglich einer großen Menge an Ausgabe. Für fast alle Probleme ist es zulässig, über TOUT hinaus zu integrieren, obwohl offensichtlich eine Grenze gezogen werden muß. Unsere Erfahrungen sind dahingehend, daß Benutzer selten nach Ausgabe mit einem Abstand von weniger als einem Zehntel der natürlichen Schrittweite verlangen, obwohl es ganz üblich ist, häufiger als nur an den Gitterpunkten Ausgabe zu verlangen. Um das zu behandeln, erlaubt DE, intern über TOUT hinaus zu integrieren, niemals aber über T + 10*(TOUT–T). Für fast alle Probleme bedeutet diese Ausführung, daß die Kosten unempfindlich gegenüber der Anzahl und der Plazierung von TOUT sind, und der Benutzer braucht darüber überhaupt nicht nachzudenken.

Für manche Probleme ist es nicht zulässig, daß DE intern über TOUT hinausgeht, z.B. daß die Lösung oder ihre Ableitung jenseits von TOUT nicht definiert ist oder daß es dort eine Unstetigkeit gibt. Um den Code davor zu warnen, und so DE intern bei TOUT aufhören zu lassen, besetze man IFLAG mit negativen Werten vor. Um somit den Code zu initialisieren und den Code bei TOUT intern stoppen zu lassen, setze man IFLAG = – 1. Wenn man eine Integration fortsetzt, die intern bei TOUT gestoppt werden muß, setze man IFLAG = – 2. Da der Code so entwickelt wurde, daß er im Falle einer Schwierigkeit die Steuerung mit einer Meldung an den Benutzer zurückgibt, gibt es negative Werte von IFLAG, die den Rückmeldungen von IFLAG = 3, 4 und 5 entsprechen. Wenn daher DE TOUT nicht erreicht und etwa mit IFLAG = – 3 zurückspringt, wird DE bei einem erneuten Aufruf ein weiteres Mal versuchen, TOUT zu erreichen und intern an diesem Punkt anzuhalten.

IFLAG = – 1, – 2, – 3, – 4, – 5 -- dieselbe Bedeutung wie bei den positiven Werten, aber die Integration hält intern bei TOUT an.

Man sollte diese Möglichkeit nicht benutzen, um eine Tabelle der Lösung aufzustellen. Die einzige legitime Situation, in der man in TOUT die Integration anhalten und wieder fortsetzen möchte, liegt bei der Behandlung einer Unstetigkeit oder dergleichen vor. Solch einer Situation sollte ein Neustart folgen. Wenn der Benutzer das nicht tut, nimmt DE an, daß ein Versehen vorliegt, und startet sich selbst automatisch neu. Um zu vermeiden, daß solch eine Situation zufällig auftritt, meldet sich DE nach einer erfolgreichen Integration stets mit IFLAG = + 2 zurück. Um daher bei einer Fortsetzung intern anzuhalten, wird vom Benutzer Handeln verlangt. Dieser Schutz ist in den Code eingebaut, da Mißbrauch der Möglichkeit sehr kostspielig sein kann und die Genauigkeit ungünstig beeinflussen kann.

Um diese Punkte zu verdeutlichen und um zu zeigen, wie einfach DE zu benutzen ist, lösen wir

$$\begin{aligned} y_1' &= y_2 y_3, \\ y_2' &= - y_1 y_3, \\ y_3' &= - 0.51\, y_1 y_2, \end{aligned} \tag{3}$$

$$y_1(0) = 0.0, \quad y_2(0) = 1.0, \quad y_3(0) = 1.0. \tag{4}$$

Die Lösungen der Gln. (3) und (4) sind die Jakobischen elliptischen Funktionen $y_1(x) = sn(x|0.51)$, $y_2(x) = cn(x|0.51)$, $y_3(x) = dn(x|0.51)$. Sie sind periodisch mit einer Viertelperiode $K \approx 1.862640802332739$. Die exakten Lösungen in $x = jK$ wurden erhalten mit der Tabelle, zugleich mit der Identität, die die Periodizität ausdrückt, $y_i((j + 4)K) = y_i(jK)$ für i = 1, 2, 3 und alle j.

j	$y_1(jK)$	$y_2(jK)$	$y_3(jK)$
0	0	1	1
1	1	0	0,7
2	0	− 1	1
3	− 1	0	0.7

Wir berechnen die Lösungen über eine vollständige Periode und geben die Ergebnisse jede viertel Periode an. Da die Lösungen zwischen 1 und − 1 oszillieren, ist die Benutzung des relativen Fehlers ungeeignet, somit wählen wir den reinen absoluten Fehler und beschränken den lokalen Fehler auf 10^{-5}. Wir sorgen auch dafür, daß die Integration fortgesetzt wird, wenn DE die viertel Periode nicht in einem Aufruf vollständig integrieren kann, obwohl es für dieses Problem und diese Fehlerschranke keine Schwierigkeiten gibt. Anzumerken ist, daß IFLAG auf 1 gesetzt ist, um anzuzeigen, daß dies der erste Aufruf ist und daß die Integration über TOUT hinausgehen kann. Das wird außerhalb der Schleife gesetzt, so daß folgende Aufrufe mit dem Ausgabewert IFLAG aus dem vorherigen Aufruf durchgeführt werden. Die Berechnung wurde auf einer PDP-10 im Timesharing Modus mit Ausgabe auf einem Fernschreiber durchgeführt.

```
          EXTERNAL F
          DIMENSION Y(3)
          T = 0.0
          Y(1) = 0.0
          Y(2) = 1.0
          Y(3) = 1.0
          RELERR = 0.0
          ABSERR = 1.0E-5
          IFLAG = 1
          TOUT = 0.0
          DO 10 I = 1,4
          TOUT = TOUT + 1.8626408
1         CALL DE(F,3,Y,T,TOUT,RELERR,ABSERR,IFLAG)
          IF(IFLAG .EQ. 6) STOP
          IF(IFLAG .NE. 2) GO TO 1
          TYPE 100,T,(Y(J),J=1,3),IFLAG
100       FORMAT(4F15.7,I5)
10        CONTINUE
          STOP
          END
          SUBROUTINE F(X,Y,YP)
          DIMENSION Y(3),YP(3)
          YP(1) = Y(2)*Y(3)
          YP(2) = -Y(1)*Y(3)
          YP(3) = -0.51*Y(1)*Y(2)
          RETURN
          ----
```

```
1.8626408      1.0000010     -0.0000005      0.6999998    2
3.7252816      0.0000018     -1.0000005      0.9999997    2
5.5879224     -1.0000018     -0.0000002      0.6999976    2
7.4505632      0.0000042      0.9999965      0.9999964    2
```

Bei den Problemen, bei denen DE über den Ausgabepunkt hinaus integrieren kann, wird DE nicht sehr von der Anzahl der Punkte berührt, an denen gedruckt werden soll. Als Faustregel kann man sagen, daß die Erhöhung der Anzahl dieser Punkte um einen Faktor bis zu 10 sehr wenig kostet. Um das darzustellen, integrieren wir die Gln. (3) und (4) wie oben mit 4,40,400 und 4000 „Druck"-Punkten im Intervall einer Periode. Ein Zähler ist in die Subroutine F eingefügt, um die Anzahl der Funktionsauswertungen aufzuzeichnen. Wir stellen nun die Lösungen im letzten „Druck"-Punkt und die Anzahl der Funktionsauswertungen in jedem Fall dar. Da 107 Auswertungen etwa 50 Schritten entsprechen, sehen wir, daß wir mit 40 „Druck"-Punkten etwa mit der mittleren Schrittweite drucken. Erhöhen auf 400 „Druck"-Punkte wird mit Interpolation behandelt und kostet fast nichts. Bei 4000 „Druck"-Punkten beschränken wir die Schrittweite, da der Code

```
        EXTERNAL F
        COMMON NEVAL
        DIMENSION Y(3)
        NO = 4
        DO 20 J = 1,4
        T = 0.0
        Y(1) = 0.0
        Y(2) = 1.0
        Y(3) = 1.0
        RELERR = 0.0
        ABSERR = 1.0E-5
        IFLAG = 1
        NEVAL = 0
        DELT = 4.0♦1.8626408
        DO 10 I = 1,NO
        TOUT   DELT♦FLOAT(I)/FLOAT(NO)
1       CALL DE(F,3,Y,T,TOUT,RELERR,ABSERR,IFLAG)
        IF(IFLAG .EQ. 6) STOP
        IF(IFLAG .NE. 2) GO TO 1
10      CONTINUE
        TYPE 99,NO
99      FORMAT(I15)
        TYPE 100,T,(Y(L),L=1,3),NEVAL
100     FORMAT(4F15.7,I5/)
20      NO = NO♦10
        STOP
        END
        SUBROUTINE F(X,Y,YP)
        COMMON NEVAL
        DIMENSION Y(3),YP(3)
        NEVAL = NEVAL + 1
        YP(1) = Y(2)♦Y(3)
        YP(2) = -Y(1)♦Y(3)
        YP(3) = -0.51♦Y(1)♦Y(2)
        RETURN
        END
```

```
                 4
   7.4505632      0.0000042      0.9999965      0.9999964  107

                40
   7.4505633      0.0000042      0.9999965      0.9999964  107

               400
   7.4505632     -0.0000017      1.0000009      0.9999998  111

              4000
   7.4505632      0.0000008      1.0000001      1.0000000  827
```

nicht um das Zehnfache der Integrationsintervallänge über einen „Druck"-Punkt hinausgehen kann. Wenn jemand wirklich so viel Ausgabe haben möchte, sollte er STEP und INTRP benutzen, die jede Anzahl von „Druck"-Punkten mit etwa 111 Funktionsauswertungen geben würden.

Übung 1

DE wird gewöhnlich folgendermaßen benutzt

```
      :
1   CALL DE(F, NEQN, Y, T, TOUT, RELERR, ABSERR, IFLAG)
    IF(IABS(IFLAG) .EQ. 3) GOTO 1
      :
```

Wir nennen dies die „Das Beste, was man tun kann"-Methode; erklären Sie warum!

Übung 2

Die Gleichung $y' = -100y$ wird gewöhnlich als steif beschrieben, wenn sie aber auf einer PDP-10 mit $y(0) = 10^{-4}$ gelöst wird, wobei eine reine absolute Fehlerschranke von 10^{-5} vorgegeben ist, erhält man die folgenden Resultate:

Auf dem Intervall [0,5] erreicht der Code 5 und springt mit IFLAG = 2 und bei Kosten von 605 Funktionsauswertungen ins Hauptprogramm zurück. Auf dem Intervall [0,10] springt er bei 8.854 mit IFLAG = 5 und nach 1084 Funktionsauswertungen ins Hauptprogramm zurück.

Erklären Sie, weshalb der Code keine Steifheit meldet, wenn er die Gleichung von 0 bis 5 integriert.

Übung 3

Die Lösung des folgenden Anfangswertproblems für die ideale Relaisgleichung hat in ihren zweiten Ableitungen Sprung-Unstetigkeiten bei Vielfachen von $\pi/2$:

$$y'' + y + \operatorname{sgn}(y) + 3 \sin 2x = 0,$$
$$y(0) = 0, \quad y'(0) = 3$$

mit

$$\operatorname{sgn}(y) = \begin{cases} +1 & \text{für } y \geqslant 0, \\ -1 & \text{für } y < 0. \end{cases}$$

Die Gleichung ist nicht steif, aber als sie auf einer CDC 6600 mit DE auf dem Intervall [0,20] mit einer reinen absoluten Fehlerschranke von 10^{-9} gelöst wurde, wurde IFLAG = 5 gemeldet. Erklären Sie, weshalb eine falsche Anzeige von Steifheit gegeben wurde.

Übung 4

Angenommen, Sie wollen $\mathbf{y}' = \mathbf{f}(x, \mathbf{y})$ mit gegebenem $\mathbf{y}(a)$ auf [a, b] und danach $\mathbf{z}' = q(x, \mathbf{y})$ mit $\mathbf{z}(b) = \mathbf{y}(b)$ lösen, beidesmal mit DE. Erklären Sie, weshalb Sie bei DE neu starten müssen, um das andere Problem zu lösen, wenn Sie DE mit IFLAG = 1 initialisieren, um von a bis b zu integrieren. Erklären Sie, wenn Sie DE mit IFLAG = – 1 initialisieren, um von a bis b zu integrieren, weshalb es dann für Sie nicht notwendig ist, bei b neu zu starten, um das Problem zu lösen. Erklären Sie, wenn Sie F(X, Y, YP) so programmieren, daß es $\mathbf{f}(x, \mathbf{y})$ für $a \leqslant x \leqslant c$ und $\mathbf{g}(x, \mathbf{y})$ für $b \leqslant x \leqslant c$ berechnet, weshalb sie dann mit IFLAG = 1 initialisieren und die ganze Strecke a bis c integrieren können. (Das bevorzugte Verfahren zur Lösung dieses Problems ist, den Code intern bei b anzuhalten und für die zweite Integration neu zu starten.)

Übung 5

Bei der Integration von $y' = \sin x$, $y(0) = 0$ von $x = 0$ bis $x = \pi$ mit DE zeigen sich die Risiken, wenn man blind auf einen Code vertraut. DE wird mit dem Wert 0 als Näherung von $y(\pi) = 2$ zurückspringen. Wenn jedoch DE bis zu einem beliebigen $z < \pi$ und dann von z bis π integrieren soll, würde man eine richtige Lösung erhalten. Können Sie erklären, was passiert? (Hinweis: Die Gleichung wird bei der Integration von 0 bis π nur dreimal ausgewertet.)

STEP: Die Routine STEP löst ein System von Differentialgleichungen

$$\mathbf{y}'(x) = \mathbf{f}(x, \mathbf{y}(x)),$$
$$\mathbf{y}(a) = \mathbf{y}_0$$

mit Adams Verfahren. Wir erwarten, daß die meisten Benutzer diese Routine indirekt über den Treiber DE benutzen. Es gibt jedoch Probleme, bei denen der Treiber unangebracht ist: zum Beispiel, wenn ein Fehlerkriterium gewünscht ist, das in DE nicht erhältlich ist, oder wenn bestimmte Handlungen unternommen werden müssen an irgendwelchen unbekannten Punkten [a, b]. In diesen Fällen müssen die Benutzer ihre eigenen Treiber für STEP und INTRP schreiben. Bevor wir die allgemeine Form dieser Treiber diskutieren, warnen wir den Benutzer davor, daß STEP außer im Fall einer zu kleinen Schrittweite oder Fehlerschranke die Eingabeparameter nicht überprüft. Unrichtige Eingaben können zu Ineffizienz, anomalen Ergebnissen und sogar zu einem vollständigen Zusammenbruch führen.

Der Code STEP läßt die Lösung der Differentialgleichung einen Schritt vorankommen und gibt dann die Steuerung an das rufende Programm zurück. Aus diesem Grund und wegen der zurückgegebenen Informationen erlaubt er, die Integration genau zu überwachen. Er erlaubt auch eine große Flexibilität bei der Methode zur Steuerung des lokalen Fehlers. Die Subroutine wird aufgerufen mit

```
  CALL STEP(X, Y, F, NEQN, H, EPS, WT, START,
1  HOLD, K, KOLD, CRASH, PHI, P, YP, PSI).
```

Es gibt NEQN Gleichungen, die integriert werden sollen, und F ist der Name einer Subroutine der Form F(X, Y, YP), die die Ableitungen YP(L) = $y'_L(x)$ für L = 1, ..., NEQN berechnet. Der Benutzer muß F in einem EXTERNAL-Statement vereinbaren, START und CRASH in einem LOGICAL-Statement und die Dimension der Felder in der Parameterliste des Aufrufs. Die Felder müssen mindestens die Dimension

Y(NEQN), WT(NEQN), PHI(NEQN, 16), P(NEQN), PSI (12).

haben. Viele der Argumente in der Liste des Aufrufs dienen allein der Kommunikation mit INTRP, so daß sie für den Benutzer keine Bedeutung haben. Wie bei DE entsprechen die Ausgabedaten eines Aufrufs von STEP fast den gesamten Eingabedaten für den nächsten Aufruf, so daß STEP mit nur wenig mehr Aufwand als DE zu benutzen ist.

Da STEP die Lösung bei einem Aufruf einen Schritt vorwärts treibt, muß es wiederholt aufgerufen werden, um bis zu einem bestimmten Ausgabepunkt zu integrieren. Damit ist die typische Situation diejenige, daß ein erfolgreicherer Schritt durchgeführt wurde und der Benutzer einen weiteren Schritt ausführen lassen möchte. Als Ausgabeparameter nach einem erfolgreichen Schritt gibt X an, wie weit die Lösung fortgeschritten ist, Y ist der Vektor mit den Komponenten der Lösung an der Stelle X, YP ist der Vektor mit den ersten Ableitungen an der Stelle X, H ist vom Code geschätzt und gibt an, wie weit der nächste Schritt sein kann, den der Code unternimmt, und der den Fehlertest noch passieren kann, es ist START = .FALSE. und CRASH = .FALSE. Der Parameter EPS ist die lokale Fehlerschranke und der Vektor WT gibt das Fehlerkriterium an; wir werden später auf diese Parameter zurückkommen. Der Benutzer kann EPS und WT nach Belieben ändern. Für manche Arten von Fehlersteuerung ist es notwendig, WT bei jedem Schritt zu ändern. Der Benutzer kann H ändern, sollte es gewöhnlich aber nicht tun. Der Code bestimmt H sehr zuverlässig und der Benutzer sollte diese Wahl nicht ohne guten Grund überschreiben. Am effizientesten ist es, über jeden gewünschten Ausgabepunkt hinweg zu integrieren und INTRP zu benutzen, um die Lösung und ihre Ableitung an dieser Stelle zu bestimmen. Manchmal ist es nicht möglich, über einen gegebenen Punkt hinaus zu integrieren, da die Gleichung dort eine Unstetigkeit haben kann oder sogar nicht definiert zu sein braucht, und so ist es notwendig, daß der Benutzer H so ändert, daß er am gewünschten Punkt auskommt. Der Code wird versuchen, nach dem Aufruf bis zu X + H fortzuschreiten. Wenn das nicht möglich ist, wird er die Schrittweite verringern und versuchen, den Schritt abzuschließen, bis es entweder gelingt oder der Code feststellt, daß das Ziel nicht zu erreichen ist. Während der Benutzer daher nicht weiß, wie weit der Code fortschreitet, weiß er, daß er nicht über X + H hinaus integriert. Durch geschickte Wahl von H kann es der Benutzer einrichten, daß an einer vorgegebenen Stelle angehalten wird. Wir betonen aber, daß es wesentlich effizienter und genauer ist, über Ausgabepunkte hinwegzugehen und dann nach Möglichkeit INTRP zu benutzen. Zusammenfassend kann man sagen, daß nach einem erfolgreichen Schritt die einzige Größe, die der Benutzer im allgemeinen ändert, bevor er den Code wieder aufruft, WT ist.

Beim allerersten Schritt muß der Code initialisiert werden. Das wird einfach dadurch gemacht, daß die Anfangswerte X = a und Y(L) = $y_L(a)$, L = 1, ..., NEQN, angegeben werden und START = .TRUE. gesetzt wird. Der Code wählt seine Anfangsschrittweite selbst. Der Benutzer muß einen Anfangswert H vorgeben, aber der dient nur dazu, die Integrationsrichtung anzuzeigen und eine obere Schranke für die Weite des ersten Schrittes anzugeben. Natürlich müssen EPS und WT angegeben werden, genau wie bei jedem anderen Schritt. Manchmal ist es notwendig, den Code neu zu starten. Die Gründe dafür sind gewöhnlich eine Änderung der Integrationsrichtung oder unstetige Ableitungen, wobei es dann notwendig ist, von Neuem zu starten, nachdem die Ableitungen geeignet definiert sind. Das wird wie ein erster Schritt behandelt, allerdings mit dem Unterschied, daß einige Parameter schon vorbesetzt sind.

Ein Fehlerrücksprung tritt nur dann auf, wenn der Code es für unmöglich hält, überhaupt einen Schritt zu machen bzw. die Fehlerforderung auf der speziellen Maschine zu erfüllen, die gerade benutzt wird. Der Code springt zurück mit CRASH = .TRUE., er vergrößert EPS auf einen neuen Wert, den der Code für möglich hält, und auch H wird auf einen geeigneten Wert gesetzt. Alle anderen Parameter werden auf die Werte zurückgesetzt, die sie beim Aufruf von STEP hatten. Wenn der Benutzer mit der größeren Schranke fortfahren will, braucht er den Code nur wieder aufzurufen, wobei er weder neu starten, noch CRASH neubesetzen muß.

Bei jedem Schritt versucht der Code den Vektor der lokalen Fehler so zu steuern, daß

$$\left(\sum_{L=1}^{NEQN}\left(\frac{\text{lokaler Fehler}_L}{WT(L)}\right)^2\right)^{\frac{1}{2}} \leqslant EPS,$$

ist, so daß der geschätzte lokale Fehler in jeder Komponente

$$|\text{lokaler Fehler}_L/WT(L)| \leqslant EPS.$$

erfüllt. Durch geeignete Wahl von positiven Werten für WT(L) kann eine Vielzahl von Fehlerkriterien für die einzelnen Komponenten bestimmt werden. Wenn zum Beispiel WT(L) = 1.0 ist, lautet der Test

$$|\text{lokaler Fehler}_L| \leqslant EPS.$$

Daher wird ein reiner absoluter Fehler von weniger als EPS für die L-te Komponente verlangt. Wenn wir WT(L) = |Y(L)| definieren, haben wir einen reinen relativen Fehler; wenn wir WT(L) = |YP(L)| definieren, haben wir einen Fehler relativ zur ersten Ableitung. Das gemischte relativ-absolute Fehlerkriterium von DE benutzt WT folgendermaßen. Es bezeichnen RE den gewünschten relativen Fehler und AE den gewünschten absoluten Fehler. Die Fehlerschranke EPS, die STEP übergeben wird, ist EPS = max (RE, AE), und für jede Komponente wird WT bei jedem Schritt definiert durch

$$WT(L) = |Y(L)|*RE/EPS + AE/EPS.$$

Offensichtlich entspricht das

$$|\text{lokaler Fehler}_L| \leqslant |Y(L)|*RE + AE,$$

in jeder Komponente. Eine weitere sichere Möglichkeit, WT(L) zu besetzen, ist

$$WT(L) = \max(WT(L), |Y(L)|)$$

bei jedem Schritt. Mit WT(L) als $|y_L(a)|$ initialisiert bestimmt dies den relativen Fehler für wachsende Komponenten und den absoluten Fehler für abnehmende Komponenten.

Alle Komponenten von WT müssen ungleich Null sein, sonst gibt es wahrscheinlich eine Division durch Null oder einen Fehler durch Überlauf. Insbesondere kann in der beschriebenen Weise WT(L) nicht für das zuletzt erwähnte Kriterium initialisiert werden, wenn die Lösung einen Anfangswert Null hat. Ein sicherer Weg ist, WT(L) = 1.0 zu initialisieren, und das wird oft auch gemacht. Das führt zu einem vernünftigen Fehlerkriterium, das immer für den Code annehmbar ist.

INTRP: Die Subroutine INTRP(X, Y, XOUT, YOUT, YPOUT, NEQN, KOLD, PHI, PSI) berechnet den Lösungsvektor YOUT und den Vektor der ersten Ableitung an einem bestimmten Ausgabepunkt XOUT, ohne die Schrittweitenwahl von STEP zu beeinträchtigen. Die Ergebnisse sind am genauesten, wenn der Benutzer das Problem mit STEP etwas über YOUT hinaus integriert, d.h. bis $|X\text{-}HOLD| < |XOUT| \leqslant |X|$ gilt, und dann interpoliert. Sämtliche Eingabeparameter für INTRP werden von STEP übergeben und kommen ohne Änderung zurück, so daß die Integration wie zuvor fortgesetzt werden kann. Der Benutzer muß Speicherplatz für YOUT(NEQN) und YPOUT(NEQN) im Treiberprogramm vorgeben, ebenso den Ausgabepunkt XOUT.

Als Beispiel integrieren wir

$$y' = -y,$$

$$y(0) = 1$$

bis die Lösung kleiner als 10^{-5} ist. Die Ergebnisse werden in Abständen von einer Einheit angegeben. Der lokale Fehler pro Schritt ist auf 10^{-6} relativ zur Lösung beschränkt. Wenn STEP abstürzt, wird die Integration beendet. Die Berechnung wurde auf einer PDP-10 durchgeführt.

```
      DIMENSION Y(1),WT(1),PHI(1,16),P(1),YP(1),PSI(12),
     1  YOUT(1),YPOUT(1)
      EXTERNAL F
      LOGICAL START,CRASH
      X = 0.0
      Y(1) = 1.0
      H = 0.1
      EPS = 1.0E-6
      WT(1) = ABS(Y(1))
      START = .TRUE.
      XOUT = 1.0
1     CALL STEP(X,Y,F,1,H,EPS,WT,START,
     1  HOLD,K,KOLD,CRASH,PHI,P,YP,PSI)
      IF(CRASH) STOP
      WT(1) = ABS(Y(1))
      IF(Y(1) .LT. 1.0E-5) GO TO 2
      IF(X .LT. XOUT) GO TO 1
      CALL INTRP(X,Y,XOUT,YOUT,YPOUT,1,KOLD,PHI,PSI)
      TYPE 100,XOUT,YOUT(1),YPOUT(1)
100   FORMAT(F15.2,2(1PE17.7))
      XOUT = XOUT + 1.0
      GO TO 1
2     TYPE 100,X,Y(1)
      STOP
      END
      SUBROUTINE F(X,Y,YP)
      DIMENSION Y(1),YP(1)
      YP(1) = -Y(1)
      RETURN
      END
```

```
 1.00   3.6787952E-01  -3.6787955E-01
 2.00   1.3533536E-01  -1.3533539E-01
 3.00   4.9787152E-02  -4.9787158E-02
 4.00   1.8315680E-02  -1.8315681E-02
 5.00   6.7379625E-03  -6.7379618E-03
 6.00   2.4787582E-03  -2.4787551E-03
 7.00   9.1188416E-04  -9.1188439E-04
 8.00   3.3546346E-04  -3.3546400E-04
 9.00   1.2341012E-04  -1.2341018E-04
10.00   4.5400029E-05  -4.5400044E-05
11.00   1.6701731E-05  -1.6701729E-05
11.69   8.4095025E-06
```

In Kapitel 12 diskutieren wir andere Beispiele von Berechnungen, die eher den Einsatz von STEP als von DE erforderlich machen.

Erklärung der Codes

STEP: Der Code STEP benutzt eine Version der Adams-Verfahren mit variabler Ordnung und vollständig variabler Schrittweite in einer PECE Kombination mit lokaler Extrapolation (d.h. einem Prädiktor der Ordnung k und einem Korrektor der Ordnung k + 1), um das System von gewöhnlichen Differentialgleichungen erster Ordnung

$$\mathbf{y}'(x) = \mathbf{f}(x, \mathbf{y}(x)),$$
$$\mathbf{y}(a) = \mathbf{y}_0.$$

zu integrieren. Jeder Aufruf von STEP bringt die Lösung normalerweise einen Schritt vorwärts, also von x_n nach $x_{n+1} = x_n + h$. Der lokale Fehler wird gemäß einem Kriterium eines verallgemeinerten Fehlers pro Einheitsschritt durch Ändern der Ordnung und Schrittweite gesteuert. Typisch werden die Änderungen der Ordnung auf Eins beschränkt und die Änderungen der Schrittweite auf Verdoppeln und Halbieren. Die Ordnung kann nicht höher als 12 werden, was mit der Extrapolation tatsächlich 13 entspricht. Der Code ist selbststartend, er verlangt nur die Angabe der Anfangsbedingungen a und $\mathbf{y}_0$, um mit der Integration bei der Ordnung 1 zu beginnen.

Die Subroutine wird aufgerufen mit

```
      CALL STEP(X, Y, F, NEQN, H, EPS, WT, START,
     1 HOLD, K, KOLD, CRASH, PHI, P, YP, PSI).
```

Bei der Eingabe sind die Parameter

X	–	die unabhängige Variable x_n
Y(NEQN)	–	der Lösungsvektor $\mathbf{y}_u$ an der Stelle x_n
F	–	Subroutine der Form SUBROUTINE F(X, Y, YP) zur Bestimmung der Ableitungen. Sie muß als EXTERNAL vereinbart sein.
NEQN	–	Anzahl der Gleichungen erster Ordnung, die integriert werden sollen.
H	–	Optimale Schrittweite für den nächsten Schritt. Normalerweise vom Code bestimmt.

EPS	– lokale Fehlerschranke
WT(NEQN)	– Gewichte für die Fehlersteuerung
START	– logische Variable, die beim ersten Schritt .TRUE. besetzt wird, sonst .FALSE.
HOLD	– Schrittweite, die beim letzten erfolgreichen Schritt benutzt wurde
K	– die optimale Ordnung für den nächsten Schritt, wie sie vom Code bestimmt wurde
KOLD	– Ordnung des letzten erfolgreichen Schrittes
CRASH	– logische Variable, die mit .TRUE. besetzt wird, wenn der Schritt nicht durchgeführt werden kann, sonst mit .FALSE.
PHI(NEQN, 16)	– Feld der modifizierten dividierten Differenzen. Die Spalten 15 und 16 werden für die Steuerung des Fortpflanzungsfehlers benutzt.
P(NEQN)	– vorhergesagte Lösung an der Stelle x_n
YP(NEQN)	– die Ableitung, die mit der korrigierten Lösung in x_n berechnet wurde.
PSI(12)	– die Koeffizienten $\psi_i(n) = h_n + h_{n-1} + \ldots + h_{n-i+1}$

Nach dem Rücksprung von einem erfolgreichen Schritt werden die Parameter auf den neuesten Stand gebracht, um x_{n+1} zu entsprechen, und H und K sind die „optimale" Schrittweite und Ordnung für die Fortsetzung.

Der Code springt ohne einen Schritt durchgeführt zu haben (CRASH = .TRUE.) zurück, wenn die verlangte Fehlerschranke für die Maschinengenauigkeit zu klein ist, oder wenn die Schrittweite kleiner als der vierfache elementare Rundungsfehler bezüglich des Betrages der unabhängigen Variablen ist. STEP stellt die Information wie bei der Eingabe wieder her und schätzt eine geeignete Schrittweite und Fehlerschranke vor dem Rücksprung.

STEP ist eine einfache Implementation der Formeln der vorhergehenden Kapitel; sogar die Namen der Variablen entsprechen der früheren Bezeichnung. Wir haben bisher nur eine Gleichung angenommen, aber die Erweiterung auf ein System ist in jeder bis auf eine Beziehung trivial: die Formeln brauchen nur auf jede Gleichung des Systems angewandt zu werden. Die Ausnahme ist die Schätzung des lokalen Fehlers. Bei einem System von Gleichungen gibt es einen Vektor der lokalen Fehler mit den Komponenten „lokaler Fehler_L". Durch die Benutzung eines Wichtungsvektors WT mit Komponenten $WT(L) \neq 0$ können wir verschieden Fehlermaße für verschiedene Komponenten der Lösungen angeben. Der Code STEP fordert, daß

$$ERR = \left(\sum_{L=1}^{NEQN} \left(\frac{\text{lokaler Fehler}_L}{WT(L)} \right)^2 \right)^{\frac{1}{2}} \leqslant EPS$$

für einen erfolgreichen Schritt erfüllt ist. Das bedeutet, daß

$$|\text{lokaler Fehler}_L / WT(L)| \leqslant EPS$$

für jede Komponente gilt. Der Benutzer kann EPS und WT bei jedem Schritt ändern, um die Fehlersteuerung zu wählen, die gerade geeignet ist; verschiedene Möglichkeiten sind in dem Abschnitt über die Benutzung des Codes gezeigt worden. Ähnliche Maße der lokalen Fehlervektoren für andere Ordnungen und konstante Schrittweite werden berechnet und zur Auswahl der Ordnung und Schrittweite für den nächsten Schritt benutzt.

Es wird sehr häufig auf das Feld PHI zurückgegriffen. Es ist spaltenweise abgespeichert und es wird auch immer in der Reihenfolge abgearbeitet, um eine effiziente Indizierung in FORTRAN durchzuführen. Die ineinander geschachtelten DO-Schleifen für die Vorhersage und Korrektur, die mit den Statementnummern 230 und 435 enden, sind für einen Großteil des Overhed des Programms verantwortlich, insbesondere die Schleife zur Vorhersage. Die Codierung dieser Schleifen in Maschinensprache könnte die Effizienz des Codes ganz wesentlich verbessern. Wir haben die Feldelemente, auf die in der DO-Schleife mehrfach zurückgegriffen wird, aus den Schleifen entfernt und in temporäre Variablen umgespeichert. Ein optimierender Compiler täte das von sich aus, aber andere, wie etwa der WATFOR, überprüft Indizes jedesmal, so daß dies eine erhebliche Einsparung bedeutet.

Der Code ist in fünf logische Einheiten oder Blöcke aufgeteilt. Mit der Ausnahme von Fehlerrücksprüngen wird jeder Block durch sein erstes Statement betreten und durch sein letztes Statement verlassen. Wir haben versucht, den Ablauf der Berechnung innerhalb jeden Blockes so linear wie möglich zu halten, mit der Einschränkung, daß die Codes in FORTRAN geschrieben wurden und daß sie effizient sein sollten. Jeder Übergang der Steuerung wurde einzeln bezüglich der Lesbarkeit des Codes überprüft. Temporäre Variablen innerhalb eines Blocks sind alle TEMP1, TEMP2, ... genannt und keine temporäre Variable wird für mehr als einen Zweck benutzt. Die Werte temporärer Variablen sind lokal bezüglich des Blockes, in dem sie auftreten; zur Übergabe von Informationen zwischen Blöcken werden keine temporären Variablen benutzt.

Es gibt einen Prolog mit Kommentaren, die die Benutzung des Codes erklären. Jeder Block ist abgesetzt und hat seinen eigenen Prolog, der kurz erklärt, was in dem Block geschieht. Innerhalb jedes Blocks gibt es Kommentare, die angeben, was berechnet wird. Zur Verbesserung der Lesbarkeit des Codes wurden Zeilen eingerückt.

Block 0 bestimmt zunächst, ob die Schrittweite für die Fortsetzung hinreichend groß ist, d.h. ob $|H| \geqslant FOURU*|X|$ ist, und, wenn das so ist, ob die Fehlerschranke für das Problem möglich ist. Diese Tests wurden in Kapitel 9 erklärt. Wenn die Eingabewerte nicht annehmbar sind, „stürzt STEP ab" und springt mit größeren Werten zurück. Typischerweise schreitet die Berechnung fort und es werden, falls dies ein erster Schritt ist, die Ableitungen am Anfangswert berechnet, eine Anfangsschrittweite wie in Kapitel 7 beschrieben geschätzt und bestimmt, ob es erforderlich ist, den fortgepflanzten Rundungsfehler zu steuern. Gewöhnlich befindet sich die Berechnung nicht beim ersten Schritt und der Code überspringt diese Initialisierung.

Die Koeffizienten der Formeln für Voraussagen, Korrektur und so weiter werden in Block 1 genau wie in Kapitel 5 beschrieben berechnet. Die Koeffizienten $\sigma_i(n+1)$ zur Umwandlung der Fehlerschätzungen auf eine Konstante Schrittweite werden wie in Kapitel 7 beschrieben berechnet. Diese Berechnungen werden ganz oder teilweise weggelassen, was davon abhängt, wieviele der vorhergehenden Schritte mit derselben Schrittweite durchgeführt wurden.

Block 2 führt die Vorhersage und Fehlerschätzung durch. Die Vorhersage folgt der Beschreibung von Kapitel 5; die alternative DO-Schleife für die Steuerung der fortgepflanzten Rundungsfehler wurde in Kapitel 9 erklärt. Es wird der gewichtete lokale Fehler ERR bei der Ordnung k bestimmt, ebenso wie die gewichteten lokalen Fehler bei konstanter Schrittweite für die Ordnungen k, k − 1, k − 2 (ERK, ERKM1 bzw. ERKM2). Der Schritt wird angenommen, wenn ERR ⩽ EPS ist; andernfalls wird er abgelehnt und die Steuerung geht auf Block 3 über. Es wird überlegt, ob es möglich ist, die Ordnung zu vermindern. Die Überlegungen hinter diesen Vorgängen wurden in Kapitel 7 erklärt.

Block 3 stellt die Information, die bei der Voraussage geändert wurde, wieder her, falls ein Schritt fehlschlug, und bestimmt, wie bei der Wiederholung des Schrittes vorzugehen ist. Beim ersten oder zweiten Fehlschlag wird die Schrittweite halbiert. Beim dritten Fehlschlag wird die Schrittweite ein weiteres Mal halbiert und die Ordnung auf Eins zurückgesetzt, was tatsächlich einen Neustart bedeutet. Wenn der Schritt mehr als dreimal fehlschlägt, schätzt der Code eine „optimale" Schrittweite, um so eine schnellere und genauere Regelung der Schrittweite zu erreichen. Auf keinen Fall wird zugelassen, daß die neue Schrittweite kleiner als vier elementare Rundungseinheiten relativ zur unabhängigen Variablen ist.

Block 4 vervollständigt den Schritt, wenn der lokale Fehler in Block 2 annehmbar ist. Die vorausgesagten Werte werden korrigiert und wiederum ist eine alternative DO-Schleife vorgesehen, um die fortgepflanzten Rundungsfehler wie in Kapitel 9 beschrieben zu steuern. Die Ableitungen werden mittels der korrigierten Lösung berechnet und die modifizierten Differenzen werden für den nächsten Schritt auf den neuesten Stand gebracht, wie es in Kapitel 5 diskutiert wurde. Es wird eine Ordnung für den nächsten Schritt und dann eine neue Schrittweite ausgewählt. Die Algorithmen sind vollständig in Kapitel 7 beschrieben. Die neue Schrittweite darf auch hier nicht kleiner als vier elementare Rundungseinheiten relativ zur unabhängigen Variablen sein.

INTRP: die Subroutine INTRP ist eine direkt Übersetzung der in Kapitel 5 abgeleiteten Formeln und erfordert keine Erläuterung.

DE: Die Subroutine integriert das System von gewöhnlichen Differentialgleichungen erster Ordnung

$$\mathbf{y}'(t) = \mathbf{f}(t, \mathbf{y}(t)),$$

$$\mathbf{y}(a) = \mathbf{y}_0$$

auf dem endlichen Intervall [a, b] mittels des Integrators STEP. Sie wird aufgerufen mit

CALL DE(F, NEQN, Y, T, TOUT, RELERR, ABSERR, IFLAG)

wobei die Eingabeparameter sind:

F	– EXTERNAL Subroutine F(T, Y, YP) zur Berechnung der Ableitungen
NEQN	– Anzahl der zu integrierenden Gleichungen
Y(NEQN)	– Lösungsvektor $\mathbf{y}_0$
T	– unabhängige Variable, mit dem Anfangswert a vorbesetzt.
TOUT	– Ausgabepunkt b
RELERR	– relative lokale Fehlerschranke
ABSERR	– absolute lokale Fehlerschranke
IFLAG	– Anzeige, beim ersten Integrationsschritt mit ± 1 vorbesetzt.

Die Anzeige IFLAG sollte nur dann negativ vorbesetzt werden, wenn die Integration nicht über TOUT hinaus durchgeführt werden kann, etwa, wenn die Lösung jenseits von TOUT nicht definiert ist oder sie dort eine Unstetigkeit hat.

Ein normaler Rücksprung hat IFLAG = 2 zur Folge, was bedeutet, daß die Integration TOUT erreicht hat. Vier Bedingungen verhindern, daß die Integration bis TOUT kommt: diese werden durch IFLAG $\neq$ 2 beim Rücksprung angezeigt. Die erste, IFLAG = ± 3, zeigt an, daß die Anforderungen an den Fehler auf der gerade benutzten Maschine unmöglich zu erfüllen zu sein scheinen. DE springt mit größeren Werten für die Fehlerschranken zurück, so daß der Benutzer nur DE noch einmal aufrufen muß. IFLAG = ± 4 zeigt an, daß zur Vervollständigung des Schrittes zu viele Schritte nötig sind. Die Maximalzahl ist in einem DATA-Statement als MAXNUM definiert und bei der Version von DE, die hier vorgestellt wird, ist MAXNUM = 500. Wenn der Benutzer die Kosten für die Fortsetzung tragen kann, braucht er nur DE wieder aufzurufen. Der Wert IFLAG = ± 5 wird zurückgegeben, wenn die Gleichungen steif zu sein scheinen. Ein spezieller Code für solche Probleme wäre für solche Probleme normalerweise effizienter. Wenn der Benutzer aber eine Fortsetzung mit DE wünscht, braucht er es nur noch einmal aufzurufen. Diese Marken werden nur dann negativ zurückgegeben, wenn der Eingabewert negativ war. IFLAG = 6 signalisiert unzulässige Eingabewerte und daraufhin wird nicht integriert. Der Benutzer muß zulässige Argumente angeben und es noch einmal versuchen.

Alle Aufrufe von DE laufen folgendermaßen ab: angenommen, die Eingabeparameter sind zulässig, dann besetzt der Code die Variablen in Zusammenhang mit der Länge und dem Endpunkt der Integration, initialisiert Zähler und manipuliert die Eingabefehlerschranken, um den Wichtungsvektor zu definieren, der mit dem gemischten Fehlerkriterium zusammenhängt. Die Variable TEND bezeichnet das Ende der Integration innerhalb von DE. Für ein bei der Eingabe positives IFLAG ist TEND = T + 10*(TOUT-T), so daß die Schrittweite von STEP im allgemeinen nicht mit dem Abstand der Ausgabe-Punkte vergleichbar ist. Für negatives IFLAG ist TEND = TOUT, was die Integration intern bei TOUT anhält. Wenn der Aufruf wie ein erster Aufruf behandelt wird, besetzt DE auch die Arbeitsgrößen X und YY, initialisiert die Schrittweite und speichert die Integrationsrichtung. Die Integration geschieht mit X und YY, nicht mit den Größen T und Y, die nach STEP übergeben werden.

Der Rest von DE wird wiederholt, bis TOUT erreicht ist oder der Code aufgibt. DE überprüft zunächst, ob die Arbeitsvariable X jenseits von TOUT und ob $|X-T| \geqslant |TOUT\text{-}T|$ ist; wenn das der Fall ist, interpoliert DE die Lösung und springt zurück. Wenn DE nicht interpolieren kann, überprüft es, ob IFLAG negativ ist und ob das restliche Integrationsintervall eine Schrittweite erfordert, die für die Maschinengenauigkeit zu klein ist. In solch einem Fall extrapoliert es nach dem Verfahren von Euler und springt zurück. Wenn die Integration noch nicht vollständig ist und weniger als MAXNUM Schritte durchgeführt wurden, besetzt DE den Wichtungsvektor für den lokalen Fehlertest in STEP und versucht einen Schritt. Wenn der Schritt erfolgreich ist, erhöht DE die beiden Zähler für die Anzahl der Schritte und die Anzahl der Schritte bei niedrigen Ordnungen und beginnt wieder die Schleife mit Überprüfen, ob interpoliert oder extrapoliert wird usw.. Wenn STEP meldet, daß es nicht weiter fortschreiten kann, da die Fehlerschranken zu klein sind, erhöht DE RELERR und ABSERR vor dem Rücksprung. Wenn schon MAXNUM Schritte durchgeführt wurden, testet DE auf Steifheit und springt dann zurück.

Obwohl DE die Benutzung von STEP und INTRP nur überwacht, muß ein hochentwickelter Treiber eine große Anzahl möglicher auftretender Fälle beachten. Die begleitenden Flußdiagramme werden die Möglichkeiten aufklären und zeigen, wie sie von DE behandelt werden.

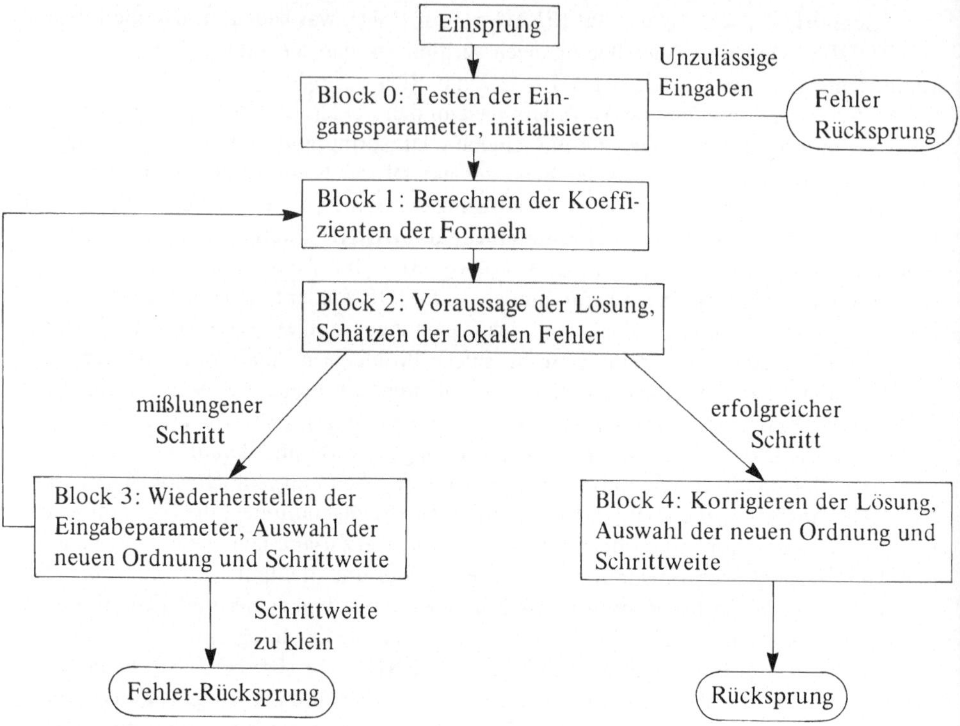

Block-Flußdiagramm für STEP

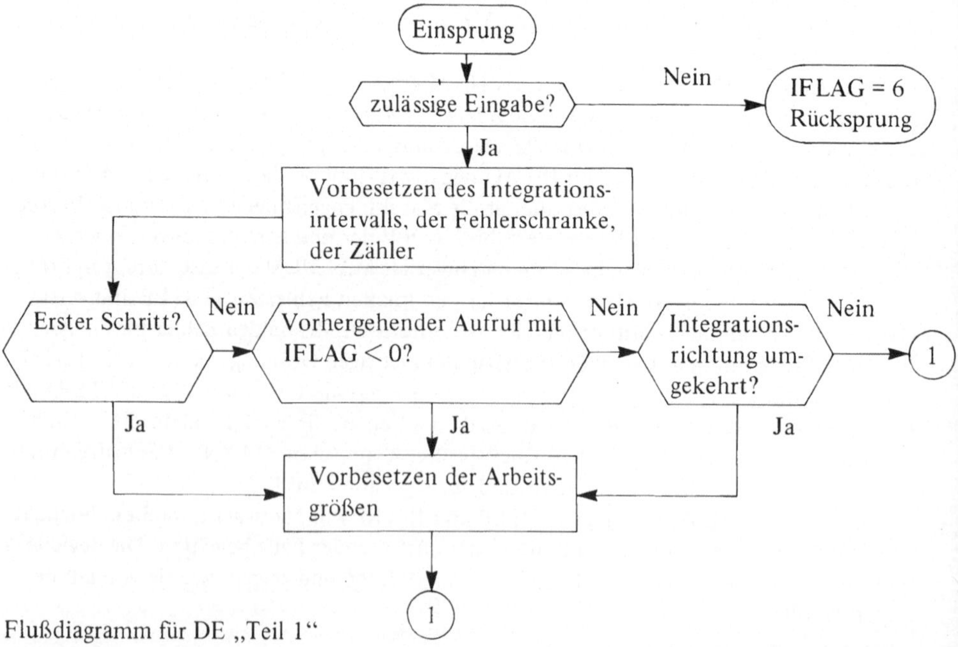

Flußdiagramm für DE „Teil 1“

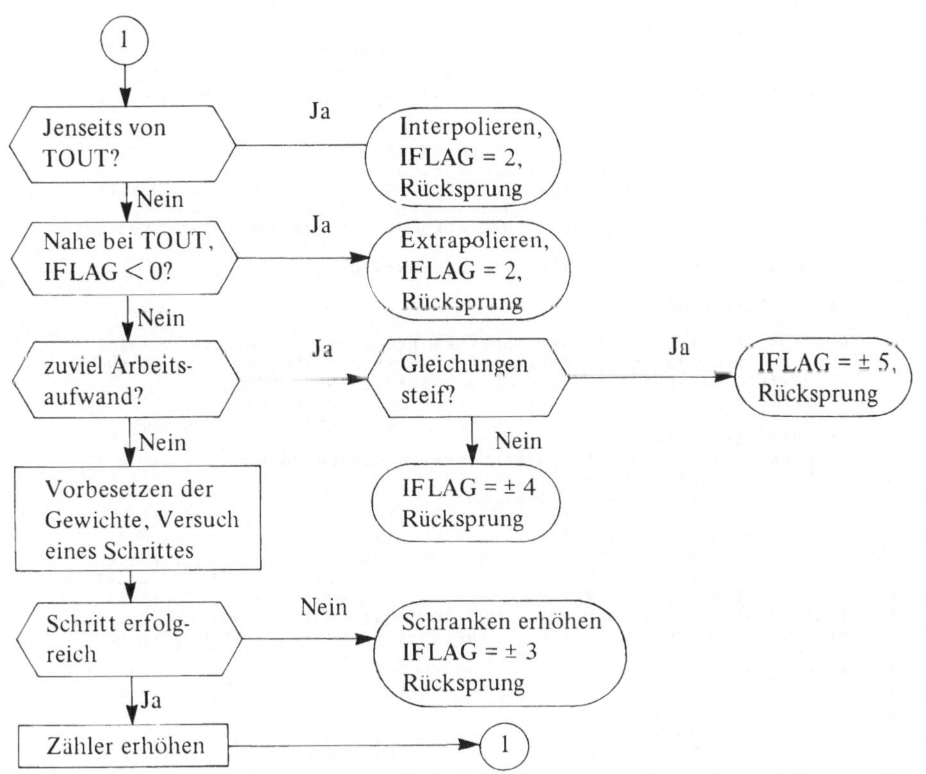

Flußdiagramm für DE „Teil 2“

```
      SUBROUTINE DE(F,NEQN,Y,T,TOUT,RELERR,ABSERR,IFLAG)
C
C   DIE SUBROUTINE DE INTEGRIERT EIN SYSTEM VON BIS ZU 20 GEWOEHNLICHEN
C   DIFFERENTIALGLEICHUNGEN 1. ORDNUNG DER FORM
C             DY(I)/DT = F(T,Y(1),Y(2),...,Y(NEQN))
C             ANFANGSBEDINGUNG: Y(I) AN DER STELLE T, I = 1,...NEQN
C   DIE SUBROUTINE INTEGRIERT VON T BIS TOUT. BEIM RUECKSPRUNG SIND DIE
C   FORMALEN PARAMETER IN DER PARAMETERLISTE DES AUFRUFS FUER DIE FORTSETZUN
C   DER INTEGRATION INITIALISIERT. DER BENUTZER MUSS NUR EINE NEUE
C   VARIABLE TOUT DEFINIEREN UND DE ERNEUT AUFRUFEN.
C
C   DE BENUTZT ZWEI CODES, DEN INTEGRATOR STEP UND DIE
C   INTERPOLATIONSROUTINE INTRP . STEP BENUTZT EINE FORM DER ADAMS PECE
C   FORMELN MIT MODIFIZIERTEN DIVIDIERTEN DIFFERENZEN UND LOKALER
C   EXTRAPOLATION. ES BESTIMMT DIE ORDNUNG UND SCHRITTWEITE ZUR KONTROLLE
C   DES LOKALEN FEHLERS. NORMALERWEISE WIRD BEI JEDEM AUFRUF DAS ERGEBNIS
C   IN EINEM SCHRITT BESTIMMT UND MIT TOUT UEBERGEBEN.
C   AUS GRUENDEN DER EFFIZIENZ INTEGRIERT DE INTERN UEBER TOUT
C   HINAUS, OBWOHL T + 10*(TOUT-T) NICHT UEBERSCHRITTEN WIRD, UND
C   RUFT INTRP AUF,UM DAS ERGEBNIS AN DER STELLE TOUT ZU INTERPOLIEREN. EINE
C   OPTION IST VORGEGEBEN DIE INTEGRATION BIS TOUT ZU VERHINDERN,
C   ABER SIE SOLLTE NUR BENUTZT WERDEN WENN EINE INTEGRATION UEBER TOUT
C   HINAUS NICHT MOEGLICH IST.
C
C   DIESER CODE IST VOLLSTAENDIG ERKLAERT UND DOKUMENTIERT IM LEHRBUCH
C   COMPUTER - LOESUNGEN VON GEWOEHNLICHEN DIFFERENTIALGLEICHUNGSSYSTEMEN:
C   DAS ANFANGSWERTPROBLEM  VON  L. F. SHAMPINE UND M. K. GORDON.
```

```
C
C     DIE PARAMETER FUER DE SIND:
C        F -- SUBROUTINE F(T,Y,YP) ZUR AUSWERTUNG DER
C                                  ABLEITUNG YP(I)=DY(I)/DT
C        NEQN -- ANZAHL DER GLEICHUNGEN DIE ZU INTEGRIEREN SIND
C        Y(*) -- ERGEBNISVEKTOR VON T
C        T -- UNABHAENGIGE VARIABLE
C        TOUT -- STELLE AN DER DAS ERGEBNIS GESUCHT IST
C        RELERR,ABSERR -- RELATIVE UND ABSOLUTE FEHLERSCHRANKE FUER
C             LOKALEN FEHLER-TEST. IN JEDEM SCHRITT FORDERT DER CODE,DASS
C                ABS(LOKALER FEHLER) .LE. ABS(Y)*RELERR + ABSERR
C             FUER JEDE KOMPONENTE DES LOKALEN FEHLERS UND LOESUNGSVEKTORS
C             ERFUELLT IST.
C        IFLAG -- ZEIGT DEN STATUS DER INTEGRATION AN
C
C     DER ERSTE AUFRUF VON DE --
C
C     DER BENUTZER MUSS IN SEINEM RUFENDEN PROGRAMM SPEICHERPLATZ FUER
C     DAS FELD Y(NEQN) IN DER PARAMETERLISTE BEREITSTELLEN, F IN EINEM
C     EXTERNAL STATEMENT DEKLARIEREN, DIE SUBROUTINE
C     F(T,Y(1),Y(2),...,Y(NEQN)) ZUR VERFUEGUNG STELLEN UM DIE GLEICHUNG
C        DY(I)/DT = YP(I) = F(T,Y(1),Y(2),...,Y(NEQN))   AUSZUWERTEN
C     UND DIE PARAMETER INITIALISIEREN
C        NEQN -- ANZAHL DER ZU INTEGRIERENDEN GLEICHUNGEN
C        Y(*) -- ANFANGSBEDINGUNGSVEKTOR
C        T -- STARTWERT DER INTEGRATION
C        TOUT -- STELLE AN DER DAS ERGEBNIS GESUCHT IST
C        RELERR,ABSERR -- RELATIVE UND ABSOLUTE LOKALE FEHLERSCHRANKE
C        IFLAG -- +1,-1. ZEIGER ZUR INITIALISIERUNG DES CODES. NORMALE
C             EINGABE IST +1. DER BENUTZER SOLL IFLAG NUR GLEICH -1 SETZEN,
C             WENN DIE INTEGRATION UEBER TOUT HINAUS NICHT MOEGLICH IST.
C     ALLE PARAMETER AUSSER F, NEQN UND TOUT SIND BEI DER AUSGABE DES CODES
C     GEAENDERT UND MUESSEN DAHER IM RUFENDEN PROGRAMM VARIABLEN SEIN.
C
C     AUSGABE VON DE --
C
C        NEQN -- UNVERAENDERT
C        Y(*) -- LOESUNG AN DER STELLE T
C        T -- LETZTER PUNKT DER VON DER INTEGRATION ERREICHT WURDE. BEI
C             NORMALEM RUECKSPRUNG T = TOUT.
C        TOUT -- UNVERAENDERT
C        RELERR,ABSERR -- BEI NORMALEM RETURN SIND DIE SCHRANKEN UNVERAENDERT.
C             BEI IFLAG=3 SIND DIE SCHRANKEN ERHOEHT.
C        IFLAG = 2 -- NORMALER RETURN. INTEGRATION HATTE TOUT ERREICHT
C              = 3 -- INTEGRATION HATTE TOUT NICHT ERREICHT, WEIL DIE
C                     FEHLERSCHRANKEN ZU KLEIN WAREN. RELERR, ABSERR WURDEN
C                     GEEIGNET ZUR FORTSETZUNG ERHOEHT
C              = 4 -- INTEGRATION HATTE TOUT NICHT ERREICHT, WEIL MEHR ALS
C                     MAXNUM SCHRITTE BENOETIGT WURDEN
C              = 5 -- INTEGRATION HATTE TOUT NICHT ERREICHT, WEIL DIE
C                     GLEICHUNGEN STEIF ZU SEIN SCHIENEN
C              = 6 -- UNERLAUBTE EINGABEPARAMETER (VERHAENGNISVOLLER FEHLER)
C             DIE VARIABLE IFLAG WIRD NEGATIV ZURUECKGEGEBEN, WENN DIE EINGABE-
C             VARIABLE NEGATIV IST UND DIE INTEGRATION TOUT NICHT ERREICHT,
C             I.E., -3, -4, -5.
C
C     NACHFOLGENDE AUFRUFE VON DE --
C
C     DIE SUBROUTINE  DE  SPRINGT MIT ALLEN INFORMATIONEN ZURUECK, DIE ZUR
C     FORTSETZUNG DER INTEGRATION BENOETIGT WERDEN. FALLS DIE INTEGRATION BIS
C     TOUT  DURCHGEFUEHRT WURDE, BRAUCHT DER BENUTZER NUR EIN NEUES TOUT
C     ZU DEFINIEREN UND  DE  ERNEUT AUFZURUFEN. FALLS DIE INTEGRATION BIS
C     TOUT  DURCHGEFUEHRT WURDE, UND DER BENUTZER TROTZDEM FORTFAHREN
C     MOECHTE, BRAUCHT ER NUR  DE  ERNEUT AUFZURUFEN.
C     DIE AUSGABEVARIABLE VON  IFLAG  IST ALS EINGABEVARIABLE
C     BEI EINEM NACHFOLGENDEN AUFRUF GEEIGNET. DIE EINZIGE SITUATION IN
C     DER  IFLAG  GEAENDERT WERDEN SOLLTE, IST DIE INTEGRATION MIT EINEM NEUEN
C     TOUT ZU STOPPEN , I.E., AENDERE DIE AUSGABE  IFLAG=2  IN DIE  EINGABE
C     IFLAG=-2. DIE FEHLERSCHRANKE DARF VOR DER FORTSETZUNG VOM BENUTZER
C     GEAENDERT WERDEN. ALLE ANDEREN PARAMETER MUESSEN UNVERAENDERT BLEIBEN.
C
      LOGICAL START,CRASH,STIFF
      DIMENSION Y(NEQN),PSI(12)
      DIMENSION YY(20),WT(20),PHI(20,16),P(20),YP(20),YPOUT(20)
      EXTERNAL F
```

```
C
C*********************************************************************
C*  DIE EINZIGE MASCHINENABHAENGIGE KONSTANTE HAENGT VON DEM MASCHINEN- *
C*  RUNDUNGSFEHLER  U  AB, WELCHER DIE KLEINSTE POSITIVE ZAHL IST ,     *
C*  SODASS  1.0+U .GT. 1.0 . VOR DER BENUTZUNG VON  DE  MUSS U BERECH-  *
C*  NET SEIN UND IM FOLGENDEN  DATA  STATEMENT FOURU=4.0*U EINGESETZT   *
C*  WERDEN. DIE  ROUTINE  MACHIN  BESTIMMT  U .  VOR DEM AUFRUF VON  DE *
C*  MUESSEN  FOURU  UND  TWOU=2.0*U  IN DER SUBROUTINE  STEP  GESETZT   *
C*  WERDEN.                                                             *
      DATA FOURU /            /
C*********************************************************************
C
C   DIE KONSTANTE  MAXNUM  IST DIE MAXIMAL ERLAUBTE ANZAHL VON SCHRITTEN
C   IN EINEM AUFRUF VON  DE   . DER BENUTZER KANN DURCH VERAENDERN DES
C   FOLGENDEN STATEMENTS DIE GRENZE VARIIEREN.


      DATA MAXNUM/500/
C   DIESE VERSION VON  DE  BEHANDELT BIS ZU 20 GLEICHUNGEN. UM DIESE ANZAHL
C   ZU VARIIEREN, BRAUCHT NUR DIE 20 IN OBIGEN DIMENSION - STATEMENTS UND
C   DIE 20 IN DEM FOLGENDEN STATEMENT VERAENDERT ZU WERDEN.
C
C                  ***                  ***                  ***
C   TEST AUF UNZULAESSIGE PARAMETER
C
      IF(NEQN .LT. 1  .OR.  NEQN .GT. 20) GO TO 10
      IF(T .EQ. TOUT) GO TO 10
      IF(RELERR .LT. 0.0  .OR.  ABSERR .LT. 0.0) GO TO 10
      EPS = AMAX1(RELERR,ABSERR)
      IF(EPS .LE. 0.0) GO TO 10
      IF(IFLAG .EQ. 0) GO TO 10
      ISN = ISIGN(1,IFLAG)
      IFLAG = IABS(IFLAG)
      IF(IFLAG .EQ. 1) GO TO 20
      IF(T .NE. TOLD) GO TO 10
      IF(IFLAG .GE. 2  .AND.  IFLAG .LE. 5) GO TO 20
   10 IFLAG = 6
      RETURN
C
C   SETZE BEI JEDEM AUFRUF DIE INTERVALLGRENZEN DER INTEGRATION UND DEN
C   ZAEHLER FUER DIE SCHRITTE. PASSE DIE EINGABE DEN FEHLERSCHRANKEN AN,
C   UM DEN GEWICHTS-VEKTOR FUER DIE SUBROUTINE  STEP  ZU DEFINIEREN.
C
   20 DEL = TOUT - T
      ABSDEL = ABS(DEL)
      TEND = T + 10.0*DEL
      IF(ISN .LT. 0) TEND = TOUT
      NOSTEP = 0
      KLE4 = 0
      STIFF = .FALSE.
      RELEPS = RELERR/EPS
      ABSEPS = ABSERR/EPS
      IF(IFLAG .EQ. 1) GO TO 30
      IF(ISNOLD .LT. 0) GO TO 30
      IF(DELSGN*DEL .GT. 0.0) GO TO  50
C
C   BEIM START UND NEUSTART WERDEN AUCH DIE ARBEITSVARIABLEN X UND YY(*)
C   BESETZT, DIE RICHTUNG DER INTEGRATION GESPEICHERT UND DIE SCHRITT-
C   WEITE INITIALISIERT.
C
   30 START = .TRUE.
      X = T
      DO 40 L = 1,NEQN
   40   YY(L) = Y(L)
      DELSGN = SIGN(1.0,DEL)
      H = SIGN(AMAX1(ABS(TOUT-X),FOURU*ABS(X)),TOUT-X)
```

```
C
C    WENN DER AUSGABE-PUNKT SCHON ERREICHT IST, SO INTERPOLIERE UND
C    SPRINGE IN DAS RUFENDE PROGRAMM ZURUECK.
C
   50 IF(ABS(X-T) .LT. ABSDEL) GO TO 60
      CALL INTRP(X,YY,TOUT,Y,YPOUT,NEQN,KOLD,PHI,PSI)
      IFLAG = 2
      T = TOUT
      TOLD = T
      ISNOLD = ISN
      RETURN
C
C    WENN NICHT UEBER DEN AUSGABEPUNKT HINAUS INTEGRIERT WERDEN KANN UND
C    T GENUEGEND NAHE BEI TOUT LIEGT, SO EXTRAPOLIERE UND SPRINGE IN DAS
C    RUFENDE PROGRAMM ZURUECK.
C
   60 IF(ISN .GT. 0  .OR.  ABS(TOUT-X) .GE. FOURU*ABS(X)) GO TO 80
      H = TOUT - X
      CALL F(X,YY,YP)
      DO 70 L = 1,NEQN
   70   Y(L) = YY(L) + H*YP(L)
      IFLAG = 2
      T = TOUT
      TOLD = T
      ISNOLD = ISN
      RETURN
C
C    TEST AUF ZU VIEL ARBEIT
C
   80 IF(NOSTEP .LT. MAXNUM) GO TO 100
      IFLAG = ISN*4
      IF(STIFF) IFLAG = ISN*5
      DO 90 L = 1,NEQN
   90   Y(L) = YY(L)
      T = X
      TOLD = T
      ISNOLD = 1
      RETURN
C
C    BEGRENZE SCHRITTWEITE, SETZE GEWICHTSVEKTOR UND NEHME EINEN SCHRITT
C
  100 H = SIGN(AMIN1(ABS(H),ABS(TEND-X)),H)
      DO 110 L = 1,NEQN
  110   WT(L) = RELEPS*ABS(YY(L)) + ABSEPS
      CALL STEP(X,YY,F,NEQN,H,EPS,WT,START,
     1  HOLD,K,KOLD,CRASH,PHI,P,YP,PSI)
C
C    TEST AUF EINE ZU KLEINE SCHRANKE
C
      IF(.NOT.CRASH) GO TO 130
      IFLAG = ISN*3
      RELERR = EPS*RELEPS
      ABSERR = EPS*ABSEPS
      DO 120 L = 1,NEQN
  120   Y(L) = YY(L)
      T = X
      TOLD = T
      ISNOLD = 1
      RETURN
C
C    ERHOEHE ARBEITSZAEHLER UND TESTE AUF STEIFHEIT
C
  130 NOSTEP = NOSTEP + 1
      KLE4 = KLE4 + 1
      IF(KOLD .GT. 4) KLE4 = 0
      IF(KLE4 .GE. 50) STIFF = .TRUE.
      GO TO 50
      END
```

```
C
C
C
      SUBROUTINE STEP(X,Y,F,NEQN,H,EPS,WT,START,
     1 HOLD,K,KOLD,CRASH,PHI,P,YP,PSI)
C
C   SUBROUTINE  STEP  INTEGRIERT EINEN SCHRITT EINES GEWOEHNLICHEN
C   DIFFERENTIALGLEICHUNGSSYSTEMS ERSTER ORDNUNG  NORMALERWEISE VON X
C   BIS X+H; BENUTZT WIRD EINE FORM DER ADAM PECE FORMELN MIT MODIFIZIERTEN
C   DIVIDIERTEN DIFFERENZEN. DIE LOKALE EXTRAPOLATION WIRD BENUTZT, UM
C   DIE ABSOLUTE STABILITAET UND GENAUIGKEIT ZU VERBESSERN.
C   DER CODE BESTIMMT SEINE ORDNUNG UND SCHRITTWEITE UM DEN LOKALEN
C   FEHLER PRO EINHEIT IN EINEM VERALLGEMEINERTEN SINN ZU UEBERPRUEFEN.
C   SPEZIELLE VORRICHTUNGEN SIND INSTALLIERT UM RUNDUNGSFEHLER ZU UEBER-
C   PRUEFEN UND UM FESTZUSTELLEN, OB DER BENUTZER EINE ZU GROSSE
C   GENAUIGKEIT VERLANGT.
C
C   DIESER CODE IST VOLLSTAENDIG ERKLAERT UND DOKUMENTIERT IN DEM LEHRBUCH
C   COMPUTER - LOESUNG VON GEWOEHNLICHEN DIFFERENTIALGLEICHUNGSSYSTEMEN:
C   ANFANGSWERTPROBLEM  VON  L. F. SHAMPINE UND  M. K. GORDON.
C
C   PARAMETER:
C      X -- UNABHAENGIGE VARIABLE
C      Y(*) -- LOESUNGSVEKTOR AN DER STELLE X
C      YP(*) -- ABLEITUNG DES LOESUNGSVEKTORS AN DER STELLE  X  NACH
C            ERFOLGREICHEM SCHRITT
C      NEQN -- ANZAHL DER ZU INTEGRIERENDEN GLEICHUNGEN
C      H -- GEEIGNETE SCHRITTWEITE FUER NAECHSTEN SCHRITT. NORMALERWEISE
C            VOM CODE BESTIMMT.
C      EPS -- LOKALE FEHLERTOLERANZ.MUSS VARIABLE SEIN.
C      WT(*) -- GEWICHTSVEKTOR FUER FEHLERKRITERIUM
C      START -- LOGISCHE VARIABLE : .TRUE. BEIM ERSTEN SCHRITT, .FALSE. SONST
C      HOLD -- BENUTZTE SCHRITTWEITE FUER LETZTEN ERFOLGREICHEN SCHRITT
C      K -- GEEIGNETE ORDNUNG FUER NAECHSTEN SCHRITT (VOM CODE BESTIMMT)
C      KOLD -- BENUTZTE ORDNUNG IM LETZTEN ERFOLGREICHEN SCHRITT
C      CRASH -- LOGISCHE VARIABLE : .TRUE. WENN KEIN SCHRITT GENOMMEN WERDEN
C             KANN, .FALSE. SONST.
C    DIE FELDER PHI, PSI SIND FUER DIE INTERPOLATIONS-SUBROUTINE INTRP
C    ERFORDERLICH . DAS FELD  P  WIRD IM CODE INTERN BENOETIGT.
C
C    EINGABE VON   STEP
C
C       ERSTER AUFRUF --
C
C    DER BENUTZER MUSS IN SEINEM RUFENDEN PROGRAMM WIE FOLGT SPEICHERPLATZ
C    FUER ALLE FELDER IN DER PARAMETERLISTE BEREITSTELLEN:
C
C       DIMENSION Y(NEQN),WT(NEQN),PHI(NEQN,16),P(NEQN),YP(NEQN),PSI(12)
C
C    DER BENUTZER MUSS EBENSO  START  UND  CRASH  ALS LOGISCHE VARIABLEN
C    UND  F  ALS EXTERNAL SUBROUTINE DEKLARIEREN. DIE SUBROUTINE
C    F(X,Y,YP) ZUR BERECHNUNG DER RECHTEN SEITE
C       DY(I)/DX = YP(I) = F(X,Y(1),Y(2),...,Y(NEQN)) VORGEBEN UND
C    NUR DIE FOLGENDEN PARAMETER INITIALISIEREN:
C       X -- ANFANGSWERT DER ABHAENGIGEN VARIABLE
C       Y(*) -- VEKTOR MIT DEN ANFANGSWERTEN DER ABHAENGIGEN VARIABLEN
C       NEQN -- ANZAHL DER ZU INTEGRIERENDEN GLEICHUNGEN
C       H -- NOMINALE SCHRITTWEITE, WELCHE AUF DIE INTEGRATIONSRICHTUNG
C             UND DIE MAXIMALE SCHRITTWEITE HINWEIST. MUSS VARIABLE SEIN.
C       EPS -- LOKALE FEHLERTOLERANZ PRO SCHRITT. MUSS VARIABLE SEIN.
C       WT(*) -- VEKTOR VON GEWICHTEN UNGLEICH NULL FUER FEHLERKRITERIUM
C       START -- .TRUE.
C
C    STEP  VERLANGT,DASS DIE L2 NORM DES VEKTORS MIT DEN KOMPONENTEN
C    LOKALER FEHLER(L)/WT(L)  FUER EINEN ERFOLGREICHEN SCHRITT KLEINER IST ALS
C    EPS . DAS FELD  WT  GESTATTET DEM BENUTZER EINEN FUER SEIN PROBLEM
C    GEEIGNETEN FEHLERTEST ZU SPEZIFIZIEREN. ZUM BEISPIEL.
C       WT(L) = 1.0 SPEZIFIZIERT DEN ABSOLUTEN FEHLER
C             = ABS(Y(L))  RELATIVER FEHLER BEZUEGLICH DES LETZTEN WERTES DER
C                  L-TEN KOMPONENTE DES ERGEBNISSES,
C             = ABS(YP(L))  RELATIVER FEHLER BEZUEGLICH DES LETZTEN WERTES DER
C                  L-TEN KOMPONENTE DER ABLEITUNG,
```

```
      C              = AMAX1(WT(L),ABS(Y(L)))  RELATIVER FEHLER BEZUEGLICH DES
      C                     MAXIMALEN BETRAGES DER BISHER BEKANNTEN L-TEN KOMPONENTE
      C              = ABS(Y(L))*RELERR/EPS + ABSERR/EPS  SPEZIFIZIERT EINEN
      C                    GEMISCHTEN ABSOLUTEN-RELATIVEN TEST, WOBEI  RELERR  DER
      C                    RELATIVE FEHLER,  ABSERR  DER ABSOLUTE FEHLER UND  EPS =
      C                    AMAX1(RELERR,ABSERR)
      C
      C       WEITERE AUFRUFE --
      C
      C    SUBROUTINE  STEP  IST SO GESTALTET, DASS ALLE INFORMATIONEN DIE ZUR
      C    FORTSETZUNG DER INTEGRATION BENOETIGT WERDEN, EINSCHLIESSLICH DER SCHRITT-
      C    WEITE  H  UND DES ORDNUNG  K , MIT JEDEM SCHRITT ZURUECKGEGEBEN WERDEN. MI
      C    AUSNAHME DER SCHRITTWEITE, DER FEHLERTOLERANZ UND DER GEWICHTE SOLLTE
      C    KEIN PARAMETER VERAENDERT WERDEN. DAS FELD  WT  MUSS NACH JEDEM SCHRITT
      C    AUF DEN NEUESTEN STAND GEBRACHT WERDEN UM DEN RELATIVEN FEHLERTEST WIE
      C    OBEN FORTZUSETZEN. NORMALERWEISE WIRD DIE INTEGRATION BIS HINTER DEN
      C    GEWUENSCHTEN ENDPUNKT FORTGESETZT UND DIE LOESUNG WIRD MIT DER SUBROUTINE
      C    INTRP  INTERPOLIERT. FALLS ES NICHT MOEGLICH IST, UEBER DEN ENDPUNKT
      C    HINAUS ZU INTEGRIEREN, DARF DIE SCHRITTWEITE VERRINGERT WERDEN, UM DEN
      C    ENDPUNKT ZU ERREICHEN, WEIL DER  CODE  KEINEN GROESSEREN SCHRITT ALS IN
      C    DER  H - EINGABE DURCHFUEHREN WIRD. DAS WECHSELN DER INTEGRATIONSRICHTUNG,
      C    I. E., EIN WECHSEL DES VORZEICHEN VON  H , ERFORDERT VOR EINEM ERNEUTEN
      C    AUFRUF VON  STEP  DIE VORBESETZUNG  START = .TRUE.  DURCH DEN BENUTZER.
      C    DIES IST DER EINZIGE FALL IN WELCHEM  START  VERAENDERT WIRD.
      C
      C    AUSGABE VON  STEP
      C
      C       ERFOLGREICHER SCHRITT --
      C
      C    NACH JEDEM ERFOLGREICHEN SCHRITT SIND  START  UND  CRASH  BEIM RUECKSPRUNG
      C    AUF  .FALSE.  GESETZT. X STELLT DIE UNABHAENGIGE VARIABLE DAR, DIE UM
      C    EINEN SCHRITT DER LAENGE  HOLD  VON IHREM WERT BEI DER EINGABE ERHOEHT
      C    WURDE UND  Y  IST DER ERGEBNISVEKTOR DES NEUEN WERTES VON  X .
      C    ALLE ANDEREN PARAMETER ERHALTEN IN ABHAENGIGKEIT DES NEUEN  X
      C    INFORMATIONEN WELCHE FUER DIE FORSETZUNG DER INTEGRATION BENOETIGT WERDEN.
      C
      C       ERFOLGLOSER SCHRITT --
      C
      C    WENN DIE FEHLERTOLERANZ FUER DIE MASCHINENGENAUIGKEIT ZU KLEIN IST,
      C    SPRINGT DIE SUBROUTINE OHNE EINEN SCHRITT AUSGEFUEHRT ZU HABEN ZURUECK
      C    UND  CRASH = .TRUE.
      C    EINE GEEIGNETE SCHRITTWEITE UND FEHLERSCHRANKE WURDEN FUER DIE FORTSETZUNG
      C    GESCHAETZT UND ALLE ANDEREN INFORMATIONEN WERDEN WIE VOR DEM
      C    RUECKSPRUNG ZURUECKGEGEBEN.
      C    UM MIT DER GROESSEREN SCHRANKE FORTZUFAHREN, MUSS DER BENUTZER DEN CODE
      C    EINFACH ERNEUT AUFRUFEN. EIN ERNEUTER START IST WEDER ERFORDERLICH NOCH
      C    WUENSCHENSWERT.
      C
0002          LOGICAL START,CRASH,PHASE1,NORND
0003          DIMENSION Y(NEQN),WT(NEQN),PHI(NEQN,16),P(NEQN),YP(NEQN),PSI(12)
0004          DIMENSION ALPHA(12),BETA(12),SIG(13),W(12),V(12),G(13),
             1  GSTR(13),TWO(13)
0005          EXTERNAL F
      C*****************************************************************************
      C*   DIE EINZIGE MASCHINENABHAENGIGE KONSTANTE HAENGT VON DEM MASCHINEN-  *
      C*   RUNDUNGSFEHLER  U  AB, WELCHER DIE KLEINSTE POSITIVE ZAHL IST,       *
      C*   SODASS  1.0+U .GT. 1.0  . DER BENUTZER MUSS  U  BERECHNEN            *
      C*   UND TWOU=2.0*U  SOWIE  FOURU=4.0*U  IM DATA-STATEMENT VOR            *
      C*   DEM AUFRUF DES CODES SETZEN. DIE ROUTINE  MACHINE  ERRECHNET  U .    *
0006          DATA TWOU,FOURU /             /
      C*****************************************************************************
0007          DATA TWO/2.0,4.0,8.0,16.0,32.0,64.0,128.0,256.0,512.0,1024.0,
             1  2048.0,4096.0,8192.0/
0008          DATA GSTR/0.500,0.0833,0.0417,0.0264,0.0188,0.0143,0.0114,0.00936,
             1  0.00789,0.00679,0.00592,0.00524,0.00468/
0009          DATA G(1),G(2)/1.0,0.5/,SIG(1)/1.0/
      C
      C
```

```
C          ***        BEGINN BLOCK 0        ***
C    KONTROLLE, OB DIE SCHRITTWEITE ODER FEHLERTOLERANZ FUER DIE MASCHINEN-
C    GENAUIGKEIT ZU KLEIN IST. INITIALISIERE DAS FELD PHI UND SCHAETZE EINE
C    START-SCHRITTWEITE BEIM ERSTEN SCHRITT.
C                           ***
C
C    WENN DIE SCHRITTWEITE ZU KLEIN IST, BESTIMME EINE BRAUCHBARE.
C
        CRASH = .TRUE.
        IF(ABS(H) .GE. FOURU*ABS(X)) GO TO 5
        H = SIGN(FOURU*ABS(X),H)
        RETURN
    5 P5EPS = 0.5*EPS
C
C    WENN DIE FEHLERSCHRANKE ZU KLEIN IST, ERHOEHE SIE AUF EINEN BRAUCHBAREN
C    WERT.
C
        ROUND = 0.0
        DO 10 L = 1,NEQN
   10     ROUND = ROUND + (Y(L)/WT(L))**2
        ROUND = TWOU*SQRT(ROUND)
        IF(P5EPS .GE. ROUND) GO TO 15
        EPS = 2.0*ROUND*(1.0 + FOURU)
        RETURN
   15 CRASH = .FALSE.
        IF(.NOT.START) GO TO 99
C
C    INITIALISIERE. ERRECHNE GEEIGNETE SCHRITTWEITE FUER DEN ERSTEN SCHRITT
C
        CALL F(X,Y,YP)
          SUM = 0.0
          DO 20 L = 1,NEQN
          PHI(L,1) = YP(L)
          PHI(L,2) = 0.0
   20     SUM = SUM + (YP(L)/WT(L))**2
        SUM = SQRT(SUM)
        ABSH = ABS(H)
        IF(EPS .LT. 16.0*SUM*H*H) ABSH = 0.25*SQRT(EPS/SUM)
        H = SIGN(AMAX1(ABSH,FOURU*ABS(X)),H)
        HOLD = 0.0
        K = 1
        KOLD = 0
        START = .FALSE.
        PHASE1 = .TRUE.
        NORND = .TRUE.
        IF(P5EPS .GT. 100.0*ROUND) GO TO 99
        NORND = .FALSE.
        DO 25 L = 1,NEQN
   25     PHI(L,15) = 0.0
   99 IFAIL = 0
C          ***        ENDE BLOCK 0        ***
C
C          ***        BEGINN BLOCK 1        ***
C    BERECHNE DIE KOEFFIZIENTEN DER FORMELN FUER DIESEN SCHRITT. ES WERDEN
C    DIE KOEFFIZIENTEN NICHT NEU BERECHNET, DIE NICHT GEAENDERT WERDEN, WENN
C    DIE SCHRITTWEITE NICHT GEAENDERT WIRD.
C                           ***
C
  100 KP1 = K+1
        KP2 = K+2
        KM1 = K-1
        KM2 = K-2
C
C    NS  IST DIE ANZAHL DER SCHRITTE MIT SCHRITTWEITE  H , EINSCHLIESSLICH
C    DER AKTUELLEN. WENN  K.LT.NS  AENDERN SICH KEINE KOEFFIZIENTEN.
C
        IF(H .NE. HOLD) NS = 0
        IF(NS .LE. KOLD) NS = NS + 1
```

```
          NSP1 = NS+1
          IF (K .LT. NS) GO TO 199
C
C    BERECHNE DIE KOMPONENTEN VON ALPHA(*),BETA(*),PSI(*),SIG(*), DIE
C    GEAENDERT WERDEN.
C
          BETA(NS) = 1.0
          REALNS = NS
          ALPHA(NS) = 1.0/REALNS
          TEMP1 = H*REALNS
          SIG(NSP1) = 1.0
          IF(K .LT. NSP1) GO TO 110
          DO 105 I = NSP1,K
            IM1 = I-1
            TEMP2 = PSI(IM1)
            PSI(IM1) = TEMP1
            BETA(I) = BETA(IM1)*PSI(IM1)/TEMP2
            TEMP1 = TEMP2 + H
            ALPHA(I) = H/TEMP1
            REALI = I
      105   SIG(I+1) = REALI*ALPHA(I)*SIG(I)
      110 PSI(K) = TEMP1
C
C    BERECHNE DIE KOEFFIZIENTEN G(*)
C
C    INITIALISIERE V(*) UND SETZE  W(*). G(2) IST IM DATA-STATEMENT VORBESETZT
C
          IF(NS .GT. 1) GO TO 120
          DO 115 IQ = 1,K
            TEMP3 = IQ*(IQ+1)
            V(IQ) = 1.0/TEMP3
      115   W(IQ) = V(IQ)
          GO TO 140
C
C    FALLS DIE ORDNUNG ERHOEHT WURDE, BRINGE V(*) AUF DEN NEUSTEN STAND
C
      120 IF(K .LE. KOLD) GO TO 130
          TEMP4 = K*KP1
          V(K) = 1.0/TEMP4
          NSM2 = NS-2
          IF(NSM2 .LT. 1) GO TO 130
          DO 125 J = 1,NSM2
            I = K-J
      125   V(I) = V(I) - ALPHA(J+1)*V(I+1)
C
C    V(*) AUF DEN NEUSTEN STAND BRINGEN UND W(*) SETZEN
C
      130 LIMIT1 = KP1 - NS
          TEMP5 = ALPHA(NS)
          DO 135 IQ = 1,LIMIT1
            V(IQ) = V(IQ) - TEMP5*V(IQ+1)
      135   W(IQ) = V(IQ)
          G(NSP1) = W(1)
C
C    BERECHNE DIE G(*) IM ARBEITSVEKTOR W(*)
C
      140 NSP2 = NS + 2
          IF(KP1 .LT. NSP2) GO TO 199
          DO 150 I = NSP2,KP1
            LIMIT2 = KP2 - I
            TEMP6 = ALPHA(I-1)
            DO 145 IQ = 1,LIMIT2
      145     W(IQ) = W(IQ) - TEMP6*W(IQ+1)
      150   G(I) = W(1)
      199   CONTINUE
C           ***          ENDE BLOCK 1         ***
C
```

```
C        ***          BEGINN BLOCK 2        ***
C    SAGE EINE LOESUNGSNAEHERUNG  P(*) VORAUS, WERTE ABLEITUNGEN MIT DER
C    VORAUSGESAGTEN NAEHERUNGSLOESUNG AUS, BERECHNE DEN LOKALEN FEHLER MIT
C    DER ORDNUNG K UND FEHLER MIT DEN ORDNUNGEN K, K-1, K-2, ALS OB EINE
C    KONSTANTE SCHRITTWEITE BENUTZT WUERDE.
C                             ***
C
C    AENDERE PHI IN PHI STERN
C
         IF(K .LT. NSP1) GO TO 215
         DO 210 I = NSP1,K
           TEMP1 = BETA(I)
           DO 205 L = 1,NEQN
  205        PHI(L,I) = TEMP1*PHI(L,I)
  210      CONTINUE
C
C    SAGE LOESUNGSNAEHERUNG UND DIFFERENZEN VORAUS
C
  215 DO 220 L = 1,NEQN
        PHI(L,KP2) = PHI(L,KP1)
        PHI(L,KP1) = 0.0
  220   P(L) = 0.0
      DO 230 J = 1,K
        I = KP1 - J
        IP1 = I+1
        TEMP2 = G(I)
        DO 225 L = 1,NEQN
          P(L) = P(L) + TEMP2*PHI(L,I)
  225     PHI(L,I) = PHI(L,I) + PHI(L,IP1)
  230   CONTINUE
      IF(NORND) GO TO 240
      DO 235 L = 1,NEQN
        TAU = H*P(L) - PHI(L,15)
        P(L) = Y(L) + TAU
  235   PHI(L,16) = (P(L) - Y(L)) - TAU
      GO TO 250
  240 DO 245 L = 1,NEQN
  245   P(L) = Y(L) + H*P(L)
  250 XOLD = X
      X = X + H
      ABSH = ABS(H)
      CALL F(X,P,YP)
C
C    SCHAETZE FEHLERNAEHERUNGEN MIT ORDNUNGEN K,K-1,K-2
C
      ERKM2 = 0.0
      ERKM1 = 0.0
      ERK = 0.0
      DO 265 L = 1,NEQN
        TEMP3 = 1.0/WT(L)
        TEMP4 = YP(L) - PHI(L,1)
        IF(KM2)265,260,255
  255   ERKM2 = ERKM2 + ((PHI(L,KM1)+TEMP4)*TEMP3)**2
  260   ERKM1 = ERKM1 + ((PHI(L,K)+TEMP4)*TEMP3)**2
  265   ERK = ERK + (TEMP4*TEMP3)**2
      IF(KM2)280,275,270
  270 ERKM2 = ABSH*SIG(KM1)*GSTR(KM2)*SQRT(ERKM2)
  275 ERKM1 = ABSH*SIG(K)*GSTR(KM1)*SQRT(ERKM1)
  280 TEMP5 = ABSH*SQRT(ERK)
      ERR = TEMP5*(G(K)-G(KP1))
      ERK = TEMP5*SIG(KP1)*GSTR(K)
      KNEW = K
C
C    TEST, OB DIE ORDNUNG ERNIEDRIGT WERDEN SOLLTE
```

```
C
      IF(KM2)299,290,285
  285 IF(AMAX1(ERKM1,ERKM2) .LE. ERK) KNEW = KM1
      GO TO 299
  290 IF(ERKM1 .LE. 0.5*ERK) KNEW = KM1
C
C   TEST, OB SCHRITT ERFOLGREICH
C
  299 IF(ERR .LE. EPS) GO TO 400
C         ***      ENDE BLOCK 2      ***
C
C         ***      BEGINN BLOCK 3      ***
C   DER SCHRITT IST ERFOLGLOS. SPEICHERE  X, PHI(*,*), PSI(*) ZURUECK.
C   SETZE NACH DREI AUFEINANDERFOLGENDEN ERFOLGLOSEN SCHRITTEN DIE ORDNUNG
C   AUF EINS. SCAETZE NACH MEHR ALS DREI ERFOLGLOSEN SCHRITTEN DIE OPTIMALE
C   SCHRITTWEITE. VERDOPPELE FEHLERSCHRANKE UND RUECKSPRUNG, FALLS GEWAEHLTE
C   SCHRITTWEITE ZU KLEIN FUER DIE MASCHINENGENAUIGKEIT IST.
C                          ***
C
C   SPEICHERE X, PHI(*,*) UND PSI(*) ZURUECK
C
      PHASE1 = .FALSE.
      X = XOLD
      DO 310 I = 1,K
        TEMP1 = 1.0/BETA(I)
        IP1 = I+1
        DO 305 L = 1,NEQN
  305     PHI(L,I) = TEMP1*(PHI(L,I) - PHI(L,IP1))
  310   CONTINUE
      IF(K .LT. 2) GO TO 320
      DO 315 I = 2,K
  315   PSI(I-1) = PSI(I) - H
C
C   SETZE BEIM DRITTEN ERFOLGLOSEN SCHRITT DIE ORDNUNG AUF EINS. BENUTZE
C   DANACH OPTIMALE SCHRITTWEITE
C
  320 IFAIL = IFAIL + 1
      TEMP2 = 0.5
      IF(IFAIL - 3) 335,330,325
  325 IF(P5EPS .LT. 0.25*ERK) TEMP2 = SQRT(P5EPS/ERK)
  330 KNEW = 1
  335 H = TEMP2*H
      K = KNEW
      IF(ABS(H) .GE. FOURU*ABS(X)) GO TO 340
      CRASH = .TRUE.
      H = SIGN(FOURU*ABS(X),H)
      EPS = EPS + EPS
      RETURN
  340 GO TO 100
C         ***        ENDE BLOCK 3        ***
C
C         ***        BEGINN BLOCK 4        ***
C   DER SCHRITT IST ERFOLGREICH. VERBESSERE DIE LOESUNGSNAEHERUNG, ERRECHNE
C   UNTER BENUTZUNG DER VERBESSERTEN LOESUNG DIE ABLEITUNGEN UND BRINGE
C   DIE DIFFERENZEN AUF DEN NEUESTEN STAND. BESTIMME DIE BESTE ORDNUNG UND
C   SCHRITTWEITE FUER DEN NAECHSTEN SCHRITT.
C                              ***
  400 KOLD = K
      HOLD = H
C
C   VERBESSERE UND WERTE AUS
C
      TEMP1 = H*G(KP1)
      IF(NORND) GO TO 410
      DO 405 L = 1,NEQN
        RHO = TEMP1*(YP(L) - PHI(L,1)) - PHI(L,16)
        Y(L) = P(L) + RHO
```

```
  405   PHI(L,15) = (Y(L) - P(L)) - RHO
        GO TO 420
  410 DO 415 L = 1,NEQN
  415   Y(L) = P(L) + TEMP1*(YP(L) - PHI(L,1))
  420 CALL F(X,Y,YP)
C
C   DIFFERENZEN FUER NAECHSTEN SCHRITT AUF DEN NEUESTEN STAND BRINGEN
C
        DO 425 L = 1,NEQN
          PHI(L,KP1) = YP(L) - PHI(L,1)
  425     PHI(L,KP2) = PHI(L,KP1) - PHI(L,KP2)
        DO 435 I = 1,K
          DO 430 L = 1,NEQN
  430       PHI(L,I) = PHI(L,I) + PHI(L,KP1)
  435     CONTINUE
C
C   FEHLERSCHAETZUNG MIT ORDNUNG  K+1  AUSSER:
C   IN DER ERSTEN PHASE, WENN DIE ORDNUNG IMMER ERHOEHT WIRD,
C   ODER ES WURDE BEREITS ENTSCHIEDEN, DASS DIE ORDNUNG ERNIEDRIGT WURDE
C   ODER SCHRITTWEITE NICHT KONSTANT, ALSO SCHAETZUNG UNVERLAESSLICH
C
        ERKP1 = 0.0
        IF(KNEW .EQ. KM1  .OR.  K .EQ. 12) PHASE1 = .FALSE.
        IF(PHASE1) GO TO 450
        IF(KNEW .EQ. KM1) GO TO 455
        IF(KP1 .GT. NS) GO TO 460
        DO 440 L = 1,NEQN
  440     ERKP1 = ERKP1 + (PHI(L,KP2)/WT(L))**2
        ERKP1 = ABSH*GSTR(KP1)*SQRT(ERKP1)
C
C   MIT DEM GESCHAETZTEN FEHLER BEI DER ORDNUNG K+1, BESTIMME GEEIGNETE ORDNUNG
C   FUER NAECHSTEN SCHRITT.
C
        IF(K .GT. 1) GO TO 445
        IF(ERKP1 .GE. 0.5*ERK) GO TO 460
        GO TO 450
  445 IF(ERKM1 .LE. AMIN1(ERK,ERKP1)) GO TO 455
        IF(ERKP1 .GE. ERK  .OR.  K .EQ. 12) GO TO 460
C
C   HIER IST  ERKP1 .LT. ERK .LT. AMAX1(ERKM1,ERKM2)  ODER DIE ORDNUNG IST
C   IN BLOCK 2  HERABGESETZT WORDEN. DAHER MUSS DIE ORDNUNG ERHOEHT WERDEN.
C
C   ERHOEHE ORDNUNG
C
  450 K = KP1
        ERK = ERKP1
        GO TO 460
C
C   ERNIEDRIGE ORDNUNG
C
  455 K = KM1
        ERK = ERKM1
C
C   BESTIMME MIT DER NEUEN ORDNUNG GEEIGNETE SCHRITTWEITE FUER NAECHSTEN
C   SCHRITT.
C
  460 HNEW = H + H
        IF(PHASE1) GO TO 465
        IF(P5EPS .GE. ERK*TWO(K+1)) GO TO 465
        HNEW = H
        IF(P5EPS .GE. ERK) GO TO 465
        TEMP2 = K+1
        R = (P5EPS/ERK)**(1.0/TEMP2)
        HNEW = ABSH*AMAX1(0.5,AMIN1(0.9,R))
        HNEW = SIGN(AMAX1(HNEW,FOURU*ABS(X)),H)
  465 H = HNEW
        RETURN
C         ***          ENDE BLOCK 4          ***
        END
```

```
C
C
C
C
      SUBROUTINE INTRP(X,Y,XOUT,YOUT,YPOUT,NEQN,KOLD,PHI,PSI)
C
C   DIE VERFAHREN IN DER SUBROUTINE  STEP  APPROXIMIEREN DIE LOESUNG IN DER
C   NAEHE VON  X  DURCH EIN POLYNOM. DIE SUBROUTINE  INTRP  APPROXIMIERT DIE
C   LOESUNG AN DER STELLE  XOUT  DURCH AUSWERTUNG DIESES POLYNOMS. DIE INFOR-
C   MATION, DIE DIESES POLYNOM FESTLEGT, WIRD VON  STEP  GEGEBEN, SODASS
C   INTRP  NICHT ALLEINE BENUTZT WERDEN KANN.
C
C   DIESER CODE IST VOLLSTAENDIG ERKLAERT UND DOKUMENTIERT IN DEM LEHRBUCH:
C   COMPUTER LOESUNG VON GEWOEHNLICHEN DIFFERENTIALGLEICHUNGSSYSTEMEN: DAS
C   ANFANGSWERTPROBLEM VON  L. F. SHAMPINE  UND M. K. GORDON.
C
C   EINGABE  AN  INTRP --
C
C   DER BENUTZER STELLT FUER DIE FELDER IN DER PARAMETERLISTE IN SEINEM
C   RUFENDEN PROGRAMM SPEICHERPLATZ BEREIT.
      DIMENSION Y(NEQN),YOUT(NEQN),YPOUT(NEQN),PHI(NEQN,16),PSI(12)
C   UND DEFINIERT
C     XOUT -- STELLE, AN DER DAS ERGEBNIS GESUCHT IST.
C   DIE UEBRIGEN PARAMETER SIND IN  STEP  DEFINIERT UND WERDEN AN  INTRP
C   AUS DIESER SUBROUTINE UEBERGEBEN.
C
C   AUSGABE VON  INTRP --
C
C      YOUT(*) -- LOESUNG AN DER STELLE  XOUT
C      YPOUT(*) -- ABLEITUNG DER LOESUNG AN DER STELLE  XOUT
C   DIE UEBRIGEN PARAMETER WERDEN UNVERAENDERT VON IHREN EINGABEWERTEN
C   ZURUECKGEGEBEN. DIE INTEGRATION KANN MIT  STEP  FORTGESETZT WERDEN.
C
      DIMENSION G(13),W(13),RHO(13)
      DATA G(1)/1.0/,RHO(1)/1.0/
C
      HI = XOUT - X
      KI = KOLD + 1
      KIP1 = KI + 1
C
C   INITIALISIERE W(*) FUER BERECHNUNG VON G(*)
C
      DO 5 I = 1,KI
        TEMP1 = I
    5   W(I) = 1.0/TEMP1
      TERM = 0.0
C
C   BERECHNE G(*)
C
      DO 15 J = 2,KI
        JM1 = J - 1
        PSIJM1 = PSI(JM1)
        GAMMA = (HI + TERM)/PSIJM1
        ETA = HI/PSIJM1
        LIMIT1 = KIP1 - J
        DO 10 I = 1,LIMIT1
   10     W(I) = GAMMA*W(I) - ETA*W(I+1)
        G(J) = W(1)
        RHO(J) = GAMMA*RHO(JM1)
   15   TERM = PSIJM1
C
C   INTERPOLIERE
C
      DO 20 L = 1,NEQN
        YPOUT(L) = 0.0
   20   YOUT(L) = 0.0
```

```
      DO 30 J = 1,KI
        I = KIP1 - J
        TEMP2 = G(I)
        TEMP3 = RHO(I)
        DO 25 L = 1,NEQN
          YOUT(L) = YOUT(L) + TEMP2*PHI(L,I)
 25       YPOUT(L) = YPOUT(L) + TEMP3*PHI(L,I)
 30     CONTINUE
      DO 35 L = 1,NEQN
 35     YOUT(L) = Y(L) + HI*YOUT(L)
      RETURN
      END
```

```
      SUBROUTINE MACHIN(U)
C
C   U  IST DIE KLEINSTE POSITIVE ZAHL, SODASS   (1.0+U) .GT. 1.0 .
C   U  WIRD UNGEFAEHR ALS EINE POTENZ VON 1./2. BERECHNET.
C
C   DIESER CODE IST VOLLSTAENDIG ERKLAERT UND DOKUMENTIERT IN DEM LEHRBUCH,
C   COMPUTER LOESUNG VON GEWOEHNLICHEN DIFFERENTIALGLEICHUNGSSYSTEMEN:
C   DAS ANFANGSWERTPROBLEM VON L. F. SHAMPINE UND M. K. GORDON.
C
      HALFU=0.5
   50 TEMP1 = 1.0 + HALFU
      IF(TEMP1 .LE. 1.0) GO TO 100
      HALFU = 0.5*HALFU
      GO TO 50
  100 U = 2.0*HALFU
      RETURN
      END
```

Nützliche Erweiterungen der Codes

Die Entwicklung der grundlegenden Codes betont die Portabilität, den leichten Gebrauch und das leichte Verstehen. Wegen dieser Ziele haben wir verschiedene nützliche Besonderheiten weggelassen, die in diesem Abschnitt diskutiert werden. Keine dieser Änderungen, die wir hier vorschlagen, beeinträchtigt die Leistungen der Codes, nur ihre Flexibilität und ihr leichter Gebrauch werden beeinträchtigt. Die modifizierten Codes benutzen nur Standard-FORTRAN, aber der WATFOR-Compiler und möglicherweise auch andere werden keinen der Codes verarbeiten. An den Stellen, wo die Änderungen einfach sind, diskutieren wir nur, was in den grundlegenden Codes geändert werden muß; wo die Änderungen kompliziert sind, geben wir vollständige Listings der modifizierten Versionen an.

Die grundlegenden Codes haben zwei Hauptbeschränkungen. DE erlaubt nicht mehr als 20 Gleichungen und ist so dimensioniert, daß es bis zu 20 Gleichungen behandeln kann. Wenn wir mit mehr als 20 Gleichungen arbeiten wollen, muß eine andere Version der Codes benutzt werden. Wenn wir mit weniger Gleichungen arbeiten wollen, ist DE etwas verschwenderisch mit dem Speicherplatz. Für STEP gelten diese Beschränkungen nicht, da der Benutzer für jedes Problem Felder von geeigneter Dimension bereitstellt, und es keine Beschränkungen für die Anzahl der Gleichungen gibt. Beide Codes halten intern Variablen zwischen verschiedenen Aufrufen fest. Versionen, die dieses lokale Zurückbehalten nicht erlauben, werden für Berechnungen mit Overlays benötigt und ebenso für

Versionen, die zwischen Problemen hin- und herschalten ohne jeweils neu zu starten. Die Benutzung eines neuen Treibers, ODE, und einige geringfügige Änderungen von DE und STEP beseitigen diese Beschränkungen.

Eine ganze Anzahl von Feldern in DE und STEP haben eine Größe, die von der Anzahl der Gleichungen abhängt. Eine Methode, variable Dimensionierung zuzulassen, ist, diese Felder in die Parameterliste des Aufrufs aufzunehmen. Das ist allerdings mit dem Entwurf von DE unverträglich, der angestrebte, DE so leicht wie möglich zu gebrauchen zu lassen. Eine andere Möglichkeit besteht für den Benutzer darin, ein Arbeitsfeld zu übergeben und das in die verschiedenen Felder aufzuspalten. Dieselben Möglichkeiten beseitigen auch die Schwierigkeiten mit Overlays und umschaltenden Problemen. Overlays sind mit sehr großen Programmen verbunden, so groß, daß sie nicht in den Kernspeicher des Rechners passen. Programme dieser Art sind so geschrieben, daß der Rechner sie in Teilen ausführt, indem er einen passenden Teil aus dem peripheren Speicher in den Hauptspeicher bringt und diesen Teil „über" den vorhergehenden Teil „legt". Wie das genau gemacht wird, hängt vom Betriebssystem ab. Die Schwierigkeit für DE und STEP liegt in einer solchen Umgebung darin, daß die Variablen, die zwischen Aufrufen intern gespeichert werden, von dem neu eingebrachten Teil überschrieben werden können. Es gibt eine ähnliche Schwierigkeit, wenn verschiedene Systeme von Gleichungen abwechselnd gelöst werden sollen. Die Informationen, die bei der Lösung des einen Systems intern gespeichert werden, werden vom Code selbst überschrieben, wenn er ein zweites System löst. Es ist unmöglich, mit der Lösung des ersten Problems fortzufahren, ohne neu zu starten, aber das kann sehr teuer werden. Da Standard-FORTRAN vorschreibt, daß bei einem Overlay alle Argumente in der Parameterliste des Aufrufs gespeichert werden, und da die Argumente dem Benutzer zur Verfügung stehen, wenn er zwischen zwei Problemen hin- und herschaltet, können wir alle diese Schwierigkeiten im selben Moment überwinden, in dem wir variable Dimensionierung vorsehen.

Die Subroutine STEP erlaubt schon eine veränderliche Anzahl von Gleichungen; die einzige Beschränkung ist die lokale Speicherung der Variablen zwischen Aufrufen. Da nur relativ wenige zusätzliche Parameter betroffen sind, ist es leichter, die Parameterliste zu verlängern, als Arbeitsfelder einzuführen und zusätzlich noch einen Treiber für deren Aufgliederung. Die modifizierte Routine STEP wird mit

```
      CALL STEP (F, NEQN, Y, X, H, EPS, WT, START,
    1 HOLD, K, KOLD, CRASH, PHI, P, YP, PSI,
    2 ALPHA, BETA, SIG, V, W, G, PHASE1, NS, NORND)
```

aufgerufen. Um diese Version vom zugrundeliegenden Code zu unterscheiden, beziehen wir uns auf diese Erweiterung als „STEP mit der vollständigen Parameterliste". Die einzige interne Änderung am Code ist die Löschung des Statements

```
      DATA G(1), G(2), SIG(1)/1.0, 0.5, 1.0/
```

und Einfügen der Statements

```
   15 CRASH = .FALSE.
      G(1) = 1.0
      G(2) = 0.5
      SIG(1) = 1.0
```

in Block 0. Mit der Ausnahme, daß im rufenden Programm Speicherplatz für

ALPHA(12), BETA(12), SIG(13), V(12), W(12), G(13)

vorgesehen werden muß und PHASE1 und NORND als logische Variable erklärt werden müssen, wird STEP mit der vollständigen Parameterliste genau wie das zugrundeliegende STEP benutzt.

Eine Verlängerung der Parameterliste bis zu diesem Grade ist für DE unannehmbar. Stattdessen haben wir der Parameterliste zwei Arbeitsfelder hinzugefügt und eine weitere Stufe einer Subroutine, um Speicherplatz in diese Felder zu bringen. (Dieser Gebrauch von virtuellem Speicher ist für den WATFOR-Compiler nicht zulässig und der Code QDE wird unter ihm nicht laufen.) Daher schlagen wir einen neuen Treiber

ODE(F, NEQN, Y, T, TOUT, RELERR, ABSERR, IFLAG, WORK, IWORK)

vor, der, soweit es den Benutzer betrifft, DE ersetzt. Der einzige Unterschied, den der Benutzer sieht, ist der, daß er WORK(100 + 21*NEQN) und IWORK(5) im rufenden Programm bereitstellt und ihre Ausgabewerte nicht ändern kann. Ansonsten wird ODE genau wie DE benutzt. ODE spaltet die Arbeitsfelder in getrennte Teile auf, so wie sie von den anderen Subroutinen gebraucht werden, und ruft eine modifizierte Version von DE auf, die die Integration steuert. Die ersten 100 Werte von WORK und alle von IWORK beinhalten die REAL- und INTEGER-Variablen, die intern von DE und STEP benutzt werden. Die übrigen 21*NEQN Werte von WORK beinhalten die Felder

YY(NEQN), WT(NEQN), P(NEQN), YP(NEQN), YPOUT(NEQN), PHI(NEQN, 16),

in dieser Reihenfolge. Die Änderungen in DE betreffen die Vergrößerung der Parameterliste und die Anpassung des DIMENSION-Statements. Für STEP mit der vollständigen Parameterliste sind keine zusätzlichen Änderungen nötig. ODE und das modifzierte DE sind unten angegeben.

Um verschiedene Systeme von Gleichungen mit einem der modifizierten Codes zu integrieren, muß der Benutzer nur getrennte Argumente für jedes System angeben. Um zum Beispiel zwei Systeme mit ODE wahlweise zu integrieren, müßte der Benutzer die Subroutine folgendermaßen aufrufen:

```
      CALL ODE(F1, NEQN1, Y1, T1, TOUT1, RE1,
     1  AE1, IFLAG1, WORK1, IWORK1)
```

und

```
      CALL ODE(F2, NEQN2, Y2, T2, TOUT2, RE2,
     1  AE2, IFLAG2, WORK2, IWORK2).
```

Auf diese Weise wird die Information, die zu dem einen System gehört, solange gerettet, wie das andere System integriert wird.

```
C
C
C
C
      SUBROUTINE ODE(F,NEQN,Y,T,TOUT,RELERR,ABSERR,IFLAG,WORK,IWORK)
C
C   DIE SUBROUTINE ODE INTEGRIERT EIN SYSTEM VON  NEQN  GEWOEHNLICHEN
C   DIFFERENTIALGLEICHUNGEN 1. ORDNUNG DER FORM
C                   DY(I)/DT = F(T,Y(1),Y(2),...,Y(NEQN))
C                   ANFANGSBEDINGUNG: Y(I) AN DER STELLE T, I = 1,...NEQN
C   DIE SUBROUTINE INTEGRIERT VON T BIS TOUT. BEIM RUECKSPRUNG SIND DIE
C   FORMALEN PARAMETER IN DER PARAMETERLISTE DES AUFRUFS FUER DIE FORTSETZUNG
C   DER INTEGRATION GESETZT. DER BENUTZER MUSS NUR EINE NEUE
C   VARIABLE TOUT DEFINIEREN UND ODE ERNEUT AUFRUFEN.
C
C   DIE DIFFERENTIALGLEICHUNGSSYSTEME WERDEN IN WIRKLICHKEIT VON EINER REIHE
C   CODES  DE ,  STEP ,  UND  INTRP  GELOEST.  ODE  STELLT IM GRUNDE GENOMMEN
C   SPEICHERPLATZ FUER DIE FELDER  WORK  UND  IWORK  ZUR VERFUEGUNG UND
C   RUFT  DE  AUF. DE  UEBERWACHT DIE BERECHNUNG DER LOESUNG. ES RUFT DIE
C   ROUTINEN  STEP  UND  INTRP  AUF, UM DIE INTEGRATION FORTZUFUEHREN UND
C   DIE AUSGABE-PUNKTE ZU INTERPOLIEREN.STEP BENUTZT EINE FORM DER ADAMS PECE
C   FORMELN MIT MODIFIZIERTEN DIVIDIERTEN DIFFERENZEN UND LOKALER
C   EXTRAPOLATION. ES BESTIMMT DIE ORDNUNG UND SCHRITTWEITE ZUR KONTROLLE
C   DES LOKALEN FEHLERS PRO EINHEITSSCHRITT IN EINEM VERALLGEMEINERTEN SINN.
C   NORMALERWEISE FUEHRT JEDER AUFRUF VON STEP ZU EINEM ERFOLGREICHEN SCHRITT
C   SODASS DIE INTEGRATION DANN UM EINEN SCHRITT NAEHER AN TOUT HERANGEKOMMEN
C   IST.
C   AUS GRUENDEN DER EFFIZIENZ INTEGRIERT DE INTERN UEBER TOUT
C   HINAUS, OBWOHL T + 10*(TOUT-T) NICHT UEBERSCHRITTEN WIRD, UND
C   RUFT INTRP AUF,UM DAS ERGEBNIS AN DER STELLE TOUT ZU INTERPOLIEREN. EINE
C   OPTION IST VORGEGEBEN DIE INTEGRATION BIS TOUT ZU VERHINDERN,
C   ABER SIE SOLLTE NUR BENUTZT WERDEN WENN EINE INTEGRATION UEBER TOUT
C   HINAUS NICHT MOEGLICH IST.
C
C   DIESER CODE IST VOLLSTAENDIG ERKLAERT UND DOKUMENTIERT IM LEHRBUCH
C   COMPUTER - LOESUNGEN VON GEWOEHNLICHEN DIFFERENTIALGLEICHUNGSSYSTEMEN:
C   DAS ANFANGSWERTPROBLEM  VON  L. F. SHAMPINE UND M. K. GORDON.
C
C   PARAMETER:
C      F -- SUBROUTINE F(T,Y,YP) ZUR AUSWERTUNG DER
C                                ABLEITUNG YP(I)=DY(I)/DT
C      NEQN -- ANZAHL DER GLEICHUNGEN DIE ZU INTEGRIEREN SIND
C      Y(*) -- ERGEBNISVEKTOR VON T
C      T -- UNABHAENGIGE VARIABLE
C      TOUT -- STELLE AN DER DAS ERGEBNIS GESUCHT IST
C      RELERR,ABSERR -- RELATIVE UND ABSOLUTE FEHLERSCHRANKE FUER
C           LOKALEN FEHLER-TEST. IN JEDEM SCHRITT FORDERT DER CODE,DASS
C              ABS(LOKALER FEHLER) .LE. ABS(Y)*RELERR + ABSERR
C           FUER JEDE KOMPONENTE DES LOKALEN FEHLERS UND LOESUNGSVEKTORS
C           ERFUELLT IST.
C      IFLAG -- ZEIGT DEN STATUS DER INTEGRATION AN
C      WORK(*),IWORK(*) -- FELDER, WELCHE INTERNE INFORMATIONEN DES CODE
C           ENTHALTEN, DIE BEI NACHFOLGENDEN AUFRUFEN BENOETIGT WERDEN.
C
C   DER ERSTE AUFRUF VON ODE --
C
C   DER BENUTZER MUSS IN SEINEM RUFENDEN PROGRAMM SPEICHERPLATZ FUER
C   DIE FELDER Y(NEQN), WORK(100+21*NEQN),  IWORK(5) IN DER PARAMETERLISTE
C   BEREITSTELLEN, F IN EINEM  EXTERNAL STATEMENT DEKLARIEREN,
C   DIE SUBROUTINE
C   F(T,Y(1),Y(2),...,Y(NEQN)) ZUR VERFUEGUNG STELLEN UM DIE GLEICHUNG
C      DY(I)/DT = YP(I) = F(T,Y(1),Y(2),...,Y(NEQN))   AUSZUWERTEN
C   UND DIE PARAMETER INITIALISIEREN
C      NEQN -- NUMMER DER ZU INTEGRIERENDEN GLEICHUNG
C      Y(*) -- ANFANGSBEDINGUNGSVEKTOR
C      T -- STARTWERT DER INTEGRATION
C      TOUT -- STELLE AN DER DAS ERGEBNIS GESUCHT IST
C      RELERR,ABSERR -- RELATIVE UND ABSOLUTE LOKALE FEHLERSCHRANKE
C      IFLAG -- +1,-1. ZEIGER ZUR INITIALISIERUNG DES CODES. NORMALE
C           EINGABE IST +1. DER BENUTZER SOLL IFLAG NUR GLEICH -1 SETZEN,
C           WENN DIE INTEGRATION UEBER TOUT HINAUS NICHT MOEGLICH IST.
C   ALLE PARAMETER AUSSER F, NEQN UND TOUT SIND BEI DER AUSGABE DES CODE
C   GEAENDERT UND MUESSEN DAHER IM RUFENDEN PROGRAMM VARIABLEN SEIN.
C
C   AUSGABE VON ODE --
```

```
C
C       NEQN -- UNVERAENDERT
C       Y(*) -- LOESUNG AN DER STELLE T
C       T -- LETZTER PUNKT DER VON DER INTEGRATION ERREICHT WURDE. BEI
C            NORMALEM RUECKSPRUNG T = TOUT.
C       TOUT -- UNVERAENDERT
C       RELERR,ABSERR -- BEI NORMALEM RETURN IST DIE SCHRANKE UNVERAENDERT.
C            BEI IFLAG=3 IST DIE SCHRANKE ERHOEHT.
C       IFLAG = 2 -- NORMALER RETURN. INTEGRATION HATTE TOUT ERREICHT
C             = 3 -- INTEGRATION HATTE TOUT NICHT ERREICHT, WEIL DIE
C                    FEHLERSCHRANKE ZU KLEIN WAR. RELERR, ABSERR WURDEN
C                    GEEIGNET ZUR FORTSETZUNG ERHOEHT
C             = 4 -- INTEGRATION HATTE TOUT NICHT ERREICHT, WEIL MEHR ALS
C                    MAXNUM SCHRITTE BENOETIGT WURDEN
C             = 5 -- INTEGRATION HATTE TOUT NICHT ERREICHT, WEIL DIE
C                    GLEICHUNGEN STEIF ZU SEIN SCHIENEN
C             = 6 -- UNERLAUBTE EINGABEPARAMETER (VERHAENGNISVOLLER FEHLER)
C            DIE VARIABLE IFLAG WIRD NEGATIV ZURUECKGEGEBEN, WENN DIE EINGABE-
C            VARIABLE NEGATIV IST UND DIE INTEGRATION TOUT NICHT ERREICHT,
C            I.E., -3, -4, -5.
C       WORK(*),IWORK(*) -- DIE INFORMATION IST FUER DEN BENUTZER IM
C            ALLGEMEINEN NICHT VON INTERESSE, ABER NOTWENDIG FUER NACHFOLGENDE
C            AUFRUFE.
C
C    NACHFOLGENDE AUFRUFE VON ODE --
C
C    DIE SUBROUTINE  ODE  SPRINGT MIT ALLEN INFORMATIONEN ZURUECK, DIE ZUR
C    FORTSETZUNG DER INTEGRATION BENOETIGT WERDEN. FALLS DIE INTEGRATION BIS
C    TOUT  DURCHGEFUEHRT WURDE, BRAUCHT DER BENUTZER NUR EIN NEUES TOUT
C    ZU DEFINIEREN UND  ODE  ERNEUT AUFZURUFEN. FALLS DIE INTEGRATION NICHT BIS
C    TOUT  DURCHGEFUEHRT WURDE, UND DER BENUTZER TROTZDEM FORTFAHREN
C    MOECHTE, BRAUCHT ER NUR  ODE  ERNEUT AUFZURUFEN.
C    DIE AUSGABEVARIABLE VON  IFLAG  IST ALS EINGABEVARIABLE
C    BEI EINEM NACHFOLGENDEN AUFRUF GEEIGNET. DIE EINZIGE SITUATION IN
C    DER  IFLAG  GEAENDERT WERDEN SOLLTE, IST DIE INTEGRATION MIT EINEM NEUEN
C    TOUT ZU STOPPEN , I.E., AENDERE DIE AUSGABE  IFLAG=2  IN DIE  EINGABE
C    IFLAG=-2. DIE FEHLERSCHRANKE DARF VOR DER FORTSETZUNG VOM BENUTZER
C    GEAENDERT WERDEN. ALLE ANDEREN PARAMETER MUESSEN UNVERAENDERT BLEIBEN.
C
C***********************************************************************
C*  SUBROUTINE  DE  UND  STEP  ENTHALTEN DIE MASCHINENABHAENGIGEN KON-  *
C*  STANTEN. VERGEWISSERN SIE SICH, DASS SIE VOR DER BENUTZUNG VON  ODE *
C*  GESETZT SIND.                                                       *
C***********************************************************************
C
      LOGICAL START,PHASE1,NORND
      DIMENSION Y(NEQN),WORK(1),IWORK(5)
      EXTERNAL F
      DATA IALPHA,IBETA,ISIG,IV,IW,IG,IPHASE,IPSI,IX,IH,IHOLD,ISTART,
     1  ITOLD,IDELSN/1,13,25,38,50,62,75,76,88,89,90,91,92,93/
      IYY = 100
      IWT = IYY + NEQN
      IP = IWT + NEQN
      IYP = IP + NEQN
      IYPOUT = IYP + NEQN
      IPHI = IYPOUT + NEQN
      IF(IABS(IFLAG) .EQ. 1) GO TO 1
      START = WORK(ISTART) .GT. 0.0
      PHASE1 = WORK(IPHASE) .GT. 0.0
      NORND = IWORK(2) .NE. -1
    1 CALL DE(F,NEQN,Y,T,TOUT,RELERR,ABSERR,IFLAG,WORK(IYY),
     1  WORK(IWT),WORK(IP),WORK(IYP),WORK(IYPOUT),WORK(IPHI),
     2  WORK(IALPHA),WORK(IBETA),WORK(ISIG),WORK(IV),WORK(IW),WORK(IG),
     3  PHASE1,WORK(IPSI),WORK(IX),WORK(IH),WORK(IHOLD),START,
     4  WORK(ITOLD),WORK(IDELSN),IWORK(1),NORND,IWORK(3),IWORK(4),
     5  IWORK(5))
      WORK(ISTART) = -1.0
      IF(START) WORK(ISTART) = 1.0
      WORK(IPHASE) = -1.0
      IF(PHASE1) WORK(IPHASE) = 1.0
      IWORK(2) = -1
      IF(NORND) IWORK(2) = 1
      RETURN
      END
```

```
      SUBROUTINE DE(F,NEQN,Y,T,TOUT,RELERR,ABSERR,IFLAG,
     1  YY,WT,P,YP,YPOUT,PHI,ALPHA,BETA,SIG,V,W,G,PHASE1,PSI,X,H,HOLD,
     2  START,TOLD,DELSGN,NS,NORND,K,KOLD,ISNOLD)
C
C   ODE  STELLT FUER  DE  NUR SPEICHERPLATZ BEREIT, UM DEN BENUTZER VON
C   EINER LANGEN AKTUELLEN PARAMETERLISTE ZU ENTLASTEN. FOLGLICH WIRD  DE ,
C   WIE IN DEN KOMMENTAREN VON  ODE  BESCHRIEBEN, BENUTZT.
C
C   DIESER CODE IST VOLLSTAENDIG ERKLAERT UND DOKUMENTIERT IM LEHRBUCH
C   COMPUTER - LOESUNGEN VON GEWOEHNLICHEN DIFFERENTIALGLEICHUNGSSYSTEMEN:
C   DAS ANFANGSWERTPROBLEM  VON  L. F. SHAMPINE UND M. K. GORDON.
C
      LOGICAL STIFF,CRASH,START,PHASE1,NORND
      DIMENSION Y(NEQN),YY(NEQN),WT(NEQN),PHI(NEQN,16),P(NEQN),YP(NEQN),
     1  YPOUT(NEQN),PSI(12),ALPHA(12),BETA(12),SIG(13),V(12),W(12),G(13)
      EXTERNAL F
C
C*************************************************************************
C*  DIE EINZIGE MASCHINENABHAENGIGE KONSTANTE HAENGT VON DEM MASCHINEN- *
C*  RUNDUNGSFEHLER  U  AB, WELCHER DIE KLEINSTE POSITIVE ZAHL IST ,     *
C*  SODASS  1.0+U .GT. 1.0 . VOR DER BENUTZUNG VON  DE  MUSS  U  BRECH- *
C*  NET SEIN UND IM FOLGENDEN  DATA  STATEMENT FOURU=4.0*U EINGESETZT   *
C*  WERDEN. DIE  ROUTINE  MACHIN  BESTIMMT  U .  VOR DEM AUFRUF VON  DE *
C*  MUESSEN  FOURU  UND  TWOU=2.0*U  IN DER SUBROUTINE  STEP  GESETZT   *
C*  WERDEN.
      DATA FOURU /          /
C*************************************************************************
C
C   DIE KONSTANTE  MAXNUM  IST DIE MAXIMAL ERLAUBTE ANZAHL VON SCHRITTEN
C   IN EINEM AUFRUF VON  DE  . DER BENUTZER KANN DURCH VERAENDERN DES
C   FOLGENDEN STATEMENTS DIE GRENZE VARIIEREN.



       DATA MAXNUM/500/
C
C                 ***                    ***                      ***
C   TEST AUF UNZULAESSIGE PARAMETER
C
      IF(NEQN .LT. 1) GO TO 10
      IF(T .EQ. TOUT) GO TO 10
      IF(RELERR .LT. 0.0  .OR.  ABSERR .LT. 0.0) GO TO 10
      EPS = AMAX1(RELERR,ABSERR)
      IF(EPS .LE. 0.0) GO TO 10
      IF(IFLAG .EQ. 0) GO TO 10
      ISN = ISIGN(1,IFLAG)
      IFLAG = IABS(IFLAG)
      IF(IFLAG .EQ. 1) GO TO 20
      IF(T .NE. TOLD) GO TO 10
      IF(IFLAG .GE. 2  .AND.  IFLAG .LE. 5) GO TO 20
   10 IFLAG = 6
      RETURN
C
C   SETZE BEI JEDEM AUFRUF DIE INTERVALLGRENZEN DER INTEGRATION UND DEN
C   ZAEHLER FUER DIE SCHRITTE. PASSE DIE EINGABE DER FEHLERSCHRANKE AN,
C   UM DEN GEWICHTS-VEKTOR FUER DIE SUBROUTINE  STEP  ZU DEFINIEREN.
C
   20 DEL = TOUT - T
      ABSDEL = ABS(DEL)
      TEND = T + 10.0*DEL
      IF(ISN .LT. 0) TEND = TOUT
      NOSTEP = 0
      KLE4 = 0
      STIFF = .FALSE.
      RELEPS = RELERR/EPS
      ABSEPS = ABSERR/EPS
      IF(IFLAG .EQ. 1) GO TO 30
      IF(ISNOLD .LT. 0) GO TO 30
      IF(DELSGN*DEL .GT. 0.0) GO TO  50
```

```
C
C    BEIM START UND NEUSTART WERDEN AUCH DIE ARBEITSVARIABLEN X UND YY(*)
C    BESETZT, DIE RICHTUNG DER INTEGRATION GESPEICHERT UND DIE SCHRITT-
C    WEITE INITIALISIERT.
C
   30 START = .TRUE.
      X = T
      DO 40 L = 1,NEQN
   40   YY(L) = Y(L)
      DELSGN = SIGN(1.0,DEL)
      H = SIGN(AMAX1(ABS(TOUT-X),FOURU*ABS(X)),TOUT-X)
C
C    WENN DER AUSGABE-PUNKT SCHON ERREICHT IST, SO INTERPOLIERE UND
C    SPRINGE IN DAS RUFENDE PROGRAMM ZURUECK.
C
   50 IF(ABS(X-T) .LT. ABSDEL) GO TO 60
      CALL INTRP(X,YY,TOUT,Y,YPOUT,NEQN,KOLD,PHI,PSI)
      IFLAG = 2
      T = TOUT
      TOLD = T
      ISNOLD = ISN
      RETURN
C
C    WENN NICHT UEBER DEN AUSGABEPUNKT HINAUS INTEGRIERT WERDEN KANN UND
C    T GENUEGEND NAHE BEI TOUT LIEGT, SO EXTRAPOLIERE UND SPRINGE IN DAS
C    RUFENDE PROGRAMM ZURUECK.
C
   60 IF(ISN .GT. 0  .OR.  ABS(TOUT-X) .GE. FOURU*ABS(X)) GO TO 80
      H = TOUT - X
      CALL F(X,YY,YP)
      DO 70 L = 1,NEQN
   70   Y(L) = YY(L) + H*YP(L)
      IFLAG = 2
      T = TOUT
      TOLD = T
      ISNOLD = ISN
      RETURN
C
C    TEST FUER ZU VIELE SCHRITTE
C
   80 IF(NOSTEP .LT. MAXNUM) GO TO 100
      IFLAG = ISN*4
      IF(STIFF) IFLAG = ISN*5
      DO 90 L = 1,NEQN
   90   Y(L) = YY(L)
      T = X
      TOLD = T
      ISNOLD = 1
      RETURN
C
C    BEGRENZE SCHRITTWEITE, SETZE GEWICHTSVEKTOR UND NEHME EINEN SCHRITT
C
  100 H = SIGN(AMIN1(ABS(H),ABS(TEND-X)),H)
      DO 110 L = 1,NEQN
  110   WT(L) = RELEPS*ABS(YY(L)) + ABSEPS
      CALL STEP(X,Y,F,NEQN,H,EPS,WT,START,
     1  HOLD,K,KOLD,CRASH,PHI,P,YP,PSI,
     2  ALPHA,BETA,SIG,V,W,G,PHASE1,NS,NORND)
C
C    TEST AUF EINE ZU KLEINE SCHRANKEN
C
      IF(.NOT.CRASH) GO TO 130
      IFLAG = ISN*3
      RELERR = EPS*RELEPS
      ABSERR = EPS*ABSEPS
      DO 120 L = 1,NEQN
  120   Y(L) = YY(L)
```

```
      T = X
      TOLD = T
      ISNOLD = 1
      RETURN
C
C   ERHOEHE ARBEITSZAEHLER UND TESTE AUF STEIFHEIT
C
  130 NOSTEP = NOSTEP + 1
      KLE4 = KLE4 + 1
      IF(KOLD .GT. 4) KLE4 = 0
      IF(KLE4 .GE. 50) STIFF = .TRUE.
      GO TO 50
      END
```

Im Kapitel 7 diskutierten wir die Schätzung des Defektes einer berechneten Lösung und ihre Bedeutung als Maß für die Qualität einer Lösung. Die Codes bieten eine Lösung $y_I(x)$, die

$$\begin{aligned} y_I'(x) &= f(x, y_I(x)) + r(x) \\ &= (1 + \rho(x))\, f(x, y_I(x)) + \tau(x) \end{aligned}$$

erfüllt. Wir werden die kleinste Zahl μ so schätzen, daß der relative Fehler ρ und der absolute Fehler τ während der gesamten Integration durch μ beschränkt sind:

$$\mu = \max_{[a,b]} \frac{|r(x)|}{1 + |f(x, y_I(x))|} .$$

Für Systeme von Gleichungen benutzen wir den größten Wert, der so gefunden wurde, für jede Gleichung. Wie in Kapitel 7 ausgeführt, kann eine angemessene Schätzung von μ erhalten werden durch die Berechnung des Verhältnisses

$$\frac{|r(x)|}{1 + |f(x, y_I(x))|}$$

an der Stelle x_n gerade nach einem erfolgreichen Schritt auf x_{n+1}. Um DE dahingehend zu ändern und die Schätzung RES auszugeben, müssen nur folgende Änderungen durchgeführt werden:

```
      SUBROUTINE DE(F, NEQN, Y, T, TOUT, RELERR, ABSERR, IFLAG, RES)
      :
      ABSEPS = ABSERR/EPS
      IF(IFLAG .GT. 1) GO TO 25
      RES = 0.0
      GO TO 30
   25 IF(ISNOLD .LT. 0) GO TO 30
      :
      IF(KLE4 .GT. 50) STIFF = .TRUE.
      XN = X - 0.5 * HOLD
      CALL INTRP(X, YY, XN, Y, YPOUT, NEQN, KOLD, PHI, PSI)
      CALL F(XN, Y, YP)
      DO 150 L = 1, NEQN
  150    RES = AMAX1(RES, ABS(YPOUT(L)-YP(L))/(1.0 + ABS(YP(L))))
      GO TO 50
      END
```

Diese Schätzung scheint recht befriedigend zu sein, aber da sie auch einer zusätzlichen Berechnung einer Ableitung pro Schritt entspricht, erhöht sie die Kosten um etwa 50 %. Da diese Codes offensichtlich immer Lösungen mit Restgliedern der verlangten Größe erzeugen, ist es schwer zu rechtfertigen, die Kosten routinemäßig so weit zu erhöhen.

Manche Benutzer wollen erkennen, ob sie versuchen, eine verschwindende Lösung mit einem reinen Test auf den relativen Fehler zu berechnen. Die einzige Situation, in der das überhaupt mit einer gewissen Wahrscheinlichkeit auftreten kann, ist die, daß eine Anfangsbedingung exakt Null ist. Sie kann jedoch auch auftreten, wenn die berechnete Lösung in einem Gitterpunkt verschwindet. Normalerweise ist eine berechnete Lösung, die genau Null ist, das Ergebnis eines „Unterlaufs". Um beim Gebrauch von IFLAG konsistent zu bleiben, sollten wir IFLAG = ± 6 benutzen, um einen Fehler dieser Art anzuzeigen und IFLAG = 7 für unzulässige Eingaben. Es gibt kein einfaches, automatisches Heilmittel gegen Fehler dieser Art, da eine geeignete Schranke für den absoluten Fehler vom Maßstab der abhängigen Variablen abhängt. Um den Code vollständig abzusichern, muß genau vor Statement 10

```
IF(IFLAG .GE. 2 .AND. IFLAG .LE. 6) GO TO 20
```

eingesetzt werden, Statement 10 muß durch

```
 10 IFLAG = 7
```

ersetzt werden, Statement 110 durch

```
      WT(L) = RELEPS*ABS(YY(L)) + ABSEPS
110   IF(WT(L) .LE. 0.0) GO TO 140
```

und vor dem END-Statement müssen die Zeilen

```
140   IFLAG = ISN*6
      DO 150 L = 1, NEQN
150     Y(L) = YY(L)
      T = X
      TOLD = T
      ISNOLD = 1
      RETURN
```

eingefügt werden.

Ein Gleichungslöser

Nicht unüblich ist ein Code zum Lösen von Gleichungssystemen im Zusammenhang mit dem Differentialgleichungslöser nötig. Verschiedene Beispiele werden in Kapitel 12 diskutiert. In Quelle [25] wird ein hervorragender Code, ZEROIN, vollständig erklärt und dokumentiert. Er berechnet eine Lösung von F(t) = 0, die in einem bestimmten Intervall [B, C] liegt. Dieser Code erfordert ein FUNCTION-Unterprogramm zur Berechnung von F(t) in diesem Intervall. Für die Zwecke im Zusammenhang mit der Lösung von Differentialgleichungen ist diese Forderung lästig, da der Wert der Funktion gewöhnlich durch Interpolation mittels INTRP oder durch Lösen einer Differentialgleichung mittels DE oder STEP erhalten wird. Während es möglich ist, die Berechnung der Funktion als FUNCTION-Unterprogramm mittels COMMON zu programmieren, ist es doch sehr ungeschickt und der Unerfahrene kann es auch als schwer empfinden. Wir haben ZEROIN so modifiziert, daß er immer in das rufende Programm zurückspringt, wenn ein Funktionswert benötigt wird. Die Modifikationen sind recht gering, und daher beschreiben wir, wie ROOT zu benutzen ist, geben ein Listing dafür an und verweisen den Leser auf [25] wegen der allgemeinen Dokumentation. Es wird in Kapitel 12 gesehen werden, daß die Änderung des Entwurfs in diesem Zusammenhang sehr praktisch ist.

Die Subroutine ROOT(T, FT, B, C, RELERR, ABSERR, IFLAG) berechnet eine Nullstelle der nichtlinearen Gleichung F(t) = 0. Der Benutzer gibt ein Intervall [B, C] derart vor, daß F(B) und F(C) entgegengesetzte Vorzeichen haben. In der Annahme, daß F auf diesem Intervall stetig ist, gibt es eine Lösung von der Gleichung, die von B und C eingeklammert ist. Es werden aufeinanderfolgende Näherungen der Lösung berechnet, und das Intervall schrumpft, während es noch immer eine Lösung einklammert. Eine erfolgreiche Berechnung führt zu

$$\left|\frac{B-C}{2}\right| \leqslant |B| * \mathrm{RELERR} + \mathrm{ABSERR}$$

und F(B) und F(C) mit entgegengesetzten Vorzeichen. B ist die bessere Näherung in dem Sinne, daß $|F(B)| \leqslant |F(C)|$ ist. Die Größen RELERR und ABSERR sind die Schranken für den relativen und absoluten Fehler, die vom Benutzer vorgegeben werden.

Der Wert F(T) ist für jede Näherung T erforderlich. Um ihn zu bekommen, gibt der Code die Steuerung an das rufende Programm zurück, wobei IFLAG negativ ist und T ein Wert ist, für den F berechnet werden soll. Der Benutzer berechnet FT = F(T) und ruft ROOT wieder auf. (ROOT behält Variablen intern zwischen Aufrufen fest). ROOT setzt das Verkleinern des Intervalls fort, bis es konvergiert, oder bis es eine abnorme Bedingung erkennt. Unter allen Umständen springt es mit einem positiven Wert IFLAG zurück um zu erklären, was passiert ist.

IFLAG muß mit einem positiven Wert vor dem ersten Aufruf des Codes vorbesetzt werden, um es zu initialisieren. Danach muß der Benutzer FT = F(T) berechnen und ROOT wieder aufrufen, wenn der Code mit einem negativen Wert für IFLAG zurückspringt. Wenn er mit einem positiven Wert zurückspringt, ist der Code fertig. Die Parameter T, FT, B, C und IFLAG müssen im rufenden Programm Variablen sein, da sie sowohl für Ein- als auch für Ausgabe benutzt werden. Als ein einfaches Beispiel lösen wir $\exp(-t) - t = F(t) = 0$. Da $F(0) > 0$ und $F(1) < 0$ ist, gibt es eine Wurzel im Intervall [0,1]. Das folgende Programm berechnet diese Wurzel

```
   B = 0.0
   C = 1.0
   RELERR = 1.OE-6
   ABSERR = 1.OE-6
   IFLAG = 1
1  CALL ROOT(T, FT, B, C, RELERR, ABSERR, IFLAG)
   IF(IFLAG .GT. 0) GO TO 2
   FT = EXP(- T) -T
   GO TO 1
2  CONTINUE
```

Das endgültige Intervall (B, C) ist (0.5671433,0.561417) und IFLAG ist 1.

Diese kurze Diskussion soll zeigen, wie der modifizierte Code in den gewöhnlich am häufigsten auftretenden Situationen zu benutzen ist. Die Kommentare, die auf der nächsten Seite anfangen und den Prolog der Subroutine ROOT bilden, werden bei seiner Benutzung unterstützen. Der Leser wird aus den vollständigen Erklärungen für ZEROIN in [25] seinen Nutzen ziehen, wenn er den Code häufig benutzt.

```
      SUBROUTINE ROOT(T,FT,B,C,RELERR.ABSERR,IFLAG)
C
C   ROOT BERECHNET EINE WURZEL DER NICHTLINEAREN GLEICHUNG F(X)=0
C   WOBEI F(X) EINE STETIGE REELLE FUNKTION VON EINER REELLEN VERAENDERLICHEN
C   X  IST. DAS BENUTZTE VERFAHREN IST EINE KOMBINATION DER BISEKTIONS- UND
C   SEKANTENREGEL.
C
C   DIE NORMALE EINGABE BESTEHT AUS EINER STETIGEN FUNKTION F UND EINEM
C   INTERVALL (B,C) DERART, DASS F(B)*F(C).LE.0.0 .
C   JEDE ITERATION BESTIMMT NEUE WERTE FUER B UND C, SODASS DAS INTERVALL
C   (B,C) EINGESCHRAENKT WIRD UND F(B)*F(C).LE.0.0 . DAS ABBRUCHBEDINGUNG
C   IST
C                  ABS(B-C).LE.2.0*(RELERR*ABS(B)+ABSERR)
C
C   WOBEI  RELERR=RELATIVER FEHLER UND  ABSERR=ABSOLUTER FEHLER EINGABE-
C   GROESSEN SIND. SETZE DIE MARKE IFLAG POSITIV ZUR INITIALISIERUNG
C   DER BERECHNUNG. DA B, C  UND  IFLAG  FUER DIE EIN- UND AUSGABE
C   BENUTZT WERDEN , MUESSEN SIE IM RUFENDEN PROGRAMM VARIABLEN SEIN.
C
C   FALLS 0 EINE MOEGLICHE WURZEL IST, SOLLTE MAN NICHT ABSERR=0.0 WAEHLEN.
C
C   DER AUSGABEWERT VON  B  IST DIE BESSERE APPROXIMATION EINER WURZEL,
C   DA  B  UND  C  IMMER DERART UMGEAENDERT WERDEN, DASS
C   ABS(F(B)).LE.ABS(F(C)) GILT.
C
C   UM DIE GLEICHUNG ZU LOESEN, MUSS  ROOT  F(X) WIEDERHOLT ERRECHNEN.
C   DIES GESCHIEHT IM RUFENDEN PROGRAMM. WENN EINE BERECHNUNG VON  F
C   AN DER STELLE  T  BENOETIGT WIRD, SPRINGT  ROOT  MIT NEGATIVEM  IFLAG
C   ZURUECK. BERECHNE  FT=F(T)  UND RUFE  ROOT  ERNEUT AUF. VERAENDERE
C   IFLAG  NICHT.
C
C   WENN DIE BERECHNUNG BEENDET IST, SPRINGT  ROOT  INS RUFENDE PROGRAMM
C   MIT POSITIVEM  IFLAG  ZURUECK:
C
C       IFLAG=1  FALLS F(B)*F(C).LT.0  UND DIE ABBRUCHBEDINGUNG IST ERFUELLT.
C
C             =2  FALLS EIN WERT B GEFUNDEN WIRD, SODASS DER BERECHNETE WERT
C                 F(B) IDENTISCH NULL IST. DAS INTERVALL (B,C) BRAUCHT NICHT
C                 DER ABBRUCHBEDINGUNG ZU GENUEGEN.
C
C             =3  FALLS ABS(F(B)) DIE EINGABEWERTE ABS(F(B)), ABS(F(C)) UEBER-
C                 STEIGT. IN DIESEM FALL IST ES WAHRSCHEINLICH, DASS B EINE
C                 POLSTELLE VON  F  ERREICHT HAT.
C
C             =4  FALLS KEINE WURZEL UNGERADER ORDNUNG IM INTERVALL GEFUNDEN
C                 WURDE. EIN LOKALES MINIMUM KOENNTE ERHALTEN WORDEN SEIN.
C
C             =5  FALLS ZU VIELE FUNKTIONSAUSWERTUNGEN GEMACHT WERDEN.
C                 (WIE PROGRAMMIERT, SIND 500 ERLAUBT.)
C
C   DIESER CODE IST EINE MODIFIKATION DES CODES  ZEROIN  , WELCHER VOLLSTAENDI(
C   ERKLAERT UND DOKUMENTIERT IST IN DEM LEHRBUCH, NUMERISCHE BERECHNUNG:
C   EINE EINFUEHRUNG VON L. F. SHAMPINE UND R. C. ALLEN.
```

```
C
C*****************************************************************************
C*  DIE EINZIGE MASCHINENABHAENGIGE KONSTANTE HAENGT VON DEM MASCHINEN- *
C*  RUNDUNGSFEHLER  U  AB, WELCHER DIE KLEINSTE POSITIVE ZAHL IST,      *
C*  SODASS  1.0+U .GT. 1.0 . U  MUSS IM FOLGENDEN DATA-STATEMENT VOR    *
C*  DER BENUTZUNG VON  ROOT  BERECHNET UND EINGESETZT SEIN. DIE ROUTINE *
C*  MACHIN  BESTIMMT  U .                                                *
      DATA U /      /
C*****************************************************************************
C
      IF(IFLAG.GE.0) GO TO 100
      IFLAG=IABS(IFLAG)
      GO TO (200,300,400), IFLAG
  100 RE=AMAX1(RELERR,U)
      AE=AMAX1(ABSERR,0.0)
      IC=0
      ACBS=ABS(B-C)
      A=C
      T=A
      IFLAG=-1
      RETURN
  200 FA=FT
      T=B
      IFLAG=-2
      RETURN
  300 FB=FT
      FC=FA
      KOUNT=2
      FX=AMAX1(ABS(FB),ABS(FC))
    1 IF(ABS(FC).GE.ABS(FB))GO TO 2
C
C   TAUSCHE  B   UND  C  DERART AUS, DASS ABS(F(B)).LE.ABS(F(C)).
C
      A=B
      FA=FB
      B=C
      FB=FC
      C=A
      FC=FA
    2 CMB=0.5*(C-B)
      ACMB=ABS(CMB)
      TOL=RE*ABS(B)+AE
C
C   TEST AUF ABBRUCHBEDINGUNG UND FUNKTIONSAUSWERTUNGSZAEHLUNG
C
      IF(ACMB.LE.TOL)GO TO 8
      IF(KOUNT.GE.500)GO TO 12
C
C   BERECHNE IMPLIZIT NEUE ITERATION WIE  B+P/Q ,
C   WOBEI WIR  P.GE.0  FESTLEGEN. DIE IMPLIZITE FORM WIRD BENUTZT UM
C   EINEN UEBERLAUF ZU VERHINDERN.
C
      P=(B-A)*FB
      Q=FA-FB
      IF(P.GE.0.0)GO TO 3
      P=-P
      Q=-Q
C
C   BRINGE  A  AUF DEN NEUESTEN STAND, UEBERPRUEFE, OB DIE VERRINGERUNG
C   DER GROESSE DES ZUSAMMENGESTELLTEN INTERVALLS ZUFRIEDENSTELLEND IST.
C   FALLS NICHT, HALBIERE BIS ES IST.
C
    3 A=B
      FA=FB
```

```
      IC=IC+1
      IF(IC.LT.4)GO TO 4
      IF(8.0*ACMB.GE.ACBS)GO TO 6
      IC=0
      ACBS=ACMB
C
C   TEST AUF EINE ZU KLEINE VERMINDERUNG
C
    4 IF(P.GT.ABS(Q)*TOL)GO TO 5
C
C   ERHOEHE UM DIE SCHRANKE
C
      B=B+SIGN(TOL,CMB)
      GO TO 7
C
C   WURZEL MUESSTE ZWISCHEN  B  UND  (C+B)/2  SEIN.
C
    5 IF(P.GE.CMB*Q)GO TO 6
C
C   BENUTZE SEKANTENREGEL
C
      B=B+P/Q
      GO TO 7
C
C   BENUTZE BISEKTION
C
    6 B=0.5*(C+B)
C
C   BERECHNUNG FUER NEUE ITERATION VON  B IST JETZT FERTIG
C
    7 T=B
      IFLAG=-3
      RETURN
  400 FB=FT
      IF(FB.EQ.0.0)GO TO 9
      KOUNT=KOUNT+1
      IF(SIGN(1.0,FB).NE.SIGN(1.0,FC))GO TO 1
      C=A
      FC=FA
      GO TO 1
C
C   BEENDET. SETZE  IFLAG.
C
    8 IF(SIGN(1.0,FB).EQ.SIGN(1.0,FC))GO TO 11
      IF(ABS(FB).GT.FX)GO TO 10
      IFLAG=1
      RETURN
    9 IFLAG=2
      RETURN
   10 IFLAG=3
      RETURN
   11 IFLAG=4
      RETURN
   12 IFLAG=5
      RETURN
      END
```

Kapitel 11: Die Leistung der Codes und ihre Bewertung

Die beiden hauptsächlichen Ziele dieses Buches sind zu zeigen, wie man Differentialgleichungen löst, und mathematische Software eines hohen Qualitätsstandards dafür vorzustellen. Die Bewertung von Software ist teilweise subjektiv, daher zeigen wir in diesem Kapitel Punkte auf, die für die Bewertung wichtig sind, und kommentieren, was wir dazu getan haben, oder wir stellen Ergebnisse vor. Es wird hier nicht der Versuch unternommen, die vorgestellten Codes mit anderen aus der Literatur zu vergleichen, obwohl wir solche Vergleiche gemacht haben. Wir können ehrlich sagen, daß unsere Codes zu den besten gehören, aber subjektive Überlegungen und die Rechnerumgebung sind zu wichtig, als daß sie uns erlauben, viel mehr zu diesem Thema zu sagen. So versuchen wir, dem Benutzer eine Vorstellung davon zu geben, was er von unseren Codes erwarten kann, und gleichzeitig wollen wir ihm die Vergleiche und Beurteilungen, die er durchführen möchte, erleichtern.

(i) Dokumentation des Algorithmus: Einfach zu sagen, daß ein Code ein Adams-Code mit variabler Schrittweite und variabler Ordnung ist, ist so unbestimmt, daß es beinahe überflüssig ist. Die Einzelheiten der Implementation, insbesondere bei Dingen wie der Startprozedur, der Wahl der Schrittweite und Ordnung, bewirken sehr wesentliche Unterschiede in der Leistung. Die verwendeten Algorithmen sind in diesem Buch vollständig beschrieben, einschließlich der zugrundeliegenden Überlegungen. Wegen des lehrenden Aspekts des Buches haben wir die Einfachheit und die theoretische Unterstützung bei der Auswahl aus verschiedenen algorithmischen Möglichkeiten betont.

(ii) Dokumentation des Codes: Es ist angestrebt, die Codes lesbar und klar zu schreiben. Wo sie nicht einfache Implementationen der Algorithmen sind, sind die Gründe erklärt. Strukturierte Programmierung, diszipliniertes FORTRAN, Kommentare und Flußdiagramme werden dazu benutzt, die Kodierung zu erklären. Die geringen Abweichungen vom Standard FORTRAN sind für Differentialgleichungslöser üblich und sind deutlich herausgestellt. Die Benutzung von maschinenabhängigen Konstanten ist klar beschrieben.

(iii) Bequemlichkeit: Ein äußerst wichtiger und schwieriger Gesichtspunkt der Codeentwicklung ist, die Codes so leicht wie möglich benutzbar zu machen, aber dennoch flexibel genug, um alle erwarteten Forderungen zu behandeln. Das ist sehr subjektiv, aber die Reaktion der Benutzer auf unsere Codeentwicklung war sehr erfreulich. Der Treiber DE verlangt vom Benutzer nur wenig und löst die meisten üblichen Probleme. Probleme mit besonderen Eigenschaften müssen mit STEP und INTRP gelöst werden, was allerdings auch nicht mühsam ist. Es gibt eine Anzahl wichtiger Probleme, die einen Code zur Lösung eines nichtlinearen Gleichungssystems in Zusammenhang mit einem Differentialgleichungslöser benötigen. Wir stellen einen Code vor, der für diesen Zweck entwickelt wurde. Im nächsten Kapitel gibt es viele Beispiele für seinen Gebrauch.

(iv) Verläßlichkeit: Die Codes wurden sorgfältig untersucht und mit einer Reihe von Problemen getestet, manche davon werden hier dargestellt. Sie wurden routinemäßig auf einer IBM 360/67, PDP-10 und CDC 6600 mit verschiedenen Compilern und Betriebssystemen laufen gelassen und sind auch zu einem geringeren Grad auf anderen Maschinen gelaufen. Es wurden Beispiele konstruiert, um die wesentlichen Pfade in den Codes zu untersuchen. Ein paar davon sind in den Beispielen 4, 14, 16 und 18 in diesem Kapitel diskutiert. Die Codes wurden sowohl in akademischen und industriellen Umgebungen benutzt. Es sind mit den Versionen, die in Kapitel 10 dargestellt wurden, keine Probleme aufgetreten. Trotzdem dürfte kein erfahrener Rechnerbenutzer so übermütig sein, den Anspruch zu erheben, daß Programme dieser Komplexität unbedingt verläßlich sind. Das Einzige, das vernünftigerweise getan werden kann, ist, einen hohen Grad von Vertrauen erzielen und den Benutzern versichern, daß: *die Autoren werden auf konstruktive Kritik an den Codes und dokumentierte Berichte einer unbefriedigenden Leistung der Codes bei Problemen, für deren Lösung sie geplant sind, reagieren.*

(v) Leistung: Die Theorie der Differentialgleichungslöser ist weit davon entfernt, abgeschlossen zu sein, so daß das Verständnis der Leistung eines Codes das Studium experimenteller Ergebnisse erfordert. Erst vor kurzer Zeit wurden Versuche unternommen, Testprobleme zu diesem Zweck zu sammeln. Zwei herausragende Sammlungen sind die von Hull, et al. [13] und Krogh [19]. Beide wurden intensiv bei der Entwicklung und beim Testen der Codes benutzt, die in diesem Lehrbuch vorgestellt werden. In diesem Kapitel stellen wir die Ergebnisse für Krogh's Sammlung vor, um die Leistung des Codes zu illustrieren. Diese sind ergänzt durch zusätzliche Berechnungen, die die Rolle zeigen, die die verschiedenen Kniffe innerhalb der Codes spielen und außerdem erläutern, was im Falle von Problemen passiert, für die die Codes nicht bestimmt sind.

Fortschritte der Theorie und Erfahrungen der Benutzer können zu Änderungen der Codes führen. Die Leser sind herzlich eingeladen, den Autoren wegen Änderungen, die sie gutheißen, zu schreiben.

Wir wollen uns noch einmal alle Arten von Problemen, für die die Codes geschrieben sind, vor Augen führen: glatte, nichtsteife, mäßig stabile Probleme, für die die Funktionsberechnungen mäßig bis sehr aufwendig sind. Man sollte sich klarmachen, daß unsere Codes einen großen Overhead haben und im Vergleich zu Alternativen viel Speicherplatz benötigen. Der Overhead ist nur wichtig im Zusammenhang mit der Lösung von Problemen, die keine teuren Funktionsauswertungen beinhalten und/oder bei denen keine große Genauigkeit verlangt wird. In solchen Fällen ist die Berechnung gewöhnlich in Echtzeit billig und die Möglichkeit, daß Methoden mit geringerem Overhead günstiger sein können, ist uninteressant. Wir sind Berechnungen in industriellem Zusammenhang begegnet, die so viele derartige Integrationen erforderten, daß die Echtzeit wichtig wurde, und ein Runge-Kutta-Code ergab etwas kürzere Laufzeiten. Wir haben ein Problem in einer akademischen Umgebung gesehen, daß nicht zusammen mit dem Differentialgleichungslöser im Kernspeicher einer CDC 6600, einem sehr großen Rechner, gelagert werden konnte. Wegen der erforderlichen Speicherübertragungen war es etwas billiger, dieses letztere Problem mit einem Runge-Kutta-Code zu lösen, da mit diesem Verfahren das gesamte Problem im Kernspeicher gehalten werden konnte. Diese beiden Situationen kommen jedoch nur selten vor.

Die numerischen Ergebnisse, die nun folgen, wurden auf einer CDC 6600 mit dem FUN-Compiler erzielt, wobei mit den Programmen STEP und INTRP in SINGLE PRECISION gerechnet wurde, außer es ist anders vermerkt. Für Querverweise wurden die Beispiele numeriert.

1. Das erste Beispiel erläutert das Verhalten in der Startphase. Das Problem ist

$$y' = y\left(\frac{4x^3 - y}{x^4 - 1}\right), \quad y(2) = 15.$$

Da die Lösung ein Polynom vom Grade 3 ist, $y(x) = 1 + x + x^2 + x^3$, erwarten wir, daß bei einer denkbar scharfen Fehlerschranke der Code seine Ordnung bis zumindest 3 vergrößert. Da die optimale Ordnung so genau definiert ist, zeigt dies Beispiel die Arbeiten des Algorithmus zur Wahl der Ordnung, es sollte aber nicht als typisch betrachtet werden. Bei einem reinen Test auf den absoluten Fehler von 10^{-7} werden die Anfangsschrittweiten (auf drei Stellen gerundet) und die Ordnungen in der folgenden Tabelle gezeigt.

H	K
7.43E-5	1
1.49E-4	2
2.97E-4	3
5.49E-4	4
1.19E-3	5
2.38E-3	4

Ohne äußere Beschränkung der Schrittweite fährt der Code fort, bei jedem Schritt die Schrittweite unbegrenzt zu verdoppeln und die Ordnung bleibt 4. Der Code verließ die Startphase, als die Ordnung auf 4 herabgesetzt wurde. Warum schoß er über die Ordnung hinaus? Die Werte der Lösung sind alle fast exakt, somit ist die Startphase beendet, wenn das Signal zur Verminderung der Ordnung gegeben wird. Wir könnten gehofft haben, daß der Code bei der Ordnung 4 diese herabsetzte und die Startphase zu dem Zeitpunkt beendete. Getestet wird jedoch, ob max (ERKM2, ERKM1) $\leqslant$ ERK ist. Bei der Ordnung 4 sind sowohl ERKM1 als auch ERK fast Null, aber ERKM2 ist beträchtlich, da die Ordnung 2 nicht exakt ist. Aus demselben Grunde bleibt die Ordnung bei 4 nach Verlassen der Startphase. Die Ordnung könnte herabgesetzt werden, wenn wir den Fehler bei der Ordnung 5 schätzten, da die Exaktheit bei den Ordnungen 3,4 und 5 zu einer Verminderung der Ordnung durch den Test ERKM1 $\leqslant$ ERK $\leqslant$ ERKP führen würde. Es wird jedoch die Schätzung ERKP1 nur durchgeführt, wenn der Code mit konstanter Schrittweite rechnet, in diesem Fall aber verdoppelt er die Schrittweite nach jedem Schritt. Wenn wir die Schrittweite von außen auf 1.0 beschränken, lauten die Ergebnisse der vorherigen Integration folgendermaßen:

H	K
2.38E-3	4
⋮	⋮
1.00E0	4
1.00E0	4
1.00E0	4
1.00E0	4
1.00E0	4
1.00E0	3
1.00E0	3

Bei der Ordnung 4 müssen fünf Schritte mit konstanter Schrittweite durchgeführt werden, bevor ERKP1 gebildet wird. Wir sehen, daß der Test die Ordnung dann auf 3 herabsetzt. Die Ordnung bleibt nicht bei 3 stehen, sondern schwankt von 3 bis 5 (meist zwischen 3 und 4), da alle drei Ordnungen (im Prinzip) exakt sind, aber der Rundungsfehler manchmal Ungleichungen wie ERKM1 $\leqslant$ ERK $\leqslant$ ERKP1 umkehrt.

Die Beispiele 2 bis 5 erläutern die Leistung bei Problemen mit konstanten Koeffizienten. Ihr Format ist typisch für alle übrigen Beispiele: Es werden Schranken von $10^{-2}, 10^{-3}, \ldots, 10^{-13}, 10^{-14}$ benutzt. Für jede Schranke ist das Problem von 0 bis etwa 50 integriert, wobei die exakte Grenze vom Problem abhängt. Das Fehlermaß ist Teil des Problems. Die dargestellten Fehler sind, außer es ist anders angegeben, der maximale Fehler in dem bestimmten Maß, der bei einem Schritt der Integration über das jeweilige Intervall festgestellt wurde. Normalerweise werden die Fehler für die Intervalle (0,10), (0,30) und (0,50) dargestellt. Die Kosten der Berechnung werden mit ND gemessen, der Anzahl der Berechnung der Ableitungen (der Anzahl der Aufrufe der Routine, die die rechte Seite der Differentialgleichung berechnet).

Bei der strengsten Fehlerbedingung, $\epsilon = 10^{-14}$ und manchmal bei größeren Werten zeigte der Code an, daß eine zu große Genauigkeit verlangt wurde. In allen Fällen wurde die Integration mit dem EPS fortgesetzt, daß vom Code zurückgegeben wurde. Diese Situation wird in den Tabellen durch einen Stern bei den Schranken angezeigt. Der Test auf die Grenzgenauigkeit ist großzügig geplant, so daß hier fast die bestmögliche Genauigkeit erhalten werden kann. Das bedeutet, daß manchmal die Gewinne an Genauigkeit, die sich daraus ergeben, daß ϵ bis auf die Grenzgenauigkeit vermindert wird, die gestiegenen Kosten nicht wert sind. Am anderen Ende des Fehlerbereichs stellen wir manchmal absurde globale Fehler auf langen Integrationsintervallen fest. Das kommt vor, wenn die lokale Fehlersteuerung so grob ist, daß der Code von der gewünschten Lösung abwandert und beginnt, einer Lösungskurve mit einem ganz anderen Verhalten zu folgen.

Im Kapitel 6 gaben wir die Faustregel an, daß der maximale globale Fehler etwa gleich ϵ ist; das wird ausführlich in den Tabellen illustriert. Im Kapitel 7 haben wir herausgestellt, daß die Verminderung von ϵ um einen Faktor 0.1 den globalen Fehler hinreichend vermindern sollte, so daß die Genauigkeit des weniger genauen Ergebnisses durch die Konsistenz verläßlich geschätzt werden kann. Fast alle Tabellen stellen den maximalen Fehler in jeder Komponente auf dem gesamten Integrationsintervall dar. Eine Untersuchung der Tabellen zeigt, daß dieses Maximum abnimmt, wie es auch sein muß, wenn unsere Behauptung bezüglich des globalen Fehlers stimmt. Dies unterstützt die Behauptung, daß die globalen Fehler in jedem Punkt abnehmen, was aber die tabellierten Werte nicht direkt zeigen. Beispiel 19 ist speziell dieser Frage gewidmet.

2. Lösung von $y' = y$, $y(0) = 1$ auf den Intervallen (0,10), (0,30) und (0,50) mit Test auf den relativen Fehler. Die Lösung ist $y(x) = \exp(x)$, was monoton ansteigt, so daß der relative Fehler geeignet ist. Die CDC 6600 hat einen elementaren Rundungsfehler von $U \approx 7.1 \times 10^{-15}$. Da der Code auf $0.5\ \epsilon$ abzielt und dies mindestens so groß wie $2U\|y_n\|$ hält, erkennen wir, daß für dieses Problem

   $$0.5\ \epsilon \geqslant 2 \times 7.1 \times 10^{-15} \times 1$$

   beim ersten Aufruf gilt. Das heißt, daß beim ersten Aufruf $\epsilon \geqslant 2.82*10^{-14}$ gelten muß oder die Schranke abgelehnt werden wird. Daher werden alle $\epsilon < 10^{-14}$ in der Tabelle beim ersten Aufruf vergrößert und die Ergebnisse sind alle gleich. Nach diesem Beispiel zeigen wir keine Ergebnisse für Schranken, die abgelehnt wurden, außer für die erste.

	(0,10)		(0,30)		(0,50)	
$LOG_{10}(\epsilon)$	FEHLER	ND	FEHLER	ND	FEHLER	ND
- 2	2.00E- 2	35	2.16E- 2	85	2.25E- 2	135
- 3	1.40E- 3	49	4.89E- 3	93	7.85E- 3	137
- 4	3.87E- 4	59	4.43E- 4	127	4.76E- 4	197
- 5	2.52E- 5	79	2.91E- 5	187	1.18E- 4	263
- 6	7.15E- 6	89	1.07E- 5	190	1.41E- 5	290
- 7	5.63E- 7	109	1.54E- 6	227	2.38E- 6	351
- 8	3.75E- 8	127	4.85E- 8	278	4.85E- 8	442
- 9	2.94E- 9	155	6.39E- 9	366	9.96E- 9	583
-10	3.09E-10	202	4.97E-10	483	4.97E-10	762
-11	1.97E-11	235	5.30E-11	516	5.30E-11	824
-12	5.71E-12	229	7.16E-12	581	1.71E-11	937
-13	1.65E-12	306	6.32E-12	733	3.04E-11	1176
-14*	1.67E-12	348	2.18E-11	840	4.59E-11	1333
-15*	1.67E-12	348	2.18E-11	840	4.59E-11	1333
-16*	1.67E-12	348	2.18E-11	840	4.59E-11	1333

3. Lösung von $y' = -y$, $y(0) = 1$ auf den Intervallen (0,10), (0,30) und (0,50) mit Test auf den relativen Fehler. Die Lösung ist $y(x) = \exp(-x)$, was monoton fällt, und somit ist nicht klar, ob ein relativer Fehlertest geeignet ist. Wenn wir einer fallenden Lösung folgen wollen, müssen wir den relativen Fehler benutzen; dieses Problem wird später noch einmal betrachtet, wenn wir nicht mehr an der Lösung interessiert sind, sobald sie hinreichend klein ist.

	(0,10)		(0,30)		(0,50)	
LOG $_{10}(\epsilon)$	FEHLER	ND	FEHLER	ND	FEHLER	ND
- 2	1.45E- 1	46	1.81E- 1	122	1.81E- 1	202
- 3	6.30E- 3	58	1.48E- 2	161	1.67E- 2	267
- 4	2.65E- 4	78	6.42E- 4	200	1.06E- 3	330
- 5	7.64E- 5	92	1.79E- 4	239	2.14E- 4	383
- 6	2.30E- 6	114	2.30E- 6	292	6.06E- 6	471
- 7	5.12E- 7	125	7.23E- 7	320	1.36E- 6	505
- 8	3.67E- 8	152	1.25E- 7	362	1.44E- 7	592
- 9	1.83E- 9	206	2.80E- 9	521	1.32E- 8	777
-10	4.39E-10	214	4.39E-10	513	5.89E-10	812
-11	4.20E-11	248	6.31E-11	624	8.30E-11	994
-12	2.82E-12	283	2.52E-11	714	6.60E-11	1190
-13	1.81E-12	408	1.63E-11	1028	6.83E-11	1619
-14*	1.99E-12	421	1.34E-11	1034	5.70E-11	1656

4. Lösung des Systems $y_1' = y_2, y_2' = -y_1, y_1(0) = 0, y_2(0) = 1$ auf den Intervallen $(0,2\pi)$, $(0,6\pi)$, $(0,16\pi)$ mit Test auf den absoluten Fehler. Die Komponenten der Lösung sind $y_1(x) = \sin x$, $y_2(x) = \cos x$. Da sie zwischen ± 1 oszillieren und verschwinden, ist ein absoluter Fehlertest geeignet.

	(0,2π)		(0,6π)		(0,16π)	
LOG $_{10}(\epsilon)$	FEHLER	ND	FEHLER	ND	FEHLER	ND
- 2	4.14E- 2	27	8.61E- 2	70	1.50E- 1	177
- 3	3.22E- 3	37	7.04E- 3	90	2.29E- 2	219
- 4	1.21E- 4	53	1.21E- 4	131	4.67E- 4	330
- 5	4.69E- 5	59	9.01E- 5	151	1.67E- 4	365
- 6	1.73E- 6	77	4.84E- 6	175	1.55E- 5	419
- 7	1.87E- 7	105	7.61E- 7	217	1.92E- 6	525
- 8	1.95E- 8	109	6.69E- 8	259	2.19E- 7	648
- 9	4.19E-10	147	1.35E- 9	341	2.38E- 8	746
-10	2.85E-10	161	5.12E-10	362	1.51E- 9	895
-11	6.41E-12	189	2.20E-11	433	6.51E-11	1039
-12	1.26E-12	199	1.21E-11	455	7.07E-11	1100
-13	1.87E-13	275	4.42E-12	614	1.70E-11	1464
-14*	9.67E-13	337	6.24E-12	734	4.08E-11	1722

Durch Veränderung des Intervalls und der Fehlerschranke können wir bei diesem Problem die hauptsächlichen Ablaufpfade durch DE untersuchen. Da die Struktur des Codes einfach ist, ist es leicht zu überprüfen, welche Pfade durchlaufen werden. Es ist bequem, die Integration bei $x = \pi$ zu beginnen, wo $y_1(\pi) = 0$ und $y_2(\pi) = -1$ sind, und wir machen das immer so. In allen Fällen benutzen wir einen reinen absoluten Fehler, somit ist RELERR = 0.0. Die hauptsächlichen Möglichkeiten und Beispielssituationen zu ihrer Untersuchung sind:

(i) Ungeeignete Eingaben:
Es gibt eine Anzahl ungeeigneter Eingaben. Als Beispiel lösen wir das Problem auf $[\pi, 2\pi]$ mit den Eingabewerten ABSERR = 0.0 und IFLAG = − 1, um intern bei 2π anzuhalten. Da sowohl ABSERR und RELERR Null sind, springt DE sofort mit IFLAG = 6 zurück.

(ii) Erfolgreicher Aufruf:
 (a) Interpolation: Lösung auf $[\pi, 2\pi]$ mit Eingabewerten ABSERR = 10^{-7}, IFLAG = 1 und dann auf $[2\pi, 3\pi]$ mit der Ausgabe des ersten Aufrufs. Die Lösungen an den Stellen 2π und 3π werden mit Interpolation und IFLAG = 2 erhalten.
 (b) Extrapolation: Lösung auf $[\pi, \pi(1 + 2U)]$, wobei U der elementare Rundungsfehler ist, mit Eingabewerten ABSERR = 10^{-7}, IFLAG = 1. Der Anfangswert wird durch Extrapolation erhalten, und IFLAG ist gleich 2.

(iii) Mißlungener Aufruf:
 (a) Fehlerschranke zu klein gewählt: Lösung auf $[\pi, 2\pi]$ mit Eingabewerten ABSERR = U, der elementaren Rundungsfehlereinheit, und IFLAG = 1. Der Code führt keinen Schritt durch und springt ins aufrufende Programm mit IFLAG = 3 zurück. Andere Fälle dieses Rücksprungs sind bei den Beispielen 14 und 16 zu finden.
 (b) Zuviel Arbeit: Lösung auf $[\pi, 16\pi]$ mit den Eingabewerten ABSERR = 10^{-13}, IFLAG = 1. Der Code schafft nicht die gesamte Strecke bis 16π in 500 Schritten, somit springt er mit IFLAG = 4 zurück. Andere Fälle dieses Rücksprungs sind bei den Beispielen 14 und 16 zu finden.
 (c) Steifes Problem: das kann hier nicht gezeigt werden, da dieses Beispiel nicht steif ist und der Code keinen falschen Rücksprung macht. Beispiel 14 zeigt das Verhalten bei einem steifen Problem.

(iv) Unüblicher Aufruf:
 (a) Wiederholter Aufruf mit negativem IFLAG: Lösung auf $[\pi, 2\pi]$ und dann auf $[2\pi, 3\pi]$ mit ABSERR = 10^{-7}. Beim ersten Aufruf ist die Eingabe IFLAG = − 1. Der Ausgabewert von IFLAG wird auf IFLAG = − 2 gesetzt und DE wird für das zweite Intervall wieder aufgerufen. Das führt zu einem Neustart. Die Berechnung wird erfolgreich durchgeführt und die endgültige Ausgabe von IFLAG ist 2.
 (b) Umkehren der Integrationsrichtung: Lösung auf $[\pi, 2\pi]$ und dann auf $[2\pi, \pi]$ mit ABSERR = 10^{-7}. Die Eingabe für IFLAG ist 1 beim ersten Aufruf und dessen Ausgabewert wird beim zweiten Aufruf benutzt. Das zwingt DE zu einem Neustart. Die Berechnung ist erfolgreich und der endgültige Ausgabewert von IFLAG ist 2.

5. Lösung von $y' = -y$, $y(0) = 1$ auf (0,10), (0,30) und (0,50) mit einem Test auf den absoluten Fehler. Die Lösung ist $y(x) = \exp(-x)$. Sie fällt eventuell unter die Fehlerschranke und ihre Integration ist eher eine Frage der Stabilität als der Genauigkeit, wie in Kapitel 8 diskutiert wurde. Die Ergebnisse sind

	(0,10)		(0,30)		(0,50)	
LOG 10(ϵ)	FEHLER	ND	FEHLER	ND	FEHLER	ND
- 2	7.55E- 3	31	3.40E- 2	58	3.40E- 2	80
- 3	7.86E- 4	44	1.28E- 3	69	1.36E- 3	100
- 4	3.23E- 5	57	1.39E- 4	81	4.34E- 4	99
- 5	1.23E- 5	67	2.54E- 5	108	2.54E- 5	127
- 6	2.16E- 7	89	1.86E- 6	122	3.74E- 6	144
- 7	5.13E- 8	103	1.78E- 7	143	5.12E- 7	176
- 8	2.39E- 9	123	2.66E- 8	170	2.66E- 8	190
- 9	7.06E-10	157	2.98E- 9	213	2.98E- 9	243
-10	6.57E-11	169	2.56E-10	241	3.84E-10	270
-11	6.90E-12	205	2.53E-11	293	4.47E-11	320
-12	6.67E-13	213	7.62E-13	324	1.16E-12	345
-13	7.46E-14	269	7.46E-14	389	7.49E-14	419
-14*	4.51E-14	308	4.51E-14	464	3.95E-13	489

Die Integration von 30 bis 50 zeigt, wie sich der Code bei leichter Steifheit verhält. Die Schrittweite ist nun eher durch die Stabilität als durch die Genauigkeit beschränkt. Die Schrittweite ist ziemlich sprunghaft, wie es auch die Untersuchung in Kapitel 8 nahelegt. Das kommt daher, daß der Code, wenn ein Schritt zu einem ungewöhnlich kleinen lokalen Fehler führt, eine größere Schrittweite ausprobiert, was annehmbar arbeitet, bis die Fehler, die aus der Instabilität stammen, hinreichend anwachsen, um erkannt zu werden. Der Code wird dann sowohl die Schrittweite als auch die Ordnung verringern, um mit diesem Anwachsen fertig zu werden. Da es eine vorsichtige Wahl ist, erweist sich die Schrittweite als zu klein, sobald die Wirkungen der Instabilität abgedämpft sind. Man kann eine effektive Schrittweite auf dem Intervall (30,50) ableiten, indem man die Hälfte der Gesamtzahl der Funktionsaufrufe durch die Länge des Intervalls teilt. (Die Hälfte, da ein erfolgreicher Schritt zwei Aufrufe benötigt). Zum Beispiel gibt es mit einem $\epsilon = 10^{-2}$ 22 Aufrufe zwischen x = 30 und x = 50, was eine mittlere Schrittweite von 1.82 bedeutet. Wenn man auf diese Weise mit allen Schranken fortfährt, erhält man die folgende Tabelle.

$LOG_{10}(\epsilon)$	effektive Schrittweite
−2	1.82
−3	1.29
−4	2.22
−5	2.11
−6	1.82
−7	1.21
−8	2.00
−9	1.33
−10	1.38
−11	1.48
−12	1.90
−13	1.33
−14*	1.60

Die Argumente von Kapitel 8 besagen, daß die effektive Schrittweite so gewählt sein sollte, daß sie für die verwendete Ordnung im Bereich der Stabilität liegt. Zusätzlich sollte der Code effizient genug sein, daß er in etwa mit der größtmöglichen Schrittweite arbeitet. Es sei $-H_k$ die Stelle, an der der Rand des Stabilitätsbereiches des Verfahrens der Ordnung k die negative reelle Achse schneidet. Bei diesem Problem ist $f_y = -1$; daher reduziert sich die Forderung, daß hf_y im Bereich der Stabilität liegt, einfach auf $h \leqslant H_k$. Die H_k nehmen recht schnell ab für größeres k, somit erwarten wir, daß der Code eher niedrige Ordnungen wählt, und er tut es auch. Da $H_1 \approx 2.0$ und $H_2 \approx 2.4$ ist, könnten wir erwarten, daß die Ordnung nicht auf 1 heruntergeht, und ausgenommen bei einer Schranke tut sie das auch nicht. Die meisten Schritte auf dem Intervall (30,50) werden mit den Ordnungen 2 bis 4 durchgeführt, und in diesem Bereich von Ordnungen ist $1.4 \leqslant H_k \leqslant 2.4$. Wenn man die effektiven Schrittweiten mit diesen Schranken vergleicht, sieht man, daß die benutzten Schrittweiten etwa so groß wie möglich sind, was mit den Stabilitätsforderungen übereinstimmt. Die globalen Fehler zeigen, daß die Stabilitätsbeschränkungen nicht zu irgendeiner Verringerung der Genauigkeit führen, viel weniger das katastrophale Anwachsen von Fehlern. Das Beispiel zeigt eine ganz geringe Beschränkung durch Stabilität. Später werden wir eine sehr starke Beschränkung untersuchen.

6. Wir nehmen auch ein mäßig großes System auf, auch wenn sein Verhalten wie das des vorhergehenden Beispiels ist. Aus einer Halb-Diskretisierung der Wärmeleitungsgleichung $u_t(t, x) = u_{xx}(t, x)$ erhält man eine Gruppe von Problemen, die von der Anzahl N der benutzten Gleichungen abhängt. Die angegebenen numerischen Ergebnisse stammen aus dem Beispiel mit N = 50. Das Anfangswertproblem ist

$$y' = Ay,$$

$$A = \begin{pmatrix} -2 & 1 & & & 0 \\ 1 & -2 & 1 & & \\ & 1 & -2 & 1 & \\ 0 & & & & \\ & & & 1 & -2 \end{pmatrix},$$

$$y(0) = (1, 0, \ldots, 0)^T.$$

Die orthogonale Matrix R der normalisierten Eigenvektoren von A ist gegeben durch

$$R_{ij} = \sqrt{\frac{2}{N+1}} \sin\left(\frac{ij\pi}{N+1}\right), \quad 1 \leqslant i, j \leqslant N$$

und deren Eigenwerte sind

$$\lambda_j = -4 \sin^2\left(\frac{j\pi}{2(N+1)}\right), \quad 1 \leqslant j \leqslant N.$$

Da $R^{-1} AR = \operatorname{diag}\{\lambda_j\}$ ist, ist die Lösung

$$y(x) = R \cdot \operatorname{diag}\{\exp(\lambda_i x)\} \cdot R^{-1} \cdot y(0).$$

Die Eigenwerte und die explizite Lösung zeigen, daß die Komponenten abnehmen, daher ist ein Test auf den absoluten Fehler geeignet. Die Eigenwerte zeigen, daß diese Gruppe von Gleichungen etwas steifer als das vorhergehende Beispiel ist, aber die numerischen Ergebnisse zeigen, daß die berechnete Lösung vollständig zufriedenstellend ist.

	(0,10)		(0,30)		(0,50)	
$LOG_{10}(\epsilon)$	FEHLER	ND	FEHLER	ND	FEHLER	ND
- 2	1.69E- 2	69	1.78E- 2	174	1.78E- 2	296
- 3	8.85E- 4	77	2.78E- 3	191	2.78E- 3	291
- 4	9.95E- 5	94	2.12E- 4	189	2.12E- 4	293
- 5	1.19E- 5	112	1.66E- 5	215	1.66E- 5	329
- 6	5.25E- 7	142	1.31E- 6	250	1.42E- 6	377
- 7	2.01E- 7	166	3.28E- 7	288	3.28E- 7	400
- 8	3.61E- 9	198	2.20E- 8	327	2.20E- 8	463
- 9	5.17E-10	233	2.37E- 9	400	2.37E- 9	533
-10	8.49E-11	280	1.40E-10	453	1.40E-10	601
-11	4.36E-12	331	2.85E-11	526	2.85E-11	680
-12	3.54E-13	384	1.14E-12	618	1.26E-12	797
-13	7.70E-14	483	1.24E-13	746	1.24E-13	943
-14*	6.39E-14	615	6.39E-14	900	6.39E-14	1099

Die Beispiele 7 bis 10 beinhalten nichtlineare Gleichungen. Die Gleichungen sind einfach, aber sie zeigen sehr gut auf, wie die Codes bei Problemen der Himmelsmechanik arbeiten. Sie werden auch benutzt, um andere Aspekte der Codes hervorzuheben.

7. Die Lösung des Systems

$$\begin{aligned} y_1' &= y_2 y_3, & y_1(0) &= 0, \\ y_2' &= -y_1 y_3, & y_2(0) &= 1, \\ y_3' &= -0.51\, y_1 y_2, & y_3(0) &= 1 \end{aligned}$$

mit einem Test auf den absoluten Fehler auf den Intervallen (0,4K), (0,12K), (0,28K). Das sind die Eulerschen Gleichungen der Bewegung eines starren Körpers ohne äußere Kräfte. Die Komponenten der Lösung sind die Jakobischen elliptischen Funktionen $y_1(x) = \mathrm{sn}(x|0.51)$, $y_2(x) = \mathrm{cn}(x|0.51)$, $y_3(x) = \mathrm{dn}(x|0.51)$. Sie sind periodisch mit einer viertel Periode von K = 1.86264080233273855203..... Die Plots zeigen ihr allgemeines Verhalten.

	(0,4K)		(0,12K)		(0,28K)	
$LOG_{10}(\epsilon)$	FEHLER	ND	FEHLER	ND	FEHLER	ND
- 2	7.93E- 3	46	4.80E- 2	120	1.06E- 1	274
- 3	2.03E- 3	65	7.30E- 3	159	2.17E- 2	358
- 4	1.98E- 4	81	2.33E- 4	212	5.37E- 4	485
- 5	1.22E- 5	103	5.42E- 5	279	5.88E- 5	648
- 6	1.30E- 6	141	7.01E- 6	376	4.17E- 5	847
- 7	2.04E- 7	155	5.74E- 7	437	6.61E- 6	1007
- 8	6.49E- 9	204	9.77E- 8	526	4.16E- 7	1264
- 9	1.92E- 9	241	6.09E- 9	644	4.42E- 8	1530
-10	6.87E-10	265	4.53E- 9	769	1.65E- 8	1786
-11	1.81E-12	379	1.15E-10	943	8.68E-10	2162
-12	2.31E-12	375	1.74E-11	937	1.10E-10	2059
-13	1.62E-12	511	3.47E-12	1294	1.19E-10	3062
-14*	1.74E-12	651	2.12E-11	1792	6.33E-11	4078

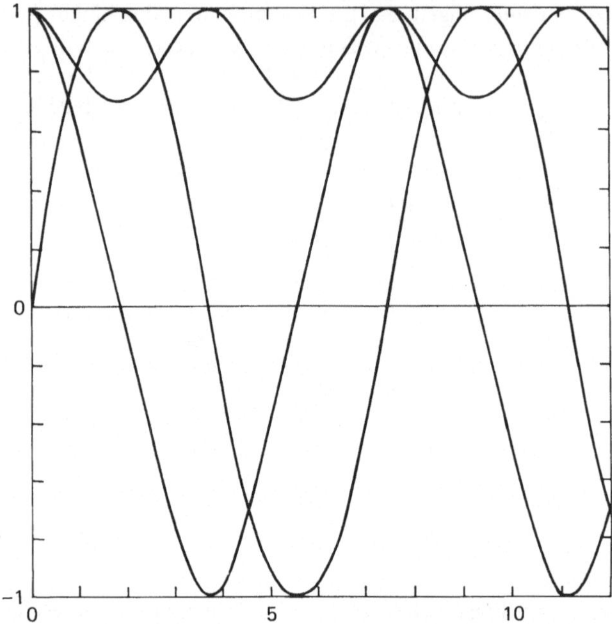

Die Jakobischen elliptischen Funktionen sn(x | 0.51), cn(x | 0.51) und dn(x | 0.51), die hier dargestellt sind, sind die Lösung der Eulerschen Gleichung der Bewegung eines starren Körpers, wie sie in Beispiel 7 betrachtet werden.

Die Beschränkung der Schrittweiten-Zuwächse auf einen Faktor zwei ergibt eine gewisse Grobheit bei der Anpassung der Schrittweite an die Lösung, die nur teilweise durch die Benutzung eines „optimalen" Faktors bei der Verminderung der Schrittweite wettgemacht wird. Bei einer speziellen Integration bedeutet das, daß der Code vorsichtig sein kann und ein globaler Fehler erhalten werden kann, der kleiner ist, als er wäre, wenn er von einer idealen Anpassung stammte. Jedoch ergibt die Verringerung der Fehlerschranke um einen Faktor 0.1 manchmal nur eine kleine Änderung des globalen Fehlers. Dieses Problem zeigt die Tendenz zu solch einem „Sperren" des globalen Fehlers. Es zeigt auch, daß die Schätzung des globalen Fehlers mit dem Verfahren der erneuten Integration, wie es in Kapitel 7 diskutiert wurde, mit Vorsicht verwendet werden muß. Wegen der periodischen Schwankungen der Lösungen ist bei diesem Problem ein Wechsel der Schrittweiten angemessen. Da für dieses Problem das ideale Verhältnis der maximalen zur minimalen Schrittweite bei ungefähr 1.5 liegt, sollten wir wegen des Schrittweitenalgorithmus eine Tendenz zum Sperren erwarten.

8. Die Lösung von

$$y_1'' = -\frac{y_1}{r^3}, \qquad y_1(0) = 1, \qquad y_1'(0) = 0,$$

$$y_2'' = -\frac{y_2}{r^3}, \qquad y_2(0) = 0, \qquad y_2'(0) = 1$$

mit $r = (y_1^2 + y_2^2)^{1/2}$ und einem Test auf den absoluten Fehler auf den Intervallen $(0,2\pi)$, $(0,6\pi)$ und $(0,16\pi)$. Dies sind die Newtonschen Bewegungsgleichungen für das Zweikörper-Problem. Die Anfangsbedingungen sind derart, daß die Bewegung kreisförmig verläuft und die Komponenten der Lösung $y_1(x) = \cos x$, $y_1'(x) = -\sin x$, $y_2(x) = \sin x$ und $y_2'(x) = \cos x$ sind. Die Ergebnisse lauten folgendermaßen.

	$(0,2\pi)$		$(0,6\pi)$		$(0,16\pi)$	
$\text{LOG}_{10}(\epsilon)$	FEHLER	ND	FEHLER	ND	FEHLER	ND
- 2	3.96E- 1	29	1.75E 0	74	2.27E 0	219
- 3	2.75E- 2	43	4.35E- 2	104	3.84E- 1	253
- 4	8.34E- 4	61	9.42E- 3	136	1.80E- 1	313
- 5	4.31E 4	61	2.45E- 3	141	1.85E- 2	352
- 6	4.16E- 5	83	1.28E- 4	201	1.63E- 4	494
- 7	1.25E- 6	101	1.87E- 5	236	1.71E- 4	547
- 8	1.39E- 7	121	1.29E- 6	267	9.36E- 6	633
- 9	1.69E- 8	163	3.96E- 8	395	6.56E- 8	974
-10	1.17E- 9	159	3.12E- 9	365	2.51E- 8	899
-11	3.26E-10	203	8.97E-10	491	1.26E- 9	1214
-12	1.14E-11	213	1.82E-10	512	1.26E- 9	1225
-13	6.93E-13	383	4.94E-12	783	9.83E-11	2112
-14*	7.51E-13	363	1.02E-11	934	8.62E-11	2364

Der Test auf die Eingangsfehlerschranke in STEP führt dazu, daß die Forderung von $\epsilon = 10^{-14}$ vergrößert wird. Man könnte glauben, daß ohne diese Steuerung der Code mit der minimalen Schrittweite zurückspringt, wenn er mit einem zu kleinen ϵ aufgerufen wird. Das ist nicht der Fall. Wenn man unter diese Grenze geht, führt das zu immer schlechteren Ergebnissen, wobei die Kosten schnell ansteigen. Wir haben dieses Merkmal der Codes einmal unterdrückt, um zu zeigen, was bei diesem Problem passiert.

	$(0,2\pi)$		$(0,6\pi)$		$(0,16\pi)$	
$\text{LOG}_{10}(\epsilon)$	FEHLER	ND	FEHLER	ND	FEHLER	ND
-14	1.47E-12	641	1.26E-11	1565	8.43E-11	3229
-15	4.54E-12	1084	1.63E-11	3100	4.50E-11	8141
-16	4.30E-12	3369	1.23E-10	9906	9.58E-10	26662

9. Die Lösung des Systems

$$y_1'' = -\frac{y_1}{r^3}, \qquad y_1(0) = 0.4, \qquad y_1'(0) = 0,$$

$$y_2'' = -\frac{y_2}{r^3}, \qquad y_2(0) = 0, \qquad y_2'(0) = 2$$

mit $r = (y_1^2 + y_2^2)^{1/2}$ und einem Test auf den absoluten Fehler auf den Intervallen $(0,2\pi)$, $(0,6\pi)$ und $(0,16\pi)$. Das ist ähnlich dem Beispiel 8 mit dem Unterschied, daß die Anfangsbedingungen dazu führen, daß die Bewegung eine Ellipse mit einer Exzentrizität von 0.6 ist. Die Komponenten der Lösung sind $y_1(x) = \cos u - 0.6$,

$y'_1(x) = \sin u/(1 - 0.6 \cos u)$, $y_2(x) = 0.8 \sin u$ und $y'_2(x) = 0.8 \cos u/(1 - 0.6 \cos u)$, wobei u die Lösung der Keplerschen Gleichung $x = u - 0.6 \sin u$ ist. Der Plot zeigt die Orbits für dieses und das vorhergehende Beispiel.

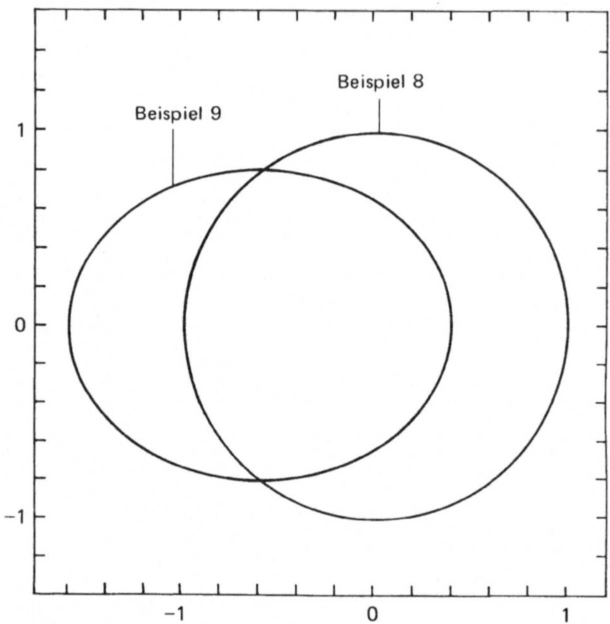

Die Beispiele 8 und 9 betrachten die Newtonschen Bewegungsgleichungen des Zweikörper-Problems bei kreisförmiger und elliptischer Bewegung.

	(0,2π)		(0,6π)		(0,16π)	
$\mathrm{LOG}_{10}(\epsilon)$	FEHLER	ND	FEHLER	ND	FEHLER	ND
- 2	7.74E- 1	60	2.76E+ 0	223	3.33E+ 0	847
- 3	2.12E- 2	93	1.29E+ 0	278	2.55E+ 0	722
- 4	1.51E- 3	125	2.49E- 1	347	1.26E+ 0	914
- 5	5.65E- 5	164	2.03E- 2	441	2.12E- 1	1161
- 6	3.99E- 5	193	1.29E- 3	552	1.04E- 2	1414
- 7	2.26E- 6	244	7.84E- 5	656	1.15E- 3	1754
- 8	3.89E- 7	301	2.65E- 5	840	1.10E- 4	2152
- 9	3.44E- 8	358	3.73E- 7	989	5.84E- 6	2536
-10	1.11E- 9	422	4.95E- 8	1148	4.85E- 7	3017
-11	2.77E-12	524	6.65E- 9	1399	1.11E- 7	3558
-12	1.43E-10	629	1.72E- 9	1714	1.90E- 9	4386
-13	2.48E-11	852	1.03E-10	2250	6.60E-10	5666
-14*	3.45E-11	946	1.48E- 9	2535	5.28E- 9	6397

Dieses Problem erfordert eine ganze Menge Schrittweiten- und Ordnungswechsel. Es zeigt ein ziemlich typisches Abhängen der Ordnung von der Schranke. In der folgenden Tabelle werden die Prozentzahlen von Schritten aufgelistet, die bei der jeweiligen Ordnung während der Integration für verschiedene Toleranzen durchgeführt werden.

		ϵ			
		10^{-1}	10^{-4}	10^{-7}	10^{-10}
Ordnung	1	2	0	0	0
	2	16	0	0	0
	3	75	0	0	0
	4	8	0	0	1
	5	0	1	1	0
	6	0	2	0	0
	7	0	35	1	0
	8	0	45	3	1
	9	0	14	19	0
	10	0	1	34	14
	11	0	0	11	25
	12	0	0	31	58

10. Die Lösung des Systems

$$y_1'' = 2y_2' + y_1 - \frac{\mu^*(y_1 + \mu)}{r_1^3} - \frac{\mu(y_1 - \mu^*)}{r_2^3}, \quad y_1(0) = 1.2, \quad y_1'(0) = 0,$$

$$y_2'' = -2y_1' + y_2 - \frac{\mu^* y_2}{r_1^3} - \frac{\mu y_2}{r_2^3}, \quad y_2(0) = 0,$$

$$y_2'(0) = -1.04935750983031990726$$

mit einem Test auf den absoluten Fehler auf dem Intervall (0,T), wobei

$$T = 6.19216933131963970674$$

ist. Hier sind $r_1 = ((y_1 + \mu)^2 + y_2^2)^{1/2}$, $r_2 = ((y_1 - \mu^*)^2 + y_2^2)^{1/2}$, $\mu = 1/82.45$ und $\mu^* = 1 - \mu$. Dies sind die Gleichungen des beschränkten Dreikörperproblems, wie es die Bewegung eines Satelliten unter dem Einfluß der Erde und des Mondes in einem rotierenden Koordinatensystem beschreibt, wobei die Positionen der Erde und des Mondes fest sind. Eine hochgenaue Berechnung mit diesen Anfangsbedingungen ergab T als Periode der Bewegung, und das Ergebnis kann als exakt betrachtet werden. Es gibt keinen analytischen Ausdruck für die Lösung, daher wird der Fehler nur am Ende der Periode gemessen. Das muß man sich stets vor Augen halten, da die dargestellten Fehler viel kleiner als die größten bei der Integration auftretenden Fehler sein können – wir wissen nicht, ob es sich so oder anders verhält. Um mehr Vertrauen in die Genauigkeit während der Integration zu erlangen, können wir das Jakobi-Integral $J(y_1(x), y_2(x), y_1'(x), y_2'(x))$ benutzen. Diese Funktion, die durch

$$J(y_1, y_2, y_1', y_2') = \frac{1}{2}(y_1'^2 + y_2'^2 - y_1^2 - y_2^2) - \frac{\mu^*}{r_1} - \frac{\mu}{r_2},$$

definiert ist, besitzt längs jeder Lösungskurve einen konstanten Wert.

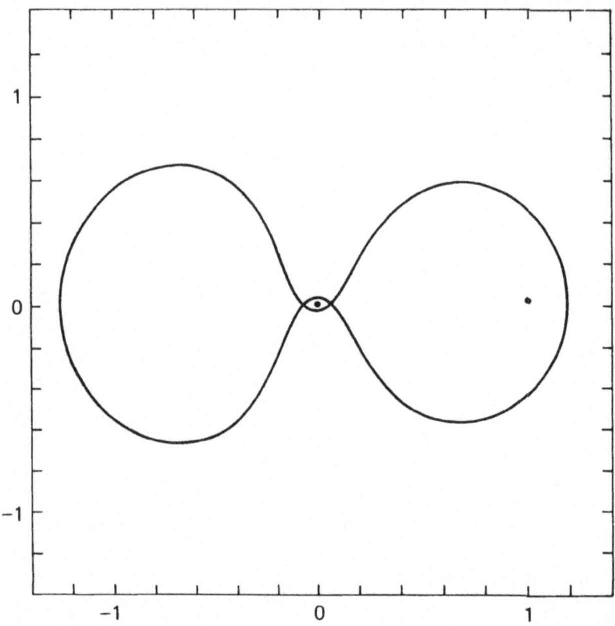

Die Lösung des beschränkten Dreikörperproblems, das in Kapitel 10 betrachtet wird.

Das kann man sehen, indem man dJ/dx bildet und y_1'' und y_2'' durch ihre Werte aus der Differentialgleichung ersetzt und dann schließt, daß dJ/dx Null ist. Der wahre, konstante Wert wird aus den Anfangsbedingungen bestimmt. Wir berechneten die maximale Differenz zwischen dem Jakobi-Integral der berechneten Lösungen und dem wahren Wert. Das ist ein für alle Komponenten nützlicher Test, aber er muß vorsichtig interpretiert werden. Jeder Unterschied stammt aus Fehlern bei den berechneten Werten, aber wir können im Fall kleiner Unterschiede nicht schließen, daß die Werte genau sind. Sie können genau sein, aber es können auch ihre Fehler so zusammenhängen, daß sie einen richtigen Wert für das Integral ergeben.

		(0,T)	
LOG$_{10}$(ϵ)	GLOBALER FEHLER	ND	JAKOBI-INTEGRAL FEHLER
- 2	1.19E 0	346	1.31E 0
- 3	9.39E- 3	373	3.55E- 2
- 4	5.91E- 3	516	6.17E- 3
- 5	3.20E- 4	654	3.32E- 4
- 6	1.95E- 5	801	2.10E- 5
- 7	1.86E- 6	959	1.55E- 6
- 8	3.84E- 7	1146	1.57E- 7
- 9	5.30E- 8	1363	1.75E- 8
-10	3.65E- 9	1618	1.52E- 9
-11	1.83E-10	1984	1.06E-10
-12	2.03E-11	2546	1.44E-11
-13*	2.47E-11	3129	9.39E-12
-14*	7.37E-11	3174	2.08E-11

Anzumerken ist, daß die Fehlerschranke sowohl für $\epsilon = 10^{-13}$ als auch für $\epsilon = 10^{-14}$ geändert wurde, daß sich aber die Ergebnisse unterscheiden. Das kommt daher, daß der Wechsel der Schranke bei der Integration mit $\epsilon = 10^{-13}$ später auftritt als bei der Integration mit 10^{-14}. Das Problem verlangt nach sehr vielen Schrittweitenänderungen, da das Problem fast singulär wird, wenn der Satellit nahe an einem der beiden anderen Körper vorbeigeht. Natürlich ist die Schrittweite während des Startes immer klein. Um den Bereich des Schrittweiten dazustellen, berechneten wir die kleinste, die größte und die mittlere Schrittweite nach dem Verlassen der Startphase. Die Ergebnisse folgen:

LOG$_{10}$(ϵ)	MIN H	MITTLERES H	MAX H
- 2	1.07E-3	3.86E-2	2.75E-1
- 3	1.07E-3	3.57E-2	2.74E-1
- 4	5.63E-4	2.54E-2	1.44E-1
- 5	4.40E-4	1.98E-2	1.25E-1
- 6	3.65E-4	1.60E-2	1.68E-1
- 7	4.16E-4	1.33E-2	1.06E-1
- 8	3.10E-4	1.11E-2	7.48E-2
- 9	1.74E-4	9.28E-3	5.40E-2
-10	2.75E-5	7.78E-3	5.15E-2
-11	8.69E-6	6.31E-3	3.46E-2
-12	2.75E-6	4.91E-3	2.85E-2
-13	8.69E-7	3.73E-3	2.29E-2
-14	5.85E-7	3.60E-3	2.51E-2

11. Um die Wirkungen der Genauigkeit aufzuzeigen, lösten wir Beispiel 4 auf dem Intervall $(0,16\pi)$ mit verschiedenen Maschinen und verschiedenen Wortlängen. Die Maschinen und ihre elementaren Rundungsfehler sind:

(i) IBM 360/67 einfache Genauigkeit, 9.5E-7,
(ii) UNIVAC 1108 einfache Genauigkeit, 1.5E-8,
(iii) PDP-10 einfache Genauigkeit, 7.5E-9,
(iv) CDC 6600 einfache Genauigkeit, 7.1E-15,
(v) IBM 360/67 doppelte Genauigkeit, 2.2D-16.

Ein Stern neben dem angegebenen Fehler zeigt an, daß die Fehlerschranke vergrößert werden mußte, um die Integration abzuschließen.

	(i)		(ii)		(iii)	
LOG$_{10}$(ϵ)	FEHLER	ND	FEHLER	ND	FEHLER	ND
- 2	1E-1	177	1E-1	177	1E-1	177
- 3	3E-2	218	2E-2	219	2E-2	219
- 4	2E-3	304	5E-4	330	5E-4	330
- 5	3E-4	363	2E-4	371	2E-4	371
- 6	9E-4*	428	3E-5	425	2E-5	425
- 7			3E-5	732	4E-6	666
- 8			7E-5*	805	8E-6*	715

$LOG_{10}(\epsilon)$	(iv) FEHLER	ND	(v) FEHLER	ND
- 2	2E- 1	177	1D- 1	177
- 3	2E- 2	219	2D- 2	219
- 4	5E- 4	330	5D- 4	330
- 5	2E- 4	365	2D- 4	365
- 6	2E- 5	419	2D- 5	419
- 7	2E- 6	525	2D- 6	525
- 8	2E- 7	648	2D- 7	648
- 9	2E- 8	746	2D- 8	738
-10	2E- 9	895	2D- 9	893
-11	7E-11	1039	5D-11	1039
-12	7E-11	1100	2D-11	1133
-13	2E-11	1464	2D-12	1408
-14	4E-11*	1722	1D-12	1670
-15			2D-12	1796
-16			4D-15*	1887

Offensichtlich spielt die Natur der Maschinenarithmetik eine unwichtige Rolle, bis die Grenzgenauigkeit erreicht ist. Man muß sich daran erinnern, daß die Stelle, an der die Steuerung des Fortpflanzungsfehlers anfängt, von der Fehlerschranke und der elementaren Rundungsfehlereinheit abhängt. Nahe der Grenzgenauigkeit geht der Fehler dazu über, nicht mehr weiter abzunehmen, und die Kosten fangen an, stärker anzuwachsen als sie eigentlich sollten. Der Code erkennt und behandelt für jede Maschine und Genauigkeit die Grenzgenauigkeit sehr angemessen.

12. In Kapitel 9 diskutierten wir verschiedene einfache Tricks, die Rundungscharakteristika der Codes zu verbessern. Einer dieser versucht, die Situation bezüglich des fortgepflanzten Fehlers zu verbessern. Wie die Untersuchung nahelegt, sind die Effekte sehr klein. Bei manchen Beispielen sind die globalen Fehler etwas kleiner und bei anderen sind die Kosten vermindert. Der Kniff ist nicht immer nützlich, insbesondere bei steifen Problemen, wenn die dies rechtfertigende Untersuchung ungültig ist. Die Lösungen des Orbit-Problems (Beispiele 8,9 und 10) ziehen einen beträchtlichen Nutzen aus dem Gebrauch dieser Tricks. Wir stellen die Ergebnisse mit und ohne die Steuerung für Beispiel 9 dar, um den jeweiligen Gewinn zu zeigen. Die dargestellten Schranken sind die einzigen, für die die Steuerung vom Code eingeschaltet wurde.

MIT STEUERUNG

$LOG_{10}(\epsilon)$	$(0,2\pi)$ FEHLER	ND	$(0,6\pi)$ FEHLER	ND	$(0,16\pi)$ FEHLER	ND
-12	1.43E-10	629	1.72E- 9	1714	1.90E- 9	4386
-13	2.48E-11	852	1.03E-10	2250	6.60E-10	5666
-14*	3.45E-11	946	1.48E- 9	2535	5.28E- 9	6397

OHNE STEUERUNG

$LOG_{10}(\epsilon)$	$(0,2\pi)$ FEHLER	ND	$(0,6\pi)$ FEHLER	ND	$(0,16\pi)$ FEHLER	ND
-12	4.76E-10	615	3.67E- 9	1683	1.86E- 8	4361
-13	5.95E-10	822	3.59E- 9	2243	2.18E- 8	5715
-14*	6.28E-10	916	2.03E- 9	2417	1.55E- 8	6316

13. Der Startalgorithmus zielt darauf ab, eine geeignete Ordnung und Schrittweite sehr schnell zu finden. Wie in Kapitel 7 diskutiert wurde, erwarten wir, daß die Anfangsphase normalerweise eher endet, weil die geeignete Ordnung gefunden wurde, als wie festgestellt wurde, daß die Schrittweite für die laufende Ordnung zu groß ist. Wir haben das bei ein paar der vorausgehenden Beispiele getestet, nämlich den Beispielen 2 bis 5 und 7 bis 10, und zwar mit den Schranken 10^{-2} bis 10^{-14}. Es wurden nur sehr wenige mißlungene Schritte während der Startphase festgestellt. Sie traten bei den Schranken 10^{-2} im Beispiel 7 auf; für 10^{-2} und 10^{-3} bei Beispiel 9; und für 10^{-4} bei Beispiel 10. Das steht in Übereinstimmung mit der Untersuchung von Kapitel 7, was zeigt, daß normalerweise solche Fehlschläge nur bei relativ großen Schranken auftreten.

Die Beispiele 14 bis 18 zeigen, was passiert, wenn die Codes bei Problemen benutzt werden, für die sie nicht geschaffen sind. Wegen ihrer robusten Entwicklung arbeiten sie dennoch ganz gut.

14. Der Code DE versucht unter gewissen Umständen, Steifheit zu erkennen. Der Code beobachtet immer die Anzahl von Schritten und gibt die Steuerung an den Benutzer zurück, wenn 500 Schritte durchgeführt wurden. Das entspricht üblicherweise etwas mehr als 1000 Berechnungen der Ableitung und erlaubt dem Benutzer, die aufgewendete Arbeit auf vernünftige Weise zu steuern. Der Test auf Steifheit ist eine Folge von höchstens 50 aufeinanderfolgenden Schritten, die mit den Ordnungen 1 bis 4 und einem Rücksprung wegen zuviel Arbeit durchgeführt wurden. Dieser Test und seine Beschränkungen sind am Ende von Kapitel 8 diskutiert worden und im Kapitel 10 gibt es zwei diesen Punkt erläuternde Übungen (2 und 3). Das folgende Problem zeigt das Verhalten eines typisch steifen Problems.

Das Problem ist

$$\begin{pmatrix} y_1' \\ y_2' \end{pmatrix} = \begin{pmatrix} 2-3E4, & 4-4E4 \\ 1.5E4-1.5, & 2E4-3 \end{pmatrix} \begin{pmatrix} y_1 \\ y_2 \end{pmatrix},$$

$$y_1(0) = 1, \quad y_2(0) = 1,$$

das mit einem Test auf den absoluten Fehler gelöst wird. Die Komponenten der Lösung sind

$$y_1(x) = 7\exp(-10^4\ x) - 6\exp(-x),$$

$$y_2(x) = -3{,}5\ \exp(-10^4 x) + 4.5\ \exp(-x).$$

Wir integrieren dies von 0 bis 50 mit DE. Es gibt die Steuerung an das rufende Programm zurück entweder wegen zuviel Arbeit (IFLAG = 6) oder, bei gewissen Schranken, weil eine zu große Genauigkeit gefordert wurde (IFLAG = 3). Wir setzen die Integration fort, bis 50 erreicht wird, oder bis Steifheit mit IFLAG = 5 angezeigt wird. Wir haben für jede Schranke die Stelle, an der die Integration beendet wurde, (auf 3 Dezimalen gerundet) tabelliert, ebenso den maximalen Fehler bei jedem Schritt während der Integration und die Kosten bei der Berechnung der Ableitungen. Wie üblich zeigt ein Stern an, daß die Schranke während der Integration vergrößert wurde. In jedem Fall beendeten wir die Integration, da Steifheit angezeigt wurde.

$LOG_{10}(\epsilon)$	X	FEHLER	ND
- 2	0.163	7.01E- 2	2147
- 3	0.153	7.67E -3	2126
- 4	0.076	6.86E- 4	1072
- 5	0.075	5.03E- 5	1074
- 6	0.078	7.65E- 6	1075
- 7	0.069	4.97E- 7	1063
- 8	0.068	3.53E- 8	1070
- 9	0.064	4.81E- 9	1055
-10	0.141	5.93E-10	2119
-11	0.124	8.99E-11	2078
-12	0.938	2.20E-11	14569
-13*	2.098	2.55E-11	35687
-14*	2.819	3.36E-11	46104

Die Eigenwerte der Matrix sind -1 und -10^4, so daß die Komponenten der Lösung Linearkombinationen von $\exp(-x)$ und $\exp(-10^4 x)$ sind. Steifheit bedeutet einfach, daß es eine Möglichkeit für eine schnelle Änderung wie $\exp(-10^4 x)$ gibt, aber daß die Lösung, die uns interessiert, sich nur relativ langsam ändert. Die Plots der Lösungen über zwei verschiedenen Intervallen zeigen einen Bereich einer sehr schnellen Änderung, die von einer nur allmählichen Änderung gefolgt wird. Das Problem ist in diesem ersten Bereich nicht steif, aber es ist wegen der schnellen Änderung teuer zu integrieren. Sobald dieser Bereich verlassen ist, ist das Problem steif und teuer zu integrieren, da die Adams-Verfahren ungeeignet sind, obwohl sie die Genauigkeitsforderungen erfüllen. Für Schranken von 10^{-2} bis 10^{-11} arbeitete DE recht gut beim Erkennen der Steifheit und bei der Steuerung des Arbeitsaufwandes. Manchmal gibt es einen Rücksprung wegen zuviel Arbeit, der von einem Rücksprung mit der Anzeige von Steifheit gefolgt wird (annähernd 2000 Berechnungen der rechten Seite in der Tabelle), und andere Male gibt es einen einfachen Rücksprung, der die Steifheit anzeigt (annähernd 1000 Berechnungen der rechten Seite in der Tabelle). Beide Möglichkeiten sind im Hinblick auf das Problem zu erwarten, wenn es mit fortschreitender Integration von einem nicht-steifen zu einem steifen Problem wird. Automatisch wird bei Schranken von 10^{-12} bis 10^{-14} vom Code die Steuerung des Fortpflanzungsfehlers angewendet. Die Rechtfertigung für diese Steuerung verläßt sich, wie in Kapitel 9 erklärt, darauf, daß das Problem nicht steif ist, daher wissen wir nicht, was bei einem steifen Problem passiert. Es gibt einen merklichen Unterschied beim Verhalten für diese Schranken. Die Integration wurde wesentlich weiter durchgeführt, bevor die Steifheit erkannt wurde und kostete sehr viel. Wir können nicht vorhersagen, was bei der Grenzgenauigkeit passiert, aber für die Schranken 10^{-12}, 10^{-13} und 10^{-14} sprang DE 14-, 35- und 46-mal zurück und zwar mit der Angabe, daß zuviel Arbeit aufgewendet wurde. Wiederholte Meldungen bezüglich dieses Inhaltes sollten als nachdrückliche Warnung aufgefaßt werden, daß der Adams-Code ungeeignet ist.

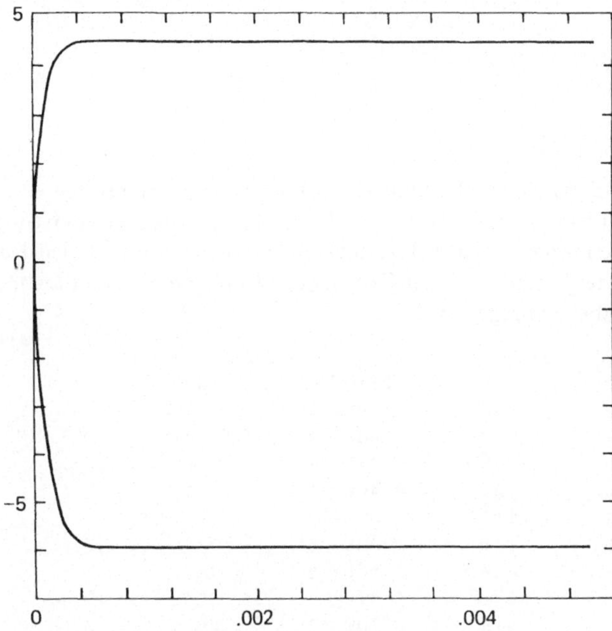

Die Lösung des steifen Problems von Beispiel 14 auf einem Bereich, in dem sich die Komponenten sehr schnell ändern.

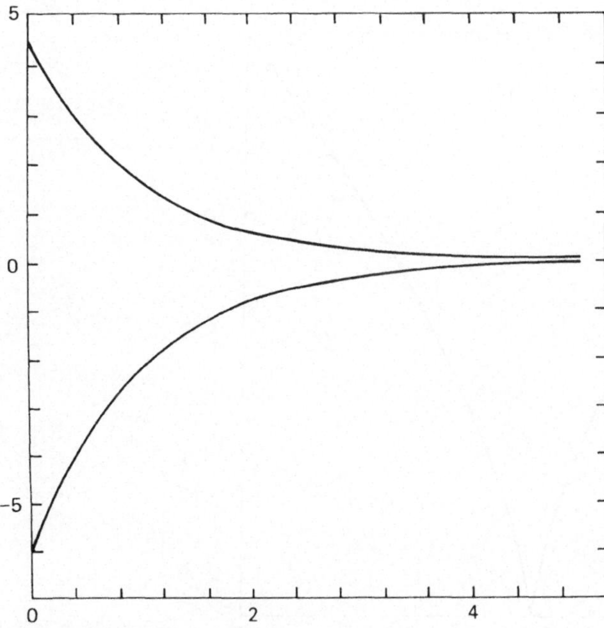

Die Lösung des steifen Problems von Beispiel 14 auf einem Bereich, in dem sich die Komponenten nur langsam ändern.

15. Die Lösung von

$$y' = \frac{2}{3} x^{-1/3} \quad \text{für} \quad x \neq 0,$$

$$= 0 \quad \text{für} \quad x = 0,$$

mit $y(-1) = 1$ auf den Intervallen $(-1,0)$ und $(-1,1)$ mit einem Test auf den absoluten Fehler. Die Lösung ist $y(x) = x^{2/3}$. Das ist ein Beispiel einer integrierbaren Singularität. Man sollte solche Probleme wirklich vermeiden, da sie eine Formel niedriger Ordnung verlangen und teuer sind, aber der Code kann sie integrieren. Die Ergebnisse sind in der folgenden Tabelle angegeben.

	(-1,0)		(-1,1)	
$LOG_{10}(\epsilon)$	FEHLER	ND	FEHLER	ND
- 2	6.68E- 2	15	6.68E- 2	31
- 3	9.22E- 3	27	3.96E- 2	68
- 4	5.01E- 3	43	5.01E- 3	118
- 5	8.40E- 4	90	8.40E- 4	255
- 6	8.60E- 5	116	2.27E- 4	343
- 7	2.66E- 5	181	2.99E- 5	524
- 8	1.55E- 6	259	1.55E- 6	746
- 9	1.75E- 6	321	2.31E- 6	914
-10	2.94E- 8	416	3.30E- 8	1207
-11	3.13E- 9	559	3.13E- 9	1546
-12	3.15E-10	704	3.15E-10	1939
-13	3.60E-11	878	3.60E-11	2361
-14*	1.55E-11	1006	1.56E-11	2713

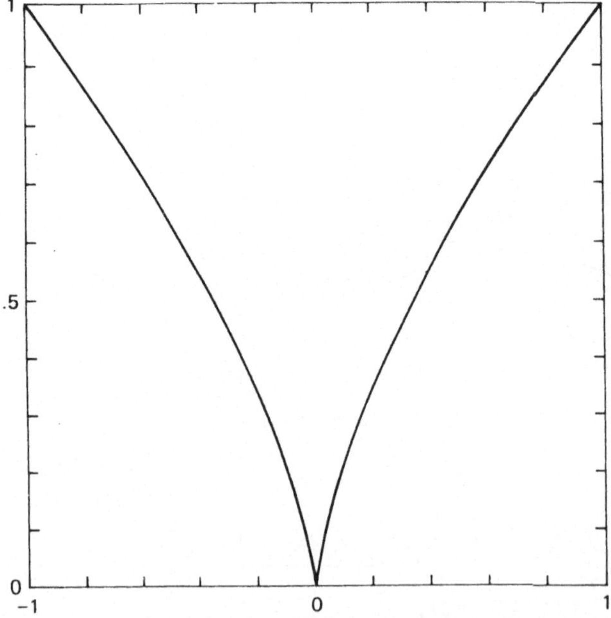

Die Lösung der Gleichung mit einer integrierbaren Singularität, wie sie in Beispiel 15 betrachtet wird:

16. Wir können nicht genau sagen, was passiert, wenn wir eine nichtintegrierbare Singularität zu integrieren versuchen. Mit dem Treiber DE könnten wir feststellen, daß zuviel Arbeit aufgewendet wird, daß eine zu hohe Genauigkeit verlangt wird, oder, was am schlimmsten ist, daß das Problem integriert wird. Eine Überprüfung des Problems $y' = y^2$, $y(0) = 1$ auf $(0,1)$ zeigt, was passieren kann. Die Lösung ist $y(x) = 1/(1-x)$. Wenn wir DE mit einer Schranke für den absoluten Fehler von 10^{-7} und nach dem Wert von $y(x)$ an der Stelle $x = 1$ fragen, springt der Code an der Stelle $x = 0.99999341861794$ mit der Aussage zurück, daß zuviel Arbeit aufgewendet wurde (IFLAG = 4). Wenn wir die Rechnung fortsetzen, springt der Code an der Stelle $x = 0.999999883382038$ mit dem Wert für die Lösung von $y = 3.53608277136011E+6$ und der Aussage, daß eine zu hohe Genauigkeit gefordert wurde (IFLAG = 3). Solch eine Antwort auf der CDC 6600 ist für normale Probleme wegen der Wortlänge sehr selten. Jedoch wird im Code getestet, ob

$$2U|y_n| \leqslant 0.5\epsilon$$

ist, was in diesem Fall

$$|y_n| \leqslant \frac{0.5 \times 10^{-7}}{2 \times 7.1 \times 10^{-15}} \approx 3.52 \times 10^6$$

bedeutet, so daß er richtig gearbeitet hat. Der wahre Wert an der Stelle x, an der der Code die Rechnung beendete, ist etwa 8.575 E+6; deshalb ist die Lösung sehr ungenau. Das kommt daher, daß das Problem für große y sehr instabil ist. Da $f_y = 2y$ ist und sehr groß wird, reagiert das Problem selbst äußerst empfindlich auf kleine Änderungen. Man muß sich vor Augen halten, daß die Codes versuchen, die lokalen Fehler zu steuern, und ob das den globalen Fehler steuert oder nicht, hängt davon ab, wie stabil das Problem ist. Wenn der Code mit einem instabilen Problem konfrontiert wird, erfüllt er 100 %-ig zufriedenstellend die Aufgabe, für die er entwickelt wurde, aber aus der Sicht des Benutzers war es ein Fehlschlag. Wie sehr er „fehlgeht", kann man beurteilen, wenn man einen Test auf den relativen Fehler benutzt, um das Problem zu lösen. Wenn man diesen Test benutzt, denkt der Code, er habe das Problem gelöst und gibt als Lösung an der Stelle $x = 1$ $y = 2.24369045795178E+6$ an. In Hinblick auf die extrem instabile Natur des Problems ist das vollständig verständlich und macht deutlich, daß einige Überlegungen für die Lösung von Differentialgleichungen nötig sind, sogar bei einem guten Code.

Eine der Erweiterungen von DE, die im vorherigen Kapitel beschrieben wurden, schätzt die Größe des Defektes während einer Integration. Wenn die drei oben dargestellten Berechnungen mit der erweiterten Version von DE gemacht werden, werden die gleichen Resultate erhalten. Die Werte von RES bestätigen, daß der Code tatsächlich den lokalen Fehler steuert, wie man es erwartet, obwohl der globale Fehler sehr groß wurde.

17. Oft zeigt sich ein Problem, das „zu leicht" ist, als ein strengerer Test eines Codes als ein ungewöhnliches Problem. Das folgende Problem mit einer schwachen Unstetigkeit führt bei vielen Codes zu Schwierigkeiten.

$$\begin{aligned} y' &= 0 \quad -1 \leqslant x \leqslant 0, \\ &= x^6 \quad 0 \leqslant x \leqslant 1, \end{aligned}$$

mit $y(-1) = 0$ auf dem Intervall $(-1,1)$ mit einem Test auf den absoluten Fehler. Die Lösung ist $y(x) = 0$ für $-1 \leq x \leq 0$ und $y(x) = x^7/7$ für $0 \leq x \leq 1$. Das Problem ist so einfach bis zum Ursprung, daß der Algorithmus zur Schrittweitenwahl versuchen wird, die Schrittweite so schnell wie möglich zu vergrößern und daher wird er durchaus über den Ursprung hinwegschreiten. Dann wird er einen großen Fehler feststellen, was dazu führt, daß die Schrittweite viel zu sehr verkleinert wird. Als Folge davon „klappert" der Code nahe am Ursprung und kann sich als extrem teuer erweisen. STEP ist bei der Schrittanpassung vorsichtig und arbeitet gut.

	(-1,1)	
LOG$_{10}$(ε)	FEHLER	ND
-2	8.73E-3	22
-3	3.45E-3	25
-4	1.15E-4	38
-5	5.20E-5	44
-6	7.27E-7	48
-7	1.38E-7	58
-8	2.01E-8	98
-9	9.27E-10	67
-10	1.22E-10	58
-11	8.20E-12	77
-12	1.43E-12	78
-13	1.28E-13	85
-14	1.75E-14	108

Die Schrittweite, die von STEP gewählt wurde, durfte nicht größer als 2 werden. Üblicherweise ist es vernünftig, eine Grenze für die Schrittweite vorzugeben und das wird in DE getan. Wie es in Beispiel 1 erklärt wird, steigt die Ordnung während der Startphase der Integration bis 3. Sobald der Ursprung verlassen wurde, wird die Ordnung bis 7 erhöht, wo der Code wieder exakt ist. Für Schranken von 10^{-2} bis 10^{-6} werden für den Code zwischen dem Ursprung und dem Endpunkt $x = 1$ nicht genügend viele Schritte durchgeführt, um die Ordnung 7 zu erreichen. Für alle anderen Fehleranforderungen erreicht der Code die richtige Ordnung.

18. Die Lösung von

$$\begin{aligned} y' &= y \qquad 0 \leq x \leq 1, \\ &= -y \qquad 1 < x \leq 2, \end{aligned}$$

mit $y(0) = 1$ auf $(0,2)$ mit einem Test auf den absoluten Fehler. Die Lösung $y(x) = \exp(x)$ für $0 \leq x \leq 1$ und $y(x) = \exp(2-x)$ für $1 \leq x \leq 2$ hat einen Sprung in der ersten Ableitung von 2e an der Stelle $x = 1$. Das ist eine starke Unstetigkeit. Da die Ordnung, die vom Code benutzt wird, im Intervall $(0,1)$ sehr schnell ansteigt, muß der Code die Unstetigkeit erkennen und neu starten. Darüberhinaus ist die Unstetigkeit so groß, daß bei der Ordnung Eins die optimale Schrittweite benutzt wird, um die Unstetigkeit genau genug auszumachen, damit der Code sie passieren kann. Dieses Beispiel erläutert der Hinweis, der in Kapitel 7 diskutiert wurde, um solche Unstetigkeiten zu behandeln, und zeigt, daß er bemerkenswert effektiv und billig bei der Lieferung der geforderten Genauigkeit ist.

	(0,2)	
LOG$_{10}$(ϵ)	FEHLER	ND
- 2	1.68E- 1	34
- 3	5.76E- 3	61
- 4	3.27E- 5	94
- 5	1.93E- 5	121
- 6	4.14E- 7	154
- 7	8.28E- 8	194
- 8	8.39E- 9	226
- 9	8.65E- 9	251
-10	9.65E-11	314
-11	4.16E-12	360
-12	1.62E-12	405
-13*	4.26E-13	410
-14*	3.55E-13	447

Obwohl sich der Code bei diesem Beispiel als robust erwiesen hat, ist es für den Benutzer am besten, wenn er die Lage der Unstetigkeiten durch Neustart angibt.

Wir haben Software benutzt, die die Statements in einem Code bei der Lösung eines Problems überwacht, und die zählt, wie oft jedes Statement ausgeführt wird. Die Software spaltet logische IFs so auf, daß wir, zum Beispiel im Statement „IF (ERKP1 .GE. 0.5*ERK) GOTO 445", zählen, wie oft der Test gemacht wird und wie oft die Steuerung an das Statement mit der Nummer 445 übergeben wird. Die Software spaltet arithmetische IFs nicht in gleicher Weise auf. Viele Läufe mit dieser Software zeigen, daß der größte Teil von STEP bei jedem Problem ausgeführt wird. Die Ausnahmen sind offensichtlich die Vorsorgen für mißlungene Schritte, Abstürze und zu niedrige Schranken bei der Eingabe. Beispiel 18 führt jedes ausführbare Statement in STEP zumindest einmal aus. Das schließt alle Zweige von logischen IFs ein mit der einzigen Ausnahme, daß in dem Statement „IF (ERKP1 .GE. 0.5*ERK) GOTO 445" die Steuerung niemals auf 445 übergeht. Außer, daß dieses Beispiel dazu dient, zu überprüfen, daß alle Teile des Codes richtig arbeiten, bietet es einen einfachen Test, daß man den Code korrekt implementiert hat.

19. Um die Schätzung globaler Fehler durch Neuintegration zu erläutern, kehren wir zum beschränkten Dreikörperproblem von Beispiel 10 zurück. Wie wir hervorgehoben haben, erfordert dieses schwierige Problem einen großen Aufwand in Bezug auf Änderungen der Schrittweite und Ordnung. Das liefert einen strengen Test der Behauptungen von Kapitel 7, die besagten, daß wir globale Fehler durch die Konsistenz schätzen können. Wir geben die geschätzten und wahren globalen Fehler am Ende einer Periode für die beiden Komponenten der Lösung y_1 und y_2 an. Der geschätzte globale Fehler bei einer Schranke ϵ wird dadurch erhalten, daß man das Ergebnis bei dieser Schranke von dem bei der Schranke 0.1ϵ subtrahiert. Für $\epsilon = 10^{-13}$ wird die Schranke erhöht während der Integration, daher kann der geschätzte Fehler, der $\epsilon = 10^{-12}$ entspricht, unzuverlässig sein wegen seiner Nähe zur Grenzgenauigkeit.

Die geschätzten Fehler sind bemerkenswert gut, insbesondere, da das Problem ein strenger Test der Theorie ist, und das kann dazu führen, daß der Unerfahrene übermäßig optimistisch ist. Das Ergebnis für $y_1(T)$ mit $\epsilon = 10^{-3}$, wo das Vorzeichen falsch ist, betont, wie vorsichtig numerische Ergebnisse interpretiert werden müssen. Jedoch unterstützen diese Ergebnisse im allgemeinen unsere Behauptung, daß solche Schätzungen des globalen Fehlers bis auf einen Faktor zwei korrekt sind und recht wahrscheinlich genau bis auf eine Größenordnung.

	$y_1(T)$	1.2	$y_2(T)$	0.0
$LOG_{10}(\epsilon)$	GESCHÄTZTER FEHLER	WAHRER FEHLER	GESCHÄTZTER FEHLER	WAHRER FEHLER
- 2	8.9E- 1	8.9E- 1	-8.6E- 2	-9.2E- 2
- 3	1.7E- 3	-9.1E- 5	-6.4E- 3	-6.0E- 3
- 4	-2.1E- 3	-1.8E- 3	6.1E- 4	4.1E- 4
- 5	3.3E- 4	3.2E- 4	-1.7E- 4	-1.9E- 4
- 6	-1.1E- 5	-1.3E- 5	-1.9E- 5	-2.0E- 5
- 7	-2.0E- 6	-1.9E- 6	-2.0E- 7	-5.8E- 7
- 8	2.1E- 7	2.0E- 7	-4.0E- 7	-3.8E- 7
- 9	-1.4E- 8	-1.6E- 8	1.2E- 8	1.2E- 8
-10	-1.1E- 9	-1.1E- 9	-2.1E-10	-3.2E-10
-11	-2.3E-11	-2.5E-12	-1.0E-10	-1.1E-10
-12*	1.0E-11	2.0E-11	-1.0E-11	-1.1E-11

Kapitel 12: Techniken, Beispiele und Übungen

Das Lösen wirklicher Probleme durch numerische Integration beinhaltet mehr als allein den Aufruf eines Integrators. Es gibt keinen Ersatz für das Verständnis des physikalischen Problems und des Integrators und den gesunden Menschenverstand, um verläßliche Ergebnisse zu erhalten, die etwas aussagen. Häufig muß ein Problem neu formuliert werden, um es überhaupt integrieren zu können, und auch in anderen Fällen kann sich eine Neuformulierung als befriedigender erweisen. In diesem Kapitel diskutieren wir einige der Techniken für die effektive Nutzung der Codes, was wir auch anhand von Beispielen belegen. Der Leser sollte die meisten der Beispiele als zwanglose Übungen betrachten. Es werden genügend viele Details und numerische Ergebnisse angegeben, so daß er das Problem programmieren und seine Berechnungen überprüfen kann, um damit sein Verständnis zu vergrößern.

Fehlersteuerung

Da so wenige Benutzer wirklich verstehen, was die Codes zu tun versuchen, ist es die Mühe wert, den Gegenstand noch einmal zu betrachten. Wenn der Code mit einem Problem

$$\mathbf{y}' = \mathbf{f}(x, \mathbf{y}), \quad \mathbf{y}(a) = \mathbf{A}$$

konfrontiert wird, versucht er eine Funktion $\mathbf{y}_I(x)$ so zu finden, daß

$$\mathbf{y}_I'(x) = \mathbf{f}(x, \mathbf{y}_I(x)) + \mathbf{r}(x), \quad \mathbf{y}_I(a) = \mathbf{A}$$

gilt, wobei $\mathbf{r}(x)$ „klein" ist. Die Größe des Defektes hängt von der lokalen Fehlerschranke ab, die vom Benutzer vorgegeben wurde, und davon, ob der Code erfolgreich war. Fast immer, wenn die Codes Erfolg melden, haben sie tatsächlich eine Lösung $\mathbf{y}_I(x)$ mit einem kleinen Defekt erzeugt. Was das in Termen des globalen Fehlers

$$\mathbf{y}(b) - \mathbf{y}_I(b)$$

bedeutet, hängt vom Problem selbst ab.

Gewöhnlich ist der Fehler etwa von der Größe der lokalen Fehlerschranke, die dem Code vorgegeben wurde. Es ist für den globalen Fehler genauso möglich, daß er abnimmt, wie es möglich ist, daß er anwächst. Aber im allgemeinen muß man davon ausgehen, daß die Genauigkeit mit fortschreitender Integration geringer wird. Wenn der Benutzer die Schranke herabsetzt und das Problem noch einmal integriert, kann der Fehler des weniger genauen Ergebnisses verläßlich aus der Konsistenz geschätzt werden, wenn man die Codes benutzt, die in diesem Lehrbuch vorgestellt werden.

Beispiel 16 des vorhergehenden Kapitels illustriert sehr klar den Unterschied zwischen der Steuerung des lokalen und der Steuerung des globalen Fehlers. Der Leser sollte dieses Beispiel verstehen, und da es eine leichte Aufgabe ist, es zumindest ausprobieren.

Effiziente Berechnung partiell linearer Gleichungen

Wenn man verstanden hat, was die Codes machen, und wenn man ein bißchen sorgfältig programmiert, kann man manchmal die Kosten zur Lösung einer Differentialgleichung wesentlich verringern. Das wird am deutlichsten bei der Lösung eines linearen Systems von Gleichungen

$$\mathbf{y}' = A(x)\mathbf{y} + \mathbf{g}(x) = \mathbf{f}(x, \mathbf{y}) .$$

Fast die gesamte Arbeit bei der Berechnung von $\mathbf{f}(x, \mathbf{y})$ findet bei der Berechnung der Matrix $A(x)$ und des Vektors $\mathbf{g}(x)$ statt. Die Adams-Codes berechnen $\mathbf{f}$ zweimal bei jedem Schritt mit demselben Argument x_{n+1}. Um das auszunutzen, sollte man die Subroutine so programmieren, daß sie sich an A und **g** aus der vorigen Auswertung „erinnert"

Dazu nimmt man eine Variable in einem COMMON-Block im Hauptprogramm, die der Subroutine sagt, daß sie zum erstenmal aufgerufen wird. Bei diesem ersten Aufruf werden x, A(x) und $\mathbf{g}(x)$ berechnet, A(x) und $\mathbf{g}(x)$ werden zusätzlich gespeichert. Danach sollte bei jedem Aufruf der Subroutine das Argument gegen das gespeicherte x getestet werden. Wenn sie verschieden sind, müssen wieder x, A(x) und $\mathbf{g}(x)$ berechnet und gespeichert werden.

Bei einem linearen System von Gleichungen halbiert dieser einfache Trick fast die Arbeit bei der Berechnung der Gleichungen. Natürlich ist diese Idee auf jeden Satz von Gleichungen anwendbar, in dem gewisse Funktionen nur von x abhängen. Als ein sehr einfaches Beispiel zeigen wir, wie man eine erzwungene Duffingsche Gleichung von 0 bis 10 in der Weise integriert, daß die Anzahl der trigonometrischen Berechnungen halbiert wird. Es sollte angemerkt werden, das der COMMON-Block nur eine Methode ist, das Problem der Initialisierung zu lösen. Das Problem ist

$$y'' + y - \frac{y^3}{6} = 2 \sin 2.78535x ,$$

$$y(0) = 0, \quad y'(0) = 0 .$$

```
      EXTERNAL F
      COMMON XSAVE
      DIMENSION Y(2)
      Y(1)=0.0
      Y(2)=0.0
      T=0.0
      XSAVE=-1.0
      TOUT=10.0
      RELERR=0.0
      ABSERR=1.0E-5
      IFLAG=1
      CALL DE(F,2,Y,T,TOUT,RELERR,ABSERR,IFLAG)
      TYPE 100,Y(1),Y(2),IFLAG
100   FORMAT(1P2E15.7,I15)
      STOP
      END
      SUBROUTINE F(X,Y,YP)
      COMMON XSAVE
      DIMENSION Y(2),YP(2)
      IF(X.NE.XSAVE)TERM=2.0*SIN(2.78535*X)
      YP(1)=Y(2)
      YP(2)=(Y(1)**3)/6.0-Y(1)+TERM
      XSAVE=X
      RETURN
      END
```

Lineare Unabhängigkeit und Randwertprobleme

Die Theorie der linearen Differentialgleichungen ist viel weiter entwickelt als die der nichtlinearen Gleichungen und sie erklärt dementsprechend das numerische Vorgehen besser. Lineare Differentialgleichungen mit n Komponenten haben die Form

$$\mathbf{y}' = A(x)\mathbf{y} + \mathbf{g}(x), \tag{1}$$

wobei $A(x)$ eine $n \times n$ Matrix und $\mathbf{y}$ und $\mathbf{g}$ Vektoren mit n Komponenten sind. Wie üblich setzen wir voraus, daß alle Funktionen stetig sind. Das System heißt homogen, wenn $\mathbf{g}(x) \equiv 0$ ist, sonst inhomogen. Es ist bekannt, daß jede Lösung des homogenen Systems

$$\mathbf{y}' = A(x)\mathbf{y}$$

dargestellt werden kann als eine Linearkombination von n linear unabhängigen Lösungen $\mathbf{u}^i(x)$:

$$\mathbf{y}(x) = \sum_{i=1}^{n} \alpha_i \mathbf{u}^i(x). \tag{2}$$

Eine Menge von Funktionen $\{\mathbf{u}^i(x)\}$ heißt linear unabhängig, wenn keine der Funktionen als Linearkombination der anderen dargestellt werden kann, d.h. daß eine Relation wie

$$\mathbf{0} \equiv \sum_{i=1}^{n} \beta_i \mathbf{u}^i(x) \tag{3}$$

bedeutet, daß alle β_i Null sind. Es ist bekannt, daß die Lösungen $\mathbf{u}^1(x), \ldots, \mathbf{u}^n(x)$ von Gl. (2) linear unabhängig sind, wenn sie in jedem Punkt x_0 linear unabhängig sind. Wenn wir daher die $\mathbf{u}^i(x)$ als Lösungen von Gl. (2) mit den Anfangsbedingungen

$$u_j^i(x_0) = 1 \quad \text{für } i = j,$$
$$= 0 \quad \text{sonst}$$

definieren, müssen sie linear unabhängig sein. Sonst hätten wir, wenn die Relation (3) gälte, für jede Komponente j

$$0 = \sum_{i=1}^{n} \beta_i u_j^i(x_0) = \beta_j .$$

Man kann leicht einsehen, daß die Lösung $\mathbf{y}(x)$ von Gl. (1) als die Summe irgendeiner partikulären Lösung $\mathbf{y}^p(x)$ und einer Lösung von Gl. (2) geschrieben werden kann. Daher ist

$$\mathbf{y}(x) = \mathbf{y}^p(x) + \sum_{i=1}^{n} \alpha_i \mathbf{u}^i(x) .$$

Airey's Gleichung

$$y'' - xy = 0$$

ist eine wichtige Gleichung der mathematischen Physik. Alle Lösungen sind Linearkombinationen von zwei beliebigen, linear unabhängigen Lösungen. Zwei linear unabhängige

Lösungen, die die Standardwahl darstellen, werden mit $\mathrm{Ai}(x)$ und $\mathrm{Bi}(x)$ bezeichnet und sind definiert durch die Anfangsbedingungen.

$$\mathrm{Ai}(0) = \frac{\mathrm{Bi}(0)}{\sqrt{3}} = \frac{3^{-\frac{2}{3}}}{\Gamma(\frac{2}{3})} \approx 0.355028053887817\,,$$

$$-\mathrm{Ai}'(0) = \frac{\mathrm{Bi}'(0)}{\sqrt{3}} = \frac{3^{-\frac{1}{3}}}{\Gamma(\frac{1}{3})} \approx 0.255819403792807\,.$$

($\Gamma(x)$ ist die Gamma-Funktion.) Für positive x fällt $\mathrm{Ai}(x)$ exponentiell ab, während $\mathrm{Bi}(x)$ exponentiell anwächst. Angenommen, wir wollen $\mathrm{Ai}(x)$ numerisch berechnen. Zu dem Zeitpunkt, an dem wir bei $x_n > 0$ ankommen, ist weder exakt $y_n = \mathrm{Ai}(x_n)$ noch exakt $y_n' = \mathrm{Ai}'(x_n)$. Angenommen, wir schreiben die numerischen Werte, die wir haben, in der Form

$$y_n = \alpha\,\mathrm{Ai}(x_n) + \beta\,\mathrm{Bi}(x_n)\,, \qquad y_n' = \alpha\,\mathrm{Ai}'(x_n) + \beta\,\mathrm{Bi}'(x_n)$$

mit $\alpha \approx 1$ und $\beta \approx 0$. Das bedeutet, daß die lokale Lösung

$$u_n(x) = \alpha\,\mathrm{Ai}(x) + \beta\,\mathrm{Bi}(x)$$

ist. Sogar wenn der Code perfekt beim Verfolgen der partikulären Lösung arbeitet, also so, wie wir es erstreben, werden wir feststellen, daß die Näherungslösung im Punkte x_{n+1} durch

$$\alpha\,\mathrm{Ai}(x_{n+1}) + \beta\,\mathrm{Bi}(x_{n+1})$$

gegeben ist. In der Tat wächst $\mathrm{Bi}(x)$ im Vergleich zu $\mathrm{Ai}(x)$ sehr schnell, also ist das numerische Ergebnis an der Stelle x_{n+1} beträchtlich ungenauer als an der Stelle x_n. Das Problem ist nicht sehr korrekt gestellt.

Wenn wir nicht schon wüßten, wie sich die Lösungen verhalten, könnten wir genaueren Einblick dadurch gewinnen, daß wir das Problem in der Nähe von x_n durch

$$y'' - x_n y = 0$$

approximieren. Dieses Problem mit konstanten Koeffizienten ist leicht zu lösen und hat die beiden linear unabhängigen Lösungen

$$\exp(x\sqrt{x_n}) \quad \text{und} \quad \exp(-x\sqrt{x_n})\,.$$

Offensichtlich gelingt der Versuch, eine schnell abnehmende Lösung zu berechnen, nur sehr schwer in Hinblick auf die Wahrscheinlichkeit, daß der Code anfängt, stattdessen einer rasch wachsenden Lösung zu folgen.

Inwieweit es möglich ist, eine nicht dominierende Lösung zu integrieren, hängt davon ab, wie stark sie dominiert wird, und ebenso vom Code und der benutzten Maschine. Bald beginnt der Code, der auf der Steuerung der lokalen Fehler beruht, einem Vielfachen der dominanten Lösung zu folgen. Im vorliegenden Fall kann man ein gewisses Stück $\mathrm{Ai}(x)$ mit einer beträchtlichen Genauigkeit integrieren; aber je größer x wird, desto mehr dominiert $\mathrm{Bi}(x)$. Sogar für ein ziemlich vernünftiges x stellt man fest, daß ein Vielfaches von $\mathrm{Bi}(x)$ berechnet wurde. Offensichtlich ist es sehr leicht, irgendein Vielfaches von $\mathrm{Bi}(x)$ zu integrieren; tatsächlich können wir es noch nicht einmal verhindern. Dieses Beispiel macht deutlich, daß es nicht nur von der Gleichung, sondern auch von der berechneten Lösung, also von den Anfangsbedingungen abhängt, wie schwer ein Problem numerisch zu lösen ist.

Es ist leicht nachzuvollziehen, daß die Wronski-Determinante

$$W(x) = \begin{vmatrix} Ai(x) & Bi(x) \\ Ai'(x) & Bi'(x) \end{vmatrix}$$

konstant ist, da $W'(x) \equiv 0$ ist. Aus den Anfangsbedingungen folgt, daß $W(x) \equiv 1/\pi$ ist. Wenn $Ai(x)$ und $Bi(x)$ berechnet sind und dazu die Wronski-Determinante numerisch bestimmt ist, dann kann man sehen, daß sich die Lösungen mit fortschreitender Integration verschlechtern.

Dieses Lehrbuch beschäftigt sich mit dem Anfangswertproblem, das eine Lösung durch Angabe eines Anfangswertes in einem Punkte a bestimmt. Recht häufig kommen auch Randwertprobleme vor. Probleme dieser Art bestimmen eine Lösung dadurch, daß manche Werte der Lösung in einem, andere Werte der Lösung in einem andern Punkt vorgegeben werden. (Es treten sogar noch allgemeinere Fälle auf.) Daher mussen wir für ein Randwertproblem

$$\mathbf{y}' = \mathbf{f}(x, \mathbf{y}), \tag{4a}$$

$$y_{i_m}(a) = A_{i_m} \qquad m = 1, 2, \ldots, p, \tag{4b}$$

$$y_{i_m}(b) = A_{i_m} \qquad m = p+1, \ldots, n \tag{4c}$$

lösen. Diese Situation ist bezüglich der Existenz und Eindeutigkeit der Lösung sehr kompliziert. In Abhängigkeit vom Problem braucht es keine Lösung zu geben, es kann eine endliche Anzahl von Lösungen auftreten, es können aber auch unendlich viele existieren. Die Quelle [5] beinhaltet ein einführendes Kapitel mit einer Anzahl instruktiver Beispiele. Wenn die Gleichungen linear sind, ist der Gegenstand vergleichsweise einfach. Auf einem gegebenen Intervall [a,b] gibt es entweder genau eine Lösung für jeden Satz von Randwerten, oder es gibt Randwerte, für die es keine Lösung gibt und andere Werte, für die es unendlich viele Lösungen gibt.

Bei linearen Problemen ist die Lösung eines korrekt gestellten Randwertproblems im Prinzip ganz einfach. Mit einem Code für das Anfangswertproblem können wir eine partikuläre Lösung der inhomogenen Gleichungen (1) und einen Satz linear unabhängiger Lösungen $\mathbf{u}^1(x), \ldots, \mathbf{u}^n(x)$ des homogenen Problems finden. Dann kann jede Lösung $\mathbf{y}(x)$ der Gl. (1) geschrieben werden als

$$\mathbf{y}(x) = \mathbf{y}^p(x) + \sum_{j=1}^{n} \alpha_j \mathbf{u}^j(x).$$

Damit $\mathbf{y}(x)$ die Lösung des Randwertproblems (4) ist, müssen wir somit

$$A_{i_m} - y^p_{i_m}(a) = \sum_{j=1}^{n} \alpha_j u^j_{i_m}(a) \qquad m = 1, 2, \ldots, p,$$

$$A_{i_m} - y^p_{i_m}(b) = \sum_{j=1}^{n} \alpha_j u^j_{i_m}(b) \qquad m = p+1, \ldots, n$$

haben. Das ist ein Satz n linearer algebraischer Gleichungen für die n unbekannten α_j. Wenn es eine einzige Lösung gibt, hat auch das Randwertproblem eine einzige Lösung.

Andernfalls gibt es Mengen von Randpunkten $\{A_{i_m}\}$, für die das Randwertproblem keine Lösung, und andere, für die es unendlich viele Lösungen hat; in beiden Fällen ist das Problem nicht korrekt gestellt.

Ob dieser Ansatz durchführbar ist oder nicht, hängt davon ab, wie leicht ein Satz linear unabhängiger Lösungen berechnet werden kann. Das ist im Grunde eine Frage, wie korrekt das Anfangsproblem gestellt ist. Unglücklicherweise ist es üblich, daß das Randwertproblem eine Lösung hat, die unempfindlich gegenüber den vorgegebenen Randwerten ist, während zur gleichen Zeit das Anfangswertproblem Lösungen hat, die sehr empfindlich gegenüber den Anfangswerten sind. Manchmal macht es einen großen Unterschied, in welcher Richtung das Anfangswertproblem integriert wird. Trotzdem sollte man nicht unangebracht entmutigt sein. Die Entwicklung der Codes für Anfangswertprobleme ist wesentlich weiter fortgeschritten als die derjenigen, die direkt für Randwertprobleme konzipiert sind. Es ist recht leicht, Techniken für Anfangswertprobleme auszuprobieren, und diese sind oft erfolgreich. Es gibt eine ganze Menge wichtiger Tricks, die Leistung von Anfangswerttechniken für die instabilen Probleme zu verbessern, die auf diese Weise entstehen [8, 14].

Der Vorzug des angedeuteten Ansatzes für lineare Probleme ist, daß man fast sofort das Randwertproblem für jeden Satz von Randwerten lösen kann, nachdem man zuerst die Fundamentallösungen konstruiert hat. Das ist mehr Arbeit, als nötig ist, wenn man nur ein einzelnes Problem lösen muß. Indem man bekannte Werte (4b) im Punkte $x = a$ mit einbezieht, ist es nicht nötig, manche der $u^j(x)$ zu berechnen. Um das an einem Beispiel vorzuführen, betrachten wir das Problem

$$y''(x) + (3\cot x + 2\tan x)y'(x) + 0.7y(x) = 0$$

$$y(30) = 0, \qquad y(60) = 5\ .$$

(Die Winkel werden in Grad gemessen.) Dieses Problem tritt auf, wenn man die Druckverteilung in einer sphärischen Membrane mit Belastung in der Normalenrichtung und in tangentialer Richtung betrachtet. Der allgemeine Ansatz könnte

$$u^1(30) = 1\ , \qquad \frac{d}{dx}u^1(30) = 0\ ,$$

$$u^2(30) = 0\ , \qquad \frac{d}{dx}u^2(30) = 1\ ,$$

$$y^p(30) = 1\ , \qquad \frac{d}{dx}y^p(30) = 0$$

definieren. Wenn wir jedoch $y^p(x)$ so wählen, daß es eine der Randbedingungen erfüllt, zum Beispiel

$$y^p(30) = 0\ , \qquad \frac{d}{dx}y^p(30) = 1\ , \tag{5}$$

dann ist offenbar, daß, falls

$$y(x) = y^p(x) + \alpha_1 u^1(x) + \alpha_2 u^2(x)$$

gilt, aus der Randbedingung im Punkt $x = 30$ $\alpha_1 = 0$ folgt. Daher brauchen wir nur die inhomogene Gleichung mit den Anfangsbedingungen (5) zu integrieren, und danach die homogene Gleichung einmal mit

$$u^2(30) = 0, \qquad \frac{d}{dx} u^2(30) = 1$$

zu integrieren. Die Konstante α_2 wird aus

$$y(60) = 5 = y^p(60) + \alpha_2 u^2(60)$$

bestimmt. Natürlich ist dieses spezielle Beispiel homogen, somit ist $y^p(x)$ einfach ein Vielfaches von $u^2(x)$ und es ist nur eine einzige Integration erforderlich.

Im allgemeinen Fall können wir mit diesem Trick den Arbeitsaufwand erheblich verringern. Er ist eine Skizze des Verfahrens der komplementären Funktionen [23]. Die Integration würde normalerweise an dem Ende begonnen, an dem die größere Anzahl von Werten angegeben ist. Jedoch ist sehr wichtig, das Problem in einer Richtung zu integrieren, für die das Anfangswertproblem stabil ist. Ein wichtiger Grund dafür, daß man die bekannten Randwerte ausnutzt, ist, daß man die verschiedenen Lösungen einschränkt, die für das Anfangswertproblem möglich sind. In unserem Beispiel brauchen wir $u^1(x)$ nicht zu berechnen. Wenn $u^2(x)$ leicht zu berechnen ist und $u^1(x)$ nur schwer, wird die Methode der komplementären Funktionen erfolgreich sein, während der allgemeine Ansatz fehlschlagen könnte.

Bei diesem Beispiel kann der variable Koeffizient durch seinen Mittelwert 5.2458729 approximiert werden. Wenn der Leser das Randwertproblem mit konstanten Koeffizienten analytisch löst, sollte er in der Lage sein zu sehen, weshalb es möglich ist, von 30 bis 60, aber nicht umgekehrt zu integrieren. Die unbekannte Anfangssteigung im Punkte $x = 30$ wird mit etwa 1901 berechnet, und das rechnerische Ergebnis zeigt, daß es unbefriedigend ist, von 60 bis 30 zu integrieren.

Nichtlineare Probleme sind wesentlich komplizierter. Ein Ansatz ähnelt der Methode der komplementären Funktionen. Dieses Verfahren integriert oder „schießt" von einem Endpunkt zum anderen, wobei für alle unbekannten Anfangsbedingungen geratene Werte genommen werden. Dann wird ein Löser für nichtlineare Gleichungssysteme benutzt, um die unbekannten Anfangswerte in diesem Endpunkt so auszurichten, daß die berechnete Lösung mit den bekannten Werten im anderen Endpunkt übereinstimmt. Ein anderer Ansatz ist, das nichtlineare Problem durch eine Folge von linearen Problemen zu approximieren und die linearen Probleme mit den bereits diskutierten Verfahren zu lösen. Der an nichtlinearen Randwertproblemen interessierte Leser sollte die Literaturstellen [5, 14, 22] zu Rate ziehen.

Es gibt eine Anzahl interessanter Probleme, die in Anfangswertprobleme umgewandelt werden können, indem man Gruppen von Transformationen anwendet [15]. Ein Beispiel ist das Blasius-Problem

$$\frac{d^3 r}{dx^3} + r \frac{d^2 r}{dx^2} = 0,$$

$$r(0) = 0, \qquad \frac{dr}{dx}(0) = 0, \qquad \lim_{x \to \infty} \frac{dr(x)}{dx} = 1.$$

Die Lösung, oder vielmehr ihre Ableitung, $r'(x)$, stellt die Lösung für das Problem der laminaren Strömung einer inkompressiblen Flüssigkeit parallel einer halb-unendlichen ebenen Fläche dar. Viele rechnerische Lösungen dieses und damit zusammenhängender Probleme haben einen Wert für $r''(0) = s$ geraten und die Lösung $r(x;s)$ der Gleichung mit den Anfangswerten

$$r(0) = 0\,, \quad r'(0) = 0\,, \quad r''(0) = s$$

berechnet. Dann wurde versucht, den Wert von s so zu bestimmen, daß für einen „großen" Wert b

$$r'(b;s) = 1$$

ist. Mit den Codes DE und ROOT ist das recht einfach zu machen. Wenn wir $b = 20$ genommen haben, stellten wir fest, daß s etwa 0.4696 ist. Für dieses spezielle Problem können wir aber auch anders vorgehen. Es ist bekannt, daß die Ableitung der Lösung des Anfangswertproblems

$$w^{(3)}(z) + w(z)w^{(2)}(z) = 0\,,$$

$$w(0) = 0\,, \quad w'(0) = 0\,, \quad w^{(2)}(0) = 1$$

bis zu einem Grenzwert λ^2 wächst,

$$\lim_{z \to \infty} w'(z) = \lambda^2 > 0\,.$$

Der Leser kann nachprüfen, daß die Lösung des Blasius-Problems in Termen der Lösung dieses Anfangswertproblems dargestellt werden kann und der Grenzwert λ als

$$r(x) = \frac{1}{\lambda} w(z) \quad \text{für} \quad z = \frac{x}{\lambda}\,.$$

Daher haben wir

$$\frac{d^2 r(0)}{dx^2} = \frac{1}{\lambda^3}\left(\frac{d^2 w(0)}{dz^2}\right).$$

Mit diesem Ansatz und mit der Integration bis $z = 20$, um den Grenzwert zu bestimmen, stellten wir fest, daß s etwa 0.4696 ist, was mit dem allgemeineren Ansatz übereinstimmt.

Bestimmen von Wurzeln

Die statistischen Verteilungen von Karl Pearson sind definiert als die Lösungen von

$$y' = -y\left(\frac{c_1 + x}{c_0 + c_1 x + c_2 x^2}\right) \quad L_1 < x < L_2\,, \tag{6}$$

wobei die Koeffizienten c_0, c_1 und c_2 von den Verhältnissen der Momente β_1 und β_2 abhängen, die in Versuchen beobachtet wurden. Die Koeffizienten sind:

$$r = \frac{-6(\beta_2 - \beta_1 - 1)}{2\beta_2 - 3\beta_1 - 6}\,, \qquad \omega = \beta_1 (r+2)^2 + 16(r+1)$$

$$c_0 = \frac{r+1}{r-2}\,, \quad c_1 = \frac{\sqrt{\beta_1}(r+2)}{2(r-2)}\,, \quad c_2 = \frac{-1}{r-2}\,.$$

Die verschiedenen Typen von Verteilungen werden durch die Vorzeichen von r und ω charakterisiert; der Typ IV, der uns interessiert, der üblicherweise durch Lösen von Gl. (6) berechnet wird, hat $r < 0$ und $\omega < 0$. Eine Normalisierungsbedingung

$$\int_{L_1}^{L_2} y(x)dx = 1 \tag{7}$$

für die Lösung von Gl. (6) wird vorgegeben, um sie eindeutig zu bestimmen.

Häufig sind Statistiker nicht so sehr an der Verteilungsfunktion selbst, als vielmehr an der kumulativen Verteilung

$$F(x) = \int_{L_1}^{x} y(t)dt \qquad L_1 \leqslant x \leqslant L_2 \tag{8}$$

interessiert. Insbesondere beschäftigen sie sich mit den „Prozentpunkten" von F, d.h. den Punkten x_0, die $F(x_\rho) = \rho$ erfüllen. Um diese Punkte für die Verteilung vom Typ IV zu bestimmen, integrieren Statistiker das System (6) und (8) zusammen mit der Normalisierungsbedingung (7) und dem Anfangswert $F(L_1) = 0$.

Hier lernen wir noch eine weitere Möglichkeit kennen, eine Lösung einer Differentialgleichung zu bestimmen. Wir müssen das Problem als Anfangswertproblem neu formulieren, um in der Lage zu sein, unsere Codes zu benutzen. Die Gl. (6) ist linear und homogen, somit ist jede Lösung $r(x)$ ein Vielfaches der Lösung $y(x)$, die wir suchen, d.h. es ist

$$y(x) = \alpha v(x) .$$

Wir geben willkürlich Anfangsbedingungen vor, z.B. $v(0) = 0.5$ und $G(0) = 0$, und integrieren

$$v'(x) = -v\left(\frac{c_1 + x}{c_0 + c_1 x + c_2 x^2}\right), \qquad v(0) = 0.5 ,$$

$$G'(x) = v(x), \qquad G(0) = 0$$

zunächst auf $[0, L_1]$ und dann auf $[0, L_2]$. Der Normalisierungsfaktor α wird bestimmt aus

$$\int_{L_1}^{L_2} y(x)dx = \alpha \int_{L_1}^{L_2} v(x)dx = \alpha \int_{L_1}^{0} v(x)dx + \alpha \int_{0}^{L_2} v(x)dx = 1 ,$$

woraus wir erkennen, daß

$$\alpha = \frac{1}{G(L_2) - G(L_1)}$$

gilt. Die Lösung $y(x)$ läßt sich dann darstellen in Termen von α und der berechneten Lösung $v(x)$. Die kumulative Verteilung $F(x)$ folgt dann aus ihrer Definition:

$$F(x) = \int_{L_1}^{x} y(t)dt = \alpha \int_{L_1}^{0} v(t)dt + \alpha \int_{0}^{x} v(t)dt = -\alpha G(L_1) + \alpha G(x) .$$

Das Speichern der berechneten Lösung ist mühsam, somit ist das typische Vorgehen, die Integration mit den Anfangsbedingungen

$$y(0) = \alpha v(0) = \alpha \cdot 0.5 \,,$$
$$F(0) = -\alpha G(L_1) + \alpha G(0) = -\alpha G(L_1)$$

zu wiederholen, um $y(x)$, $F(x)$ und die Prozentpunkte zu bestimmen.

Die exakte Lösung $y(x)$ kann geschrieben werden als

$$y(x) = y(0) \cdot \frac{\exp\left\{\nu \arctan\left(\frac{x}{a} - \frac{x}{r}\right)\right\}}{\left\{1 + \left(\frac{x}{a} - \frac{x}{r}\right)^2\right\}^m}$$

mit

$$a = \frac{\sqrt{-\omega}}{4}\,, \qquad \nu = \frac{\sqrt{\beta_1}\, r(r+2)}{\sqrt{-\omega}}\,, \quad m = \frac{2-r}{2}\,.$$

Obwohl die Verteilung selbst analytisch gefunden werden kann, kann es die kumulative Verteilung nicht, somit muß das Problem numerisch gelöst werden. Die exakte Lösung für $y(x)$ bietet einen Test, wie gut der Integrator arbeitet.

Das Integrationsintervall für eine Verteilung vom Typ IV ist unendlich, $L_1 = -\infty$, $L_2 = \infty$. Woher wissen wir, wo die Integration zu beenden ist? Oberflächlich betrachtet ist die Antwort einfach: Man hört auf, wenn die Resultate sich nicht mehr bedeutend ändern, wenn die Integration fortgesetzt würde. Eine strenge Rechtfertigung erfordert eine Untersuchung, wie schnell die Lösung abfällt, und es ist gewöhnlich unmöglich, Fehlerschranken zu erhalten. Die Verteilung $y(x)$ ist eine schiefe Glockenkurve, und aus der exakten Lösung sehen wir, daß die Enden exponentiell im Unendlichen abnehmen und sich so nur wenig auf die Lösung auswirken. Statistiker beenden die Integration normalerweise, wenn

$$|y(x)| < \epsilon$$

ist, wobei ϵ die Fehlerschranke des Integrators ist. Dieses Kriterium ist auch praktisch, da die Lösung unterhalb dieses Punktes stetig abnimmt und der Integrator ihr nicht folgen kann. Der Wert $G(x)$, bei dem die Integration beendet wird, wird als $G(L_1)$ oder als $G(L_2)$ akzeptiert.

Es ist ganz üblich, beim Lösen von Differentialgleichungen den Wert der unabhängigen Variablen zu untersuchen, für den eine abhängige Variable einen gegebenen Wert annimmt. Bei diesem speziellen Problem brauchen wir den Wert von x so, daß $F(x) = \rho$ ist. Eine Möglichkeit, das zu tun, ist, ein neues System zu definieren, in dem F die unabhängige Variable und x die abhängige Variable ist, und dann von einem bekannten F bis ρ zu integrieren. Die Anfangsbedingungen für das neue System werden aus dem alten System abgeleitet. Der Wert der abhängigen Variablen an der Stelle der unabhängigen Variablen ρ ist der Prozentpunkt x_ρ.

Aus der Gl. (8) sehen wir, daß

$$\frac{dx}{dF} = \frac{1}{y}$$

ist, so daß das neue System mit F als unabhängiger Variablen

$$\frac{dy}{dF} = \frac{dy}{dx} \cdot \frac{dx}{dF} = - \frac{c_1 + x}{c_0 + c_1 x + c_2 x^2},$$
$$\frac{dx}{dF} = \frac{1}{y} \tag{9}$$

lautet. Aus den bekannten Werten für $x = 0$, y_0 und F_0 werden die Anfangswerte als

$$x(F_0) = 0, \quad y(F_0) = y_0$$

gefunden. Um eine Tabelle der Prozentpunkte aufzustellen, brauchen wir bloß wiederholt DE aufzurufen, um bis zu den verschiedenen $F = \rho$ zu integrieren, die uns interessieren, und die korrespondierenden $x(\rho)$-Werte sind die gewünschten Prozentpunkte.

Diese einfache Behandlung ist möglich, da $F(x)$ eine monoton wachsende Funktion für alle x ist, was uns erlaubt, x als unabhängige Variable einzuführen, ohne weitere Vorsorgen treffen zu müssen. Bei anderen Problemen könnte dF/dx irgendwo verschwinden, so daß ein Wechsel der Variablen nicht blind durchgeführt werden kann. Um solche Probleme zu behandeln, sollte man solange mit STEP vorwärtsschreiten, bis $F(x_n) < \rho < F(x_{n+1})$ ist. Der Austausch der Variablen wird dann an der Stelle x_{n+1} durchgeführt und das kurze Stück bis ρ integriert. Die Mühe mit diesem allgemeinen Ansatz ist, daß für jedes ρ die Gleichungen geändert werden müssen, und entsprechend ist es notwendig, neu zu starten, um jeden Prozentpunkt zu erhalten.

Ein anderer Ansatz zur Bestimmung der Prozentpunkte x_ρ ist ein Gleichungslöser für nichtlineare Gleichungen. In der Literatur gibt es verschiedene gute Verfahren; im Kapitel 10 stellten wir ein Verfahren vor, das gut an den Gebrauch mit Differentialgleichungslösern angepaßt ist. Wieder schreiten wir mit STEP vorwärts bis $F(x_n) < \rho < F(x_{n+1})$ ist. Der Code ROOT verlangt ein Intervall [B,C], das die zu bestimmende Wurzel enthält. Hier lösen wir $F(x) - \rho = 0$ mit $B = x_n$, $C = x_{n+1}$. Der Wurzelbestimmer muß in der Lage sein, die Gleichung im gesamten Intervall auszuwerten. Das ist leicht möglich mittels des Interpolationscodes INTRP. Es ist wichtig zu betonen, daß keine Berechnungen der Differentialgleichung zur Lösung der gestellten Aufgabe erforderlich sind, vielmehr nur die Berechnung eines Interpolationspolynoms.

Die Verteilung vom Typ IV, die durch $\beta_1 = 1.44$ und $\beta_2 = 6.0$ bestimmt ist, ist eine schiefe Glockenkurve. Mit $v(0) = 0.5$ und $G(0) = 0$ integrierten wir das Anfangswertproblem mit doppelter Genauigkeit auf einer IBM 360/67, einer Schranke für den absoluten lokalen Fehler von 10^{-11} und STEP. Die Integrationen wurden bei $L_1 = -3.16$ und $L_2 = 35.8$ beendet; an diesen Stellen fielen die Lösungen unter die Schranken: es ist $G(L_1) = -0.687$ und $G(L_2) = 0.520$, was zu $\alpha = 0.828$ führt. Die folgenden Prozentpunkte der normalisierten Kurve wurden mit beiden Verfahren berechnet und stimmen mit Werten überein, die sich in den Standardtabellen finden.

ρ	x_ρ
.05	−1.305
.50	−0.161
.75	0.518
.95	1.847

Es ist bemerkenswert, daß $F(x)$ für große x recht flach ist, was zur Folge hat, daß Prozentpunkte für ρ nahe 0 oder 1 nur sehr schlecht bestimmt werden. Da $F \to 1-$ und $dF/dx \to 0+$ für $x \to +\infty$ gehen, stellen wir fest, daß $dx/dF \to \infty$ geht für $F \to 1-$. Daher bedeutet der Austausch der Variablen für ρ nahe bei 1, daß wir nahe bei einer Singularität integrieren; dasselbe passiert für ρ nahe bei 0. Für ein ρ, das hinreichend nahe bei 0 oder 1 liegt, ist es besser, den Gleichungslöser als den Austausch der Variablen zu benutzen. Das kommt davon, daß $F(x)$ dort wie ein Polynom „aussieht" (es ähnelt dort einer Konstanten), $x(F)$ hingegen nicht, und die Codes basieren auf der Approximation durch Polynome.

Transformation der unabhängigen Variablen

Bei einigen Problemen werden die Ableitungen unendlich oder sehr groß in Abhängigkeit von den ursprünglichen Variablen mit dem Ergebnis, daß ein Austausch der Variablen nötig ist. Andere Probleme sind wiederum leichter numerisch zu integrieren oder werden in anderen Variablen natürlicher beschrieben. Wir haben gerade ein Problem untersucht, bei dem ein Austausch der Variablen bequem war, damit man Lösungen gewisser Gleichungen bekommen konnte, und wir haben auch gesehen, daß eine große Ableitung in einer Variablen in einer anderen leicht zu behandeln war.

Es gibt zwei allgemeine Ansätze, die im Umgang mit störend großen Ableitungen benutzt werden können. Angenommen, wir wollen

$$\frac{dy_1}{dx} = f_1(x, y_1, \ldots, y_n),$$

$$\vdots \qquad \vdots$$

$$\frac{dy_n}{dx} = f_n(x, y_1, \ldots, y_n)$$

lösen. Wenn wir an den Stellen x_m feststellen, daß

$$1 < \left|\frac{dy_j}{dx}\right| = \max_{1 \leqslant i \leqslant n} \left|\frac{dy_i}{dx}\right| = \max_{1 \leqslant i \leqslant n} |f_i(x_m, y_1, \ldots, y_n)|$$

ist, können wir y_j als neue unabhängige Variable nehmen und

$$\frac{dy_1}{dy_j} = \frac{\dfrac{dy_1}{dx}}{\dfrac{dy_j}{dx}} = \frac{f_1(x, y_1, \ldots, y_n)}{f_j(x, y_1, \ldots, y_n)},$$

$$\vdots \qquad \vdots$$

$$\frac{dx}{dy_j} = \frac{1}{f_j(x, y_1, \ldots, y_n)}$$

$$\vdots \qquad \vdots$$

$$\frac{dy_n}{dy_j} = \frac{f_n(x, y_1, \ldots, y_n)}{f_j(x, y_1, \ldots, y_n)}$$

lösen. Dann ist an der Stelle y_j jede der ersten Ableitungen betragsmäßig durch 1 beschränkt:

$$\left| \frac{dy_i}{dy_j} \right| = \left| \frac{f_i}{f_j} \right| \leqslant 1 \qquad i \neq j ,$$

$$\left| \frac{dx}{dy_j} \right| = \left| \frac{1}{f_j} \right| \leqslant 1 .$$

Erinnern wir uns an die nichtintegrierbare Singularität des vorhergehenden Kapitels, $dy/dx = y^2, y(0) = 1$. Wenn wir die Lösung genau berechnen wollen, sobald wir uns der Singularität nähern, sollten wir die Variablen austauschen. Wir können bis zu einem Punkt x_m mit

$$\left| \frac{dy}{dx} \right| = | y_m^2 | > 1$$

integrieren und von dieser Stelle aus dann stattdessen die Gleichung

$$\frac{dx}{dy} = \frac{1}{y^2} , \qquad x(y_m) = x_m$$

lösen. Bei den ursprünglichen Variablen müssen immer kleinere Schritte gemacht werden, sobald wir in die Nähe der Singularität an der Stelle 1 ankommen. Das könnte dazu führen, daß der Code seine maschinenabhängige minimale Schrittweite erreicht. Ein wesentlicherer Grund für den Austausch ist, daß sich die Lösung nicht wie ein Polynom verhält, während es die Umkehrfunktion tut. In diesem speziellen Beispiel ist das Problem für große y sehr instabil, wärend hingegen das transformierte Problem stabil ist.

Ein Nachteil des einfachen Austausches der Variablen ist, daß ein numerisches Verfahren mit „Gedächtnis“, so wie es in den Codes in diesem Lehrbuch dargestellt worden ist, jedesmal, wenn ein Austausch der Variablen durchgeführt wird, neu gestartet werden muß. Unter gewissen Umständen ist sehr häufiger Austausch nötig. Ebenso kann es Schwierigkeiten geben, daß man einen Code zum Bestimmen von Nullstellen benutzen muß, wenn man an einem vorgegebenen Wert von x anhalten muß. Eine Alternative ist der Gebrauch der Bogenlänge s als unabhängiger Variablen für die gesamte Integration. In dieser Variablen wird die allgemeine Gleichung zu

$$\begin{aligned} \frac{dy_1}{ds} &= \frac{f_1}{S} \\ &\vdots \\ \frac{dy_n}{ds} &= \frac{f_n}{S} , \\ \frac{dx}{ds} &= \frac{1}{S} , \qquad x(0) = a \end{aligned}$$

wobei

$$S = \left(1 + \sum_{i=1}^{n} f_i^{\,2}\right)^{\frac{1}{2}}$$

ist. Bei der Benutzung dieser Variablen wird mit Sicherheit ein Gleichungslöser benötigt, damit man in der Lage ist, bei einem vorgegebenen Wert von x anzuhalten. Dabei ist eine zusätzliche Gleichung zu integrieren, aber das macht nichts. In der Kenntnis von

$$\left(\frac{dx}{ds}\right)^2 + \sum_{i=1}^{n} \left(\frac{dy_i}{ds}\right)^2 = \frac{1}{S^2} + \sum_{i=1}^{n} \left(\frac{f_i}{S}\right)^2 \equiv 1$$

stellen wir fest, daß

$$\left|\frac{dy_i}{ds}\right| \leqslant 1 \qquad i = 1, 2, \ldots, n\,,$$

$$\left|\frac{dx}{ds}\right| \leqslant 1$$

für das *gesamte* Intervall in s gilt. Wenn irgendein dy_j/dx wesentlich größer ist als die übrigen, können wir sehen, daß $dy_j/ds \approx 1$ ist, und daß tatsächlich y_j lokal als neue unabhängige Variable eingeführt ist. Daher besteht ein enger Zusammenhang zwischen den beiden offensichtlich sehr verschiedenen Ansätzen.

Das Beispiel der nichtintegrierbaren Singularität ist

$$\frac{dy}{ds} = \frac{y^2}{\sqrt{1+y^4}}, \quad y(0) = 1\,,$$

$$\frac{dx}{ds} = \frac{1}{\sqrt{1+y^4}}, \quad x(0) = 0\,.$$

Um die gesamte Mächtigkeit der Technik des Austausches der Variablen zu verwerten, sollte die Subroutine zur Berechnung der Gleichung sehr sorgfältig programmiert werden. Die Schwierigkeit ist, wie in diesem Beispiel zu sehen, daß für großes y^2 y^4 zu einem Überlauf führen kann. Dieser unbeabsichtigte Überlauf kann dadurch vermieden werden, daß zunächst die f_i, $F = \max|f_i|$ und dann schließlich

$$\frac{f_j}{S} = \frac{\left(\frac{f_j}{F}\right)}{\left[\left(\frac{1}{F}\right)^2 + \sum_{i=1}^{n} \left(\frac{f_i}{F}\right)^2\right]^{\frac{1}{2}}}$$

berechnet werden. Es können dann sehr wohl harmlose Unterläufe und das zu-Null-Setzen gewisser Größen auftreten, Überläufe aber sind vermieden.

Als ein Beispiel eines Problems, das am besten in einer anderen Variablen untersucht wird, betrachten wir die Spannung e an der Entladungsröhre in der unten skizzierten Schaltung. Hier fließt ein elektrischer Strom mit einer Spannung E durch den Widerstand R und den Entladungskondensator C, der über die Elektroden der Röhre kurzgeschlossen ist. Die Gleichung für die Änderung der Spannung e an der Entladungsröhre ist als Funktion der Zeit

$$\frac{de}{dt} = \frac{E-e}{CR} - \frac{e}{Cr}, \quad e(0) = 0\,.$$

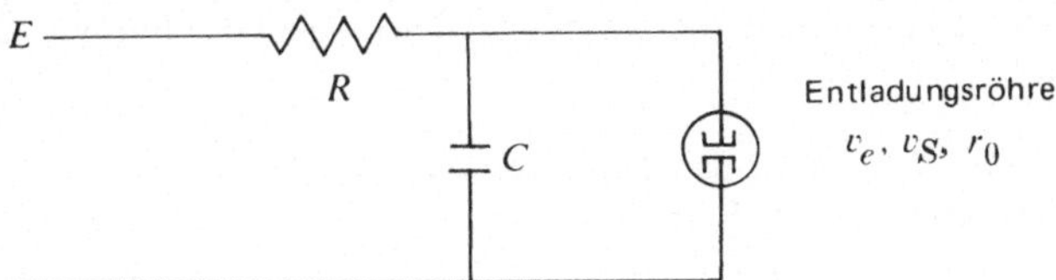

Ein elektrischer Schaltkreis mit einer angelegten Spannung E, einem Widerstand R, einer Kapazität C und einer Gasentladungsröhre.

Dabei ist r der Widerstand der Entladungsröhre. Solange e bis zu V_S ansteigt, ist der Widerstand der Röhre unendlich. Wenn $e - V_S$ ist, entlädt sich die Röhre, r ändert sich auf den konstanten Wert r_0 und e beginnt zu sinken. Wenn e unter den Wert V_e fällt, wird r wieder unendlich und e beginnt wieder zu steigen. (Wir fordern, daß $E > V_S > r_0 E/(R + r_0)$ ist.) Die Änderung der Spannung führt zu einer Schwingung, und daher könnten wir fragen: wie groß ist ihre Periode? Dieses Beispiel ist keine wirkliche Differentialgleichung, da der Wert der Ableitung von der Vergangenheit der Lösung abhängt. Betrachten wir dazu, wie groß r ist, wenn $V_e < e(t) < V_S$ ist; es ist nicht zu bestimmen, ohne daß wir wissen, wie der gegenwärtige Wert von e erhalten wurde.

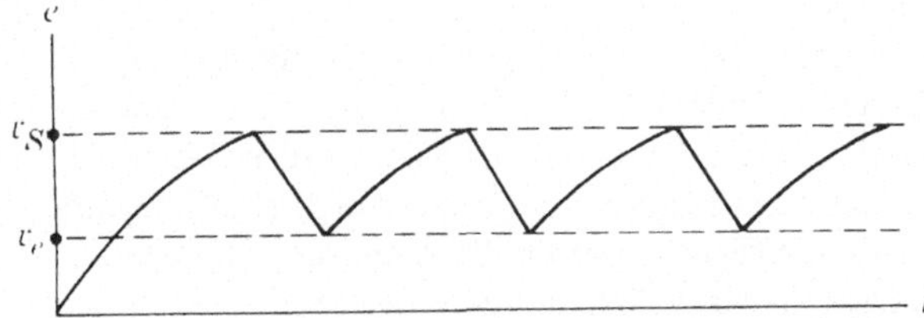

Die Spannung E in der Gasentladungsröhre oszilliert periodisch.

Mit einer geeigneten Variablen ist das Problem leicht zu untersuchen und zu lösen. Offensichtlich sollten wir e als unabhängige Variable nehmen. Wenn wir t(e) von 0 bis V_S integrieren, sollten wir r als unendlich nehmen. Dann sollten wir t(e) von V_S bis e mit $r = r_0$ integrieren. Wenn wir wieder von V_S bis e mit r_e als unendlich integrieren, haben wir die erste Periode der Schwingung vervollständigt. Auf diese Weise kann man drei Aufrufe von DE benutzen, um die Periode zu integrieren. Wenn eine Tabelle der Lösung verlangt wird, kann sie leicht erzeugt werden. Für $V_S = 8$, $V_e = 2$, $E = 11$, $CR = 10$, $Cr_0 = 1$ ist die Periode $-10\{\ln 1/3 - \ln 7/11\} \approx 12.75513$.

Transformation der abhängigen Variablen

Die Transformation von Differentialgleichungen zur Verdeutlichung der Eigenschaften ihrer Lösungen ist ein wichtiger Teil der klassischen angewandten Mathematik. Sie ist z.B. die Grundlage der asymptotischen und Störungsmethoden zur Approximation von Lösungen. Der mögliche Einblick in spezielle Gegebenheiten ist bei der numerischen Berechnung nicht in dem Maße vermerkt worden, wie es berechtigt zu sein scheint. In diesem Abschnitt betrachten wir ein paar Beispiele, die erläutern, was getan werden kann.

Viele interessante physikalische Phänomene werden durch Gleichungen der Form

$$y'' + \nu^2 y + \epsilon f(x, y, y') = 0$$

beschrieben. Dabei ist ϵ ein kleiner Parameter, der das Abweichen von der Linearität beschreibt. Für $\epsilon = 0$ sind die Lösungen von der Form

$$y(x) = a \sin(\nu x + \phi) ,$$

wobei die Amplitude a und die Phase ϵ konstant sind. Wenn wir die Lösung für $\epsilon \neq 0$ in der Form

$$y(x) = a(x) \sin(\nu x + \phi(x)) ,$$
$$y'(x) = a(x) \nu \cos(\nu x + \phi(x))$$

darstellen wollen, finden wir leicht, daß

$$a' = -\frac{\epsilon}{\nu} f(x, y, y') \cos(\nu x + \phi) ,$$

$$\phi' = \frac{\epsilon}{a\nu} f(x, y, y') \sin(\nu x + \phi)$$

ist. Wegen der Faktoren ϵ, die in diesen Gleichungen auftreten, sehen wir, daß $a(x)$ und $\phi(x)$ sich für „kleines“ ϵ nur langsam ändern. Tatsächlich sind alle ihre Ableitungen $O(\epsilon)$. Diese Tatsache ist die Grundlage einer Anzahl von analytischen Techniken für die Approximation von $a(x)$ und $\phi(x)$ für kleines ϵ.

Diese Beobachtungen sind für numerische Verfahren genauso von Bedeutung wie für Störungsmethoden. Die Schrittweite wird durch die Frequenz ν der Schwingung auch beschränkt, daher kann die Integration über viele Perioden sehr teuer werden. Beispiel 4 aus Kapitel 11 integriert $y'' + y = 0$ über acht Perioden und zeigt, daß direkte Integration schon recht teuer ist. Für $\epsilon = 0$ können die Gleichungen für die Amplitude und Phase exakt integriert werden, da die Lösungen konstant sind, und derartige Probleme sind in diesen Variablen trivial. Der Punkt ist, daß das numerische Schema auf polynomialer Approximation beruht und die Amplitude und Phase wesentlich mehr wie Polynome aussehen als es die ursprünglichen Variablen tun. Es ist offensichtlich, daß man Vorteile für kleines ϵ dadurch gewinnen kann, daß man die Variablen austauscht.

Als ein einfaches Beispiel integrierten wir die Bewegung einer Feder mit einer kubischen Nichtlinearität

$$y'' + y - \epsilon y^3 = 0 , \quad y(0) = 1 , \quad y'(0) = 0 .$$

Dieses System ist konservativ, und somit erfüllen die Lösungen das Energieintegral

$$\frac{1}{2}(y^2(x) + y'^2(x)) - \frac{\epsilon}{4} y^4(x) \equiv \frac{1}{2} - \frac{\epsilon}{4} .$$

Für $\epsilon = 10^{-4}$ ist die Gesamtenergie 0.499975, was wir dazu benutzen, die Genauigkeit der numerischen Lösung zu schätzen. Die Periode der Schwingung ist etwa 2π und wir integrierten auf einer PDP-10 bis 100π mit einer Schranke von 10^{-5} für den absoluten Fehler. In den Variablen y und y' wurde die Energie bei 100π zu 0.49949119 berechnet und die Integration erforderte 2189 Funktionsauswertungen. Mit den Variablen a und ϕ betrug die Energie bei 100π 0.49985453 bei Kosten von nur 1160 Auswertungen. Das ist typisch für Ergebnisse über verschiedenen Intervallen; es wurden immer für etwa die Hälfte der Kosten bessere Ergebnisse erzielt.

Die Beispiele 8 und 9 des vorhergehenden Kapitels behandelten die Bewegung zweier Körper, die einander mit einer Schwerkraft anzogen. In geeigneten Einheiten und einem geeigneten Koordinatensystem sind die Gleichungen

$$y_1'' = \frac{-y_1}{r^3}, \quad y_2'' = \frac{-y_2}{r^3},$$

$$r = \sqrt{y_1^2 + y_2^2}.$$

Wenn sich die Körper einander nähern, so daß y_1 und y_2 beide klein werden, werden die Gleichungen fast singulär. Im allgemeinen sind die Gleichungen der Bewegung von n Körpern, die sich nach ihrer Gravitationsanziehung richten, singulär, wenn ein Paar von Körpern zusammenstößt, und fast singulär für starke Annäherungen. Astronomen haben der Transformation der Gleichungen viel Aufmerksamkeit gewidmet, um das singuläre Verhalten zu beseitigen, indem sie die Gleichungen „regularisierten", und sie so leichter numerisch zu lösen machten. Der Artikel von D.C. Bettis und V. Szebehely, „Treatment of close approaches in the numerical integration of the gravitational problem of N bodies", Astrophysics und Space Science, 14, 1971, pp. 133–150, stellt eine gute Einführung in die Arbeit dar, die in dieser Richtung getan wurde. Weitergehende Ergebnisse, die für den Gesichtspunkt dieses Kapitels sachdienlich sind, sind in der Abhandlung von J. Baumgarten und E. Stiefel zu finden: „Examples of transformations improving the numerical accuracy of the integration of differential equations". pp. 207–236 in Verweis [18].

Eine einfache Methode, das Zweikörperproblem zu regularisieren, ist der Übergang auf neue abhängige Variablen u_1 und u_2 nach Levi-Civita's Transformation

$$y_1 = u_1^2 - u_2^2, \quad y_2 = 2u_1u_2, \quad r = u_1^2 + u_2^2$$

und eine neue unabhängige Variable s

$$\frac{dx}{ds} = u_1^2 + u_2^2.$$

Die sich ergebenden Gleichungen sind

$$\frac{d^2u_1}{ds^2} + \frac{h}{2}u_1 = 0, \quad \frac{d^2u_2}{ds^2} + \frac{h}{2}u_2 = 0$$

wobei $(-h)$ die konstante Keplersche Bewegungsenergie ist, die durch

$$-h = \frac{1}{2}(y_1'^2 + y_2'^2) - \frac{1}{r}$$

definiert ist und die aus den Anfangsbedingungen erhalten wird. Je exzentrischer der Orbit ist, desto mehr Vorteile hat man von dieser Transformation. Die Nachteile sind, daß (1) eine zusätzliche Gleichung eingeführt wird, die die beiden Zeitvariablen x und s in Beziehung bringt; (2) es entstehen Kosten durch die Rücktransformation in die Variablen y_1 und y_2; und (3) gibt es Kosten, die mit dem Auffinden des geeigneten Wertes s verbunden sind, um die Integration für einen bestimmten Wert von x zu beenden. Diese Nachteile zeigen sich aber als kleiner im Vergleich zu den Vorteilen, die in Bezug auf die Genauigkeit und die Kosten erreicht werden können.

Wir wiederholten Beispiel 9 aus Kapitel 11 auf einer PDP-10 mit einer Schranke für den absoluten Fehler von 10^{-8} und untersuchten die Genauigkeit der vier Komponenten der Lösung an der Stelle 16π. Der schlechteste Fehler war 2×10^{-3}, und es waren 2952 Funktionsauswertungen erforderlich. Als wir die regularisierten Gleichungen integrierten, erhielten wir Werte für y_1, y_1', y_2, y_2' an der Stelle $x = 16\pi$, bei denen kein Fehler schlechter als 8×10^{-6} war bei nur 901 Funktionsauswertungen. Der weniger exzentrische Orbit aus Beispiel 8 des Kapitels 11 ist weniger schwer zu lösen und die Gewinne waren weniger beeindruckend. Der Leser mag sich an Experimenten mit diesem Verfahren zur Regularisierung erfreuen.

Die Lösung des Zweikörperproblems ist bekannt, somit ist das Wesentliche an diesen Transformationen nicht, das Problem an sich leicht zu lösen, als vielmehr das gestörte Zweikörperproblem zu lösen. Vernünftigerweise ist zu erwarten, daß eine kleine Änderung der Gleichungen, um über andere Kräfte Rechenschaft abzulegen, den Schluß nicht ändert, daß die regularisierten Gleichungen leichter zu lösen sind, und das scheint auch in der Praxis der Fall zu sein.

Eine wichtige Aufgabe in der angewandten Mathematik ist die Bestimmung der Eigenwerte und Eigenfunktionen der Sturm-Liouvilleschen Gleichung

$$(p(x)u')' + (\lambda\rho(x) - q(x))u = 0\,, \qquad x \in [a;b]$$

zusammen mit den (separierten) Randwert-Bedingungen

$$u(a)\cos A - p(a)u'(a)\sin A = 0\,,$$

$$u(b)\cos B - p(b)u'(b)\sin B = 0\,.$$

(A und B sind dabei gegebene Zahlen mit $-\pi/2 \leqslant A < \pi/2$ und $-\pi/2 \leqslant B < \pi/2$). Für jeden Wert des Parameters λ ist die Funktion $u(x) \equiv 0$ eine Lösung dieses Problems. Für gewisse Werte von λ, die Eigenwerte genannt werden, gibt es eine nichttriviale Lösung $u(x)$, die „Eigenfunktion" zum zugehörigen Eigenwert λ heißt. Da jedes Vielfache einer Eigenfunktion offensichtlich ebenso das Problem erfüllt, sind die Eigenfunktionen nur bis auf einen konstanten Faktor bestimmt. Wenn $p(x) \in C^1[a,b]$ ist, $\rho(x)$ und $q(x)$ zu $C[a,b]$ gehören und beide positiv sind, heißt das Problem regulär. Es ist bekannt [7, pp. 263–264], daß es eine unendliche Folge reeller Eigenwerte $\lambda_0 < \lambda_1 < \ldots < \lambda_n$ mit $\lim_{n\to\infty} \lambda_n = \infty$ gibt. Die Eigenfunktion $u_n(x)$, die zum Eigenwert λ_n gehört, hat genau n Nullstellen im Intervall $a < x < b$.

Eine Methode, das Eigenwertproblem zu lösen, besteht darin, einen Wert λ und Anfangswerte $u(a)$ und $u'(a)$ (nicht beide gleichzeitig Null) derart zu wählen, daß

$$u(a)\cos A - p(a)u'(a)\sin A = 0$$

ist, und dann das entstehende Anfangswertproblem für die Lösung $u(x;\lambda)$ zu integrieren. Das wird wiederholt gemacht, wobei ein Code zur Bestimmung von Nullstellen benutzt wird, um ein λ derart zu bestimmen, daß

$$u(b;\lambda)\cos B - p(b)u'(b;\lambda)\sin B = 0$$

ist. Solch ein λ ist ein Eigenwert und $u(x;\lambda)$ ist die zugehörige Eigenfunktion. Das Vorgehen wird „Schieß-Verfahren" genannt und wir haben hier beispielsweise das Schießen von a nach b beschrieben. Offensichtlich ist es auch möglich, von b nach a zu schließen, und es gibt auch noch andere Varianten.

Es gibt Vorteile bei der Benutzung von Phasen- und Amplitudenvariablen. Eine Möglichkeit ist die Prüfersche Transformation

$$u(x) = r(x)\sin\theta(x)\,, \qquad p(x)u'(x) = r(x)\cos\theta(x)\,.$$

Sie führt zu

$$\theta' = \frac{\cos^2\theta}{p(x)} + (\lambda\rho(x) - q(x))\sin^2\theta\,,$$

$$\theta(a) = A\,, \qquad \theta(b) = B + n\pi\,,$$

wobei n eine nichtnegative ganze Zahl ist. Das besagt, daß ein Eigenwert allein unter der Benutzung der Phasenvariablen berechnet werden kann. Nach der Bestimmung des Eigenwertes wird eine Eigenfunktion durch nochmalige Integration der Gleichung für $\theta(x)$ berechnet, zusammen mit

$$r' = \left[\frac{1}{p(x)} - (\lambda\rho(x) - q(x))\right]\frac{r\sin 2\theta}{2}\,.$$

Wir haben ein Ergebnis formuliert, das besagt, daß die Eigenfunktionen, die zu höheren Eigenwerten gehören, schnell oszillieren müssen. Aus Gründen, die wir schon dargelegt haben, scheint es klar zu sein, daß Phasen- und Amplitudenvariablen den ursprünglichen Variablen immer mehr überlegen sind, wenn man zu höheren Eigenwerten übergeht. Diese Beobachtung hat nicht die Betonung erlangt, die sie in der Literatur verdient hätte, die sich auf die Bequemlichkeit konzentriert, die beim Austausch der Variablen bei der Behandlung singulärer Punkte auftritt.

Eine klassische Substitution ermöglicht, das reguläre Sturm-Liouvillesche System auf die einfachere Form

$$u'' + (\lambda - w(x))u = 0\,,$$

$$\alpha u(a) + \alpha' u'(a) = 0\,, \qquad \beta u(b) + \beta' u'(b) = 0$$

zu bringen. Wenn wir annehmen, daß $w(x) \in C^1[a,b]$ und daß $\lambda > w(x)$ auf $[a, b]$ ist, ist es möglich, das Verhalten der Eigenwerte und Eigenfunktionen zu bestimmen. Das Ergebnis ist, daß für $\alpha'\beta' \neq 0$ die Eigenwerte λ_n für $n \to \infty$ gegeben sind durch

$$\sqrt{\lambda_n} = \frac{n\pi}{b-a} + O\left(\frac{1}{n}\right)$$

und die Eigenfunktionen durch

$$u_n(x) = \sqrt{\frac{2}{b-a}}\cos\frac{n\pi(x-a)}{b-a} + O\left(\frac{1}{n}\right).$$

(Hier wurde das Vielfache der Eigenfunktion so gewählt, daß $\int_a^b u_n^2(x)dx = 1$ ist.) Das oszillierende Verhalten ist für Codes ungeeignet, die auf polynomialer Approximation beruhen. Wenn die modifizierte Prüfersche Transformation

$$u(x) = \frac{R(x)\cos\phi(x)}{\sqrt[4]{\lambda - w(x)}}\,, \qquad u'(x) = R(x)\sqrt[4]{\lambda - w(x)}\sin\phi(x)\,,$$

benutzt wird, erhalten die Gleichungen die Gestalt

$$\phi' = -\sqrt{\lambda - w(x)} + \frac{w'(x)}{4(\lambda - w(x))} \sin 2\phi \,,$$

$$R' = -\frac{w'(x) R \cos 2\phi}{4(\lambda - w(x))} \,.$$

Das Verhalten dieser Größen ist ebenfalls bekannt. Für alle hinreichend großen λ sind die Lösungen dieser Gleichungen gegeben durch

$$\phi(x;\lambda) = \phi(a;\lambda) - \sqrt{\lambda}\,(x-a) + O\left(\frac{1}{\sqrt{\lambda}}\right),$$

$$R(x;\lambda) = R(a;\lambda) + O\left(\frac{1}{\lambda}\right)$$

was bedeutet, daß asymptotisch die Amplitude konstant und die Phase linear ist. Daher werden, wenn λ auf große Werte anwächst, Codes, die auf polynomialer Approximation beruhen, besonders effektiv, mehr als besonders ineffektiv wie für die ursprünglichen Variablen.

Wenn wir die Prüfersche oder die modifizierte Prüfersche Transformation und die angegebenen Codes DE und ROOT benutzen, ist es leicht, einen Code zur Lösung des regulären Sturm-Liouvilleschen Problems zu schreiben, der effizient und effektiv ist. Viele physikalische Probleme beinhalten singuläre Punkte, aber sie stellen keine besondere Schwierigkeit dar, wie wir es im nächsten Abschnitt zeigen. Ein Leser, der vorhat, Probleme mit singulären Punkten zu lösen, sollte sich die Abhandlungen von Bailey [4] und Banks und Kurowski [6] ansehen.

Singuläre Punkte

Ein singulärer Punkt einer Differentialgleichung ist ein Punkt, in dem die Existenz- und Eindeutigkeitssätze aus Kapitel 1 nicht anzuwenden sind. Sie treten bei physikalischen Problemen sehr häufig auf, meistens, wenn die Koeffizienten an einer Stelle unendlich werden, oder wenn eine Anfangsbedingung im Unendlichen gegeben ist. Für den Unerfahrenen ist es überraschend, daß singuläre Punkte, wie sie physikalisch entstehen, häufig Punkte sind, in denen die Lösung besonders leicht zu approximieren ist und (bei ein wenig besonderer Aufmerksamkeit) keine numerischen Probleme aufwerfen. Diese Gegenstände der Theorie der Differentialgleichungen, die für eine richtige Erklärung der singulären Punkte erforderlich sind, sind ein Teil der Standardvorlesungen über angewandte Mathematik und mathematische Physik. Wir betrachten als nächstes typische Beispiele und zeigen, wie man bei ihrer Lösung vorgehen könnte.

Emden bildete das thermische Verhalten einer sphärischen Gaswolke, die unter dem Einfluß der gegenseitigen Anziehung und den klassischen Gesetzen der Thermodynamik steht, nach mit den Gleichungen

$$y'' + \frac{2}{r} y' + y^{\gamma} = 0 \,, \quad y(0) = 1 \,, \quad y(0) = 0 \,.$$

Der Koeffizient $2/r$ ist an der Stelle $r = 0$ unendlich; daher ist der Ursprung ein singulärer Punkt. Die partielle Differentialgleichung für das Potential der Schwerkraft wurde wegen der Kugelsymmetrie auf eine Gleichung in der radialen Variablen r reduziert. Die Bedingung $y'(0) = 0$ ergibt sich einfach aus der Symmetrie im Ursprung. Es gibt keinen physikalischen Grund, etwas anderes als eine überall glatte Lösung zu erwarten. Natürlich ist, wenn wir eine Umgebung des Ursprungs behandeln können, das Problem für andere r ein Standardproblem und seine Lösung reine Routinesache.

Der zugrundeliegende Gedanke bei der Behanldung einer isolierten Singularität ist, analytische Techniken zu benutzen, um die Lösung in der Nähe der Singularität zu approximieren, und anderswo numerische Standardtechniken zu benutzen. Der Ansatz mit Taylorreihen ist der einfachste und üblichste. Angenommen, daß aus physikalischen oder anderen Gründen am Ursprung eine glatte Lösung existiert. Dann ist

$$y(r) = y(0) + ry'(0) + \frac{r^2}{2} y''(0) + \ldots .$$

Jetzt kann $y''(0)$ aus der Gleichung dadurch abgeleitet werden, daß man $r \to 0$ gehen läßt. Es ist anzumerken, daß wir

$$\lim_{r \to 0} \frac{y'(r)}{r} = y''(0) + \ldots .$$

benutzen müssen, so daß

$$y''(0) + 2y''(0) + y'(0) = 0$$

bedeutet, daß

$$y''(0) = -\frac{1}{3}$$

ist. Daher ist

$$y(r) = 1 - \frac{r^2}{6} + \ldots .$$

Mit einem Verfahren, das die Taylorreihen benutzt, könnten wir einen Schritt der Länge h weg vom Ursprung machen, und von da an unseren Code benutzen. Das ist aber bei diesem Problem ganz unnötig, da der Code (tatsächlich) zu Anfang Taylorreihen-Verfahren benutzt. Die einzige Schwierigkeit ist, die Subroutine zur Auswertung der Gleichung richtig zu schreiben. Wenn wir $y_1 = y$ und $y_2 = y'$ nehmen, lautet die Gleichung

$$y_1' = y_2, \qquad y_1(0) = 1,$$

$$y_2' = -\left(\frac{2}{r}\right) y_2 - y_1', \qquad y_2(0) = 0.$$

Das einzige, womit wir vorsichtig sein müssen, ist, daß y_2' im und nahe beim Ursprung sorgfältig berechnet wird. Da die Lösung eben ist, ist die einzige Stelle, an der Schwierigkeiten auftreten können, der Ursprung, wo wir den richtigen Wert vorgeben müssen. Wir könnten zum Beispiel schreiben

```
SUBROUTINE F(R,Y,YP)
DIMENSION Y(2),YP(2)
COMMON GAMMA
YP(1) = Y(2)
YP(2) = -1.0/3.0
IF (R.GT.0.0) YP(2) = -2.0*Y(2)/R - Y(1)**GAMMA
RETURN
END
```

Zu beachten ist, daß wir den Parameter γ mittels COMMON übergeben, so daß wir jeden geeigneten Wert benutzen können.

Astrophysiker benutzen die Lösungen dieses Problems zur Schätzung der Dichte und inneren Wärme von Sternen. Sie beschäftigen sich am meisten mit den Lösungen vom Ursprung bis zur ersten Nullstelle, so daß auch hier die Techniken zur Wurzelbestimmung, die wir schon diskutiert haben, nützlich sind. Es gibt ein paar bekannte Lösungen, eine davon ist für $\gamma = 5$

$$y(r) = \frac{1}{\left(1 + \frac{r^2}{3}\right)^{1/2}} .$$

Die Lösung verschwindet in diesem Falle nicht, daher ist sie physikalisch nicht brauchbar, aber der Leser sollte das Problem numerisch für $y(r)$ und $y'(r)$ und verschiedene Werte von r lösen, r vielleicht gleich $0.5, 1.0, \ldots, 5.0$, und dann die numerischen und exakten Werte vergleichen.

Die Situation am singulären Punkt ist am klarsten, wenn die Gleichung linear ist, da es eine große Fülle an Theorie gibt, die die Lösung linearer Differentialgleichungen in singulären Punkten betreffen; man vergleiche dazu z.B. [24]. Latzko's Gleichung

$$\frac{d}{dz}\left\{(1 - z^7)\frac{dy}{dz}\right\} + \lambda z^7 y = 0 , \quad y(0) = 0 , \quad y(1) \text{ endlich}$$

ist ein Eigenwertproblem, das bei der Theorie des Wärmeflusses in einer wirbelnden Flüssigkeit auftritt. Die Größe λ ist ein Parameter in der Gleichung. Offensichtlich ist $y(x) = 0$ immer eine Lösung dieses Problems. Ein Wert λ derart, daß das Problem eine nichttriviale Lösung hat, wird Eigenwert genannt und die zugehörige Lösung eine Eigenfunktion. Da die Gleichung linear und homogen ist, ist jedes Vielfache der Lösung auch eine Lösung, und somit ist eine Eigenfunktion nur bis auf einen konstanten Faktor bestimmt. Daher könnten wir z.B. fordern, daß $y'(0) = 1$ ist. Für jeden Wert von λ hat das Problem

$$\frac{d}{dz}\left\{(1 - z^7)\frac{dy}{dz}\right\} + \lambda z^7 y = 0 , \quad y(0) = 0 , \quad y'(0) = 1$$

eine Lösung $y(z; \lambda)$. Der Parameter λ ist ein Eigenwert, wenn die Randbedingung an der Stelle $z = 1$ erfüllt ist. Auf diese Weise kann durch Verändern von λ eine Folge von Anfangswertproblemen gelöst werden, bis eine Eigenfunktion gefunden wird. Ein Code zur Wurzelbestimmung wird zur endlichen Lösung der Gleichung $y(1; \lambda)$ und somit zum Bestimmen der Eigenwerte benutzt. Jedesmal, wenn der Code zur Wurzelbestimmung einen Wert von $y(1;\lambda)$ verlangt, der einem bestimmten λ entspricht, muß ein Anfangswertproblem gelöst werden. Hier integrieren oder „schießen" wir von $z = 0$ bis $z = 1$. Wir könnten natürlich genausogut von $z = 1$ bis $z = 0$ schießen. Oft ist die eine Richtung praktischer als die andere, und das gilt auch für Latzko's Gleichung.

Wenn wir die Gleichung ausschreiben, sehen wir, daß

$$y'' - \left(\frac{7z^6}{1-z^7}\right)y' + \left(\frac{\lambda z^7}{1-z^7}\right)y = 0$$

ist. Die Gleichung hat die Form

$$y'' + \left(\frac{P(z)}{z-1}\right)y' + \left(\frac{Q(z)}{(z-1)^2}\right)y = 0 ,$$

wobei $P(z)$ und $Q(z)$ an der Stelle 1 regulär sind, wenn man sie als Funktionen einer komplexen Variablen betrachtet. Dies ist ein Beispiel einer Gleichung mit einem regulären singulären Punkt an der Stelle $z = 1$ und es gibt, wie im Anhang A von Quelle [24] gezeigt wird, wegen $P(1) = 1$ und $Q(1) = 0$ zwei Arten von Lösungen:

$$y_1(z) = a_0 + a_1(z-1) + a_2(z-1)^2 + \ldots$$

und

$$y_2(z) = y_1(z)\beta \ln(z-1) + b_0 + b_1(z-1) + \ldots .$$

Eine dieser Lösungen ist an der Stelle $z = 1$ endlich und die andere logarithmisch unendlich. Die Randbedingung verlangt eine Lösung der ersten Art. Offensichtlich werden wir eine Lösung verfolgen, die divergiert, wenn wir von $z = 0$ nach $z = 1$ zu schießen versuchen, und die numerischen Ergebnisse werden nutzlos sein. (Allgemein gilt, daß man bei der Behandlung von Singularitäten von diesen weg integrieren muß, um die analytischen Ergebnisse in Bezug auf das Verhalten der Lösung in diesen Punkten auszunutzen.)

Wenn wir die Form der Lösung $y_1(z)$ in die Gleichung einsetzen, die Koeffizienten der Potenzen von $(z-1)$ vergleichen und $y(1) = 1$ setzen, stellen wir fest, daß

$$y(z) = 1 + \frac{\lambda}{7}(z-1) + a_2(z-1)^2 + \ldots$$

ist. Wenn wir alternativ einfach voraussetzen, daß eine Taylorreihe existiert, brauchten wir nur die Ableitungen auszurechnen, um dieses Ergebnis zu bekommen. Latzko's Gleichung kann man in die Standardform bringen entweder mit den Variablen $y_1 = y$, $y_2 = y'$ oder den natürlicheren $y_1 = y$, $y_2 = (1-z^7)y'$. Wir wollen letzteres diskutieren. In diesem Falle ist

$$y_1' = \frac{y_2}{(1-z^7)}, \qquad y_1(1) = 1 ,$$

$$y_2' = -\lambda z^7 y_1 , \qquad y_2(1) = 0 .$$

Die einzige Schwierigkeit liegt in der Auswertung der Gleichung im Anfangspunkt $z = 1$. Da

$$y_1'(z) = \frac{y_2(z)}{1-z^7} = y'(z) = \frac{\lambda}{7} + 2a_2(z-1) + \ldots$$

ist, brauchen wir nur

$$y_1'(1) = \frac{\lambda}{7}$$

in der Routine zu definieren. Da $y(z)$ und $y'(z)$ gut durch Polynome approximiert werden, wird der erste Schritt gut von $z = 1$ wegführen, und danach hat die Routine keine weiteren Schwierigkeiten mit der Berechnung der Ableitungen.

Versuchen Sie, die kleinsten Eigenwerte von Latzko's Gleichung zu berechnen. Sie liegen etwa bei 8.727, 152.4 und 435.1. Wir geben einen Mustercode für die Berechnung eines Eigenwertes zwischen 400 und 500:

```
      EXTERNAL F
      DIMENSION Y(2)
      COMMON TLAMDA
      B=400.0
      C=500.0
      KFLAG=1
1     CALL ROOT(TLAMDA,FTLAM,B,C,1.0E-5,1.0E-5,KFLAG)
      IF(KFLAG.GT.0)GO TO 2
      Y(1)=1.0
      Y(2)=0.0
      T=1.0
      TOUT=0.0
      RELERR=1.0E-5
      ABSERR=1.0E-5
      IFLAG=1
      CALL DE(F,2,Y,T,TOUT,RELERR,ABSERR,IFLAG)
      IF(IFLAG.NE.2)GO TO 3
      FTLAM=Y(1)
      GO TO 1
2     TYPE 100,KFLAG,B
100   FORMAT(I15,1PE15.7)
      STOP
3     TYPE 100,IFLAG
      STOP
      END
      SUBROUTINE F(Z,Y,YP)
      DIMENSION Y(2),YP(2)
      COMMON TLAMDA
      Z7=Z**7
      YP(1)=TLAMDA/7.0
      IF(Z.LT.1.0)YP(1)=Y(2)/(1.0-Z7)
      YP(2)=-TLAMDA*Z7*Y(1)
      RETURN
      END
```

Ein berühmtes Problem, das zuerst von Euler untersucht wurde, ist die Lösung von

$$\frac{dy}{dz} = y - \frac{1}{z}, \quad y(+\infty) = 0 .$$

Bei der Behandlung einer Bedingung im Unendlichen ist es üblich, diese durch einen Austausch der Variablen in den Ursprung zu verlegen. Wenn wir $x = 1/z$ setzen, kann man leicht nachprüfen, daß

$$\frac{dy}{dx} = \frac{1}{x} - \frac{y}{x^2}, \quad y(0) = 0$$

ist. Wenn wir annehmen, daß eine Taylorreihe für die Lösung existiert, und beginnen, ihre Glieder zu berechnen, erhalten wir

$$\sum_{n=0}^{\infty} (-1)^n n!\, x^{n+1}.$$

Aber diese Reihe hat einen Konvergrenzradius Null! Trotzdem ist das noch nützlich, da das ein Beispiel einer asymptotischen Reihe ist. In diesem Falle kann man beweisen, daß

$$\left| y(x) - \sum_{n=0}^{m} (-1)^n n!\, x^{n+1} \right| \leqslant (m+1)!\, x^{m+2}$$

gilt, was bedeutet, daß der Fehler, der aus dem Abbrechen der Reihe entsteht, beim m-ten Glied durch das erste weggelassene Glied beschränkt ist. Bei einer konvergenten Reihe halten wir x fest und lassen $m \to \infty$ gehen, um $y(x)$ beliebig genau zu approximieren. Das gilt nicht für asymptotische Reihen wie diese, wo man m festhalten muß und dann für $x \to 0$ sagt, daß man $y(x)$ beliebig genau approximiert. Für ein gegebenes x können wir $y(x)$ nur mit beschränkter Genauigkeit approximieren. Wenn z.B. $x = 0.1$ ist, sind die Beträge der Terme

m	Term	
8	$8! \times 10^{-9}$	$\approx 4.0320 \times 10^{-5}$
9	$9! \times 10^{-10}$	$\approx 3.6288 \times 10^{-5}$
10	$10! \times 10^{-11}$	$\approx 3.6288 \times 10^{-5}$
11	$11! \times 10^{-12}$	$\approx 3.9917 \times 10^{-5}$

Die Terme mit $m < 8$ und $m > 11$ sind alle größer, somit stammt die größte Genauigkeit, die bei $x = 0.1$ mit dieser Reihe erhalten werden kann, aus den Termen mit $m = 8$ oder $m = 9$; das ist eine Genauigkeit von etwa 3.6×10^{-5}.

Unsere vorherigen Beispiele verlangten von uns nicht, daß wir tatsächlich vom Ursprung weggehen, aber hier müssen wir es machen. Tatsächlich müssen wir uns ein ganzes Stück entfernen, um überhaupt in der Lage zu sein, das Problem zu integrieren. Der Grund ist, daß das Problem in der Nähe des Ursprungs steif ist. Im Kapitel 8 stellten wir fest, daß die Schrittweite h_{n+1} eine Schranke erfüllen muß, die von der Variation der Gleichung bezüglich y abhängt, damit die Berechnung stabil ist (vgl. dazu auch die Beispiele 5 und 14 von Kapitel 11). In diesem Fall müssen wir bei der Ordnung Eins etwas haben wie

$$-2 < h_{n+1} f_y(x_n) = -\frac{h_{n+1}}{x_n^2}$$

was an der Stelle x_n gilt, wenn die Berechnung stabil sein soll. Offensichtlich müssen wir einen Schritt vom Ursprung weggehen, um überhaupt die Chance zu haben, dieses Problem mit einem Code zu lösen, der für nichtsteife Probleme gedacht ist.

Wenn wir die asymptotische Reihe mit $m = 9$ benutzen, um $y(x)$ an der Stelle $x = 0.1$ zu approximieren, dann können wir die Gleichung numerisch integrieren. Der Wert an der Stelle 0.1 ist nur bis 3.6×10^{-5} als genau bekannt, aber da die Gleichung stabil ist, wissen wir, daß Fehler herausgedämpft werden. Mit einer Schranke für den absoluten Fehler von 10^{-5} können wir Genauigkeiten in etwa derselben Ordnung erwarten. An der Stelle $x = 1.0$ fanden wir $y(1) \approx 0.596347$. Es gibt einen Ausdruck für die Lösung

$$y(x) = x \int_0^\infty \frac{\exp(-t)\,dt}{1 + xt},$$

die leicht mit einer Quadratur-Formel vom Laguerre-Typ berechnet werden kann. Mit einer 40-Punkte-Formel bestätigten wir den Wert für $y(1)$, der durch Lösen der Differentialgleichung berechnet worden war.

Zusammenfassend kann man sagen, daß analytische Techniken benutzt werden, um das Verhalten der Lösung in singulären Punkten zu bestimmen. Wenn es vernünftig ist, diese Lösung durch eine Taylorreihe an der Stelle der Singularität zu approximieren, brauchen wir nur die Routine zur Berechnung der Gleichung sorgfältig zu programmieren, damit richtige Werte zurückgegeben werden, und dann das Problem routinemäßig zu lösen. Wenn das nicht vernünftig ist, oder wenn es aus einem anderen Grunde sogar nicht durchführbar ist, den Code in der Nähe des singulären Punktes zu benutzen, muß man mit analytischen Mitteln vom singulären Wert weggehen, und dann kann das Problem routinemäßig gelöst werden. Wir haben einige typische Beispiele angegeben. Wegen weiterer Beispiele empfehlen wir die gut lesbare Abhandlung von P.B.Bailey [4]. Es ist eine ganze Anzahl von Problemen physikalischen Ursprungs, die Singularitäten beinhalten, sorgfältig untersucht und mit einem Code für das Anfangswertproblem gelöst worden.

Ein letztes Problem

Als ein letztes Beispiel betrachten wir das Auszugsproblem für Synchronmotoren. Die numerische Lösung dieses Problems erfordert verschiedene Techniken, somit dient sie dazu, das Verständnis des Lesers für dieses Kapitel zu testen. Es unterstreicht auch unsere frühere Aussage, daß man zur Lösung eines wirklichen Problems mehr braucht, als nur einen Integrator aufzurufen. Das Auszugsproblem für einen Synchronmotor nimmt an, daß bis zur Zeit $t = 0$ der Motor mit konstanter Geschwindigkeit unter einem Drehmoment L_0 arbeitet und zu diesem Zeitpunkt $t = 0$ ein zusätzliches Drehmoment angelegt und konstant gehalten wird, so daß das totale Drehmoment eine Konstante $L_0 + L_1$ ist. Das Problem ist, das größte Drehmoment L_1 zu bestimmen, das angelegt werden kann, ohne daß der Rotor eine unstabile Gleichgewichtslage erreicht, was wahrscheinlich dazu führt, daß der Motor nicht mehr richtig arbeitet. In Stoker's Lösung des Problems [27, pp. 70–80] wird eine Differentialgleichung mit einer Anzahl spezieller Besonderheiten gelöst. Die Gleichung ist

$$\frac{dv}{dx} = \frac{-\lambda v - \sin x + \gamma}{v}$$

wobei λ und γ Konstanten sind, die durch 0.022 und 0.8 veranschaulicht werden können. Es gibt einen kritischen Wert x_c, wo

$$\sin x_c = \gamma\,, \quad 0 < x_c < \frac{\pi}{2}$$

ist, was in unserem Falle arcsin 0.8 ist. Es gibt eine Sattelpunkt-Singularität bei $x_S = \pi - x_c$ und die Integration muß dort beginnen.

An der Stelle x_S muß v den Wert 0 haben. Wegen $\sin x_S = \gamma$ erkennen wir, daß

$$\frac{dv}{dx} = \frac{0}{0}$$

ist, somit ist dies ein singulärer Punkt der Gleichung. Wenn wir eine Lösung mittels einer Taylorreihe an der Stelle x_S anstreben,

$$v(x) = a_0 + a_1(x - x_S) + a_2(x - x_S)^2 + \ldots,$$

erhalten wir wegen $v(x_S) = 0$ $a_0 = 0$. Mittels der Regel von L'Hospital bestimmen wir a_1 zu

$$a_1 = \lim_{x \to x_S} \frac{dv}{dx} = \frac{\frac{d}{dx}(-\lambda v - \sin x + \gamma)\big|_{x_S}}{\frac{d}{dx} v\big|_{x_S}} = -\frac{\lambda a_1 + \cos x_S}{a_1}$$

und somit ist

$$a_1^2 + \lambda a_1 + \cos x_S = 0\,.$$

Deshalb ist dann auch

$$a_1 = -\frac{\lambda}{2} \pm \sqrt{\frac{\lambda^2}{4} - \cos x_S}\,,$$

aber wir erkennen wegen $\cos x_S < 0$, daß es zwei Lösungen für a_1 gibt. Das ist in Übereinstimmung mit Stoker's Herleitung der Gleichung, die besagt, daß es zwei Lösungen der Gleichung gibt, die an der Stelle x_S verschwinden. Eine Skizze der bei diesem Ansatz zu berechnenden Lösung ist hier angezeigt.

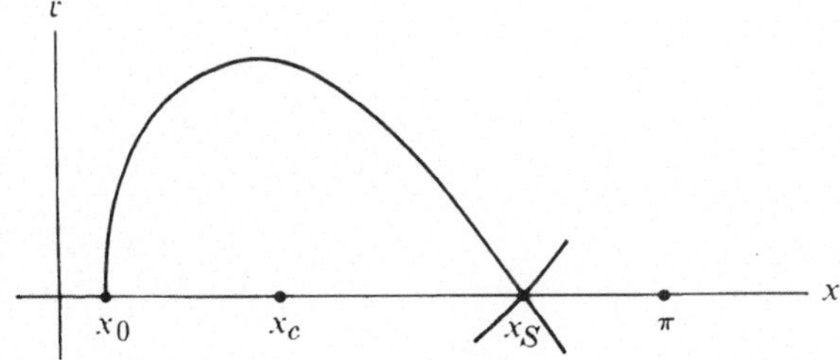

Eine Skizze der Lösungskurve, die bei Stoker's Lösung des Auszugsproblems für einen Synchronmotor gebraucht wird.

Wir brauchen die Lösung mit einer negativen Steigung, daher setzen wir

$$a_1 = -\frac{\lambda}{2} - \sqrt{\frac{\lambda^2}{4} - \cos x_S} \; .$$

Es gibt keinen Grund, Schwierigkeiten zu erwarten, wenn diese Lösung integriert wird. Alles, was wir tun müssen, ist, $v'(x)$ an der Stelle x_S richtig zu definieren in der Subroutine, die es berechnet.

Stoker's Lösung des Auszugproblems verlangt, diese Kurve rückwärts zu integrieren, bis sie an der Stelle x_0 verschwindet. Die gewünschten physikalischen Größen können alle aus x_0 erhalten werden. Daher müssen wir eine Wurzel der Lösung berechnen, aber die Angelegenheit ist durch die Tatsache kompliziert, daß $v'(x_0) = +\infty$ ist. Das einfachste Verfahren, diese Schwierigkeit zu behandeln, ist, die Rollen von v und x zu vertauschen. Das können wir aber nicht, bevor wir nicht die Stelle passiert haben, an der $v'(x) = 0$ ist. Eine Vorgehensweise ist, STEP zu benutzen, um rückwärts zu integrieren, bis für einen Gitterpunkt x_n $v'(x_n) \geqslant 1$ ist. Dann kann das Ergebnis an der Stelle x_n benutzt werden, um einen Anfangswert für

$$\frac{dx}{dv} = \frac{v}{-\lambda v - \sin x + \gamma}, \quad x(v_n) = x_n$$

für eine Integration von v_n bis 0 vorzugeben. Das Ergebnis ist $x(0) = x_0$. DE kann für diese Aufgabe bequem benutzt werden.

Lösen Sie das Problem mit $\lambda = 0.022$ und $\gamma = 0.8$. Sie sollten feststellen, daß $x_0 \approx 0.222$ ist.

Kapitel 13: Lösungen zu den Übungen

Die Lösungen der Übungen sind kapitelweise angegeben. Außer wenn es ausdrücklich vermerkt ist, sind alle Verweise auf Gleichungen, Sätze und Übungen bei den Lösungen eines Kapitels Verweise in diesem Kapitel. So bezieht sich z.B. bei den Lösungen für Kapitel 3 die Bezeichnung „(6)“ auf die Gleichung (6) von Kapitel 3. Verweise auf eine Gleichung (6) in einem anderen Kapitel, wie etwa in Kapitel 5, werden in der Form „Gleichung (6) aus Kapitel 5“ gemacht.

Lösungen zu Kapitel 1

1. Wegen $\cosh(0) = 1$ ist die Funktion

$$y(x) = \begin{cases} 1 & \alpha \leqslant x \leqslant 0\,, \\ \cosh(\alpha - x) & x < \alpha \end{cases}$$

stetig an der Stelle $x = \alpha$ und somit für alle $x \leqslant 0$.
Offensichtlich ist $y(0) = 1$ und

$$y'(x) = \begin{cases} 0 & \alpha \leqslant x \leqslant 0\,, \\ -\sinh(\alpha - x) & x < a\,. \end{cases}$$

Da $\sinh(0) = 0$ ist, ist $y'(x)$ stetig an der Stelle $x = \alpha$ und somit für alle $x \leqslant 0$.
Schließlich erfüllt $y(x)$ die Differentialgleichung:

$$f(x,y(x)) = \begin{cases} -\sqrt{|1 - 1^2|} = 0 & \alpha \leqslant x \leqslant 0\,, \\ -\sqrt{|1 - \cosh^2(\alpha - x)|} = -\sinh(\alpha - x) & x < \alpha \end{cases}$$

und damit ist $y'(x) = f(x,y(x))$ für alle $x \leqslant 0$.

2. Die Funktion

$$y(x) = u(x)[A + v(x)]$$

mit

$$u(x) = \exp\left[\int_a^x g(t)dt\right], \qquad v(x) = \int_a^x \frac{r(t)}{u(t)}dt$$

ist aus folgenden Gründen wohl definiert. Da $r(x)$ und $g(x)$ stetig sind, bemerken wir zunächst, daß $u(x)$ wohl definiert und positiv ist, und dann, daß $v(x)$ wohl definiert ist.
Offensichtlich sind $u(x)$ und $v(x)$ stetig und haben stetige Ableitungen, und damit gilt das auch für $y(x)$.

Als erstes verifizieren wir, daß $y(a) = u(a)[A + v(a)] = A$ ist und danach verifizieren wir

$$\begin{aligned} y'(x) &= u(x)v'(x) + u'(x)[A + v(x)] \\ &= r(x) + g(x)u(x)[A + v(x)] \\ &= r(x) + g(x)y . \end{aligned}$$

3. Gegeben sei, daß f und f_y in R stetig und f_y dort unbeschränkt ist, außerdem nehmen wir an, daß f eine Lipschitz-Bedingung in R erfüllt. Dann ist

$$\begin{aligned} \left|\frac{\partial f}{\partial y}\right| &= \left|\lim_{h\to 0} \frac{f(x,y+h) - f(x,y)}{h}\right| \\ &= \lim_{h\to 0} \left|\frac{f(x,y+h) - f(x,y)}{h}\right| \\ &\leqslant \lim_{h\to 0} \frac{L|h|}{|h|} = L . \end{aligned}$$

Das bedeutet aber, daß f_y beschränkt ist, und der Widerspruch zeigt, daß f keine Lipschitz-Bedingung erfüllen kann.

4. a) $f_y = \dfrac{1}{1+x^2}$; jede Konstante $L \geqslant 1$

b) $f_y = x$; es existiert keine Lipschitz-Konstante, da f_y auf dem Gebiet unbeschränkt ist.

c) $f_y = \sin x$; jede Konstante $L \geqslant 1$

d) $f_y = \dfrac{1}{2\sqrt{|y|}}$; es existiert keine Liptschitz-Konstante

e) $f_y = 0$; jede Konstante $L \geqslant 0$

5. Die Wahlen für $P(x)$, $Q(x)$, $R(x)$, $S(x)$ müssen

$$P(x) + S(x) + \frac{Q'(x)}{Q(x)} + g(x) = 0 ,$$

$$R(x)Q(x) + P'(x) + P^2(x) + P(x)g(x) + h(x) = 0$$

erfüllen.

a) $Q(x) \equiv 1$, $P(x) \equiv 0$, $R(x) = -h(x)$ und $S(x) = -g(x)$ erfüllen diese Bedingungen, da

$$0 - g(x) + 0 + g(x) = 0 ,$$

$$-h(x)\cdot 1 + 0 + 0 + 0 + h(x) = 0$$

ist.

b) $Q(x) = 1/E(x)$, $P(x) \equiv 0$, $S(x) \equiv 0$, $R(x) = -h(x)E(x)$ mit $E(x) = \exp(\int_a^x g(t)dt$ erfüllen

$$0 + 0 - \frac{g(x)\cdot E(x)}{E(x)} + g(x) = 0 ,$$

$$-\frac{h(x)E(x)}{E(x)} + 0 + 0 + 0 + h(x) = 0 .$$

$Q(x)$ ist wohl definiert, da $E(x)$ positiv für alle x ist.

c) $Q(x) \equiv 1,\ P(x) = S(x) = -g(x)/2,\ R(x) = g'(x)/2 + g^2(x)/4 - h(x)$ erfüllen

$$-\frac{g(x)}{2} - \frac{g(x)}{2} + 0 + g(x) = 0\,,$$

$$\left(\frac{g'(x)}{2} + \frac{g^2(x)}{4} - h(x)\right) - \frac{g'(x)}{2} + \frac{g^2(x)}{4} - \frac{g^2(x)}{2} + h(x) = 0\,.$$

6. a) Mit $y_1 = y,\ y_2 = y'$ lautet das System

$$y_1' = y_2\,,$$
$$y_2' = (1 - y_1^2)y_2 - y_1$$

und benötigt die Anfangswerte $y(a), y'(a)$.

b) Mit $y_1 = y,\ y_2 = y',\ y_3 = y''$ lautet das System

$$y_1' = y_2\,,$$
$$y_2' = y_3\,,$$
$$y_3' = \frac{-6x^2y_3 - 7xy_2}{x^3}$$

und benötigt die Anfangswerte $y(a), y'(a), y''(a)$.

c) Mit $y_1 = x,\ y_2 = \dot{x},\ y_3 = z$ lautet das System

$$\dot{y}_1 = y_2\,,$$
$$\dot{y}_2 = y_2 - \sin y_3\,,$$
$$\dot{y}_3 = y_1 - y_3$$

und benötigt die Anfangswerte $x(a), \dot{x}(a), z(a)$.

d) Mit $y_1 = y,\ y_2 = \dot{y},\ y_3 = v$ erhalten wir

$$\dot{y}_1 = y_2\,,$$
$$\dot{y}_2 + y_2 - \dot{y}_3 = 0$$

und

$$\dot{y}_2 + \dot{y}_3 + 3y_1 + y_3 = 0\,.$$

Durch Addition der beiden letzten Gleichungen sehen wir, daß

$$2\dot{y}_2 + 3y_1 + y_2 + y_3 = 0$$

ist.

Durch ihre Subtraktion sehen wir, daß

$$2\dot{y}_3 + 3y_1 - y_2 + y_3 = 0$$

ist.

Also können wir das System

$$\dot{y}_1 = y_2\,,$$

$$\dot{y}_2 = -\frac{3y_1 + y_2 + y_3}{2}\,,$$

$$\dot{y}_3 = -\frac{3y_1 - y_2 + y_3}{2}$$

lösen und wir benötigen die Anfangswerte $y(a)$, $\dot{y}(a)$ und $v(a)$.

7. Nach Definition ist $g_1(h)$ von der Ordnung $O(h^{k_1})$, was bedeutet, daß es Konstanten c_1 und h_1 derart gibt, daß

$$|g_1(h)| \leqslant c_1 h^{k_1} \qquad \text{für } h \leqslant h_1$$

gilt. Für jede Konstante α gilt, wie wir leicht sehen,

$$|\alpha g_1(h)| \leqslant |\alpha| c_1 h^{k_1} = c h^{k_1} \qquad \text{für } h \leqslant h_1$$

wobei wir $c = |\alpha| c_1$ setzen. Nach Definition ist $\alpha g_1(h)$ von der Ordnung $O(h^{k_1})$. Es seien c_2 und h_2 Konstanten derart, daß

$$|g_2(h)| \leqslant c_2 h^{k_2} \qquad \text{für } h \leqslant h_2$$

ist. Dann ist

$$|g_1(h) g_2(h)| \leqslant c_1 c_2 h^{k_1} h^{k_2} \qquad \text{für } h \leqslant \min(h_1, h_2)\,.$$

Wenn wir $c = c_1 c_2$ und $H = \min(h_1, h_2)$ setzen, besagt das, daß

$$|g_1(h) g_2(h)| \leqslant c h^{k_1 + k_2} \qquad \text{für } h \leqslant H$$

ist, und somit $g_1(h) g_2(h)$ von der Ordnung $O(h^{k_1 + k_2})$ ist. Auf dieselbe Weise ist

$$|g_1(h) + g_2(h)| \leqslant c_1 h^{k_1} + c_2 h^{k_2} \leqslant \max(c_1, c_2) h^{\min(k_1, k_2)}$$

wenn $h \leqslant \min(h_1, h_2)$ ist. Mit $k_3 = \min(k_1, k_2)$ bedeutet das, daß $g_1(h) + g_2(h)$ von der Ordnung $O(h^{k_3})$ ist.

Lösungen zu Kapitel 2

1. Alle drei Polynome vereinfachen sich zu $-2x^2/3 + 11x/3$.

2. Die erweiterte Differenzentabelle ist

```
0   1
        2
1   3        -1/3
        1           -1/12
3   5        -2/3
       -1
4   4
```

und es ist

$$\bar{P}_4(x) = \bar{P}_3(x) + (x-4)(x-3)(x-1)(-1/12)\,.$$

3. Für konstante Schrittweite h und $m < i$ ist

$$\prod_{\substack{j=0\\ j\neq m}}^{i} \frac{1}{(x_{k-m} - x_{k-j})} = \frac{-1}{mh} \cdot \frac{-1}{(m-1)h} \cdots \frac{-1}{h} \cdot \frac{1}{h} \cdots \frac{1}{(i-m)h} = \frac{(-1)^m}{m!(i-m)!h^i} \,.$$

Derselbe Ausdruck gilt für $m = i$. Aus Gl. (5) erkennen wir, daß

$$f[x_k, x_{k-1}, \ldots, x_{k-i}] = \sum_{m=0}^{i} f_{k-m} \prod_{\substack{j=0\\ j\neq m}}^{i} \frac{1}{x_{k-m} - x_{k-j}} = \sum_{m=0}^{i} f_{k-m} \frac{(-1)^m}{m!(i-m)!h^i}$$

ist. Deshalb ist

$$\nabla^i f_k = i!h^i f[x_k, x_{k-1}, \ldots, x_{k-i}] = \sum_{m=0}^{i} (-1)^m f_{k-m} \binom{i}{m},$$

wobei

$$\binom{i}{m} = \frac{i!}{m!(i-m)!}$$

ist.

Lösungen zu Kapitel 3

1. Nach Definition ist

$$\alpha_{k,i} = \frac{1}{h_{n+1}} \int_{x_n}^{x_{n+1}} l_i(t)\,dt$$

mit

$$l_i(x) = \prod_{\substack{j=0\\ j\neq i}}^{k-1} \left(\frac{x - x_{n-j}}{x_{n-i} - x_{n-j}}\right) \,.$$

Mit $s = (x - x_n)/h_{n+1}$ schreibt sich das als

$$\alpha_{k,i} = \int_0^1 l_i(x_n + sh_{n+1})\,ds\,,$$

$$l_i(x_n + sh_{n+1}) = \prod_{\substack{j=0\\ j\neq i}}^{k-1} \left(\frac{h_{n+1}s + x_n - x_{n-j}}{x_{n-i} - x_{n-j}}\right) \,.$$

Wenn x so mit einem Faktor σ skaliert wird, daß x_{n+1-i} durch σx_{n+1-i} für alle i ersetzt wird, haben wir h_{n+1} durch σh_{n+1} ersetzt und

$$\prod_{\substack{j=0\\j\neq i}}^{k-1}\left(\frac{\sigma h_{n+1}s+\sigma x_n-\sigma x_{n-j}}{\sigma x_{n-i}-\sigma x_{n-j}}\right)$$

wird nicht davon betroffen. Daher sind auch die $\alpha_{k,i}$ nicht betroffen. Wenn die Schrittweite eine Konstante h ist, ist

$$l_i(x_n+sh_{n+1})=\prod_{\substack{j=0\\j\neq i}}^{k-1}\left(\frac{hs+jh}{(i-j)h}\right)=\prod_{\substack{j=0\\j\neq i}}^{k-1}\left(\frac{s+j}{i-j}\right)$$

unabhängig von h, genau wie auch $\alpha_{k,i}$.

2. Es ist

$$\sum_{i=1}^{k}\alpha_{k,i}=\frac{1}{h_{n+1}}\sum_{i=1}^{k}\int_{x_n}^{x_{n+1}}l_i(t)dt$$

$$=\frac{1}{h_{n+1}}\int_{x_n}^{x_{n+1}}\sum_{i=1}^{k}l_i(t)dt=\frac{1}{h_{n+1}}\int_{x_n}^{x_{n+1}}1\cdot dt=1$$

wegen $P_{k,n}(t)=\sum_{i=1}^{k}l_i(t)\cdot 1\equiv 1$, wobei es dort nur ein Polynom vom Grade $k-1$ gibt, das $f(x,y)\equiv 1$ in k verschiedenen Stützstellen interpoliert. Das Argument für $\sum_{i=0}^{k-1}\alpha^*_{k,i}=1$ ist analog.

3. Aus den Gln. (6) und (10) für $i\geqslant 1$ folgt, daß

$$\gamma_i=\frac{1}{i!}\int_0^1 s(s+1)\ldots(s+i-1)\,ds\,,\qquad \gamma_i^*=\frac{1}{i!}\int_0^1(s-1)(s)\ldots(s+i-2)ds$$

ist. Dann ist

$$\gamma_i-\gamma_{i-1}=\frac{1}{(i-1)!}\int_0^1 s(s+1)\ldots(s+i-2)\left[\frac{(s+i-1)}{i}-1\right]ds$$

$$=\frac{1}{i!}\int_0^1(s-1)(s)\ldots(s+i-2)ds=\gamma_i^*\,.$$

4. Um die korrigierten Werte zu unterscheiden, wollen wir das Ergebnis des Korrektors der Ordnung k $y_{n+1}(k)$ nennen, und das der Ordnung k + 1 $y_{n+1}(k+1)$. Aus den Gln. (5) und (9) folgt

$$y_{n+1}(k) - p_{n+1} = h \sum_{i=1}^{k} \gamma_{i-1}^{*} \nabla^{i-1} f_{n+1}^{p} - h \sum_{i=1}^{k} \gamma_{i-1} \nabla^{i-1} f_n$$

$$= h \sum_{i=1}^{k} [\gamma_{i-1}^{*} - \gamma_{i-1}] \nabla^{i-1} f_{n+1}^{p}$$

$$+ h \sum_{i=1}^{k} \gamma_{i-1} [\nabla^{i-1} f_{n+1}^{p} - \nabla^{i-1} f_n]$$

$$= -h \sum_{i=2}^{k} \gamma_{i-2} \nabla^{i-1} f_{n+1}^{p} + h \sum_{i=1}^{k} \gamma_{i-1} \nabla^{i} f_{n+1}^{p} ,$$

wobei wir die Tatsache, daß $\gamma_0 = \gamma_0^* = 1$ ist, und die in Übung 3 abgeleitete Relation ausnutzen. Aus dieser letzten Gleichung folgt offensichtlich

$$y_{n+1}(k) = p_{n+1} + h\gamma_{k-1} \nabla^k f_{n+1}^{p} .$$

Aus Gl. (9) erkennen wir

$$y_{n+1}(k+1) = y_{n+1}(k) + h\gamma_k^* \nabla^k f_{n+1}^{p}$$
$$= p_{n+1} + h\gamma_{k-1} \nabla^k f_{n+1}^{p} + h\gamma_k^* \nabla^k f_{n+1}^{p}$$
$$= p_{n+1} + h\gamma_k \nabla^k f_{n+1}^{p} .$$

Lösungen zu Kapitel 4

1. Die Konvergenzordnung des PECE-Schemas wird aus der Ordnung des Abbruchfehlers δ bestimmt, da wir voraussetzen, daß der Fehler zu Anfang so klein wie notwendig ist. Für einen Prädiktor der Ordnung k ist der lokale Abbruchfehler τ_{n+1}^{p} von der Ordnung $O(h^k)$; für einen Korrektor der Ordnung m ist τ_{n+1} von der Ordnung $O(h^m)$. Da $\delta = \max_n \delta_n = \max_n |h\alpha_{m+1,0}^* f_y \tau_{n+1}^{p} + \tau_{n+1}|$ ist, erkennen wir, daß $\delta = O(h^p)$ und $p = \min(m, k+1)$ ist. Aus Satz 1 folgt, daß das PECE-Schema gleichmäßig von der Ordnung p konvergent ist.

2. Nach Definition ist

$$y_I'(x) = P_{k+1,n+1}(x) ,$$

$$y_I(x) = y_{n+1} + \int_{x_{n+1}}^{x} y'_I(t)dt = y_{n+1} + \int_{x_{n+1}}^{x} P_{k+1,n+1}(t)dt$$

mit

$$P_{k+1,n+1}(x_{n+2-j}) = f_{n+2-j} , \quad j = 1, \dots, k+1 .$$

Für $k = 1$ ist

$$y_I'(x) = P_{2,n+1}(x) = f_{n+1} + (x - x_{n+1})\left(\frac{f_{n+1} - f_n}{h_{n+1}}\right)$$

und der Ausdruck für $y_I(x)$ folgt aus der Integration von $y_I'(x)$.

3. Das Argument ist analog zu dem, das zu Satz 1 geführt hat. Aus Gl. (1) folgt

$$y_{n+1} = y_n + h\sum_{j=1}^{k} \alpha^*_{k+1,j} f(x_{n+1-j}, y_{n+1-j}) + h\alpha^*_{k+1,0} f(x_{n+1}, p_{n+1})$$

mit

$$p_{n+1} = y_n + h\sum_{j=1}^{k} \alpha_{k,j} f(x_{n+1-j}, y_{n+1-j}),$$

und für u_{n+1} gibt es einen ähnlichen Ausdruck. Wenn wir $e_i = y_i - u_i$ definieren, erhalten wir

$$|e_{n+1}| \leqslant |e_n| + hL\sum_{j=1}^{k} |\alpha^*_{k+1,j}|\,|e_{n+1-j}| + hL\,|\alpha^*_{k+1,0}|\,|e_n| + h^2L^2\,|\alpha^*_{k+1,0}| \sum_{j=1}^{k} |\alpha_{k,j}|\,|e_{n+1-j}|.$$

Wir vereinfachen das, indem wir die Folge $\{E_i\}$ derart definieren, daß $|e_j| \leqslant E_i$ für $j = 0, 1, \ldots, i$ und alle i ist, und zwar durch

$$E_0 = \max\{|e_0|, |e_1|, \ldots, |e_{k-1}|\}$$

$$= \max\{|y_0 - u_0|, |y_1 - u_1|, \ldots, |y_{k-1} - u_{k-1}|\}.$$

Dann ist

$$E_{n+1} = \mathscr{L} E_n$$

mit

$$\mathscr{L} = 1 + hL\alpha^* + h^2L^2\,|\alpha^*_{k+1,0}|\,\alpha,$$

$$\alpha^* = \sum_{j=0}^{k} |\alpha^*_{k+1,j}|, \qquad \alpha = \sum_{j=1}^{k} |\alpha_{k,j}|.$$

Mit den Lemmata 1 und 2 ergibt das für jedes $x_n \in [a, b]$, daß

$$|y_n - u_n| \leqslant E_0 \cdot \exp[(b-a)L(\alpha^* + hL\,|\alpha^*_{k+1,0}|\,\alpha)] = \max_{0 \leqslant j \leqslant k-1} |y_j - u_j| \cdot B.$$

4. Vorausgesetzt, daß die Gleichungen $\mathbf{y}' = \mathbf{f}(x, \mathbf{y}')$ das Erhaltungsgesetz $\mathbf{v}^T\mathbf{y}(x) \equiv c$ für einen Vektor v und eine Konstante c erfüllen. Das ergibt sich aus der Identität $\mathbf{v}^T\mathbf{f}(x, \mathbf{y}) \equiv 0$, die für jedes $\mathbf{y}$ gilt, insbesondere für eine berechnete Lösung $\mathbf{y}_i$. Die Näherung $\mathbf{y}_{n+1}$, die mit einem PECE-Verfahren der Ordnung k erzeugt wurde, muß

$$\mathbf{v}^T\mathbf{y}_{n+1} = \mathbf{v}^T\mathbf{y}_n + h\sum_{j=1}^{k} \alpha^*_{k+1,j}\mathbf{v}^T\mathbf{f}(x_{n+1-j}, \mathbf{y}_{n+1-j}) + h\alpha^*_{k+1,0}\mathbf{v}^T\mathbf{f}(x_{n+1}, \mathbf{p}_{n+1})$$

mit

$$\mathbf{p}_{n+1} = \mathbf{y}_n + h \sum_{j=1}^{k} \alpha_{k,j} \mathbf{f}(x_{n+1-j}, \mathbf{y}_{n+1-j})$$

erfüllen. Daher haben wir mit der Identität $\mathbf{v}^T \mathbf{f}(x, \mathbf{y}) \equiv 0$

$$\mathbf{v}^T \mathbf{y}_{n+1} = \mathbf{v}^T \mathbf{y}_n .$$

Das gleiche Argument zeigt, daß $\mathbf{v}^T \mathbf{y}_n = \mathbf{v}^T \mathbf{y}_{n-1}$ ist und so weiter, bis wir schließlich $\mathbf{v}^T \mathbf{y}_{n+1} = \mathbf{v}^T \mathbf{y}_0$ erhalten. Da wir eine exakte Arithmetik voraussetzen, ist $\mathbf{y}_0 = \mathbf{y}(x_0)$ und somit $\mathbf{v}^T \mathbf{y}_{n+1} = \mathbf{v}^T \mathbf{y}_0 = \mathbf{v}^T \mathbf{y}(x_0) = c$ für alle n .

5.

m	$\delta(10^{-m})$	$\Delta(10^{-m})$
1	.3752	3.752
2	.3685	36.85
3	.3679	367.9
4	.3679	3679.

Diese Ergebnisse zeigen, daß ein Startfehler der Ordnung h bestehen bleibt und die Konvergenz der Ordnung h^2 zerstört, die die Methode mit einem genauen Start erreicht.

Lösungen zu Kapitel 5

1. Aus der Definition (4) ist klar, daß $\psi_i(n+1) = ih$ ist für jedes i und n, wenn die Schrittweite eine Konstante h ist. Das Ergebnis von Gl. (10) in Kapitel 2 bedeutet, daß

$$\nabla^{i-1} f_n = (i-1)!h^{i-1} f[x_n, x_{n-1}, \dots, x_{n-i+1}]$$

ist, wenn die Schrittweite konstant ist, woraus folgt, daß

$$\begin{aligned} \phi_i(n) &= \psi_1(n)\psi_2(n) \dots \psi_{i-1}(n) f[x_n, \dots, x_{n-i+1}] \\ &= h \cdot 2h \dots (i-1)h f[x_n, \dots, x_{n-i+1}] \\ &= \nabla^{i-1} f_n \end{aligned}$$

ist. Aus der Definition der $\beta_i(n+1)$ sehen wir, daß

$$\beta_i(n+1) = \frac{h \cdot 2h \dots (i-1)h}{h \cdot 2h \dots (i-1)h} = 1 \qquad \text{für } i > 1 ,$$

und somit

$$\phi_i^*(n) = \beta_i(n+1)\phi_i(n) = \phi_i(n) = \nabla^{i-1} f_n$$

ist. Für konstante Schrittweite h reduziert sich Gl. (6) auf

$$c_{i,n}(s) = \begin{cases} 1 & i = 1 , \\ s & i = 2 , \\ \left(\dfrac{sh}{h}\right) \cdot \left(\dfrac{sh+h}{2h}\right) \dots \left(\dfrac{sh+(i-2)h}{(i-1)h}\right) & i \geqslant 3 . \end{cases}$$

Daher ist für $i \geqslant 3$

$$\int_0^1 c_{i,n}(s)ds = \int_0^1 \left(\frac{s}{1}\right) \cdot \left(\frac{s+1}{2}\right) \dots \left(\frac{s+i-2}{i-1}\right) ds$$

$$= \gamma_{i-1} \ ,$$

wie es in Gl. (6) aus Kapitel 3 definiert ist. Die Fälle $i = 1$ und $i = 2$ kann man leicht nachprüfen.

2. Die zwei Ausdrücke sind offensichtlich äquivalent für $i = 1$ und $i = 2$. Angenommen, die Gleichungen sind äquivalent für $i = m \geqslant 3$. Dann ist

$$c_{m+1,n}(s) = \left[\alpha_m(n+1)s + \frac{\psi_{m-1}(n)}{\psi_m(n+1)}\right] c_{m,n}(s)$$

$$= \left[\frac{h_{n+1}s}{\psi_m(n+1)} + \frac{\psi_{m-1}(n)}{\psi_m(n+1)}\right]\left[\left(\frac{sh_{n+1}}{\psi_1(n+1)}\right)\dots\left(\frac{sh_{n+1}+\psi_{m-2}(n)}{\psi_{m-1}(n+1)}\right)\right]$$

und nach Umordnung

$$c_{m+1,n}(s) = \left(\frac{sh_{n+1}}{\psi_1(n+1)}\right)\dots\left(\frac{sh_{n+1}+\psi_{m-2}(n)}{\psi_{m-1}(n+1)}\right)\cdot\left(\frac{sh_{n+1}+\psi_{m-1}(n)}{\psi_m(n+1)}\right)$$

in Übereinstimmung mit der Form (6).

3. Nach Definition ist

$$c_{1,n}^{(-1)}(s) = \int_0^s 1\, ds_0 = s$$

und

$$c_{2,n}^{(-1)} = \int_0^s s_0\, ds_0 = \frac{s^2}{2} \ .$$

Es ist offensichtlich der Fall, daß die wiederholten Integrale dieser Ausdrücke

$$c_{1,n}^{(-q)} = \frac{s^q}{q!} \ , \qquad c_{2,n}^{(-q)}(s) = \frac{s^{q+1}}{(q+1)!}$$

sind. Nun ist

$$g_{1,q} = (q-1)!\, c_{1,n}^{(-q)}(1) = (q-1)!\, \frac{1^q}{q!} = \frac{1}{q} \ ,$$

$$g_{2,q} = (q-1)!\, c_{2,n}^{(-q)}(1) = (q-1)!\, \frac{1^{q+1}}{(q+1)!} = \frac{1}{q(q+1)} \ .$$

4. Nach Gl. (6) ist offensichtlich, daß $c_{i,n}(s) > 0$ für $s > 0$ ist, und daraus erkennen wir, daß die wiederholten Integrale $c_{i,n}^{(-q)}(1) > 0$ und $g_{i,q} > 0$ sind. Da $\alpha_{i-1}(n+1) > 0$ ist, bedeutet die Relation

$$g_{i,q} = g_{i-1,q} - \alpha_{i-1}(n+1) g_{i-1,q+1} \, ,$$

daß $g_{i,q} > g_{i-1,q}$ ist.

5. Gemäß Gl. (11) ist

$$p_{n+1} = y_n + h_{n+1} \sum_{i=1}^{k} g_{i,1} \phi_i^*(n) \, .$$

Aus Gl. (14) erkennen wir, daß

$$\phi_i^*(n) = \phi_i^p(n+1) - \phi_{i+1}^p(n+1)$$

ist und somit

$$p_{n+1} = y_n + h_{n+1} \sum_{i=1}^{k} g_{i,1} \phi_i^p(n+1) - h_{n+1} \sum_{i=1}^{k} g_{i,1} \phi_{i+1}^p(n+1)$$

$$= y_n + h_{n+1} \sum_{i=1}^{k} (g_{i,1} - g_{i-1,1}) \phi_i^p(n+1) - h_{n+1} g_{k,1} \phi_{k+1}^p(n+1)$$

gilt. Aber gemäß Gl. (13) ist

$$y_{n+1} = p_{n+1} + h_{n+1} g_{k+1,1} \phi_{k+1}^p(n+1)$$

$$= y_n + h_{n+1} \sum_{i=1}^{k+1} (g_{i,1} - g_{i-1,1}) \phi_i^p(n+1) \, .$$

Wenn die Schrittweite eine Konstante h ist, haben wir schon bemerkt, daß

$$\phi_i^p(n+1) = \nabla^{i-1} f_{n+1}^p$$

und $\gamma_{i-1} = g_{i,1}$ und somit $g_{i,1} - g_{i-1,1} = \gamma_{i-1} - \gamma_{i-2} = \gamma_{i-1}^*$ ist.

6. Nach Definition ist

$$y'_{aus} = P_{k+1,n+1}(x_{aus}) = \sum_{i=1}^{k+1} c_{i,n+1}^I(1) \phi_i(n+1) \, .$$

Aus der Rekursion

$$c_{i,n+1}^I(1) = c_{i-1,n+1}^I(1) \cdot \Gamma_{i-1}(1)$$

und der Definition $\rho_i = c_{i,n+1}^I(1)$ sind die Koeffizienten ρ_i gegeben durch

$$\rho_1 = c_{1,n+1}^I(1) = 1$$

$$\rho_i = \rho_{i-1} \cdot \Gamma_{i-1}(1) \quad i = 2, \ldots, k+1 \, .$$

Lösung zu Kapitel 8

1. Die charakteristische Gleichung für das Adams-Bashforth-Verfahren der Ordnung k ist gegeben durch

$$\zeta^k = \zeta^{k-1} + \lambda \sum_{j=1}^{k} \alpha_{k,j}\zeta^{k-j}$$

und für ein PECE-Verfahren, wobei beide Formeln von der Ordnung k sind, durch

$$\zeta^k = \zeta^{k-1} + \lambda \sum_{j=1}^{k-1} \alpha^*_{k,j}\zeta^{k-1} + \lambda\alpha^*_{k,0}\left[\zeta^{k-1} + \lambda \sum_{j=1}^{k} \alpha_{k,j}\zeta^{k-j}\right].$$

Lösungen zu Kapitel 10

1. Ein Rücksprung aus DE mit $|IFLAG| = 3$ bedeutet, daß die verlangte Genauigkeit nicht erhalten werden kann. Da der Code die Schranken auf Werte anhebt, die erreichbar scheinen, läuft der erneute Aufruf von DE darauf hinaus, daß das Problem mit der Weisung integriert wird, daß entweder die geforderte Genauigkeit erreicht wird, falls es möglich ist, oder die größte Genauigkeit, von der der Code glaubt, daß er sie erreichen kann.

2. Zwei Dinge bringt der Rücksprung wegen Steifheit mit sich. Zunächst muß der Code zu viele Schritte ausführen (mehr als 500) und weiterhin muß er für diesen Fall entscheiden, daß die Gleichungen steif sind. Neben den technischen Gründen, den Test auf diese Weise durchzuführen, braucht man sich einfach keine Sorgen zu machen, ob die Gleichungen steif sind, außer sie zeigen sich als sehr aufwendig zu integrieren. Die Integration dieses Beispiels auf dem Intervall [0,5] benötigt 605 Auswertungen der Funktion, somit wurden weniger als 303 Schritte durchgeführt. Aus diesem Grunde wurde in diesem Fall kein Rücksprung wegen Steifheit gemacht.

3. Um einen Rücksprung mit IFLAG = 5 zu bekommen, muß die Integration 500 Schritte dauern und dabei zumindest 50 Schritte mit einer Ordnung durchführen, die kleiner gleich vier ist. Wenn man die Gleichung zweiter Ordnung als System löst, ist eine Variable die erste Ableitung der Lösung des ursprünglichen Problems. Diese Variable hat Sprünge in ihrer ersten Ableitung bei Vielfachen von $\pi/2$, so daß das System häufige, schwere Unstetigkeiten besitzt. Diese Unstetigkeiten führen dazu, daß die Integration 500 Schritte dauert, bevor 20 erreicht wird. Wenn DE zur Lösung des Problems auf kürzeren Intervallen, etwa [0,2], [2,4], ..., [18,20] benutzt wird, wird man keinen Rücksprung mit IFLAG = 5 feststellen.

   Man könnte es für möglich halten, daß eine Folge von 50 Schritten mit einer niedrigen Ordnung in der Nähe der Unstetigkeit durchgeführt wird. Die Unstetigkeiten sind sehr groß in Zusammenhang mit dieser sehr hohen Anforderung an die Genauigkeit, so daß der Code auf die Ordnung Eins heruntergehen muß, um die Unstetigkeiten zu finden und sie zu passieren. Der Gebrauch eines Verfahrens erster Ordnung mit einer gleichzeitig sehr hohen Anforderung an die Genauigkeit macht es sehr wahrscheinlich, daß eine sehr kleine Schrittweite an der Unstetigkeitsstelle benötigt wird. Die Lösung ist sehr leicht zu integrieren (sobald die Unstetigkeit passiert wurde), so daß der Code die Schrittweite bei jedem Schritt verdoppeln wird, bis er einen Wert erreicht, der der laufenden Ordnung angemessen ist, und wird dann mit konstanter Schrittweite arbeiten, bis er darangehen kann, die Ordnung zu erhöhen. Daher tritt eine lange Folge von Schritten mit niedriger Ordnung auf. Ob es 50 Schritte sind oder nicht, hängt von der Schranke ab und von solch unvorhersehbaren Dingen wie etwa, wie nahe der Code an die Unstetigkeit herankommt, bevor er zur Ordnung Eins übergeht.

4. Wenn $y' = f(x, y)$ von a bis b integriert wird und der Code nicht dazu gezwungen wird, intern an der Stelle $x = b$ anzuhalten, wird er fast sicherlich über b hinaus gehen. In diesem Fall kann die Integration von $z' = g(x, z)$ von b bis c nicht ohne Neustart begonnen werden, da der Code bereits über b hinaus gegangen ist. Wenn die erste Integration intern an der Stelle b angehalten wurde, ist es nicht nötig, für die zweite Integration IFLAG = 1 zu setzen, da der Code das Gelten einer neuen Gleichung an der Stelle b dort als (starke) Unstetigkeit betrachtet. Der Code wird solch eine Unstetigkeit ausmachen und sich tatsächlich selbst starten. Dasselbe passiert, wenn der Benutzer F(X,Y,XP) so programmiert, daß einfach g berechnet wird, sobald b passiert ist. Für den Benutzer ist es am besten, den Code neu zu starten, da es aufwendig ist, die Lage einer Unstetigkeit auszumachen, und außerdem werden die Ordnung und die Schrittweite danach nicht so schnell erhöht, wie es wäre, wenn der Code neu gestartet werden soll. In Hinblick auf die Größe der Unstetigkeit ist es gut möglich, daß die Genauigkeitsanforderungen verletzt werden, wenn der Benutzer den Code nicht selbst neu startet.

5. DE versucht automatisch den Maßstab des Problems zu bestimmen, wenn es die Anfangsschrittweite auswählt. Die Anfangssteigungen werden zu diesem Zweck benutzt, aber wenn die anfänglichen Ableitungen aller Komponenten der Lösung verschwinden (oder sehr klein sind), wird als Anfangsschrittweite das ganze Intervall genommen. Für dieses Problem ist $y'(0) = \sin 0 = 0$, somit ist die Anfangsschrittweite π. Gewöhnlich wird der Schritt fehlschlagen, wenn die Anfangsschrittweite viel zu groß ist, so wie es hier ist, und die Schrittweite wird geeignet angepaßt. Der Code approximiert beim ersten Schritt die Ableitung der Lösung durch eine Konstante, und die Fehlerschätzung beruht auf der Differenz zwischen der Anfangssteigung und der am Ende des Schrittes. Hier ist $y'(\pi)=0$, so daß der Code denkt, die Ableitung habe den konstanten Wert Null und es gäbe keinen Fehler bei dem Schritt. Diese Situation tritt jedesmal dann auf, wenn alle Komponenten der Lösung Ableitungen haben, die sowohl am Anfang als auch am Ende des Integrationsintervalls verschwinden.

Anhang: Bezeichnungen und einige Sätze aus der Analysis

Bezeichnungen

$$\sum_{i=0}^{n} a_i = a_0 + a_1 + \dots + a_n \, .$$

$$\prod_{i=0}^{n} a_i = a_0 \times a_1 \times \dots \times a_n \, .$$

Die Ausgabe des Rechners auf dem Drucker hat in wissenschaftlicher Schreibweise zwei Formen. Im Beispiel werden sie dargestellt durch

$$3.78E - 9 = 3.78D - 9 = 3.78 \times 10^{-9} \, .$$

Die Form mit „E" stellt Zahlen in einfacher Genauigkeit und die mit „D" in doppelter Genauigkeit dar.

Alle Vektoren sind fett gedruckt. Es sind Spaltenvektoren, das heißt

$$\mathbf{v} = \begin{pmatrix} v_1 \\ v_2 \\ \vdots \\ v_n \end{pmatrix} ,$$

aber es ist bequemer, sie als Zeilenvektoren zu schreiben in der Schreibweise mit einem Exponenten T, um die Transponierte anzuzeigen, das heißt

$$\mathbf{v} = (v_1, v_2, \dots, v_n)^T \, .$$

Es gibt eine Vielzahl gleichwertiger Methoden, sowohl gewöhnliche als auch partielle Ableitungen zu schreiben:

$$\frac{dy}{dt} = y' = \dot{y} \, , \qquad \frac{d^2y}{dt^2} = y'' = \ddot{y} \, , \text{ usw.,}$$

$$\frac{\partial}{\partial y} f(x, y) = f_y(x, y) \, , \qquad \frac{\partial}{\partial x} f(x, y) = f_x(x, y) \, .$$

$y^{(q)}(s)$, die q-te Ableitung von $y(s)$, wird geschrieben als

$$y^{(q)}(s) = \frac{d}{ds} y^{(q-1)}(s) = \dots = \frac{d^q y(s)}{ds^q} \, .$$

$y^{(-q)}(s)$, das q-fache unbestimmte Integral von $y(s)$, schreibt sich als

$$y^{(-q)}(s) = \int_0^s y^{(-q+1)}(s_{q-1})\,ds_{q-1}$$

$$= \int_0^s \int_0^{s_{q-1}} \cdots \int_0^{s_1} y(s_0)\,ds_0\,ds_1 \ldots ds_{q-1}\,.$$

Mengen werden dadurch bestimmt, daß alle ihre Elemente aufgelistet werden, z.B. $\{x_1, x_2, \ldots, x_n\}$, oder durch Angabe einer Eigenschaft, die die Elemente bestimmt. Die letztere Schreibweise hat die Form $\{x \mid x$ hat die Eigenschaft $P\}$ und wird verdeutlicht durch das abgeschlossene Intervall

$$[a,b] = \{x \mid a \leqslant x \leqslant b\}$$

und das halboffene Intervall

$$(a,b] = \{x \mid a < x \leqslant b\}\,.$$

$\in$ Element einer Menge, z.B. $x_2 \in \{x_1, x_2, x_3\}$
$\to$ geht gegen
$\leftarrow$ Ersetzungs-Operator
$\approx$ ungefähr gleich
$\gg$ sehr groß gegen
$p(c+)$ der „Grenzwert von rechts" von $p(x)$ an der Stelle $x = c$. Diese Schreibweise steht für

$$p(c+) = \lim_{\substack{x \to c \\ x > c}} p(x)\,.$$

Es gibt eine ähnliche Definition für den Grenzwert von links, und die Schreibweise dafür ist $p(c-)$.

$f[x_1, x_2, \ldots, x_k]$ dividierte Differenz der Ordnung $k-1$
$\nabla^k f_n$ rückwärtsgenommene Differenz der Ordnung k
$f \in C^k[a,b]$ f gehört zur Menge der k-mal auf (a,b) stetig differenzierbaren Funktionen, wobei in a die Grenzwerte von rechts und in b die von links existieren.
$g(h) = O(h^k)$ g ist von der Ordnung h^k, wenn es (unbekannte) Konstanten h_0 und C derart gibt, daß $|g(h)| \leqslant Ch^k$ für alle $0 < h \leqslant h_0$ gilt.

Sätze

Satz von Rolle. Es sei $f(x)$ stetig auf dem endlichen Intervall $[a,b]$ und differenzierbar auf (a,b). Wenn $f(a) = f(b) = 0$ ist, dann existiert zumindest ein Punkt ξ derart, daß

$$f'(\xi) = 0 \quad \text{und} \quad a < \xi < b\,.$$

Zwischenwertsatz für Ableitungen. Es sei $f(x)$ stetig auf dem endlichen Intervall $[a,b]$ und differenzierbar auf (a,b). Dann existiert zumindest ein Punkt ξ derart, daß

$$\frac{f(b)-f(a)}{b-a} = f'(\xi) \quad \text{und} \quad a<\xi<b\,.$$

Zwischenwertsatz für Integrale. Es seien $f(x)$ und $g(x) \in C[a,b]$. Wenn $g(x) \geqslant 0$ für alle $x \in [a,b]$ ist, dann gibt es zumindest einen Punkt ξ, so daß

$$\int_a^b f(x)g(x)dx = f(\xi)\int_a^b g(x)dx \quad \text{und} \quad a<\xi<b\,.$$

Regel von L'Hospital. Es seien $f(x)$ und $g(x) \in C^1(a, b)$ und es sei $f(a+) = g(a+) = 0$. Wenn weder $g(x)$ noch $g'(x)$ auf (a, b) verschwinden und wenn

$$\lim_{\substack{x\to a\\ x>a}} \frac{f'(x)}{g'(x)} = A$$

ist, dann ist

$$\lim_{\substack{x\to a\\ x>a}} \frac{f(x)}{g(x)} = A\,.$$

Satz von Taylor (mit Restglied). Es habe $f(x)$ eine stetige Ableitung der Ordnung $n+1$ auf einem Intervall (a,b), das die Punkte x und x_0 enthält. Es sei $R_{n+1}(x)$ definiert durch

$$f(x) = f(x_0) + \frac{f'(x_0)}{1!}(x-x_0) + \frac{f''(x_0)}{2!}(x-x_0)^2 + \ldots + \frac{f^{(n)}(x_0)}{n!}(x-x_0)^n + R_{n+1}(x)\,.$$

Dann existiert zumindest eine Stelle ξ zwischen x und x_0 derart, daß

$$R_{n+1}(x) = \frac{f^{(n+1)}(\xi)}{(n+1)!}(x-x_0)^{n+1}$$

ist.

Partielle Integration. Es seien $f(x)$ und $g(x) \in C^1[a,b]$. Dann ist

$$\int_a^b f(x)g'(x)dx = f(b)g(b) - f(a)g(a) - \int_a^b f'(x)g(x)dx .$$

Die Form, in der wir gewöhnlich diesen Satz anwenden, ist mit b als Variabler (wir wollen sie s nennen) und

$$g(x) = \int_a^x G(t)dt$$

für eine stetige Funktion $G(x)$. Dann ist durch Substitution

$$\int_a^s f(x)G(x)dx = f(s) \int_a^s G(x)dx - \int_a^s f'(x) \int_a^x G(t)dt\,dx .$$

Literaturverzeichnis

Dieses Lehrbuch behandelt durchgehend ein numerisches Verfahren zur Lösung gewöhnlicher Differentialgleichungen und nur eine Implementierung dieses Verfahrens; andere Ansätze sind in der Literatur reichlich vorhanden. Überblicke über die Literatur, die die Periode von 1950–1970 abdeckt, sind in den folgenden Büchern enthalten:

[1] Milne, W. E.: Numerical Solution of Differential Equations, Dover Publications, New York, 2nd ed., 1970.

[2] Henrici, P.: Discrete Variable Methods in Ordinary Differential Equations, John Wiley & Sons, New York, 1962.

[3] Gear, C. W.: Numerical Initial Value Problems in Ordinary Differential Equations, Prentice Hall, Englewood Cliffs, N.J., 1971.

Die folgenden Hinweise sollen die in diesem Lehrbuch diskutierten Themen ergänzen.

[4] Bailey, P. B.: Sturm-Liouville eigenvalues via a phase function, SIAM Journal on Applied Mathematics 14, 1966, 242–249.

[5] Bailey, P. B.; Shampine. L. F.; Waltman, P. E.: Nonlinear Two Point Boundary Value Problems, Academic Press, New York, 1968.

[6] Banks, D. O.; Kurowski, G. J.: Computation of eigenvalues of singular Sturm-Liouville systems, Mathematics of Computation 22, 1968, 304–310.

[7] Birkhoff, G.; Rota, G.-C.: Ordinary Differential Equations, Ginn and Company, New York, 2nd ed. 1969.

[8] Conte, S. D.: The numerical solution of linear boundary value problems, SIAM Review 8, 1966, 309–321.

[9] Franklin, J. N.: Matrix Theory, Prentice-Hall, Englewood Cliffs, N.J. 1968.

[10] Hale, J. K.: Ordinary Differential Equations, Interscience Publishers, New York, 1969.

[11] Hall, G.: Stability analysis for the Adams multistep methods of predictor-corrector algorithms of Adams type, SIAM Journal on Numerical Analysis 11, 1974, 494–505.

[12] Henrici, P.: Error Propagation for Difference Methods, John Wiley & Sons, New York, 1963.

[13] Hull, T.E.; Enright, W. H.; Fellen, B. M.; Sedgwick, A. E.: Comparing numerical methods for ordinary differential equations, SIAM Journal on Numerical Analysis 9, 1972, 603–637.

[14] Keller, H. B.: Numerical Methods for Two Point Boundary-Value Problems, Blaisdell, Waltham, Mass. 1968.

[15] Klamkin, M. S.: Transformation of boundary value problems into initial value problems, Journal of Mathematical Analysis and Applications 32, 1970, 308–330.

[16] Krogh, F. T.: A test for instability in the numerical solution of ordinary differential equations, Journal of the Association for Computing Machinery 14, 1967, 351–354.

[17] –, Algorithms for changing the step size, SIAM Journal on Numerical Analysis 10, 1973, 949–965.

[18] –, Changing step size in the integration of differential equations using modified divided differences, Proceedings of the Conference on the Numerical Solution of Ordinary Differential Equations, Lecture Notes in Mathematics No. 362, Springer-Verlag, New York, 1974.

[19] –, On testing of subroutine for the numerical integration of ordinary differential equations, Journal of the Association for Computing Machinery 20, 1973, 545–562.

[20] –, VODQ/SVDQ/DVD – variable order integrators for the numerical solution of ordinary differential equations, TU Doc. No. CP-2308, NPO-11643, May 1969, Jet Propulsion Laboratory, Pasadena, Ca.

[21] Lefschetz, S.: Differential Equations: Geometric Theory, Interscience Publishers, New York, 1957.

[22] Osborne, M. R.: On shooting methods for boundary value problems, Journal of Mathematical Analysis and Applications 27, 1969, 417–433.

[23] Roberts, S. M.; Shipman, J. S.: Two-Point Boundary Value Problems: Shooting Methods, Elsevier, New York, 1972.

[24] Sanchez, D. A.: Ordinary Differential Equations and Stability Theory: an Introduction, W. H. Freeman and Company, San Francisco, 1968.

[25] Shampine, L. F.; Allen, R. C.: Numerical Computing: an Introductions, Saunders, Philadelphia, 1973.

[26] Stetter, H. J.: Analysis of Discretization Methods for Ordinary Differential Equations, Springer-Verlag, New York, 1973.

[27] Stoker, J. J.: Nonlinear Vibrations, Interscience Publishers, New York, 1950.

[28] Wilkinson, J. H.: Rounding Erros in Algebraic Processes, Prentice-Hall, Englewood Cliffs, N.J., 1963.

Abschließend seien auch zwei neuere Bücher aufgeführt:

[29] Albrecht, P.: Die numerische Behandlung gewöhnlicher Differentialgleichungen, Hanser Verlag, München, 1979.

[30] Grigorieff, R. D.: Numerik gewöhnlicher Differentialgleichungen I, II, Stuttgart, Teubner, 1971, 1977.

Sachwortverzeichnis